中国科学院科学出版基金资助项目

现代数学基础丛书·典藏版　37

Banach 代数

李炳仁　著

科学出版社
北　京

内 容 简 介

本书系统地介绍了 Banach 代数的基本理论以及和其他一些领域的联系.主要内容包括：Banach 代数的一般理论、交换 Banach 代数、交换 Banach 代数与多复变函数理论、Banach 代数与 K 理论、Banach*代数、抽象调和分析的基础.

本书可供高校数学系师生以及数学工作者阅读参考.

图书在版编目(CIP)数据

Banach 代数/李炳仁著.—北京：科学出版社，1992.11（2016.6 重印）
(现代数学基础丛书・典藏版；37)
ISBN 978-7-03-003023-8

I.①B… II.①李… III.①巴拿赫代数 IV.①O177.5

中国版本图书馆 CIP 数据核字(2016) 第 113175 号

责任编辑：张 扬／责任校对：林青梅
责任印制：徐晓晨／封面设计：王 浩

科学出版社出版
北京东黄城根北街 16 号
邮政编码：100717
http://www.sciencep.com
北京厚诚则铭印刷科技有限公司印刷
科学出版社发行 各地新华书店经销
*
1992 年 11 月第 一 版 开本：B5(720×1000)
2016 年 6 月印 刷 印张：21 1/4
字数：272 000
定价：148.00 元
(如有印装质量问题，我社负责调换)

序

泛函分析是在本世纪代数学多方面发展的基础上成长起来的. 在本世纪30年代末, I. M. Gelfand 进一步综合了代数学与 Banach 空间的一般理论,以此来处理经典分析中的许多问题,创造了一个新的方向——Banach 代数的理论,它被誉为泛函分析的最大成就之一.

本来经典分析中早已提供了 Banach 代数的例子,即分析学中出现许多带有乘法构造的 Banach 空间(函数空间),并且乘法是连续的. 尽管这些例子提供了 Banach 代数理论的背景,但它的诞生相对来说还是比较迟的,其原因是没有找到合适的代数工具.

在 Gelfand 之前,已有人研究带有乘法构造的 Banach 空间. 然而 Gelfand 系统地把代数的理想理论与 Gelfand-Mazur 定理结合起来,从而奠定了 Banach 代数一般理论的基础.

40年代以来,Banach 代数理论得到了迅猛的发展. 它的定义简单而自然,但应用极为广泛,并且与近代数学的许多领域都有联系. 它不仅是分析学的重要工具,而且其本身也是重要的研究领域. 简单地说,Banach 代数理论发展沿着的两条主线,分别表示了分析与代数的影响. 分析的重点在于对特殊的 Banach 代数进行研究,推广函数理论及调和分析中有关部分至更一般的 Banach 代数;而代数的重点自然在于构造论的各个方面. 这里的代数是不加有限性要求的,因此也可以说为代数学提供了新的工具.

本书共分六章. 第一章叙述 Banach 代数的一般理论;第二章主要是交换 Banach 代数的 Gelfand 理论;第五章研究带有*运算的 Banach 代数. 这三章基本上概括了 Banach 代数理论的主要部分. 在本书中强调了与其他数学领域之间的联系,第三章叙述交换 Banach 代数理论与多个复变量的函数理论之间的一些联系；第四章把拓扑K理论推广到一般 Banach 代数的情形，避免向量丛的方法而得到拓扑K理论(复情形)的主要结果；第六章用 Banach 代数的方法，处理局部紧群上的调和分析，特别给 Pontryagin 对偶性定理以简单的分析证明.

特别要强调的是，在不作特别说明时，本书中所涉及到的代数、线性空间等都是指在复数域上的.

本书的形成过程是比较长的. 1983 年，作者在北京大学数学系开设了研究生的专门课程，讲述了其中部分内容；1984—1985 年，在中国科学技术大学数学系开设了泛函分析课程，对于 Banach 代数理论有重点地进行了介绍；1985 年夏，在中国科学院数学研究所举办了暑期讲习班，并撰写了 Banach 代数的讲义，基本上就是本书第一、二、三、五章的内容；1987 年夏，又在中国科学院数学研究所举办了K理论讲习班，第四章的内容就是其中的一部分.

阅读本书并不需要许多的准备知识，有初步的泛函分析知识即可. 第三、四章虽然涉及其他领域，但本书尽可能地做到了自给自足. 对于第六章，需要读者具备一般的积分与测度理论的知识. 作者希望，本书能够成为研究生的教材之一.

本书的写作，曾得到复旦大学数学系严绍宗教授与北京大学数学系张恭庆教授的鼓励与支持，在此谨表谢意. 在本书的校勘过程中，得到中国科学院数学研究所江心晖同志的大力帮助，这里深表感谢.

本书难免有缺陷及不足之处，敬请读者指正.

作　者

1991 年 4 月于北京

中国科学院数学研究所

目　　录

记 号 表

第一章 Banach 代数的一般概念

本章将简要地研究 Banach 代数的一般理论，给出它的核心部分，因此，我们并不追求过多的概念与结果的引入. §1 给出 Banach 代数自然而简单的定义；§2 研究谱，最重要的结果是定理 1.2.7 指出元素的谱集是非空紧的，并且谱的极大模就是谱半径；§3 研究可逆元群及其连接单位元的主分量，并给出主分量中元素的一般形式；§4 首先给出一般代数 Jacobson 根基，然后考察 Banach 代数情形时的进一步性质；§6 定义 Banach 代数中元素的函数，指出谱映照性质及复合定理等；§7 是重要的 Gelfand-Mazur 定理，它将在交换理论中起决定性的作用；§8 研究实情形(已经在引言中说明，本书在不作特别说明的部分，均在复数域上进行工作)；§9 是较晚才出现的重要的 Johnson 定理，指出半单纯代数上 Banach 代数范数在等价意义下是唯一的；§10 讨论与单位元起相似作用的逼近单位元，以及元素的因子分解.

§1. 定义与例子

设 A 是 Banach 空间，同时是代数（即在 A 中定义有乘法运算，它满足结合律，并与线性运算满足分配律等）. 如果乘法与 A 中的(由范数产生的)拓扑没有关系，研究将很难深入下去. 因此，我们至少要求乘法对每个变量是连续的，换言之，假定对任意固定的 $a\in A$，

$$\cdot \to a\cdot \text{ 及 } \cdot \to \cdot a$$

是 A 中的连续(线性)映象.

对每个 $a\in A$，定义 $L_a: A\to A$，$L_a b = ab$，$\forall b\in A$. 依上

面的假定，L_a 是 A 中的连续线性算子. 我们说对任意固定的 $b\in A$,

$$\sup\{\|L_a b\| \mid a\in A, \|a\|\leqslant 1\}<\infty.$$

否则，将有 $\|a_n\|\leqslant 1$，而 $\|a_n b\|=\|L_{a_n}b\|>n, \forall n$.
于是，

$$\left\|\frac{a_n}{n}b\right\|>1, \ \forall n,$$

但 $\frac{a_n}{n}\to 0$，这与连续性的假定相矛盾.

今依一致有界定理，

$$\sup\{\|L_a\| \mid a\in A, \ \|a\|\leqslant 1\}=K<\infty,$$

从而，$\|ab\|\leqslant K\|a\|\cdot\|b\|, \ \forall a,b\in A$.

如果赋予 A 以等价的新范数 $\|\cdot\|'=K\|\cdot\|$，则将有 $\|ab\|'\leqslant \|a\|'\cdot\|b\|', \forall a,b\in A$.

因此，我们一般地作如下的定义.

定义 1.1.1 A 称为 Banach 代数，指它是 Banach 空间，其中定义有乘法，使得

$$\|ab\|\leqslant\|a\|\cdot\|b\|, \ \forall a,b\in A.$$

A 中的元素 e（有时也记作 1，但需注意它与数值 1 的区别）称为单位元，指

$$ea=ae=a, \ \forall a\in A.$$

显然，A 如果有单位元，则它是唯一的.

命题 1.1.2 设 A 是 Banach 代数，则 $(A\dotplus\mathbb{C})$ 依自然的乘法可以成为有单位元的 Banach 代数，并且保持 A 中的范数不变.

事实上，只须令 $\|a+\lambda\|=\|a\|+|\lambda|, \ \forall a\in A, \ \lambda\in\mathbb{C}$ 即可.

注 $(A\dotplus\mathbb{C})$ 上满足要求的范数未必唯一，但它们都是相互等价的.

定理 1.1.3 设 A 是有单位元 e 的 Banach 代数，并且 $\|e\|=1$（这样的 Banach 代数称为单位的），则 e 是 A 的单位球

$$S = \{a \in A \mid \|a\| \leqslant 1\}$$
(它当然是凸子集)的端点.

证 依假定，易见对任意的 $a \in A$，有 $\|a\| = \|L_a\|$，并且 $\|L_a^*\| = \|L_a\|$，这里 $L_a^*: A^* \to A^*$，

$$(L_a^* f)(b) = f(ab), \ \forall b \in A, \ f \in A^*.$$

今设 $a \in A$，使得 $\|e \pm a\| \leqslant 1$，于是，

$$\|L_e^* \pm L_a^*\| \leqslant 1,$$

这里 L_e^* 是 A^* 中的恒等算子. 对任意的 $f \in A^*$，令

$$f_1 = (L_e^* + L_a^*)f, \ f_2 = (L_e^* - L_a^*)f,$$

则 $\|f_i\| \leqslant \|f\|$，$i = 1,2$，及 $2f = f_1 + f_2$. 当 f 是 A^* 的单位球的端点时，将有 $f = f_1 = f_2$，因此，$L_a^* f = 0$. 依 Krein-Milmann 定理及 A^* 的单位球的弱$*$紧性，A^* 的单位球等于其端点全体的弱$*$凸闭包. 由此可见，$L_a^* = 0, a = 0$.

前一段的论证说明：若 $a \in A$，满足 $\|e \pm a\| \leqslant 1$，则必有 $a = 0$. 今若

$$e = tb + (1-t)c, \ \|b\| \leqslant 1, \ \|c\| \leqslant 1, \ 0 < t \leqslant 1/2,$$

令

$$c' = c, \ b' = 2tb + (1-2t)c, \ a = e - b',$$

则

$$\|e - a\| = \|b'\| \leqslant 1, \ \|e + a\| = \|c\| \leqslant 1,$$

因此，$a = 0$，$e = b = c$. 从而，e 是 S 的端点. 证毕.

注 本定理属于 Kakutani. 如果 A 是 c^* 代数，S 有端点，则 A 必有单位元. 但对于一般的 Banach 代数，这未必成立(见[51]).

下面举出几个 Banach 代数的例子.

例 1 设 X 是 Banach 空间，$B(X)$ 表示 X 中有界线性算子的全体，依算子的范数，$B(X)$ 自然地成为有单位元的 Banach 代数.

例 2 设 Ω 是紧 Hausdorff 空间，$C(\Omega)$ 表示 Ω 上复值连续函数的全体，依极大模的范数，$C(\Omega)$ 自然地成为有单位元的交

换 Banach 代数。

例 3 设 $A(D)$ 为在开单位圆 D 中解析，并且在闭单位圆 $\bar{D}$ 上连续的函数全体，依极大模的范数，$A(D)$ 是有单位元的交换 Banach 代数，称之为 Disk 代数。

例 4 设 Γ 是单位圆周，Γ 上的 Hardy 空间定义为

$$H^p(\Gamma)=\left\{f\in L^p(\Gamma)\left|\int_0^{2\pi}f(e^{i\theta})e^{in\theta}d\theta=0,\ \forall n>0\right.\right\}.$$

这里 $L^p(\Gamma)$中的测度是 Lebesgue 测度，$1\leqslant p\leqslant\infty$。可以证明

$$H^\infty(\Gamma)\subset\cdots\subset H^p(\Gamma)\subset\cdots\subset H^1(\Gamma),$$

以及对于 $1\leqslant p<\infty$，$H^p(\Gamma)$ 是 $\{e^{in\theta}|n\geqslant 0\}$ 在 $L^p(\Gamma)$ 中张成的线性闭子空间；对于 $p=\infty$，$H^\infty(\Gamma)$ 是 $\{e^{in\theta}|n\geqslant 0\}$ 在 $L^\infty(\Gamma)$ 中张成的线性弱*闭子空间(注意，$L^1(\Gamma)^*=L^\infty(\Gamma)$)。

关于它们进一步的性质，有兴趣的读者可以参看 [24]。

现在，我们来指出，$H^\infty(\Gamma)$ 对于函数的乘法是封闭的。

首先注意这样的事实，设 $\varphi\in L^\infty(\Gamma)$，$M_\varphi$ 表示 $L^2(\Gamma)$ 中乘以φ的算子，则当且仅当 $M_\varphi H^2(\Gamma)\subset H^2(\Gamma)$，$\varphi\in H^\infty(\Gamma)$。

事实上，如果 $M_\varphi H^2(\Gamma)\subset H^2(\Gamma)$，由于 $1\in H^2(\Gamma)$，因此，$M_\varphi 1=\varphi\in H^2(\Gamma)$。又 $\varphi\in L^\infty(\Gamma)$，所以，$\varphi\in H^\infty(\Gamma)$。反之，如果 $\varphi\in H^\infty(\Gamma)$，则

$$\varphi e^{in\theta}\in H^2(\Gamma),\ \forall n\geqslant 0,$$

因此，$M_\varphi\{e^{in\theta}|n\geqslant 0\}\subset H^2(\Gamma)$，即得 $M_\varphi H^2(\Gamma)\subset H^2(\Gamma)$。

今若 $\varphi,\psi\in H^\infty(\Gamma)$，依上面所证明的事实，

$$M_{\varphi\psi}H^2(\Gamma)=M_\varphi(M_\psi H^2(\Gamma))\subset H^2(\Gamma).$$

又 $\varphi\psi\in L^\infty(\Gamma)$，因此，$\varphi\psi\in H^\infty(\Gamma)$。

由此可知，依本质上界(关于 Lebesgue 测度)的范数，$H^\infty(\Gamma)$ 是有单位元的交换 Banach 代数。

例 5 Wiener 环

$$W=\left\{f(t)=\sum_{k\in\mathbf{Z}}\alpha_k e^{ikt}\left|\sum_{k\in\mathbf{Z}}|\alpha_k|<\infty\right.\right\},\ (0\leqslant t\leqslant 2\pi),$$

即W为绝对收敛的三角级数全体。依

$$\|f\| = \sum_{k\in Z} |\alpha_k|,$$

W是有单位元的交换 Banach 代数.

显然,W等距同构于 $l^1(Z)$, 这里 $l^1(Z)$ 中的乘法定义为

$$(\alpha_k)\cdot(\beta_k) = \left(\sum_{n\in Z} \alpha_{k-n}\beta_n\right).$$

例 6 在 $L^1(R)$ 中以卷积为乘法

$$(f*g)(s) = \int_{-\infty}^{\infty} f(t)g(s-t)dt,$$

则 $L^1(R)$ 是交换的 Banach 代数(注意 Fubini 定理),但它没有单位元.

更一般地,设G是局部紧的拓扑群,μ是G上左不变的 Haar 测度,在 $L^1(G) = L^1(G,\mu)$ 中以卷积为乘法

$$(f*g)(s) = \int_G f(t)g(t^{-1}s)d\mu(t),$$

则 $L^1(G)$ 是 Banach 代数,它称为G的群代数.

例 7 设S是半群, $\alpha(\cdot)$ 是S上的正值函数,并满足

$$\alpha(st) \leqslant \alpha(s)\alpha(t), \quad \forall s,t\in S.$$

记 $l^1(S,\alpha)$ 为S上满足下面条件的复值函数f的全体,

$$\sum_{s\in S} |f(s)|\alpha(s) < \infty.$$

依卷积,

$$(f*g)(s) = \begin{cases} \sum\limits_{tu=s} f(t)g(u) \\ 0, 如\ tu = s\ 无解 \end{cases}$$

为乘积,及 $\|f\| = \sum\limits_{s\in S} |f(s)|\alpha(s)$; $l^1(S,\alpha)$ 将成为 Banach 代数.

当 $\alpha = 1$, 记 $l^1(S) = l^1(S,1)$, 称为S的离散半群代数.

§2. 谱与谱半径

设A是 Banach 代数。

定义 1.2.1 对 $x\in A$，称 $\nu(x)=\inf\limits_n\|x^n\|^{1/n}$ 为 x 的谱半径.

命题 1.2.2 $\nu(x)=\lim\limits_n\|x^n\|^{1/n}\leqslant\|x\|$.

证 无妨设 $x\neq 0$. 对任意的 $\varepsilon>0$，选定正整数 m，使得

$$\|x^m\|^{1/m}\leqslant\nu(x)+\varepsilon.$$

任意的正整数 n 可唯一地写作 $n=pm+q$，这里 $0\leqslant q\leqslant m-1$. 显然当 $n\to+\infty$ 时，$p\to+\infty$，及 $\frac{mp}{n}\to 1$，于是

$$\begin{aligned}\|x^n\|^{1/n}&=\|x^{mp}\cdot x^q\|^{1/n}\leqslant\|x^m\|^{p/n}\cdot\|x\|^{q/n}\\&\leqslant(\nu(x)+\varepsilon)^{pm/n}\|x\|^{q/n}\to\nu(x)+\varepsilon,\end{aligned}$$

即$\overline{\lim\limits_n}\|x^n\|^{1/n}\leqslant\nu(x)+\varepsilon$. 另一方面，$\|x^n\|^{1/n}\geqslant\nu(x)$，$\forall n$，从而，

$$\nu(x)\leqslant\underline{\lim_n}\|x^n\|^{1/n}\leqslant\overline{\lim_n}\|x^n\|^{1/n}\leqslant\nu(x)+\varepsilon,$$

$\varepsilon>0$ 是任意的，因此得证.

命题 1.2.3 $\nu(\alpha x)=|\alpha|\nu(x)$，$\nu(x^k)=\nu(x)^k$，$\nu(xy)=\nu(yx)$，$\forall x,y\in A$，$\alpha\in\mathbf{C}$ 及正整数 k.

事实上，只须注意

$$\|(xy)^n\|^{1/n}\leqslant\|x\|^{1/n}\cdot\|(yx)^{n-1}\|^{1/n}\cdot\|y\|^{1/n},\ \forall n,$$

即可得证.

命题 1.2.4 设 $xy=yx$，则

$$\nu(xy)\leqslant\nu(x)\nu(y),\quad \nu(x+y)\leqslant\nu(x)+\nu(y).$$

证 第一个不等式由 $xy=yx$ 是显然的.

今取 $\alpha>\nu(x)$，$\beta>\nu(y)$，令 $a=x/\alpha$，$b=y/\beta$，于是

$$\|(x+y)^n\|=\left\|\sum_{k=0}^n c_n^k x^k y^{n-k}\right\|$$

$$\leqslant \sum_{k=0}^{n} c_n^k \alpha^k \beta^{n-k} \|a^k\| \cdot \|b^{n-k}\|.$$

对每个 n，选 n', n''，使得 $n = n' + n''$，并且

$$\|a^{n'}\| \cdot \|b^{n''}\| = \max_{0 \leqslant k \leqslant n} \|a^k\| \cdot \|b^{n-k}\|,$$

从而，

$$\|(x+y)^n\|^{1/n} \leqslant (\alpha+\beta)\|a^{n'}\|^{1/n} \cdot \|b^{n''}\|^{1/n}. \tag{1}$$

选子列 $\{n_m\}$，使得 $\delta = \lim_m n_m^{-1} n_m'$ 存在。自然 $0 \leqslant \delta \leqslant 1$，及 $\lim_m n_m^{-1} n_m'' = 1 - \delta$。

如果 $\delta \neq 0$，则 $n_m' \to \infty$，从而

$$\lim_m \|a^{n_m'}\|^{1/n_m} = \nu(a)^\delta = \left(\frac{\nu(x)}{\alpha}\right)^\delta \leqslant 1.$$

如果 $\delta = 0$，则 $\lim_m \|a^{n_m'}\|^{1/n_m} \leqslant \lim_m \|a\|^{n_m'/n_m} = 1$. 无论何种情形，我们都有

$$\lim_m \|a^{n_m'}\|^{1/n_m} \leqslant 1, \quad \lim_m \|b^{n_m''}\|^{1/n_m} \leqslant 1.$$

因此依(1)，$\nu(x+y) \leqslant \alpha + \beta$. 进而

$$\nu(x+y) \leqslant \nu(x) + \nu(y).$$

证毕.

命题 1.2.5 设 A 有单位元 e，及 $a \in A$.

(1) 如果 $|\lambda| > \nu(a)$，则 $(a - \lambda e)$ 在 A 中有逆，并且

$$(a - \lambda e)^{-1} = -\left(\lambda^{-1} e + \sum_{n=1}^{\infty} \lambda^{-n-1} a^n\right).$$

等式右边的级数依范数绝对收敛；

(2) 如果 $\nu(e - a) < 1$，则 a 有逆，并且可表示成依范数绝对收敛的级数

$$a^{-1} = e + \sum_{n=1}^{\infty} (e - a)^n;$$

(3) 如果 $(a - \lambda_0 e)$ 有逆，当

$$|\lambda-\lambda_0|<\frac{1}{\nu((a-\lambda_0 e)^{-1})}$$

时，$(a-\lambda e)$ 也有逆，并且可表示成依范数绝对收敛的级数

$$(a-\lambda e)^{-1}=\sum_{n=0}^{\infty}(\lambda-\lambda_0)^n(a-\lambda_0 e)^{-n-1}.$$

证 (1) 取 $\varepsilon>0$，使得 $\lambda^{-1}(\nu(a)+\varepsilon)<1$. n 充分大，有 $\|a^n\|\leqslant(\nu(a)+\varepsilon)^n$，从而

$$\lambda^{-n}\|a^n\|\leqslant\left(\frac{\nu(a)+\varepsilon}{\lambda}\right)^n,$$

因此，级数 $\left(\sum_n \lambda^{-n-1}a^n\right)$ 依范数绝对收敛.进而可直接验证 $(a-\lambda e)^{-1}$ 的表达式.

(2) 是 (1) 的特例. (3) 的证明与 (1) 相仿. 证毕.

定义 1.2.6 设 A 是有单位元 e 的 Banach 代数，$a\in A$，称

$$\sigma(a)=\{\lambda\in\mathbf{C}\,|\,(a-\lambda e)\ \text{在}\ A\ \text{中无逆}\}$$

为 a 的谱集.

定理 1.2.7 设 A 是有单位元 e 的 Banach 代数，$a\in A$。

(1) $(\mathbf{C}\backslash\sigma(a))$ 是包含 $\{\lambda\in\mathbf{C}\,|\,|\lambda|>\nu(a)\}$ 的开子集，并且 $(a-\lambda e)^{-1}$ 是(取值于 A 的) $(\mathbf{C}\backslash\sigma(a))$ 中的解析函数(参见本节附录)；

(2) $\sigma(a)$ 是 $\mathbf{C}$ 的非空有界闭子集，并且

$$\nu(a)=\max\{|\lambda|\,|\,\lambda\in\sigma(a)\}.$$

证 (1) 由命题 1.2.5 立见.

(2) 若 $\sigma(a)=\phi$，则 $(a-\lambda e)^{-1}$ 是 $\mathbf{C}$ 上的解析函数，于是

$$\int_\Gamma(a-\lambda e)^{-1}d\lambda=0,$$

这里 Γ 是以 0 为中心充分大的圆周. 另一方面，依命题 1.2.5 的 (1)，这个积分应当是 $-2\pi ie$. 矛盾. 因此，$\sigma(a)$ 是 $\mathbf{C}$ 的非空紧子集.

此外，如果对某 $\varepsilon > 0$，有 $|\lambda| < \nu(a) - \varepsilon$，$\forall \lambda \in \sigma(a)$，取 Γ 是以 0 为中心、$(\nu(a) - \varepsilon)$ 为半径的圆周，Γ' 是以 0 为中心，$(\nu(a) + \varepsilon)$ 为半径的圆周，由命题 1.2.5 的 (1)，对任意的 n 有

$$\frac{-1}{2\pi i}\int_{\Gamma}(a - \lambda e)^{-1}\lambda^n d\lambda = \frac{-1}{2\pi i}\int_{\Gamma'}(a - \lambda e)^{-1}\lambda^n d\lambda = a^n.$$

因此，$\|a^n\| \leqslant (\nu(a) - \varepsilon)^{n+1}\max\limits_{\lambda \in \Gamma}\|(a - \lambda e)^{-1}\|$，于是得到 $\nu(a) \leqslant \nu(a) - \varepsilon$，这不可能，所以

$$\nu(a) = \max\{|\lambda| \mid \lambda \in \sigma(a)\}.$$

证毕.

注 本定理是 Banach 代数理论的最重要结果之一. 它首先由 A. Beurling 对特殊类型的 Banach 代数所证明，一般情形为 I. M. Gelfand 用函数论方法给出 ([18])，这里的基本证明属于 C. E. Rickart ([47]).

命题 1.2.8 设 A 是有单位元 e 的 Banach 代数，$a \in A$，U 是 $\mathbf{C}$ 的开子集，使得 $\sigma(a) \subset U$，则有 $\delta > 0$，使得对任意的 $b \in A$，只要 $\|b - a\| < \delta$，就有 $\sigma(b) \subset U$。

证 依命题 1.2.7 的(1)，$\max\limits_{\lambda \notin U}\|(a - \lambda e)^{-1}\| = K < \infty$. 取 $\delta > 0$，使得 $\delta K < 1$. 今若 $\|b - a\| < \delta$ 及 $\lambda \notin U$，

$$b - \lambda e = (a - \lambda e) + (b - a) = (a - \lambda e)[e + (a - \lambda e)^{-1}(b - a)]$$

但 $\|(a - \lambda e)^{-1}(b - a)\| < \delta K < 1$，因此，$\lambda \notin \sigma(b)$. 证毕.

命题 1.2.9 设 A 是有单位元 e 的 Banach 代数，$p(\cdot)$ 是多项式，则对于任意的 $a \in A$，有

$$\sigma(p(a)) = p(\sigma(a)).$$

证 设 $p(z) - \lambda = \beta(z - \alpha_1)\cdots(z - \alpha_k)$，$\beta \neq 0$，于是，$p(a) - \lambda e = \beta(a - \alpha_1 e)\cdots(a - \alpha_k e)$. 从而

$$\begin{aligned}\lambda \in \sigma(p(a)) &\Longleftrightarrow \text{对某 } i,\ (a - \alpha_i e) \text{ 无逆}\\ &\Longleftrightarrow \text{对某} i,\ \alpha_i \in \sigma(a)\ (\text{注意 } \alpha_i \text{ 的定义})\\ &\Longleftrightarrow \lambda = p(\alpha),\ \text{而 } \alpha \in \sigma(a),\end{aligned}$$

即说明，$\sigma(p(a))=p(\sigma(a))$. 证毕.

下面,我们来研究这样的问题,如果 A 是有单位元 e 的 Banach 代数，B 是 A 的包含 e 的闭子代数，$b\in B$，那末 $\sigma_B(b)$ 与 $\sigma(b)=\sigma_A(b)$ 之间有什么关系?

命题 1.2.10 A,B,b 如上,则

$$\sigma(b)\subset\sigma_B(b),\quad \partial\sigma_B(b)\subset\partial\sigma(b),$$

这里对 C 的任意子集 E，记 ∂E 为 E 的边界.

证 显然有 $\sigma(b)\subset\sigma_B(b)$. 今若 $\lambda\in\partial\sigma_B(b)$，将有 $\lambda_n\notin\sigma_B(b)\to\lambda$. 这时如果 $\lambda\notin\sigma(b)$，记

$$a_n=b-\lambda_n e,\quad a=b-\lambda e,\quad c_n=a_n a^{-1}.$$

显然，$c_n\to e$. n 充分大,可设 $\|c_n-e\|<1/2$. 于是

$$\|c_n^{-1}\|=\left\|\sum_{k=0}^{\infty}(e-c_n)^k\right\|<2,$$

$$\|e-c_n^{-1}\|=\|c_n^{-1}(c_n-e)\|<2\|c_n-e\|\to 0,$$

所以，$a_n^{-1}\to a^{-1}=(b-\lambda e)^{-1}$. 但 $a_n^{-1}=(b-\lambda_n e)^{-1}\in B$，因此，$(b-\lambda e)^{-1}\in B$. 这与 $\lambda\in\partial\sigma_B(b)\subset\sigma_B(b)$ 相矛盾. 因此，$\lambda\in\sigma(b)$. 另一方面，$\lambda_n\notin\sigma_B(b)$，也有 $\lambda_n\notin\sigma(b)$，$\forall n$，所以，$\lambda\in\partial\sigma(b)$. 证毕.

命题 1.2.11 A,B,b 如前,如果 B 是极大交换的,或者 $(b-\lambda e)^{-1}\in B$，$\forall\lambda\notin\sigma(b)$，则 $\sigma_B(b)=\sigma(b)$.

证 对于后一情形,结论是显然的.今若 B 极大交换，$c\in B$，于是 $bc=cb$. 进而，$(b-\lambda e)^{-1}c=c(b-\lambda e)^{-1}$, $\forall\lambda\notin\sigma(b)$. c 是任意的，及 B 是极大交换的,因此，$(b-\lambda e)^{-1}\in B$，$\forall\lambda\notin\sigma(b)$. 这又化归为后一情形. 证毕.

定理 1.2.12 设 A 是有单位元 e 的 Banach 代数，$a\in A$，则对于 A 的包含 $\{a,e\}$ 的任意闭子代数 B，有 $\sigma_B(a)=\sigma(a)$，必须且只须，$\sigma(a)$ 不分割复平面,换言之，$(\mathbb{C}\backslash\sigma(a))$ 是连通的[1].

---

1) 拓扑空间称为连通的，指它不能表示成两个相互不相交的既闭又开子集的并. 拓扑空间 X 称为道路连通的,指对于任何的 $x,y\in X$，存在[0,1]到 X 的连续映象 α，使得 $\alpha(0)=x$，$\alpha(1)=y$. 道路连通的必然是连通的，但反之未必. 对于复平面的开子集,这两个概念是一样的.

证 充分性 设有A的闭子代数 B, $\{a, e\}\subset B$, 使得 $\sigma(a)\subsetneqq\sigma_B(a)$. 取 $\lambda\in\sigma_B(a)\backslash\sigma(a)$, 依命题 1.2.10, $\lambda\notin\partial\sigma_B(a)$, 因此, λ 是 $\sigma_B(a)$的内点. 由于 $\sigma(a)$ 不分割复平面,可以引一条从λ到∞的曲线 γ, 使得 $\gamma\cap\sigma(a)=\phi$. 另一方面, λ 是 $\sigma_B(a)$ 的内点,必然 $\gamma\cap\partial\sigma_B(a)\neq\phi$. 这将与 $\partial\sigma_B(a)\subset\partial\sigma(a)$ 相矛盾.

必要性 设u是 $(\mathbf{C}\backslash\sigma(a))$ 的无界连通分量. 如果 $\lambda\in\sigma(a)$, 依命题 1.2.9,

$$|p(\lambda)|\leqslant\nu(p(a))\leqslant\|p(a)\|,$$

如果 $\lambda\in(\mathbf{C}\backslash\sigma(a))$ 的某个有界连通分量 v, 依极大模原理,

$$|p(\lambda)|\leqslant\max\{|p(\mu)|\,|\,\mu\in\partial v\}\leqslant\nu(p(a))\leqslant\|p(a)\|.$$

总之对任意的多项式 $p(\cdot)$, 有

$$|p(\lambda)|\leqslant\|p(a)\|,\quad\forall\lambda\notin u. \tag{1}$$

今若 $\sigma(a)$ 分割复平面,可取 $\lambda\notin u\cup\sigma(a)$. 命$B$是由 $\{a,e\}$ 生成的闭子代数,依条件, $\sigma(a)=\sigma_B(a)$, 因此, $(a-\lambda e)^{-1}\in B$, 即有多项式列 $\{p_n(\cdot)\}$, 使得 $p_n(a)\to(a-\lambda e)^{-1}$. 令

$$q_n(\mu)=1+\lambda p_n(\mu)-\mu p_n(\mu),\quad\forall\mu\in\mathbf{C},$$

于是,

$$q_n(a)\to e+\lambda(a-\lambda e)^{-1}-a(a-\lambda e)^{-1}=0,$$

因此依(1), $|q_n(\mu)|\leqslant\|q_n(a)\|\to0, \forall\mu\notin u$. 但显然有 $q_n(\lambda)=1$, $\forall n$, 矛盾. 因此, $\sigma(a)$ 不能分割复平面. 证毕.

注 依命题 1.2.10 及 1.2.11, 本定理有如下的等价形式. 如果C是由 $\{a,e\}$ 生成的闭子代数,则 $\sigma_C(a)=\sigma(a)\Longleftrightarrow\forall\lambda\notin\sigma(a)$, 存在多项式列 $\{p_n(\cdot)\}$, 使得 $p_n(a)\to(a-\lambda e)^{-1}\Longleftrightarrow\sigma(a)$ 不分割复平面.

命题 1.2.13 设A是有单位元e的 Banach 代数, $p\in A$ 满足 $0\neq p=p^2\neq e$, 令 $B=pAp$, 则

$$\{0\}\cup\sigma_B(b)=\sigma(b),\quad\forall b\in B.$$

证 设 $\lambda\notin\sigma(b), c=(b-\lambda e)^{-1}$, 于是

$$\begin{aligned}p&=pc(b-\lambda e)p=pcp\cdot(b-\lambda p)\\&=p(b-\lambda e)cp=(b-\lambda p)\cdot pcp,\end{aligned}$$

即 $\lambda \notin \sigma_B(b)$，因此，$\sigma_B(b) \subset \sigma(b)$.

今若 $0 \neq \lambda \notin \sigma_B(b)$，记 $(b-\lambda p)^{-1} = c(\in B)$，及 $d = \lambda c + p(\in B)$，则

$$(d-p)(\lambda^{-1}b-p) = (\lambda^{-1}b-p)(d-p) = p,$$

$$\lambda^{-1}bd - d - \lambda^{-1}b = \lambda^{-1}db - d - \lambda^{-1}b = 0,$$

因此，$(e-\lambda^{-1}b)(e-d) = (e-d)(e-\lambda^{-1}b) = e$，即 $\lambda \notin \sigma(b)$.

今只须证 $0 \in \sigma(b)$. 若不然，则

$$p = p(bb^{-1}) = (pb)b^{-1} = bb^{-1} = e,$$

矛盾. 证毕.

前面，我们讨论元素的谱时，都假定了存在单位元. 对无单位元情形，我们作如下的规定.

定义 1.2.14 如果 A 是没有单位元的 Banach 代数，$A_1 = A \dotplus \mathbb{C}$ 如命题 1.1.2 所述. 对 $a \in A$，我们称 $\sigma(a) = \sigma_{A_1}(a)$ 为 a 的谱集.

命题 1.2.15 设 A 是 Banach 代数(无论有否单位元)，$A_1 = A \dotplus \mathbb{C}$，$a \in A$，则

$$\sigma_{A_1}(a) = \{0\} \cup \sigma(a).$$

证 如果 A 有单位元，依命题 1.2.13 立见. 如果 A 没有单位元，依定义 1.2.14，$\sigma(a) = \sigma_{A_1}(a)$. 这时显然也有 $0 \in \sigma(a)$. 证毕.

附录 矢值解析函数

定义 1 从复平面的开子集 U 到 Banach 空间 X 中的(矢值)函数 $x(\cdot)$，称为弱解析的，指对任意的 $f \in X^*$，$f(x(\cdot))$ 是 U 中的(复值)解析函数；$x(\cdot)$ 称为强解析的，指对于任意的 $z \in U$，$x(\cdot)$ 在 z 处强可导，即存在 $x'(z) \in X$，使得

$$\lim_{\Delta z \to 0} \left\| \frac{x(z+\Delta z) - x(z)}{\Delta z} - x'(z) \right\| = 0.$$

定理 2 “弱解析”等价于“强解析”.

证 自然“强解析”必然“弱解析”. 今设 $x(\cdot)$ 在 U 中是弱解

析的. 对于任意固定的 $z\in U$, $z+\Delta z\in U$, 取U中可度长的围道Γ包围 z, $z+\Delta z$, 于是依 Cauchy 公式, 对任意的 $f\in X^*$,

$$f(x(z))=\frac{1}{2\pi i}\int_\Gamma \frac{f(x(w))}{w-z}dw,$$

$$f(x(z+\Delta z))=\frac{1}{2\pi i}\int_\Gamma \frac{f(x(w))}{w-(z+\Delta z)}dw,$$

$$\frac{d}{dz}f(x(z))=\frac{1}{2\pi i}\int_\Gamma \frac{f(x(w))}{(w-z)^2}dw,$$

因此,

$$\frac{1}{\Delta z}[f(x(z+\Delta z))-f(x(z))]-\frac{d}{dz}f(x(z))$$

$$=\frac{\Delta z}{2\pi i}\int_\Gamma \frac{f(x(w))}{(w-z)^2(w-z-\Delta z)}dw.$$

对每个 $f\in X^*$, $f(x(w))$ 是Γ上的有界函数, 依一致有界定理, $\sup\{\|x(w)\| \mid w\in\Gamma\}=K<\infty$. 于是

$$\left|\frac{1}{\Delta z}[f(x(z+\Delta z))-f(x(z))]-\frac{d}{dz}f(x(z))\right|$$

$$\leqslant\frac{|\Delta z|}{2\pi}\cdot\|f\|\cdot K\cdot\Gamma\text{ 的长度}$$

$$\cdot\sup_{w\in\Gamma}(|w-z|^{-2}\cdot|w-z-\Delta z|^{-1})$$

$$\to 0\ (\text{当 }\Delta z\to 0),\text{ 且对 }\|f\|\leqslant 1\text{ 一致}.$$

这表明当 $\Delta z\to 0$ 时 $\frac{1}{\Delta z}[x(z+\Delta z)-x(z)]$ 是依范数的基本列,即 $x(\cdot)$ 在 z 处强可导. 证毕.

下面,我们简单地称强解析或弱解析的(矢值)函数为解析的.

定理 3 (Liouville) 设 $x(\cdot)$ 是 C 到 Banach 空间X中的解析函数,并且有界,则有X的固定元 x_0, 使得 $x(z)=x_0,\forall z\in\mathbf{C}$.

证 若有 $x(z_1)\neq x(z_2)$, 自然可取 $f\in X^*$, 使得 $f(x(z_1))\neq f(x(z_2))$. 但 $f(x(\cdot))$ 是 C 上的有界整函数, 应当是常数, 矛盾. 证毕.

定理 4 (Cauchy) 设 Γ 是复平面中可度长的封闭曲线，它围成区域 U. $x(\cdot)$ 是取值于 Banach 空间 X 而在 U 中解析的函数，并且在 $\overline{U}$ 上是连续的，则 $\int_\Gamma x(z)dz=0$，这里积分依 Riemann 意义.

事实上，$x(\cdot)$ 在 Γ 上一致连续，又 Γ 可度长，因此，积分存在，又显然

$$f\left(\int_\Gamma x(z)dz\right)=\int_\Gamma f(x(z))dz=0,\ \forall f\in X^*.$$

证毕.

定理 5 设 $x(\cdot):U\to X$ 是解析的，$z\in U$，Γ 是 U 中包围 z 的可度长封闭曲线，则对任意的正整数 n，$x(\cdot)$ 在 z 处是 n 次强可导的(换言之，$x^{(n)}(\cdot):U\to X$ 也是解析的)，并且

$$x^{(n)}(z)=\frac{n!}{2\pi i}\int_\Gamma\frac{x(w)}{(w-z)^{n+1}}dw.$$

证 对任意的 $f\in X^*$，$f(x'(z))=f'(x(z))$ 是 U 中的解析函数，因此，$x'(\cdot)$ 是 U 中弱解析函数. 依定理 2，$x'(\cdot)$: $U\to X$ 是解析的. 递推可见，$x^{(n)}(\cdot):U\to X$ 也是解析的. 此外，对任意的 $f\in X^*$，

$$f(x^{(n)}(z))=f^{(n)}(x(z))=\frac{n!}{2\pi i}\int_\Gamma\frac{f(x(w))}{(w-z)^{n+1}}dw.$$

证毕.

定理 6 (Taylor 展开) 如果 $x(\cdot)$ 是取值于 Banach 空间 X 而在 $\{z\,|\,|z-z_0|<r\}$ 中解析，则有 Taylor 展开

$$x(z)=\sum_{n=0}^{\infty}\frac{x^{(n)}(z_0)}{n!}(z-z_0)^n,\ \forall|z-z_0|<r,$$

并且级数依范数是绝对收敛的，同时在 $\{z\,|\,|z-z_0|<r\}$ 的任意紧子集上依范数绝对一致收敛. 反之，如果 $x(z)$ 在 $\{z\,|\,|z-z_0|<r\}$ 中可以表示成依范数绝对收敛的级数

$$x(z)=\sum_{n=0}^{\infty}a_n(z-z_0)^n,$$

则 $x(\cdot)$ 在 $\{z \mid |z-z_0|<r\}$ 中是解析的,并且 $a_n = x^{(n)}(z_0)/n!$, $\forall n$.

证 设 $0<\rho<\rho_1<r, K=\sup\{\|x(z)\| \mid |z-z_0|=\rho_1\}$, 依定理 5, $\|x^{(n)}(z_0)\| \leqslant Kn!\rho_1^{-n}$. 由此可见,级数

$$\sum_{n=0}^{\infty} \frac{1}{n!} x^{(n)}(z_0)(z-z_0)^n$$

在圆 $\{z \mid |z-z_0| \leqslant \rho\}$ 中依范数绝对一致收敛,再把通常的 Taylor 展开及幂级数理论用于 $f(x(\cdot))(\forall f \in X^*)$, 即可得到证明.

定理 7 (Laurent 展开) 设 $x(\cdot)$ 取值于 Banach 空间 x 而在环形区域 $\{z \mid \rho_1<|z-z_0|<\rho_2\}$ 中解析, 则在这环形区域中, $x(\cdot)$ 可表示成依范数收敛的级数

$$x(z)=\sum_{n=-\infty}^{\infty} a_n(z-z_0)^n,$$

其中

$$a_n=\frac{1}{2\pi i}\int_{\Gamma} x(w)(w-z_0)^{-n-1} dw, \quad \forall n \in \mathbf{Z},$$

这里 Γ 是环形区域中任意的环绕圆周 $|z-z_0|=\rho_1$ 一周的封闭可度长曲线. 此外, 这个级数在环形区域的任何紧子集上依范数绝对一致收敛.

证 显然 Γ 可代以任意的圆周 $|z-z_0|=\rho$, $\rho_1<\rho<\rho_2$, 于是

$$\|a_n\| \leqslant K_\rho \rho^{-n}, \quad \forall n \in \mathbf{Z},$$

这里 $K_\rho=\max\{\|x(w)\| \mid |w-z_0|=\rho\}$. 于是对于 $\rho_1+\varepsilon \leqslant |z-z_0| \leqslant \rho_2-\varepsilon$,

$$\begin{aligned}
&\sum_{n=-\infty}^{\infty} \|a_n\| \cdot |z-z_0|^n \\
&\leqslant \sum_{n>0}\left[\left(\frac{\rho_2-\varepsilon}{\rho'}\right)^n K_{\rho'}\right. \\
&\qquad \left.+\left(\frac{\rho''}{\rho_1+\varepsilon}\right)^n K_{\rho''}\right].
\end{aligned}$$

若取 $(\rho_2-\varepsilon)<\rho'<\rho_2$，$\rho_1<\rho''<(\rho_1+\varepsilon)$，即见级数

$$\sum_{n=-\infty}^{\infty} a_n(z-z_0)^n$$

在环形区域的任何紧子集上依范数绝对一致收敛．再把通常的 Laurent 展开理论用于 $f(x(\cdot))(\forall f\in X^*)$，即可得到证明．

注　在定理 7 的条件下，特别有

$$\int_\Gamma x(w)dw=2\pi i a_{-1},$$

它是通常留数定理的推广．

§3. 可逆元群及其主分量

设 A 是有单位元 e 的 Banach 代数．

定义 1.3.1　记

$G=G(A)=\{a\in A\,|\,0\notin\sigma(a)\}$；

$G_l=\{a\in A\,|\,a\notin G$，但 a 有左逆，即有 $b\in A, ba=e\}$；

$G_r=\{a\in A\,|\,a\notin G$，但 a 有右逆$\}$．

$G(A)$ 也记作 A^{-1}，是 A 的可逆元群．

定理 1.3.2　(1) G, G_l, G_r 是 A 的互不相交的开子集；

(2) $a\to a^{-1}$ 是 G 上的同胚映象，由此，G 依范数是拓扑群[1]．

证　(1) 设 $a\in G_l$，因此有 $b\in A$，使得 $ba=e$．如果 $\|x-a\|<\|b\|^{-1}$，则

$$1>\|b\|\cdot\|x-a\|\geqslant\|e-bx\|.$$

因此，$y=bx=e-(e-bx)\in G$．由此，x 有左逆 $(y^{-1}b)$．如果 x 还是可逆的，则 $b=yx^{-1}$ 也可逆．进而，$a\in G$，与 $a\in G_l$ 相矛盾．因此，x 不可逆，即 $x\in G_l$，这就证明了 G_l 是开子集．同样，G_r 是开子集．依命题 1.2.8，G 也是开子集．当然，三者是互不相交的．

---

1) G 称为拓扑群，指它是群，同时又是拓扑空间，使得 $G\times G\to G$ 的映象：$(a,b)\to ab$，以及 $G\to G$ 的映象：$a\to a^{-1}$ 都是连续的．

(2) 其证明实际上已包含在命题 1.2.10 的证明之中. 证毕.

命题 1.3.3 设 $\{x_n\}\subset G$, 且 $x_n\to x$.

(1) 如果 $\|x_n^{-1}\|\leqslant K,\forall n$, 则 $x\in G, x_n^{-1}\to x^{-1}$;

(2) 或者 $x\in G$ (这时 $\{\|x_n^{-1}\|\}$ 必有界); 或者有 $y_n\in A$, $\|y_n\|=1,\forall n$, 使得

$$xy_n\to 0,\ \ y_nx\to 0.$$

(这时 $\{\|x_n^{-1}\|\}$ 必无界).

证 (1) $\|x_n^{-1}-x_m^{-1}\|=\|x_n^{-1}(x_m-x_n)x_m^{-1}\|\leqslant K^2\|x_n-x_m\|\to 0$, 因此, 有 $y\in A$, 使得 $x_n^{-1}\to y$. 又 $x_n^{-1}x_n=x_nx_n^{-1}=e$, 由此, $xy=yx=e$, 即 $y=x^{-1}$.

(2) 如果 $x\in G$, 依定理 1.3.2, $x_n^{-1}\to x^{-1}$, 因此, $\{\|x_n^{-1}\|\}$ 有界. 今若 $x\notin G$,依(1),就不可能存在子列 $\{n_k\}$,使得 $\{\|x_{n_k}^{-1}\|\}$ 有界,即 $\|x_n^{-1}\|\to\infty$. 令

$$y_n=x_n^{-1}/\|x_n^{-1}\|,\ \ \forall n,$$

则 $\|y_n\|=1,\forall n$, 并且

$$\|xy_n\|\leqslant\frac{\|(x-x_n)x_n^{-1}\|}{\|x_n^{-1}\|}+\frac{x_nx_n^{-1}}{\|x_n^{-1}\|}$$

$$\leqslant\|x-x_n\|+\frac{\|e\|}{\|x_n^{-1}\|}\to 0.$$

相似地,$\|y_nx\|\to 0$. 证毕.

定义 1.3.4 拓扑群 $G=G(A)$ 的包含 e 的连通分量称为主分量,记作 $G_0=G_0(A)$.

定理 1.3.5 G_0 是 G 的既闭又开的正规子群; G 的任意连通分量[1]必有形式 $aG_0=G_0a$ (某 $a\in G$); 以及 G/G_0 依商拓扑[2]是离散群.

证 设 $a\in G$, 于是有以 a 为中心的某个开球 $U_a\subset G$, 自然 U_a 是连通的(事实上, U_a 是凸的, 从而是道路连通的), 因此,

---

1) 拓扑空间的子集称为连通的,指它作为拓扑子空间是连通的. 极大的连通子集称为连通分量. 每个连通分量必然是闭的.

2) G/G_0 的子集 $\tilde{U}$ 称为依商拓扑是开的,指 $q^{-1}(\tilde{U})$ 是 G 的开子集,这里 $q:G\to G/G_0$ 是商映象.

$U_a \subset G$ 的包含 a 的连通分量. 这表明 G 的每个连通分量是既闭又开的,特别 G_0 如此.

显然, $G = \bigcup\{aG_0 | a \in G\}$, 以及每个 aG_0 是 G 的既闭又开的连通子集. 今若 C 是 G 的连通分量且 $\supset aG_0$(某 $a \in G$),则 aG_0 与 $(C \backslash aG_0)$ 是 C 的两个互不相交的既闭又开的子集,但 C 是连通的,因此, $C \backslash aG_0 = \phi$, 即 $C = aG_0$.

今设 $a, b \in G_0$, 则 G 的连通分量 $aG_0 \supset \{ab, a\}$. 但 $a \in G_0$, a 与 ab 属于同一连通分量,因此, $ab \in G_0$. 相似地,由 $a^{-1}G_0 \supset \{e, a^{-1}\}$, $e \in G_0$, 可见 $a^{-1} \in G_0$, 所以, G_0 是 G 的子群. 此外,对于任何的 $a \in G$, $e \in$ 连通子集 aG_0a^{-1}, 因此, $G_0 \subset aG_0a^{-1}$. 进而可见, $aG_0a^{-1} = G_0$, $\forall a \in G$, 即 G_0 是 G 的正规子群.

最后,如果 $\widetilde{U}$ 是 G/G_0 的任意子集,设 $q: G \to G/G_0$ 是商映象,则

$$q^{-1}(\widetilde{U}) = \bigcup\{aG_0 | q(a) \in \widetilde{U}\},$$

但 aG_0 是 G 的开子集, 因此, $q^{-1}(\widetilde{U})$ 是 G 的开子集. 依商拓扑的定义, $\widetilde{U}$ 是 G/G_0 的开子集. 由此, G/G_0 是离散群. 证毕.

引理 1.3.6 设 $a \in A$, 满足 $\|e - a\| < 1$, 则有 $b \in A$, 使得

$$a = e^b = \sum_{n=0}^{\infty} \frac{b^n}{n!}.$$

证 若 $\lambda \in (0,1)$, 则

$$\begin{aligned}
1 - (1 - \lambda) &= e^{\log(1-(1-\lambda))} = e^{-\sum\limits_{n=1}^{\infty} \frac{(1-\lambda)^n}{n}} \\
&= \sum_{k=0}^{\infty} \frac{(-1)^k}{k!} \left(\sum_{n=1}^{\infty} \frac{(1-\lambda)^n}{n} \right)^k \\
&= 1 + \sum_{\substack{k \geq 1 \\ n_1, \cdots, n_k \geq 1}} \frac{(-1)^k}{k!} \cdot \frac{(1-\lambda)^{n_1 + \cdots + n_k}}{n_1 \cdots n_k} \\
&= 1 + \sum_{m=1}^{\infty} (1-\lambda)^m \sum_{k=1}^{m} \frac{(-1)^k}{k!}
\end{aligned}$$

$$= \sum_{\substack{n_1,\cdots,n_k\geq 1\\ n_1+\cdots+n_k=m}} \frac{1}{n_1\cdots n_k}.$$

比较 $(1-\lambda)$ 相同幂次的系数,可见

$$\sum_{k=1}^{m} \frac{(-1)^k}{k!} \sum_{\substack{n_1,\cdots,n_k\geq 1\\ n_1+\cdots+n_k=m}} \frac{1}{n_1\cdots n_k} = \begin{cases} -1, & \text{如果 } m=1, \\ 0, & \text{如果 } m>1, \end{cases}$$

因此,

$$a = \sum_{k=0}^{\infty} \frac{(-1)^k}{k!}\left(\sum_{n=1}^{\infty} \frac{(e-a)^n}{n}\right)^k = e^b,$$

其中 $b = \sum_{n=1}^{\infty} \frac{(e-a)^n}{n}$ (级数自然依范数绝对收敛). 证毕.

注 依本章§6, 本引理还可以有一个解析的证明.

定理 1.3.7

$$G_0 = \{e^{a_0}\cdots e^{a_n} \mid a_i \in A, 0 \leqslant i \leqslant n, n=0,1,\cdots\}.$$

特别地, G_0 还是道路连通的.

证 设 $x = e^{a_0}\cdots e^{a_n}$, 令

$$x(t) = e^{ta_0}\cdots e^{ta_n},$$

则 $x(t):[0,1] \to G$ 连续, $x(0)=e$, $x(1)=x$, 即 x 与 e 通过道路相连接, 因此, $x \in G_0$. 今记 $H = \{e^{a_0}\cdots e^{a_n} \mid a_i \in A\}$, 它是 G_0 的子群. 依引理 1.3.6, H 包含以 e 为中心、1 为半径的开球 V. 由此,如果 $x \in H$, 则 x 的邻域 $xV \subset H$, 即 H 为 G_0 的开子集. 另一方面, 如果 $x_n \in H \to x \in G_0$, 则 $x_n^{-1}x \to e$. 当 n 充分大时, $x_n^{-1}x \in V \subset H$. 从而, $x = x_n \cdot x_n^{-1}x \in H \cdot H = H$, 即 H 也是 G_0 的闭子集. 但 G_0 是连通的,因此, $H = G_0$. 证毕.

命题 1.3.8 设 $x \in G$ 是有限阶的 (即存在正整数 m, 使得 $x^m = e$), 则 $x \in G_0$.

证 令 $u_\lambda = \sum_{k=0}^{m-1} (\lambda-1)^k \cdot (\lambda x)^{m-k-1}$, 于是

$$\begin{aligned}(\lambda^m - (\lambda-1)^m)e &= \lambda^m x^m - (\lambda-1)^m e \\ &= (\lambda x - (\lambda-1)e)u_\lambda = u_\lambda(\lambda x - (\lambda-1)e),\end{aligned}$$

但只有有限个 λ 满足 $\lambda^m-(\lambda-1)^m=0$，因此，

$$\{\lambda|(\lambda x-(\lambda-1)e)\in G\}$$

是 C 的连通子集. 特别地，$x=1\cdot x-(1-1)e$ 与 $e=0\cdot x-(0-1)e$ 是连通的，因此，$x\in G_0$. 证毕.

命题 1.3.9 如果 A 是交换的，则 G 或者是连通的 ($=G_0$)，或者有无穷多个连通分量.

证 设 $x\in G\backslash G_0$，若有 $k>j$，使得 x^k 与 x^j 属于 G 的同一个连通分量，依定理 1.3.5 及 A 交换，则 $x^m\in G_0$，这里 $m=k-j$. 又依定理 1.3.7 及 A 交换，有 $v\in A$，使得 $x^m=e^v$. 令 $u=e^{\frac{v}{m}}$，则 $(u^{-1}x)^m=e$. 依命题 1.3.8，$u^{-1}x\in G_0$. 又 $u^{-1}\in G_0$，故 $x\in G_0$，这与 $x\in G\backslash G_0$ 相矛盾. 因此，$\{x^n|n=1,2,\cdots\}$ 属于 G 的不同的连通分量. 证毕.

§4. 理想与根基

§4.1 代数的理想与 Jacobson 根基

本小节中，我们设 A 仅仅是代数，并且未必有单位元.

定义 1.4.1 J 称为 A 的左(或右)理想，指 J 是 A 的线性子空间，$J\neq A$，并且 $AJ=\{ab|a\in A,\ b\in J\}\subset J$ (或 $JA\subset J$). 如果 J 既是左的又是右的理想，则称为双侧理想.

如果 A 无单位元，自然可以考虑 $A_1=A\dotplus\mathbf{C}$，若 L 是 A 的左理想，我们希望扩张 L 为 A_1 的左理想而不被 A 所包含. 这样最小的扩张应当对于某个元 $u\in A$，有形式

$$L_1=L\dotplus(1-u)\mathbf{C},$$

于是要求 $A_1L_1\subset L_1$. 特别地，$AL_1\subset L$，即 $(a-au)\in L,\forall a\in A$. 因此，我们引入

定义 1.4.2 A 的左理想 L 称为正则的，指有 $u\in A$，使得 $(a-au)\in L$，$\forall a\in A$. 这时 u 称为 L 的模单位元，当然不必唯一.

L 称为 A 的极大正则左理想，指它是正则左理想，并且如果

L' 也是A的正则左理想,以及 $L'\supset L$, 则 $L'=L$.

相仿地，可以定义正则右理想等．当然，如果A本身有单位元,则每个左(或右)理想都是正则的.

命题 1.4.3 (1) 设L是以u为模单位元的正则左理想,左理想 $L'\supset L$, 则 L' 也是正则的,并以u为模单位元;

(2) 如果L是极大左理想,同时是正则的,则L是极大正则左理想;

(3) 如果L是极大正则左理想,则它也是极大左理想;

(4) 如果L是正则左理想,则必有极大正则左理想 L', 使得 $L'\supset L$.

证 (1), (2), (3) 是显然的.

(4) 设u是L的模单位元,令

$$\mathscr{L}=\{L' \mid L' \text{ 是}A\text{的包含}L\text{的左理想}\},$$

$\mathscr{L}$中以包含关系为偏序. 如果 $\{L'_l\}$ 是$\mathscr{L}$中的全序子集,令 $L'=\bigcup_l L'_l$. 我们说 $u\notin L'$. 因若否,则 $u\in$某个 L'_l, 由此对任何的 $a\in A$,

$$a=au+(a-au)\in L'_l+L=L'_l,$$

这与 $L'_l\neq A$ 相矛盾. 从而, $L'\in\mathscr{L}$. 今依 Zorn 辅理, $\mathscr{L}$有极大元,易见这个极大元即满足要求. 证毕.

命题 1.4.4 记 $A_1=A\dotplus\mathbb{C}$.

(1) 设L是A的极大正则左理想,u是其模单位元, 则 $L_1=L\dotplus(1-u)\mathbb{C}$ 是 A_1 的极大左理想;

(2) 如果 L_1 是 A_1 的极大左理想, 且 $L_1\neq A$, 令 $L=L_1\cap A$, 及取 $(1-u)\in L_1\backslash A$, 这里 $u\in A$, 则L是A的以u为模单位元的极大正则左理想,并且 $L_1=L\dotplus(1-u)\mathbb{C}$.

证 (1) 设 L'_1 是 A_1 的包含 L_1 的左理想. 首先, 我们有 $L'_1\cap A=L_1\cap A=L$. 事实上,若不然, 由于L是A的极大左理想,因此, $L'_1\cap A=A$. 于是, $u\in L'_1$. 又 $(1-u)\in L_1\subset L'_1$, 因此 $1\in L'_1$. 这与 $L'_1\neq A_1$ 相矛盾.

今设 $x_1=x+\lambda\in L'_1$, 这里 $x\in A$, $\lambda\in\mathbb{C}$, 则

$$x+\lambda u=x_1-\lambda(1-u)\in A\cap L_1'=L.$$
由此，$x_1\in L_1$，即 $L_1'=L_1$，L_1 为 A_1 的极大左理想。

(2) 由于 $L_1\neq A$，及 A 也是 A_1 的极大左理想，因此，$L_1\not\subset A$，$A\not\subset L_1$. 从而存在 $(1-u)\in L_1\backslash A$（这里 $u\in A$），及 $L\subsetneqq A$. 由于
$$a-au=a(1-u)\in L_1\cap A=L,\ \forall a\in A,$$
因此，L 是 A 的以 u 为模单位元的正则左理想.

与 (1) 相仿，易证 $L_1=L\dot{+}(1-u)\mathbb{C}$.

今若 L' 是 A 的包含 L 的左理想，则 L' 也以 u 为模单位元. 特别，$u\notin L'$. 由此，$L'\dot{+}(1-u)\mathbb{C}$ 是 A_1 的包含 L_1 的左理想. 于是
$$L_1=L'\dot{+}(1-u)\mathbb{C}.$$
可见 $L'=L$，即 L 是 A 的极大正则左理想. 证毕.

注 上面命题中，L 与 L_1 的关系很难说是一一对应的. 但若 A 交换，u，v 是 L 的两个模单位元，由于 $(u-uv)$ 与 $(v-vu)\in L$，$uv=vu$，可见 $(u-v)\in L$，这时对应关系将是一一的.

定义 1.4.5 设 E 是线性空间，记 $L(E)$ 是 E 中线性算子的全体. $\{\pi,E\}$ 称为 A 的表示，指 π 是 A 到 $L(E)$ 中的代数同态，即
$$\pi(\lambda a+\mu b)=\lambda\pi(a)+\mu\pi(b),\pi(ab)=\pi(a)\pi(b)$$
$\forall a,b\in A,\lambda,\mu\in\mathbb{C}$.

A 的表示 $\{\pi,E\}$ 称为不可约的，指若 F 是 E 的线性子空间，并且 $\pi(A)F\subset F$，则 $F=\{0\}$ 或 E.

命题 1.4.6 设 $\{\pi,E\}$ 是 A 的不可约表示.

(1) 如果 A 有单位元 e，则 $\pi(e)=I$[1]；

(2) (迁移性质)对任何的 $\xi,\eta\in E$，并且 $\xi\neq0$，有 $a\in A$，使得 $\pi(a)\xi=\eta$；

(3) 对任意的 $0\neq\xi\in E$，$\ker\xi=\{a\in A|\pi(a)\xi=0\}$ 将是 A

---

1) 这里 I 表示 E 中的恒等算子.

的极大正则左理想.

证 (1) $\pi(e)=p$ 是 $L(E)$ 的幂等元，又 π 不可约，及 $\pi(a)p=p\pi(a)=\pi(a),\forall a\in A$，因此 $p=I$.

(2) 由于 $\xi\neq 0$，及 π 不可约，因此，$\pi(A)\xi=\{0\}$ 或 E. 如果 $\pi(a)\xi=0,\forall a\in A$，令

$$F=\bigcap\{\pi(a)\text{ 的零空间 }|a\in A\},$$

则 $\pi(A)F=\{0\}\subset F$. 又 $0\neq\xi\in F$，因此 $F=E$，或 $\pi=0$，这不可能. 因此，$\pi(A)\xi=E$. 从而有 $a\in A$，使得 $\pi(a)\xi=\eta$.

(3) 由 $\pi(A)\xi=E$，因此有 $u\in A$，使得 $\pi(u)\xi=\xi$. 特别 $\pi(a-au)\xi=0$，即 $(a-au)\in\ker\xi$，$\forall a\in A$. 因此，$\ker\xi$ 是 A 的正则左理想.

今若 L 是 A 的左理想，并且 $\ker\xi\subsetneqq L$，于是，$\pi(L)\xi$ 是 $\pi(A)$ 的非零不变子空间，从而，$E=\pi(L)\xi$. 特别地，有 $v\in L$，使得 $\pi(v)\xi=\xi$. 由此，$\pi(a-av)\xi=0$，即 $(a-av)\in\ker\xi\subset L$，$\forall a\in A$. 另一方面，由 $v\in L$，$av\in L$，因此，$L=A$，矛盾. 所以，$\ker\xi$ 是极大左理想. 证毕.

定义 1.4.7 设 L 是 A 的左理想，定义 A 的表示 $\{\pi,A/L\}$ 如下，

$$\pi(a)\tilde{b}=\widetilde{ab},$$

这里 $\tilde{b}=b+L\in A/L$，称它为关于 L 的左正则表示. 此外，我们记

$$L:A=\{a\in A|aA\subset L\}.$$

命题 1.4.8 设 L 是 A 的正则左理想，$\{\pi,A/L\}$ 是相应的左正则表示.

(1) 如果 u 是 L 的模单位元，则 $\tilde{u}=u+L$ 是 π 的循环矢，即 $\pi(A)\tilde{u}=A/L$;

(2) $\ker\pi=\{a\in A|\pi(a)=0\}=L:A$. 特别，$L:A$ 是 A 的双侧理想，并且 $L:A\subset L$;

(3) $\{\pi,A/L\}$ 是不可约的，当且仅当，L 是极大正则左理想.

证 (1) 由 $(a-au)\in L$，因此，$\pi(a)\tilde{u}=\tilde{a}$，$\forall a\in A$，可

见 $\pi(A)\tilde{u}=A/L$.

(2) 依 $L:A$ 的定义,显然有 $\ker\pi=L:A$. 又依(1), $\ker\pi\neq A$, 因此, $L:A$ 是A的双侧理想. 今设 $a\in L:A$, 则 $au\in L$. 由此,

$$a=au+(a-au)\in L,$$

即见 $L:A\subset L$.

(3) 设L是A的极大正则左理想, $\tilde{E}$ 是 A/L 的线性子空间, 使得 $\pi(A)\tilde{E}\subset\tilde{E}$. 令 $E=\{a\in A|\tilde{a}\in\tilde{E}\}$, 则 $E\supset L$. 由于 $\widetilde{ab}=\pi(a)\tilde{b}\in\tilde{E}$, $\forall\tilde{b}\in\tilde{E}$, 因此, $ab\in E$, $\forall a\in A$, $b\in E$, 即 $AE\subset E$. 但L是极大左理想,因此, $E=L$或 A, 即 $\tilde{E}=\{0\}$ 或 A/L. 因此, $\{\pi,A/L\}$ 是不可约的.

反之,设 $\{\pi, A/L\}$ 是不可约的, 我们来证明L是极大左理想. 设 L' 是A的左理想,并且 $L'\supset L$, 于是 $\tilde{L}'$ 是 $\pi(A)$ 的不变子空间. 又 $L'\neq A$, 因此, $\tilde{L}'=\{0\}$, 即 $L'=L$. 证毕.

定义 1.4.9 A的双侧理想P称为本原的,指有A的不可约表示 $\{\pi,E\}$, 使得 $P=\ker\pi$.

命题 1.4.10 (1) 如果P是A的本原理想,则 $P=\cap\{L|L$ 是A的极大正则左理想,且 $L\supset P\}$;

(2) A的双侧理想P是本原的,当且仅当,存在A的极大正则左理想 L, 使得 $P=L:A=$ 关于L左正则表示的核;

(3) 如果P是本原理想, L_1, L_2 是左理想, 使得 $L_1L_2\subset P$, 则 L_1 或者 $L_2\subset P$.

证 (1) 设 $\{\pi,E\}$ 是A的不可约表示,使得 $\ker\pi=P$. 依命题 1.4.6, 对任意的 $\xi\neq 0\in E$, $\ker\xi$ 是A的极大正则左理想. 显然

$$P=\ker\pi=\cap\{\ker\xi|0\neq\xi\in E\},$$

所以, $P=\cap\{L|L$ 是A的极大正则左理想,且 $L\supset P\}$.

(2) 充分性由命题 1.4.8 立见. 反之,设P是本原的, 即有A的不可约表示 $\{\pi,E\}$, 使得 $\ker\pi=P$. 任意取定 $0\neq\xi\in E$, 则 $L=\ker\xi$ 是A的极大正则左理想,并且 $\pi(A)\xi=E$. 于是,

$$
\begin{aligned}
a\in P &\Longleftrightarrow a\in \ker\pi \Longleftrightarrow \pi(a)E=\{0\}\\
&\Longleftrightarrow \pi(a)\pi(A)\xi=\{0\}\Longleftrightarrow \pi(aA)\xi=\{0\}\\
&\Longleftrightarrow aA\subset L\Longleftrightarrow a\in L:A,
\end{aligned}
$$

即 $P=L:A$.

(3) 依 (2)，有A的极大正则左理想 L，使得 $P=L:A$. 如果 $L_2\not\subset P$，则 $L_2A\not\subset L$. 于是，由 $[L_2A]/L$ 是关于L左正则表示的不变子空间，可见 $[L_2A]/L=A/L$，即 $[L_2A]+L=A$. 但 $P\subset L$，$L_1L_2\subset P$ 及P是双侧理想，因此

$$
L_1A\subset[L_1L_2A]+L\subset P+L=L,
$$

即 $L_1\subset L:A=P$. 证毕.

定义 1.4.11 $R(A)=\cap\{P\mid P$ 是A的本原理想$\}$ 称为A的 (Jacobson) 根基. 如A中无本原理想，约定 $R(A)=A$.

如果 $R(A)=0$，称A为半单纯的.

命题 1.4.12 (1) $A/R(A)$ 是半单纯的(注意 $R(A)$ 是A的双侧理想，因此，$A/R(A)$ 自然地成为代数)；

(2) $R(A)=\cap\{L\mid L$ 是A的极大正则左理想$\}=R(A_1)$，这里 $A_1=A\dotplus \mathbb{C}$.

证 (1) 记 $B=A/R(A)$. 若 $\{\pi,E\}$ 是A的不可约表示，则 $R(A)\subset\ker\pi$. 从而可定义B的不可约表示 $\{\tilde\pi,E\}$，即

$$
\tilde\pi(\tilde a)=\pi(a),\ \forall\tilde a\in B,\ a\in\tilde a.
$$

如果 $\tilde a\in R(B)\subset\ker\tilde\pi$，因此，$\tilde\pi(\tilde a)=0$. 设 $a\in\tilde a$，则 $\pi(a)=0$. 但π可以任意，这说明 $a\in R(A)$. 由此，$\tilde a=0$，即 $R(B)=\{0\}$，$B=A/R(A)$ 是半单纯的.

(2) 由命题 1.4.10 可见

$$
R(A)=\cap\{L\mid L \text{ 是} A \text{的极大正则左理想}\},
$$

A_1 是有单位元的，因此，

$$
\begin{aligned}
R(A_1)&=\cap\{L_1\mid L_1 \text{ 是 } A_1 \text{ 的极大左理想}\}\\
&=\cap\{L_1\mid L_1 \text{ 是 } A_1 \text{ 的极大左理想，且}\neq A\}\cap A.
\end{aligned}
$$

再依命题 1.4.4，可见 $R(A_1)=R(A)$. 证毕.

命题 1.4.13 如果A有单位元 e，$x\in A$，则x有左 (或右)

逆，当且仅当，x 不属于 A 的任何极大左(或右)理想.

证 无妨只对左的情形来证明. 如果 x 有左逆 y，并且 $x \in J$，这里 J 是 A 的某个极大左理想，于是，$e = yx \in J$，这不可能，反之，如果 x 没有左逆，则 $e \notin L = \{yx | y \in A\}$. 自然 L 是 A 的左理想. 依命题 1.4.3，有 A 的极大左理想 $J \supset L$. 显然 $x \in J$. 证毕.

定理 1.4.14 如果 A 有单位元 e，及 $x \in A$，则下列条件是相互等价的，

(1) $x \in A$ 的任何极大左理想；

(2) $x \in A$ 的任何极大右理想；

(3) $(e + yx)$ 有左逆，$\forall y \in A$；

(4) $(e + yx)$ 有逆，$\forall y \in A$；

(5) $(e + xy)$ 有右逆，$\forall y \in A$；

(6) $(e + xy)$ 有逆，$\forall y \in A$.

证 我们采取如下步骤来进行. 首先证明 (1)$\Longleftrightarrow$(3)，相似地便有 (2)$\Longleftrightarrow$(5)；再证明 (1) 或 (3)$\Longrightarrow$(4)，相似地便有 (2) 或 (5)$\Longrightarrow$(6)；最后证明 (4)$\Longrightarrow$(6)，相似地便有(6)$\Longrightarrow$(4). 此外，(6)$\Longrightarrow$(5) 及 (4)$\Longrightarrow$(3) 都是显然的.

(1)$\Longrightarrow$(3) 设有 $y \in A$，使得 $(e + yx)$ 无左逆. 依命题 1.4.13，有 A 的极大左理想 J，使得 $(e + yx) \in J$. 于是依条件 (1)，$e \in J$，矛盾.

(3)$\Longrightarrow$(1) 如果 J 是 A 的极大左理想，使得 $x \notin J$. 令 $J' = \{a - yx | a \in J, y \in A\}$. 显然，$J \subset J'$，$AJ' \subset J'$. 如果 $J' \neq A$，依 J 的极大性，将有 $J' = J$. 这与 $x \in J'$，$x \notin J$ 相矛盾. 因此，$J' = A$. 特别有 $a \in J$，$y \in A$，使得 $a - yx = e$，即 $a = e + yx$. 依条件 (3)，a 有左逆，这与 $a \in J$ 相矛盾. 因此，$x \in J$.

(1) 或 (3)$\Longrightarrow$(4) 对任何的 $y \in A$，设 $(e + yx)$ 的左逆为 $(e + z)$. 由此，

$$z = -yx - zyx.$$

由于 $x \in A$ 的任何极大左理想，因此 z 亦然. 由于已证 (1)$\Longleftrightarrow$(3)，$(e + z)$ 将有左逆. 另一方面，$(e + z)$ 有右逆

$(e+yx)$. 因此，$(e+z)$ 可逆. 进而，$(e+yx)$ 也是可逆的.

$(4)\Longrightarrow(6)$ 对任何的 $y\in A$，设 $(e+yx)$ 的逆是 $(e+z)$，于是，

$$(e-xy-xzy)(e+xy)=e-x(z+yx+zyx)y=e,$$
$$(e+xy)(e-xy-xzy)=e-x(z+yx+zyx)y=e,$$

即 $(e+xy)$ 有逆 $(e-xy-xzy)$. 证毕.

命题 1.4.15 A 的 (Jacobson) 根基

$$\begin{aligned}R(A)&=\cap\{P\mid P\ \text{是}\ A\ \text{的本原理想}\}\\&=\cap\{L\mid L\ \text{是}\ A\ \text{的极大正则左理想}\}\\&=\cap\{R\mid R\ \text{是}\ A\ \text{的极大正则右理想}\}.\end{aligned}$$

证 记 $A_1=A\dotplus\mathbb{C}$，依定理 1.4.14，

$$\begin{aligned}&\cap\{R\mid R\ \text{是}\ A\ \text{的极大正则右理想}\}\\&=\cap\{R_1\mid R_1\ \text{是}\ A_1\ \text{的极大右理想,且}\neq A\}\cap A\\&=\cap\{R_1\mid R_1\ \text{是}\ A_1\ \text{的极大右理想}\}\\&=\cap\{L_1\mid L_1\ \text{是}\ A_1\ \text{的极大左理想}\}\\&=\cap\{L\mid L\ \text{是}\ A\ \text{的极大正则左理想}\}.\end{aligned}$$

再依定义 1.4.11 及命题 1.4.12，即得证.

命题 1.4.16 对任何的 $x\in A$，下面的条件是相互等价的：

(1) $x\in R(A)$;

(2) $(1+yx)$ 在 A_1 中有左逆，$\forall y\in A$;

(3) $(1+yx)$ 在 A_1 中有逆，$\forall y\in A$;

(4) $(1+xy)$ 在 A_1 中有右逆，$\forall y\in A$;

(5) $(1+xy)$ 在 A_1 中有逆，$\forall y\in A$.

证 由 $R(A)=R(A_1)$ 及定理 1.4.14，$(1)\Longrightarrow(2)$，(3)，(4)，(5) 是显然的. 当然，$(3)\Longrightarrow(2)$ 及 $(5)\Longrightarrow(4)$ 也是明显的. 因此，只要证明 $(2)\Longrightarrow(1)$ 及 $(4)\Longrightarrow(1)$.

$(2)\Longrightarrow(1)$ 如果 $x\notin R(A)$，将有 A 的极大正则左理想 L，使得 $x\notin L$. 设 u 是 L 的模单位元，$\{\pi, A/L\}$ 是相应 L 的左正则表示. 由于 $(x-xu)\in L$，$x\notin L$，因此，$xu\notin L$. 从而 $\widetilde{xu}$ 不是 A/L 的零元. 又 π 是不可约的，因此，$\pi(A)\widetilde{xu}=A/L$. 特

别有 $y\in A$，使得

$$\pi(y)\widetilde{xu}=-\tilde{u},$$

即 $(yxu+u)\in L$. 但 $(yx-yxu)\in L$，因此，$(yx+u)\in L$. 于是对任意的 $a\in A$，

$$(a+ayx)=(a-au)+a(u+yx)\in L,$$

因此，$(-yx)$ 也是 L 的模单位元. 今依命题 1.4.4，

$$L_1=L\dotplus\mathbf{C}(1+yx)$$

将是 A_1 的极大左理想. 依条件 (2), $(1+yx)$ 在 A_1 中有左逆，这与 $(1+yx)\in L_1$ 相矛盾. 因此，$x\in R(A)$.

(4)$\Longrightarrow$(1) 考虑 Banach 代数 $\mathring{A}$，作为 Banach 空间，$\mathring{A}=A$，但 $\mathring{A}$ 中的乘法○定义为

$$x\circ y=yx,\ \forall x,y\in A.$$

由于 $R(\mathring{A})=R(A)$，证明化归为 (2)$\Longrightarrow$(1) 的情形. 证毕.

§4.2 Banach 代数的情形

命题 1.4.17 设 A 是 Banach 代数，L 是 A 的正则左理想，u 是 L 的模单位元，则 $\|u-x\|\geqslant 1$，$\forall x\in L$. 特别地，L 的闭包 $\bar{L}$ 也是以 u 为模单位元的正则左理想，以及 A 的任何极大正则左理想都是闭的.

证 设有 $x\in L$，使得 $\|u-x\|<1$. 于是，在 $A_1=A\dotplus\mathbf{C}$ 中，$(1-(u-x))$ 有逆 $(1+y)$，这里

$$y=\sum_{n=1}^{\infty}(u-x)^n\in A,$$

因此，$y-(u-x)-y(u-x)=0$，即

$$u=x+y+y(x-u)=(y-yu)+(x+yx)\in L,$$

这与 u 为 L 的模单位元相矛盾. 证毕.

命题 1.4.18 设 A 是 Banach 代数，P 是 A 的本原理想，则 P 是闭的，并且存在 Banach 空间 X，A 在 X 中的不可约表示 π，使得

$$\pi(A)\subset B(X),\ \ker\pi=P.$$

这里 $B(X)$ 表示 X 中有界线性算子的全体.

证 依命题 1.4.10 及 1.4.17, 可见 P 是闭的. 又依命题 1.4.10 的 (2), 可取 $X = A/L$, 这里 L 是 A 的极大正则左理想, 以及 $P = \ker\pi$, π 是关于 L 的左正则表示. 由于 L 是闭的, 依商范数, X 是 Banach 空间. 对于任何的 $a \in A$,

$$\begin{aligned}\|\pi(a)\tilde{b}\| &= \|\widetilde{ab}\| = \inf\{\|ab + c\| \mid c \in L\} \\ &\leqslant \inf\{\|a(b + c)\| \mid c \in L\} \leqslant \|a\| \cdot \inf\{\|b + c\| \mid \\ &\quad c \in L\} = \|a\| \cdot \|\tilde{b}\|, \\ &\qquad \forall \tilde{b} = (b + L) \in A/L,\end{aligned}$$

因此, $\pi(a) \in B(X)$. 证毕.

§5. 广义幂零元与广义零因子

定义 1.5.1 设 A 是 Banach 代数, $a \in A$ 称为广义幂零的, 指 $\nu(a) = 0$, 即 $\sigma(a) = \{0\}$.

$x \in A$ 称为广义左(右)零因子, 指有 $y_n \in A$, $\|y_n\| = 1$, 使得 $xy_n(y_nx) \to 0$. x 同时是广义左、右零因子, 将称为广义零因子.

命题 1.5.2 (1) a 是广义幂零的, 当且仅当, $\lim\limits_{n\to\infty} \mu^n a^n = 0$, $\forall \mu \in \mathbf{C}$;

(2) 根基中的元必是广义幂零的.

证 (1) 设 a 是广义幂零元, 及 $0 \neq \mu \in \mathbf{C}$. 对任意的 $\varepsilon \in (0, 1)$, 当 n 充分大, 应当有

$$\|a^n\|^{1/n} < \varepsilon/|\mu| \leqslant \varepsilon^{1/n}/|\mu|,$$

即 $|\mu|^n \cdot \|a^n\| < \varepsilon$, 因此, $\lim\limits_{n\to\infty} \mu^n a^n = 0$. 反之, 设对任意的 $\mu \neq 0$, $\mu^n a^n \to 0$. 于是对 $\varepsilon > 0$, n 充分大, $|\mu^n| \cdot \|a^n\| < \varepsilon$, 即 $\|a^n\|^{1/n} < \varepsilon^{1/n} \cdot |\mu|^{-1}$. 令 $n \to \infty$, 可见 $\nu(a) \leqslant |\mu|^{-1}$, $\forall \mu \neq 0$. 因此, $\nu(a) = 0$.

(2) 设 $a \in R(A)$, 由于 $R(A) = R(A_1)$, 这里 $A_1 = A \dotplus \mathbf{C}$,

无妨设 A 有单位元 e. 依定理 1.4.14, $(e+ba)$ 有逆, $\forall b\in A$. 特别对任意的 $0\neq\mu\in\mathbf{C}$, $(e-\mu^{-1}a)$ 有逆, 因此, $\sigma(a)=\{0\}$. 证毕.

命题 1.5.3 定义函数

$$g(x)=\inf_{y\neq 0}\frac{\|xy\|}{\|y\|},\qquad d(x)=\inf_{y\neq 0}\frac{\|yx\|}{\|y\|}.$$

(1) x 是广义左或右零因子,当且仅当, $g(x)$ 或 $d(x)=0$;

(2) 广义零因子必然是无逆的,

(3) $g(\cdot),d(\cdot)$ 是 A 上的连续函数,特别地,广义左零因子全体,广义右零因子全体,以及广义零因子全体都是 A 的闭子集.

证 (1) 与 (2) 是显然的. 今证 (3). 对任意的 $x,y\in A$, 及 $0\neq z\in A$,

$$\begin{aligned}g(x)&\leqslant\|z\|^{-1}\cdot\|(x-y)z+yz\|\\&\leqslant\|x-y\|+\|z\|^{-1}\|yz\|.\end{aligned}$$

因此, $g(x)\leqslant\|x-y\|+g(y)$. 同样, $g(y)\leqslant\|x-y\|+g(x)$. 因此, $|g(x)-g(y)|\leqslant\|x-y\|$, 即 $g(\cdot)$ 是 A 上的连续函数. 相仿 $d(\cdot)$ 也是连续的. 证毕.

命题 1.5.4 设 A 是有单位元 e 的 Banach 代数, $G=G(A)$ 是 A 的可逆元全体.

(1) 设 $x_n\to x$, $x_n\in G$, 但 $x\notin G$, 则 x 是广义零因子;

(2) 设 $x\in A$, $\lambda\in\partial\sigma(x)$, 则 $(x-\lambda e)$ 是广义零因子;

(3) 广义幂零元必是广义零因子,特别,根基中的元都是广义零因子.

证 (1) 依命题 1.3.3 的 (2) 立见.

(2) 取 $\lambda_n\notin\sigma(x)$, $\lambda_n\to\lambda$, 于是, $(x-\lambda_n e)\to(x-\lambda e)$. 再由 (1), 即见 $(x-\lambda e)$ 是广义零因子.

(3) 设 $a\in A$, $\sigma(a)=\{0\}$, 于是, $0\in\partial\sigma(a)$. 今依 (2), a 是广义零因子. 证毕.

命题 1.5.5 设 A 是 Banach 代数, $R=R(A)$ 是它的根基, 则对任意的 $x\in A$, $\sigma(x)=\sigma(\tilde{x})$, 这里 $\tilde{x}$ 是 x 在 A/R 中的正

则映象.

证 无妨设 A 有单位元 e. 显然, $\sigma(x)\supset\sigma(\tilde{x})$. 今设 $\lambda\notin\sigma(\tilde{x})$, 于是有 $y\in A$, 使得 $\tilde{y}$ 是 $(x-\lambda)\tilde{e}$ 的逆,即

$$u=e-(x-\lambda e)y\in R,\quad v=e-y(x-\lambda e)\in R,$$

但 R 中的元都是广义幂零的,从而, $(e-u)$ 与 $(e-v)$ 在 A 中有逆. 又

$$(x-\lambda e)y(e-u)^{-1}=(e-v)^{-1}y(x-\lambda e)=e.$$

因此, $\lambda\notin\sigma(x)$. 证毕.

命题 1.5.6 设 X 是 Banach 空间, $B(X)$ 是 X 中有界线性算子全体的 Banach 代数,则

$B(X)$ 中无逆元的全体

$= B(X)$ 中广义左、右零因子的全体.

证 显然广义左、右零因子都是无逆的. 今设 T 是 $B(X)$ 中的无逆元.

如果 0 是 T 的点谱, 相应有本征矢 ξ. 分解 $X=[\xi]\dot{+}X_1$, 其中 X_1 是 X 的闭子空间, 相应决定 X 到 $[\xi]$ 上的投影 P, 则 $TP=0$. 因此, T 是广义左零因子.

如果 0 是 T 的剩余谱,将有 $0\neq f\in X^*$, 使得 $f(TX)=\{0\}$. 分解 $X=[\xi]\dot{+}X_1$, 其中 X_1 是 f 的零空间,及 $f(\xi)=1$, 相应决定 X 到 $[\xi]$ 上的投影 P, 则 $PT=0$. 因此, T 是广义右零因子.

最后,如果 0 是 T 的连续谱, 将有 $\xi_n\in X$, $\|\xi_n\|=1$, 使得 $T\xi_n\to 0$. 取 $f\in X^*$, $\|f\|=1$, 令 $\xi_n\otimes f(\cdot)=f(\cdot)\xi_n(\forall\cdot\in X)$, 则 $\|\xi_n\otimes f\|=\|\xi_n\|\cdot\|f\|=1$, 并且

$$\|T\cdot\xi_n\otimes f\|=\|(T\xi_n)\otimes f\|=\|f\|\cdot\|T\xi_n\|\to 0,$$

因此, T 是广义左零因子. 证毕.

§6. 函数演算

设 A 是有单位元 e 的 Banach 代数, $a\in A$, $p(\cdot)$ 是多项式,

我们可以自然地定义 A 中的元素 $p(a)$，并依命题1.2.9，$\sigma(p(a))=p(\sigma(a))$. 今若 $q(\cdot)$ 也是多项式，并且 $0 \notin q(\sigma(a))=\sigma(q(a))$，即 $q(a)^{-1}$ 存在，于是可以定义

$$(q^{-1}p)(a)=q(a)^{-1}p(a).$$

这样对于有理多项式环

$$R(a)=\{q^{-1}p \mid p,q \text{ 多项式，且 } 0 \notin q(\sigma(a))\}.$$

a 的函数有了定义，并且容易证明 $q^{-1}p \to (q^{-1}p)(a)$ 是 $R(a)$ 到 A 中的(代数)同态，以及保持谱的映照性质.

现在我们要把它推广到更大的函数类上去.

引理 1.6.1 设 Γ 是包围 $\sigma(a)$ 的可度长的封闭曲线，则

$$\frac{-1}{2\pi i}\int_{\Gamma}(a-ze)^{-1}dz=e.$$

证 依定理 1.2.7，$(a-ze)^{-1}$ 是 $(\mathbf{C}\backslash\sigma(a))$ 中的矢值解析函数，于是对充分大的正数 r，

$$\frac{-1}{2\pi i}\int_{\Gamma}(a-ze)^{-1}dz=\frac{-1}{2\pi i}\int_{|z|=r}(a-ze)^{-1}dz$$

$$=\frac{1}{2\pi i}\int_{|z|=r}\frac{1}{z}\sum_{n=0}^{\infty}\left(\frac{a}{z}\right)^{n}dz=e.$$

证毕.

引理 1.6.2 如果 $r(\cdot)\in R(a)$，Γ 如引理 1.6.1，则

$$r(a)=\frac{-1}{2\pi i}\int_{\Gamma}r(z)(a-ze)^{-1}dz.$$

证 设 $r(z)=q(z)^{-1}p(z)$，这里 $0\notin q(\sigma(a))$，于是 $(p(z)\times q(a)-q(z)p(a))(a-ze)^{-1}$ 是 a,z 的多项式，从而可写

$$(r(z)-r(a))(a-ze)^{-1}=\sum_{k}g_k(z)a_k,$$

其中 $g_k\in R(a)$，$a_k\in A,\forall k$. 当然，$\int_{\Gamma}g_k(z)dz=0$，于是依引理 1.6.1，

$$\frac{-1}{2\pi i}\int_{\Gamma}r(z)(a-ze)^{-1}dz$$

$$= \frac{-1}{2\pi i}\int_{\Gamma} r(a)(a-ze)^{-1}dz = r(a).$$

证毕.

今若 $f(\cdot)$ 是复平面 C 的开子集 U 中的复值解析函数，并且 $\sigma(a)\subset U$，首先，在 U 中必存在可度长的封闭曲线 Γ，使其包围 $\sigma(a)$. 事实上对每个 $\lambda\in\sigma(a)$，可取以 λ 为中心的闭正方块 $\subset U$. 由 $\sigma(a)$ 的紧性，将有 U 中的有限个正方块，使其并覆盖 $\sigma(a)$. 因此，满足要求的 Γ（可以由有限条线段组成）存在. 其次，积分 $\int_{\Gamma} f(z)(a-ze)^{-1}dz$ 显然与满足要求的 Γ 的选择无关. 于是我们作

定义 1.6.3 记

$$H(a) = \{f \mid f \text{ 是在 } \sigma(a) \text{ 邻域中解析的复值函数}\},$$

当 $f\in H(a)$ 时，令

$$f(a) = \frac{-1}{2\pi i}\int_{\Gamma} f(z)(a-ze)^{-1}dz,$$

其中 Γ 是 f 的解析区域中可度长的封闭曲线，并且包围 $\sigma(a)$.

显然，$R(a)\subset H(a)$，并且如果 $r(\cdot)\in R(a)$，依引理 1.6.2，$r(a)$ 的自然定义与上面用围道定义是一致的.

定理 1.6.4 (1) $f\to f(a)$ 是 $H(a)$ 到 A 中的(代数)同态;

(2) 设 f_n, $f\in H(a)$，并且在 $\sigma(a)$ 的某个紧邻域中，f_n 一致地收敛于 f，则 $f_n(a)\to f(a)$;

(3) 设 $f(z)=\sum_{k\geqslant 0}\alpha_k z^k$ 在 $|z|<r$ 中解析，这里 $r>\nu(a)$，则 $f(a)=\sum_{k\geqslant 0}\alpha_k a^k$，右边的级数依范数绝对收敛.

证 (1) 设 $f,g\in H(a)$，在它们共同解析的区域中，取围道 Γ,Γ' 如图，于是

$$f(a)g(a) = \frac{1}{(2\pi i)^2}\int_{\Gamma}\int_{\Gamma'} f(z)g(z') \cdot (a-ze)^{-1}(a-z'e)^{-1}dzdz'.$$

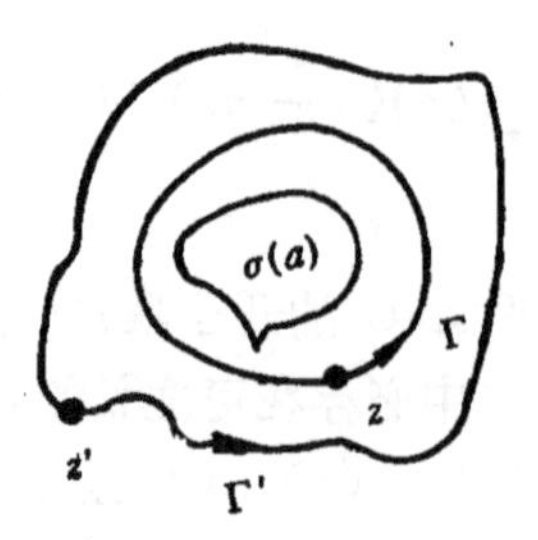

注意

$$(a-ze)^{-1}(a-z'e)^{-1}=(z-z')^{-1}((a-ze)^{-1}-(a-z'e)^{-1}),$$

从而

$$\begin{aligned}f(a)g(a)&=\frac{-1}{(2\pi i)^2}\int_{\Gamma''}g(z')(a-z'e)^{-1}dz'\int_\Gamma\frac{f(z)}{z-z'}dz\\&\quad+\frac{1}{(2\pi i)^2}\int_\Gamma f(z)(a-ze)^{-1}dz\int_{\Gamma'}\frac{g(z')}{z-z'}dz'\\&=\frac{-1}{2\pi i}\int_\Gamma f(z)g(z)(a-ze)^{-1}dz=(fg)(a).\end{aligned}$$

(2) 是显然的.

(3) 取 $f_n(z)=\sum_{k=0}^{n}\alpha_k z^k$，于是依 (2)，及引理 1.6.2 立得.

证毕.

注 特别对整函数 $f(z)=e^z$，将有 $f(a)=\sum_{n=0}^{\infty}\frac{1}{n!}a^n$.

定理 1.6.5 (谱映照定理) 如果 $f\in H(a)$，则 $\sigma(f(a))=f(\sigma(a))$.

证 设 B 是包含 $\{g(a)|g\in H(a)\}$ 的 A 的极大交换子代数，依命题 1.2.11，

$$\sigma_B(a)=\sigma(a),\ \sigma_B(f(a))=\sigma(f(a)),$$

再用交换 Banach 代数理论，就可得证.

注 详细见命题 2.1.6. 这里并没有逻辑上循环论证的问题.

命题 1.6.6 设 $f\in H(a)$，n 是非负整数，则

$$f^{(n)}(a)=\frac{(-1)^{n+1}n!}{2\pi i}\int_\Gamma f(z)(a-ze)^{-n-1}dz,$$

这里 Γ 如定义 1.6.3 所取。

证 如图取围道 Γ_1，它也在 f 的解析区域中，则

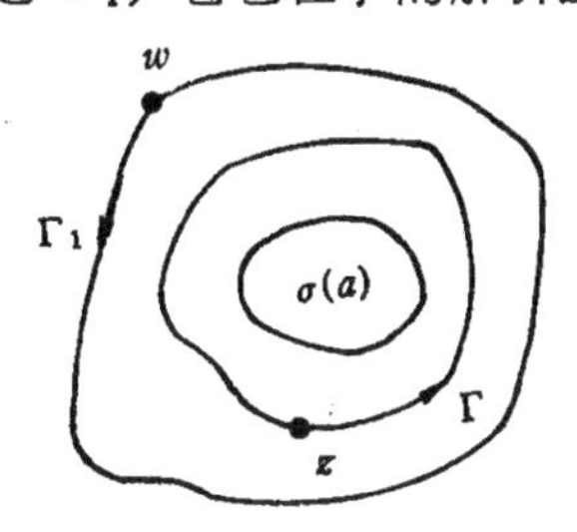

$$\begin{aligned}
f^{(n)}(a)&=\frac{-1}{2\pi i}\int_\Gamma f^{(n)}(z)(a-ze)^{-1}dz\\
&=\frac{-1}{2\pi i}\int_\Gamma (a-ze)^{-1}dz\int_{\Gamma_1}\frac{n!}{2\pi i}f(w)(w-z)^{-n-1}dw\\
&=\frac{n!}{2\pi i}\int_{\Gamma_1}f(w)dw\cdot\frac{-1}{2\pi i}\int_\Gamma (w-z)^{-n-1}(a-ze)^{-1}dz\\
&=\frac{n!}{2\pi i}\int_{\Gamma_1}f(w)(we-a)^{-n-1}dw\\
&=\frac{(-1)^{n+1}n!}{2\pi i}\int_\Gamma f(z)(a-ze)^{-n-1}dz.
\end{aligned}$$

证毕。

命题 1.6.7 设 $\sigma(a)=\bigcup_{j=1}^{n}\Delta_j$，这里 $\{\Delta_j\}$ 是互不相交的非空紧子集族，且 $n>1$，则存在 A 中的幂等元族 $\{p_j\}$，使得

$$p_ja=ap_j,\ \sigma(ap_j)=\{0\}\cup\Delta_j,\forall j,$$

$$p_jp_k=0,\quad \forall j\neq k,\quad \sum_{j=1}^{n}p_j=e.$$

此外，对每个 j，有 $b_j\in A$，使得 $\sigma(b_j)=\Delta_j$。

证 取互不相交的开子集族 $\{U_j\}$，使得 $U_j\supset\Delta_j$，$\forall j$。对

每个 j，命

$$f_j(z)=\begin{cases}1, & 如\ z\in U_j,\\ 0, & 如\ z\in U_k,\ 而\ k\neq j.\end{cases}$$

于是 $f_j\in H(a)$，设 $p_j=f_j(a)$，$\forall j$. 依定理 1.6.4，立见

$$p_ja=ap_j,\ p_j^2=p_j,\ \forall j,$$

$$p_jp_k=0,\ \forall j\neq k,\ \sum_{j=1}^n p_j=e.$$

又 $ap_j=(zf_j(z))(a)$，$\sigma(p_j)=\{0,1\}$，依定理 1.6.5，$\sigma(ap_j)=\{0\}\cup\Delta_j,\forall j$.

对每个 j，取定 $\lambda_j\in\Delta_j$，并设 g_j 是 $\sigma(a)$ 邻域中的解析函数，使得

$$g_j(z)=z,\ 如\ z\in\Delta_j;\ g_j(z)=\lambda_j,\ 如\ z\in\Delta_k\ 而\ k\neq j.$$

再令 $b_j=g_j(a)$，则 $\sigma(b_j)=\{\lambda_j\}\cup\Delta_j=\Delta_j$，$\forall j$. 证毕.

定理 1.6.8 （复合定理）设 $g\in H(a)$，$f\in H(g(a))$，则 $f(g(a))=(f\circ g)(a)$.

证 f 在 $\sigma(g(a))=g(\sigma(a))$ 的邻域中解析，在这个邻域中取可度长的封闭曲线 Γ'，使其包围 $g(\sigma(a))$. 设 Γ' 包围的开区域为 $V(\supset g(\sigma(a)))$，于是，$g^{-1}(V)$ 将是包含 $\sigma(a)$ 的开子集. 今取可度长的封闭曲线 Γ，使其包围 $\sigma(a)$，同时 $\Gamma\subset g^{-1}(V)$，以及 $\Gamma\subset g$ 的解析区域(如图). 由此，

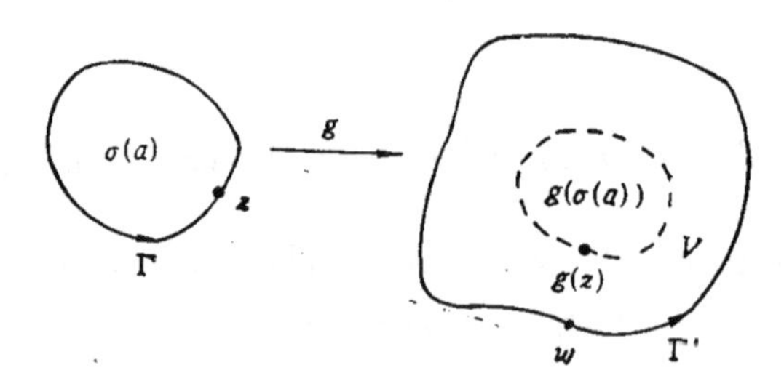

$$f(g(a))=\frac{-1}{2\pi i}\int_{\Gamma'}f(w)(g(a)-we)^{-1}dw$$

$$=\frac{1}{(2\pi i)^2}\int_{\Gamma'}f(w)dw\int_{\Gamma}\frac{(a-ze)^{-1}}{g(z)-w}dz$$

$$= \frac{-1}{2\pi i}\int_{\Gamma}(a-ze)^{-1}dz \cdot \frac{-1}{2\pi i}\int_{\Gamma'}\frac{f(w)}{g(z)-w}dz$$

$$= \frac{-1}{2\pi i}\int_{\Gamma} f(g(z))(a-ze)^{-1}dz = (f\circ g)(a).$$

证毕.

§7. 赋范可除代数

定义 1.7.1 设 A 是有单位元 e 的代数，它称为可除的，指 A 中任何非零元都有逆.

定理 1.7.2 (Gelfand-Mazur) 如果 A 是有单位元 e 的 Banach 代数,并且可除,则 $A \cong \mathbb{C}$.

证 对任意的 $a \in A$，必有 $\lambda \in \sigma(a)$ (定理 1.2.7). 但 A 是可除的,因此，$a - \lambda e = 0$，即见 $A \cong \mathbb{C}$. 证毕.

注 本定理首先由 S.Mazur 宣布([41]),后来 I.M.Gelfand 给出证明 ([18]). 这里的证明属于 C.E.Rickart ([49]).

命题 1.7.3 如果 A 是赋范可除代数,则 $A \cong \mathbb{C}$.

证 记 $\bar{A}$ 是 A 的备化，则 $\bar{A}$ 是 Banach 代数. 对任意的 $a \in A$，必有 $\lambda \in \sigma_{\bar{A}}(a)$，即 $(a - \lambda e)$ 在 $\bar{A}$ 中无逆,从而也在 A 中无逆. 但 A 是可除的，因此，$a - \lambda e = 0$. 这就说明 $A \cong \mathbb{C}$. 证毕.

命题 1.7.4 设 A 是有单位元 e 的赋范代数,并且满足下列条件之一:

(1) A 中任意非零元有左逆;

(2) A 中的广义零因子只能是 0;

(3) 存在常数 $\beta > 0$，使得

$$\|x\| \cdot \|y\| \leqslant \beta\|xy\|, \ \forall x, y \in A;$$

(4) A 完备,且对 A 中的任意可逆元 x，有 $\|x^{-1}\| = \|x\|^{-1}$，

则 $A \cong \mathbb{C}$.

证 (1) 设 a 是 A 中的非零元,于是有 $b \in A$，使得 $ba = e$.

自然 $b \neq 0$，又将有 $c \in A$，使得 $cb = e$. 从而，

$$c = c(ba) = (cb)a = a,$$

即 $ba = e = cb = ab$，a 有逆 b. 今依命题 1.7.3，$A \cong \mathbf{C}$.

(2) 设 $\bar{A}$ 是 A 的备化. 对任意的 $a \in A$，将有 $\lambda \in \partial\sigma_{\bar{A}}(a)$. 依命题 1.5.4，$(a-\lambda e)$ 是 $\bar{A}$ 中的广义零因子. 但 A 在 $\bar{A}$ 中稠，依广义零因子的定义 1.5.1，$(a-\lambda e)$ 也是 A 中的广义零因子. 今依条件 (2)，$a-\lambda e=0$. 因此，$A \cong \mathbf{C}$.

(3) 依 $g(\cdot), d(\cdot)$ (见命题 1.5.3) 的定义，

$$\|x\| \leqslant \beta g(x), \ \|x\| \leqslant \beta d(x), \ \forall x \in A.$$

如果 x 为 A 中的广义零因子，则 $g(x)=d(x)=0$，从而 $x=0$. 今依 (2)，$A \cong \mathbf{C}$.

(4) 记 A 中可逆元全体为 G，非零而无逆元全体为 S，于是 $A\backslash\{0\}=G \cup S$ (不交并)，自然 G 是 $(A\backslash\{0\})$ 的开子集. 如果 $x_n \in G \to x \in S$，依命题 1.3.3，$\|x_n^{-1}\| \to \infty$. 从而，$\|x_n\| = \|x_n^{-1}\|^{-1} \to 0$，这与 $x \neq 0$ 相矛盾. 因此，G 是 $(A\backslash\{0\})$ 的既闭又开子集. 但 $A\backslash\{0\}$ 是连通的，因此，$S=\phi$. 今依定理 1.7.2，$A \cong \mathbf{C}$. 证毕.

§8. 实 Banach 代数

本书一般都在复数域上进行讨论，但本节将考察实数域的情形.

定义 1.8.1 A 称为实 Banach 代数，指它是实 Banach 空间，其中定义乘法使之成为代数，同时使得 $\|xy\| \leqslant \|x\| \cdot \|y\|$，$\forall x, y \in A$.

为了处理实 Banach 代数 A，一个自然的想法是把它"复化"：

$$A_{\mathrm{C}} = A \dotplus iA.$$

A_{C} 自然地为复数域上的代数. 现在的问题是如何对 A_{C} 赋范，使之成为复 Banach 代数，并且保持 A 上的范数不变？

如果A没有单位元，代替A考虑 $A_1=A\dotplus\mathrm{R}$，相似于命题1.1.2，A_1 可以成为单位的实 Banach 代数，并保持A上范数不变。因此，我们无妨设A有单位元 e，并且 $\|e\|_A=1$。自然，e 也将是 A_{C} 的单位元。

对 $x,y\in A$，记 $|x+iy|=\|x\|_A+\|y\|_A$，并在 A_{C} 上定义

$$\|x+iy\|'=\sup_\theta\frac{1}{\sqrt{2}}|e^{i\theta}(x+iy)|$$
$$=\sup_\theta\frac{1}{\sqrt{2}}(\|x\cos\theta-y\sin\theta\|_A+\|x\sin\theta+y\cos\theta\|_A),$$

其中 $\theta\in[0,2\pi]$，$x,y\in A$。易证 $\|\cdot\|'$ 使得 A_{C} 成为复 Banach 空间，并保持A上范数不变，以及有不等式

$$\frac{1}{\sqrt{2}}(\|x\|_A+\|y\|_A)\leqslant\|x+iy\|'\leqslant(\|x\|_A+\|y\|_A).\quad(*)$$

再在 A_{C} 上命

$$\|a+ib\|=\sup\{\|(a+ib)(c+id)\|'\mid\|c+id\|'\leqslant1\},\forall a,b\in A,$$

即 $\|a+ib\|$ 乃是把 $(a+ib)$ 视为 $(A_{\mathrm{C}},\|\cdot\|')$ 中左乘以 $(a+ib)$ 所定义的有界线性算子的范数。由于 $\|e\|'=\|e\|_A=1$，及 $(*)$，我们有

$$\begin{aligned}\|a+ib\|'&\leqslant\|a+ib\|\leqslant\sup\{(\|ac-bd\|_A\\&\qquad+\|ad+bc\|_A)\mid\|c+id\|'\leqslant1\}\\&\leqslant\sup\{(\|a\|_A+\|b\|_A)\cdot(\|c\|_A\\&\qquad+\|d\|_A)\mid\|c+id\|'\leqslant1\}\\&\leqslant\sqrt{2}(\|a\|_A+\|b\|_A)\leqslant2\|a+ib\|'.\end{aligned}$$

因此，$(A_{\mathrm{C}},\|\cdot\|)$ 是复 Banach 代数，且对任意的 $a\in A$

$$\begin{aligned}\|a\|_A&=\|a\|'\leqslant\sup\{\|a(c+id)\|'\mid\|c+id\|'\leqslant1\}\\&=\sup_{\|c+id\|'\leqslant1}\frac{1}{\sqrt{2}}\sup_\theta(\|ac\cos\theta-ad\sin\theta\|_A\\&\quad+\|ac\sin\theta+ad\cos\theta\|_A)\leqslant\|a\|_A\sup_{\|c+id\|'\leqslant1}\\&\quad\frac{1}{\sqrt{2}}\sup_\theta(\|c\cos\theta-d\sin\theta\|_A+\|c\sin\theta\end{aligned}$$

$$+ d\cos\theta\|_A) = \|a\|_A,$$

从而，我们有

定理 1.8.2 设 A 是实 Banach 代数，则在 $A_{\mathbb{C}} = A \dot{+} iA$ 上可以赋范，使之成为复 Banach 代数，并且保持 A 上的范数不变.

注 $A_{\mathbb{C}}$ 上满足定理要求的范数不必唯一，但所有的均相互等价. 此外，当然本定理对于赋范代数（即不要求空间依范数的完备性）情形也是成立的.

定义 1.8.3 设 A 是实赋范代数，$a \in A$，令 $\sigma(a) = \{\lambda \in \mathbb{C} | (a - \lambda e)$ 在 $A_{\mathbb{C}} = (A \dot{+} iA)$ 中无逆$\}$（如果 A 有单位元 e），或 $= \{\lambda \in \mathbb{C} | (a - \lambda)$ 在 $(A_{\mathbb{C}} \dot{+} \mathbb{C})$ 中无逆$\}$（如 A 无单位元），即 $\sigma(a)$ 是 a 作为 $A_{\mathbb{C}}$ 中元的谱集.

命题 1.8.4 设 A 是有单位元 e 的实赋范代数，$a \in A$，则

(1) $\overline{\sigma(a)} = \sigma(a) \neq \phi$. 这里"——"指复数共轭；

(2) $(\lambda + i\mu) \in \sigma(a)$，当且仅当，$((a - \lambda e)^2 + \mu^2 e)$ 在 A 中（等价于在 $A_{\mathbb{C}}$ 中）无逆，这里 $\lambda, \mu \in \mathbb{R}$.

证 (1) 设 B 是 $A_{\mathbb{C}}$ 的备化，为复 Banach 代数，因此，$\sigma_B(a) \neq \phi$. 但 $\sigma(a) \supset \sigma_B(a)$，所以，$\sigma(a) \neq \phi$. 设 $(\lambda + i\mu) \notin \sigma(a)$，将有 $c, d \in A$，使得 $(a - (\lambda + i\mu)e)(c + id) = (c + id)(a - (\lambda + i\mu)e) = e$. 于是

$$(a - \lambda e)c + \mu d = c(a - \lambda e) + \mu d = e,$$
$$(a - \lambda e)d - \mu c = d(a - \lambda e) - \mu c = 0.$$

由此也有

$$(a - (\lambda - i\mu)e)(c - id) = (c - id)(a - (\lambda - i\mu)e) = e,$$

即 $(\lambda - i\mu) \notin \sigma(a)$，从而，$\overline{\sigma(a)} = \sigma(a)$.

(2)
$$\begin{aligned}(\lambda + i\mu) \in \sigma(a) &\Longleftrightarrow (\lambda - i\mu) \in \sigma(a) \\ &\Longleftrightarrow (a - (\lambda \pm i\mu)e) \text{ 在 } A_{\mathbb{C}} \text{ 中无逆} \\ &\Longleftrightarrow (a - (\lambda + i\mu)e) \cdot (a - (\lambda - i\mu)e) \\ &\quad = ((a - \lambda e)^2 + \mu^2 e) \text{ 在 } A_{\mathbb{C}}\text{（等价在 } A\text{）中无逆.}\end{aligned}$$

证毕。

定义 1.8.5 有单位元的实赋范代数称为可除的，指它的任何非零元有逆.

定义 1.8.6 实四元数代数 $\mathbf{H}$ 指它是实四维线性空间，它的基

$$1=(1,0,0,0),\qquad i=(0,1,0,0),$$
$$j=(0,0,1,0),\qquad k=(0,0,0,1)$$

满足乘法规律:

$$1^2=1,\ i^2=j^2=k^2=-1,$$
$$1\cdot i=i\cdot 1=i,\ 1\cdot j=j\cdot 1=j,\ 1\cdot k=k\cdot 1=k,$$
$$ij=-ji=k,\ jk=-kj=i,\ ki=-ik=j.$$

命题 1.8.7 对 $x=(\xi_1,\xi_2,\xi_3,\xi_4)\in\mathbf{H}$，定义

$$\|x\|=\left(\sum_{i=1}^{4}\xi_i^2\right)^{1/2},$$

则 $\mathbf{H}$ 是实可除的 Banach 代数.

证 经计算可见 $\|xy\|=\|x\|\cdot\|y\|,\forall x,y\in\mathbf{H}$. 又若 $x=(\xi_1,\xi_2,\xi_3,\xi_4)\in\mathbf{H}$，令 $x^*=(\xi_1,-\xi_2,-\xi_3,-\xi_4)$，计算可得

$$xx^*=x^*x=\|x\|^2\cdot 1.$$

因此，当 $x\neq 0$ 时，x 在 $\mathbf{H}$ 中必有逆. 证毕.

我们下面的目标是证明，任何实赋范可除代数必同构于 $\mathbf{R}$，$\mathbf{C}$ 或 $\mathbf{H}$. 注意 $\mathbf{R}$，$\mathbf{C}$ 看作实赋范代数(代数构造及范数依通常的意义)是交换的，但 $\mathbf{H}$ 是非交换的. 首先建立几个引理.

设 A 是实赋范可除代数，单位元为 1[1]. 令

$$B=\{x\in A\mid -x^2\in\mathbf{R}_+\cdot 1\},\quad B_1=\{x\in A\mid -x^2=1\}.$$

这里 $\mathbf{R}_+$ 表示非负实数的全体. 显然，$B_1\subset B$.

引理 1.8.8 B 是 A 的（实）线性子空间，$B=\mathbf{R}B_1$，并且 $A=B\dotplus\mathbf{R}$.

证 对任意的 $a\in A$，依命题 1.8.4，有 $\lambda,\mu\in\mathbf{R}$，使得 $((a-$

1) 为方便计，我们把单位元与数值 1 相混，请读者自行识别.

$\lambda)^2+\mu^2)$ 在 A 中无逆. 但 A 是可除的, 因此, $(a-\lambda)^2=-\mu^2$, 即 $(a-\lambda)\in B$. 从而可写

$$a=(a-\lambda)+\lambda\in B+\mathbf{R}.$$

今指出 $a=b+\lambda$ $(b\in B,\ \lambda\in\mathbf{R})$ 的分解是唯一的. 若另有分解 $a=b'+\lambda'$ $(b'\in B, \lambda'\in\mathbf{R})$, 则

$$b'=b+(\lambda-\lambda').$$

由于 $b^2, b'^2\in\mathbf{R}$, 以及

$$b'^2=b^2+2(\lambda-\lambda')b+(\lambda-\lambda')^2,$$

因此, $(\lambda-\lambda')b\in\mathbf{R}$. 同样, $(\lambda'-\lambda)b'\in\mathbf{R}$. 如果 $\lambda=\lambda'$, 则 $b=b'$ 乃达到目的. 否则 b 与 $b'\in B\cap\mathbf{R}$. 依 B 的定义, $b^2=b'^2=0$. 从而可见 $b=\frac{1}{2}(\lambda'-\lambda)$. 这将与 $b^2=0$, $\lambda\neq\lambda'$ 相矛盾. 因此分解唯一.

尚须证明 B 是线性子空间. 显然, $\mathbf{R}B=B$. 今设 $x,y\in B$, 可唯一分解

$$x+y=u+\lambda,\quad x-y=v+\mu,$$

这里 $u,v\in B$, $\lambda,\mu\in\mathbf{R}$. 由于

$$\begin{aligned}2x^2+2y^2&=(x+y)^2+(x-y)^2\\&=(\lambda^2+\mu^2+x^2+y^2)+2(\lambda u+\mu v).\end{aligned}$$

记 $\lambda u+\mu v=\alpha$, 由上式可见 $\alpha\in\mathbf{R}$. 由于

$$-\lambda u+\alpha=\mu v+0,$$

及 $(-\lambda u),\mu v\in B$, 依分解的唯一性, $\alpha=0$, 即 $\lambda u+\mu v=0$. 由此,

$$(\lambda+\mu)x+(\lambda-\mu)y=\lambda(x+y)+\mu(x-y)=\lambda^2+\mu^2$$

$$(\lambda+\mu)x+0=(\mu-\lambda)y+(\lambda^2+\mu^2).$$

依分解的唯一性, $\lambda^2+\mu^2=0$. 因此, $x+y=u\in B$.

此外, A 是可除的, A 中将无非零的幂零元, 从而, 如果 $b\in B$, $b\neq 0, b^2=-\lambda$, 必然有 $\lambda>0$. 因此, $B=\mathbf{R}B_1$. 证毕.

引理 1.8.9 设 $u\in B_1$, 记 $W(u)=\{x\in B\mid ux\in B\}$, 则 $B=W(u)\dotplus\mathbf{R}u$.

证 设 $x\in B$，依引理 1.8.8，可唯一地写 $ux=y+\lambda$，其中 $y\in B,\lambda\in \mathbf{R}$。于是依 $u\in B_1$，

$$u(x+\lambda u)=ux-\lambda=y\in B,$$

$(x+\lambda u)\in B$，因此，$(x+\lambda u)\in W(u)$。从而

$$x=(x+\lambda u)-\lambda u\in W(u)+\mathbf{R}u.$$

自然 $W(u)$ 是线性的。今若有 $\alpha\in\mathbf{R}$，使得 $\alpha u\in W(u)$。于是，$-\alpha=\alpha u^2=u\cdot\alpha u\in B$。再依 B 的定义，$\alpha=0$。因此，

$$B=W(u)\dot{+}\mathbf{R}u.$$

证毕。

引理 1.8.10 设 $u,v\in B_1$，且 $v\in W(u)$，则 $uv\in B_1$，且 $uv=-vu$。

证 由于 $v\in W(u)$，因此，$uv\in B$，即 $(uv)^2=-\lambda$，这里 $\lambda\in\mathbf{R}_+$。于是

$$vu=u^2(vu)v^2=u(uv)^2v=-\lambda uv.$$

B 是线性的，$2(uv+vu)=(u+v)^2-(u-v)^2\in\mathbf{R}$，因此，$(1-\lambda)uv\in\mathbf{R}$。注意 $0\neq uv\in B$（因若 $uv=0$，则 $uv\cdot v=0=-u$，这与 $u\in B_1$ 相矛盾），及 $B\cap\mathbf{R}=\{0\}$，因此，$\lambda=1$，即

$$uv=-vu.$$

进而，$(uv)^2=-\lambda=-1$，所以，$uv\in B_1$。证毕。

定理 1.8.11 设 A 是实赋范可除代数，则有 A 到 $\mathbf{R}$，或 $\mathbf{C}$，或 $\mathbf{H}$ 上的(代数)同构 T，使得 $\|Ta\|=\nu(a),\forall a\in A$。

证 由引理 1.8.8，如果 $B=\{0\}$，则 $A\cong\mathbf{R}$。

如果 B 是一维的，即 $B=\mathbf{R}i$，某 $i\in A$，并且 $i^2=-1$。于是，

$$A=\mathbf{R}i\dot{+}\mathbf{R}\cong\mathbf{C}.$$

今设 $\dim B\geqslant 2$。取 $i\in B_1$，依引理 1.8.9，$W(i)\neq\{0\}$。从而又可取 $j\in W(i)\cap B_1$。再由引理 1.8.10，$k=ij=-ji\in B_1$，此外，

$$jk=jij=-j^2i=i,\quad kj=ij^2=-i.$$

相似地，$ki=-ik=j$。今证明

$$B = \mathbf{R}i \dotplus \mathbf{R}j \dotplus \mathbf{R}k \dotplus L,$$

这里 $L = W(i) \cap W(j) \cap W(k)$. 事实上,由引理 1.8.9,

$$B = W(i) \dotplus \mathbf{R}i = W(j) \dotplus \mathbf{R}j = W(k) \dotplus \mathbf{R}(k),$$

于是对任意的 $x \in B$，可唯一地写

$$x = a + \alpha i, \ a = b + \beta j, \ b = c + \gamma k,$$

其中 $a \in W(i)$，$b \in W(j)$，$c \in W(k)$，$\alpha, \beta, \gamma \in \mathbf{R}$. 特别，$a$ 与 $ia \in B$，b 与 $jb \in B$，c 与 $kc \in B$. 因此，

$$ic = i(a - \beta j - \gamma k) = ia - \beta k + \gamma j \in B,$$

即 $c \in W(i)$. 同样 $jc = j(b - \gamma k) = jb - \gamma i \in B$，$c \in W(j)$. 因此，$c \in W(i) \cap W(j) \cap W(k) = L$. 于是，

$$x = \alpha i + \beta j + \gamma k + c \in (\mathbf{R}i + \mathbf{R}j + \mathbf{R}k + L).$$

今若有 $\lambda, \mu, \nu \in \mathbf{R}, d \in L$，使得

$$\lambda i + \mu j + \nu k + d = 0.$$

上式左乘以 i,则 $(\mu k - \nu j + id) - \lambda = 0$. 由于 $B \cap \mathbf{R} = \{0\}$，以及 $(\mu k - \nu j + id) \in B$,因此,$\lambda = 0$. 相似地，$\mu = \nu = 0$. 进而 $d = 0$. 所以，

$$B = \mathbf{R}i \dotplus \mathbf{R}j \dotplus \mathbf{R}k \dotplus L.$$

下面证明 $L = \{0\}$. 若不然,乃有 $x \in L \cap B_1$，依引理 1.8.10,ix, $jx, kx \in B_1$，且 $ix = -xi$，$jx = -xj$，$kx = -xk$，因此

$$-kx = xk = xij = -ixj = ijx = kx,$$

即 $kx = 0$，这与 $kx \in B_1$ 相矛盾. 所以 $L = \{0\}$. 以上证明了：当 $\dim B \geqslant 2$ 时，$A \cong \mathbf{H}$.

记上面所说的A到 $\mathbf{R}$，或 $\mathbf{C}$，或 $\mathbf{H}$ 上的(代数)同构为 T，则依命题 1.8.7，

$$\|Txy\| = \|Tx\| \cdot \|Ty\|, \ \forall x, y \in A.$$

如果把$\|T \cdot\|$ 看作为A上的新范数,也使得A成为实赋范代数,并且由于 $\dim A < \infty$，新范数与A上原来的范数等价，由此，用新范数可以计算A中元素的谱半径,即

$$\nu(a) = \lim_n \|Ta^n\|^{1/n} = \|Ta\|, \ \forall a \in A.$$

证毕.

系 1.8.12 交换的实赋范可除代数必同构于 R 或 C.

注 本系还有下面的简单证明. 设 A 是交换的实赋范可除代数,并且不同构于 R. 于是有 $x_0 \in A \backslash \mathbf{R}$. A 是可除的,因此 x_0 无实谱. 设 $(\alpha_0 + i\beta_0) \in \sigma(x_0)$, 这里 $\beta_0 \neq 0$. 令

$$z = (x_0 - (\alpha_0 + i\beta_0)) \cdot (\beta_0^{-1} + i(x_0 - \alpha_0)^{-1}).$$

如果 $z \neq 0$, 则 z 有逆(因 $z = \beta_0^{-1}(x_0 - \alpha_0) + \beta_0(x - \alpha_0)^{-1} \in A$), 这与 $(\alpha_0 + i\beta_0) \in \sigma(x_0)$ 相矛盾. 因此, $z = 0$, 即

$$(x_0 - \alpha_0)^2 + \beta_0^2 = 0.$$

记

$$i_0 = \frac{x_0 - \alpha_0}{\beta_0} \in A,$$

则 $i_0^2 = -1$. 从而, $\mathbf{R} \cap \mathbf{R}i_0 = \{0\}$.

若另有 $j \in A, j^2 = -1$, 则由于 A 是交换的,

$$0 = i_0^2 - j^2 = (i_0 - j)(i_0 + j).$$

A 又是可除的,因此, $j = i_0$ 或 $(-i_0)$. 由此,

$$A = \mathbf{R} \dotplus i_0\mathbf{R} \cong \mathbf{C}.$$

从上面的证明可以看到;交换的实赋范可除代数 A 同构于 R 或 C, 其判别法则在于,方程 $x^2 + 1 = 0$ 在 A 中是否有解.

注 这里定理 1.8.11 的证明来自于 L. E. Dickson 的 [10].

§9. 半单纯 Banach 代数范数的唯一性

设 A 是 Banach 代数, $\{\pi, X\}$ 是 A 的不可约表示(定义 1.4.5), 这里 X 是 Banach 空间,并且 $\pi(A) \subset B(X)$, $B(X)$ 是 X 中有界线性算子的全体.

引理 1.9.1 记 $\mathscr{D} = \pi(A)' = \{D \in L(X) | D\pi(a) = \pi(a)D, \forall a \in A\}$, 这里 $L(X)$ 是 X 中线性算子(不要求连续)的全体, 则 $\mathscr{D} \cong \mathbf{C}$.

证 设 $D \in \mathscr{D}$, 于是, DX 与 $\ker D$ 都是 $\pi(A)$ 的不变子

空间，从而，$DX=\{0\}$ 或 X，及 $\ker D=X$ 或$\{0\}$。若 $D\neq 0$，则 $DX=X$。这时自然有 $\ker D=\{0\}$，因此 D 是一一的。这说明 $\mathscr{D}$ 中每个非零元在 $L(X)$ 中必有逆，自然这逆仍属于 $\mathscr{D}$。

取定 $0\neq\xi_0\in X$，依命题 1.4.6，$L=\ker\xi_0=\{a\in A|\pi(a)\xi_0=0\}$ 是 A 的极大正则左理想。定义 Banach 空间 A/L 到 Banach 空间 X 的线性映象 U：

$$U\tilde{a}=\pi(a)\xi_0,\ \forall a\in\tilde{a}\in A/L.$$

由于 $\pi(A)\xi_0=X$，因此，$UA/L=X$。如果 $U\tilde{a}=0$，则 $a\in L$，$\forall a\in\tilde{a}$，因此，$\tilde{a}=\tilde{o}$。从而，U 也是一一的。

今若 $D\in\mathscr{D}$，命 $\tilde{b}=U^{-1}D\xi_0(\in A/L)$，即

$$D\xi_0=U\tilde{b}=\pi(b)\xi_0,\ \forall b\in\tilde{b}.$$

对任意的 $\tilde{a}\in A/L$，$a\in\tilde{a}$，

$$U\widetilde{ab}=\pi(ab)\xi_0=\pi(a)D\xi_0=D\pi(a)\xi_0=DU\tilde{a}.$$

因此，$\widetilde{ab}=U^{-1}DU\tilde{a}$。从而依 A/L 中范数的定义，

$$\|U^{-1}DU\tilde{a}\|=\|\widetilde{ab}\|\leqslant\|a\|\cdot\|\tilde{b}\|.$$

但 $a\in\tilde{a}\in A/L$ 是任意的，因此，$U^{-1}DU$ 是 A/L 中的有界线性算子，并且 $\|U^{-1}DU\|\leqslant\|\tilde{b}\|$。

现在定义 $|D|=\|U^{-1}DU\|$，$\forall D\in\mathscr{D}$，则 $(\mathscr{D},|\cdot|)$ 将是赋范可除代数。依命题 1.7.3，$\mathscr{D}\cong\mathbf{C}$。证毕。

引理 1.9.2 设 $\{\xi_1,\xi_2\}(\subset X)$ 是线性无关的，则存在 $a\in A$，使得

$$\pi(a)\xi_1=0,\ \pi(a)\xi_2\neq 0.$$

证 若所要求的 a 不存在，易见将有

$$\ker\xi_1\subset\ker\xi_2.$$

注意 $\pi(A)\xi_1=X$，从而我们可定义 X 中的线性算子 T：

$$T\pi(a)\xi_1=\pi(a)\xi_2,\ \forall a\in A.$$

由于对任意的 $a,b\in A$，

$$T\pi(b)\pi(a)\xi_1=\pi(ba)\xi_2=\pi(b)\pi(a)\xi_2=\pi(b)T\pi(a)\xi_1,$$

因此，$T\in\mathscr{D}$。依引理 1.9.1，有 $\lambda\in\mathbf{C}$，使得 $T=\lambda$，于是，$\lambda\pi(a)\xi_1=\pi(a)\xi_2$，或

$$\pi(a)(\lambda\xi_1-\xi_2)=0,\ \forall a\in A.$$

π 是不可约的，从而，$\lambda\xi_1-\xi_2=0$. 这与 $\{\xi_1,\xi_2\}$ 线性无关相矛盾. 因此，存在 $a\in A$，使得 $\pi(a)\xi_1=0, \pi(a)\xi_2\neq 0$. 证毕.

引理 1.9.3 如果 $\{\xi_1,\cdots,\xi_n\}$ $(\subset X)$ 是线性无关的，则有 $a\in A$，使得

$$\pi(a)\xi_i=0, 1\leqslant i\leqslant n-1, \pi(a)\xi_n\neq 0.$$

证 $n=2$ 即为引理 1.9.2. 今设 $(n-1)(n>2)$ 已成立，于是有 $b\in A$，使得

$$\pi(b)\xi_i=0, 1\leqslant i\leqslant n-2, \pi(b)\xi_n\neq 0.$$

如果 $\pi(b)\xi_{n-1}=0$，则获证. 因此可设 $\pi(b)\xi_{n-1}\neq 0$. 即有 $b\in A$，使得

$$\begin{cases}\pi(b)\xi_i=0, 1\leqslant i\leqslant n-2,\\ \pi(b)\xi_{n-1}\neq 0\neq\pi(b)\xi_n.\end{cases}\tag{1}$$

如果 $\{\pi(b)\xi_{n-1},\pi(b)\xi_n\}$ 是线性无关的，依引理 1.9.2，将有 $c\in A$，使得

$$\pi(c)\pi(b)\xi_{n-1}=0,\ \pi(c)\pi(b)\xi_n\neq 0,$$

从而，

$$\pi(cb)\xi_i=0,\ 1\leqslant i\leqslant n-1,\ \pi(cb)\xi_n\neq 0.$$

又将获证. 因此，可以假定有 $0\neq\lambda\in\mathbf{C}$，使得

$$\lambda\pi(b)\xi_{n-1}=\pi(b)\xi_n.\tag{2}$$

注意 $\{\xi_1,\cdots,\xi_{n-2},(\lambda\xi_{n-1}-\xi_n)\}$ 是线性无关的，依归纳假设，有 $d\in A$，使得

$$\pi(d)\xi_i=0, 1\leqslant i\leqslant n-2, \pi(d)(\lambda\xi_{n-1}-\xi_n)\neq 0.\tag{3}$$

如果 $\pi(d)\xi_{n-1}=0$，则 $\pi(d)\xi_i=0, 1\leqslant i\leqslant n-1, \pi(d)\xi_n\neq 0$，乃获证. 所以可设

$$\pi(d)\xi_{n-1}\neq 0.\tag{4}$$

如果 $\{\pi(d)\xi_{n-1},\pi(d)\xi_n\}$ 线性无关，依引理 1.9.2，有 $f\in A$，使得 $\pi(f)\pi(d)\xi_{n-1}=0, \pi(f)\pi(d)\xi_n\neq 0$. 于是，

$$\pi(fd)\xi_i=0,\ 1\leqslant i\leqslant n-1,\ \pi(fd)\xi_n\neq 0$$

将达到目的. 从而可设有 $\mu\in\mathbf{C}$，使得

$$\mu\pi(d)\xi_{n-1} = \pi(d)\xi_n. \tag{5}$$

(注意 μ 可能为 0，因为 $\pi(d)\xi_n$ 可能为 0，但这并不影响下面的证明)．由(3)，(5)，$\lambda \neq \mu$．今依 (4) 及 π 的迁移性质(命题 1.4.6)，有 $f \in A$，使得

$$\pi(f)\pi(d)\xi_{n-1} = \pi(b)\xi_{n-1}. \tag{6}$$

现在命 $a = b - fd$，依 (1)，(3) 及 (6)，

$$\pi(a)\xi_i = 0,\ 1 \leqslant i \leqslant n-1.$$

又依 (2)，(5)，(6)，$\lambda \neq \mu$ 及 (1)，

$$\begin{aligned}\pi(a)\xi_n &= \pi(b)\xi_n - \pi(f)\pi(d)\xi_n \\ &= \lambda\pi(b)\xi_{n-1} - \mu\pi(f)\pi(d)\xi_{n-1} \\ &= (\lambda - \mu)\pi(b)\xi_{n-1} \neq 0.\end{aligned}$$

证毕．

引理 1.9.4 设 $S = \{a \in A \mid \|a\| \leqslant 1\}$ 是 A 的单位球，$0 \neq \xi_0 \in X$，L 是 A 的闭左理想，并且

$$L \not\subset \ker\xi_0 = \{a \in A \mid \pi(a)\xi_0 = 0\},$$

则有 $\lambda > 0$，使得

$$\lambda\pi(S)\xi_0 \subset \pi(L \cap S)\xi_0.$$

证 $\ker\xi_0$ 是 A 的极大正则左理想，相应的 A 的左正则表示 $\{\sigma, A/\ker\xi_0\}$ 是不可约的．由于 $\tilde{L}$ (L 在 $A/\ker\xi_0$ 中的正则映象)是 σ 的非零不变子空间，因此，

$$\tilde{L} = A/\ker\xi_0.$$

今 $a \to \tilde{a}$ (A 到 $A/\ker\xi_0$ 的商映象) 把 L 连续地映到 $A/\ker\xi_0$ 之上，依 Banach 定理，将有 $\lambda > 0$，只要 $\tilde{a} \in A/\ker\xi_0$，$\|\tilde{a}\| \leqslant \lambda$，就有 $b \in L \cap S$，使得 $\tilde{b} = \tilde{a}$．由此，$(b - a) \in \ker\xi_0$，即 $\pi(b)\xi_0 = \pi(a)\xi_0$，$\forall a \in \tilde{a}$．从而对任意的 $a \in S$，有 $b \in L \cap S$，使得 $\pi(b)\xi_0 = \pi(\lambda a)\xi_0$，即

$$\lambda\pi(S)\xi_0 \subset \pi(L \cap S)\xi_0.$$

证毕．

定理 1.9.5 设 A 是 Banach 代数，$\{\pi, X\}$ 是 A 的不可约表示，这里 X 是 Banach 空间，并且 $\pi(A) \subset B(X)$，则 $\pi: A \to B(X)$

自动是连续的.

证 我们分成几个步骤来进行.

(1) 依命题 1.4.18, $\ker\pi$ 是闭的. 于是可定义 Banach 代数 $A/\ker\pi$ 的不可约表示 $\{\tau, X\}$:

$$\tau(\tilde{a}) = \pi(a), \quad \forall a \in \tilde{a} \in A/\ker\pi.$$

如果能够证明 τ 是连续的,即有常数 K, 使得

$$\|\tau(\tilde{a})\| \leqslant K\|\tilde{a}\|, \quad \forall \tilde{a} \in A/\ker\pi,$$

于是,

$$\|\pi(a)\| = \|\tau(\tilde{a})\| \leqslant K\|\tilde{a}\| \leqslant K\|a\|, \quad \forall a \in A,$$

即 π 也是连续的. 因此,可设 $\ker\pi = \{0\}$.

(2) 如果 $\dim X < \infty$, 又已设 π 是一一的, 因此, $\dim A \leqslant (\dim X)^2 < \infty$. 从而, $\pi: A \to B(X)$ 必然连续.因此可设 $\dim X = \infty$.

(3) 对任意的 $\xi \in X$, 定义线性映象 $\sigma(\xi): A \to X$

$$\sigma(\xi)(a) = \pi(a)\xi, \quad \forall a \in A,$$

并记 $E = \{\xi \in X | \sigma(\xi): A \to X$ 是连续的$\}$. 自然 E 是 X 的线性子空间. 我们说 E 对 $\pi(A)$ 是不变的. 事实上, 如果 $\xi \in E$, $a \in A$,

$$\begin{aligned}\|\sigma(\pi(a)\xi)(b)\| &= \|\pi(b)\pi(a)\xi\| = \|\pi(ba)\xi\| \\ &= \|\sigma(\xi)(ba)\| \leqslant \|\sigma(\xi)\| \cdot \|a\| \cdot \|b\|, \quad \forall b \in A.\end{aligned}$$

因此, $\pi(a)\xi \in E$. 由于 π 是不可约的,因此,

$$E = \{0\} \text{ 或 } X.$$

(4) 如果 $E = X$, 对任意固定的 $a \in A$, 由于

$$\sup_{\|\xi\| \leqslant 1} \|\sigma(\xi)(a)\| = \sup_{\|\xi\| \leqslant 1} \|\pi(a)\xi\| = \|\pi(a)\| < \infty.$$

依一致有界定理, $\sup\{\|\sigma(\xi)\| \,|\, \|\xi\| \leqslant 1\} = M < \infty$. 由此,

$$\|\pi(a)\xi\| = \|\sigma(\xi)(a)\| \leqslant M \cdot \|\xi\| \cdot \|a\|, \quad \forall \xi \in X, a \in A,$$

即见 π 是连续的.

(5) 下面设 $E = \{0\}$, 即对任意的 $0 \neq \xi \in X$, $\{\sigma(\xi)(a) = \pi(a)\xi \,|\, a \in S\}$ 是 X 的无界子集,这里 $S = \{a \in A \,|\, \|a\| \leqslant 1\}$ 是 A

的单位球。

由于X是无穷维的，因此在X中存在(有限) 线性无关的无穷列 $\{\xi_n\}$，无妨设 $\|\xi_n\|=1,\forall n$. 记

$$M_n=\ker\xi_n, L_n=M_1\cap\cdots\cap M_{n-1},\forall n.$$

对任意的 n，依引理 1.9.3, 有 $a\in A$，使得

$$\pi(a)\xi_i=0,\ 1\leqslant i\leqslant n-1,\ \pi(a)\xi_n\neq 0,$$

即 $a\in L_n\backslash M_n$，因此，$L_n\not\subset M_n$. 依引理 1.9.4, 及 $\{\pi(S)\xi_n\}$ 是无界的，可见

$$\pi(L_n\cap S)\xi_n \text{ 是} X \text{的无界子集},\ \forall n.$$

(6) 取 $b_1\in L_1\cap S$，使得 $\|\pi(b_1)\xi_1\|>2$. 令 $a_1=b_1/2$. 则 $\|a_1\|\leqslant 2^{-1}$，$\|\pi(a_1)\xi_1\|>1$.

再取 $b_2\in L_2\cap S$，使得 $\|\pi(b_2)\xi_2\|>2^2(2+\|\pi(a_1)\xi_2\|)$. 令 $a_2=b_2/2^2$，则 $\|a_2\|<2^{-2}$，$\|\pi(a_2)\xi_2\|>(2+\|\pi(a_1)\xi_2\|)$.

一般将有 $a_n\in L_n,\|a_n\|<2^{-n}$，并且

$$\|\pi(a_n)\xi_n\|>(n+\|\pi(a_1+\cdots+a_{n-1})\xi_n\|).$$

令

$$b=\sum_{k=1}^{\infty}a_k,\quad b_n=\sum_{k=n+1}^{\infty}a_k.$$

当 $k>n$ 时，$a_k\in L_k=M_1\cap\cdots\cap M_{k-1}\subset M_n$. 又 M_n 是闭的，因此，$b_n\in M_n$，即 $\pi(b_n)\xi_n=0,\forall n$.

对任意的 $n, b=a_1+\cdots+a_n+b_n$，由此

$$\begin{aligned}\|\pi(b)\xi_n\|&=\|(\pi(a_1)+\cdots+\pi(a_n))\xi_n\|\\&\geqslant\|\pi(a_n)\xi_n\|-\|\pi(a_1+\cdots+a_{n-1})\xi_n\|>n.\end{aligned}$$

又 $\|\xi_n\|=1$，这将与 $\pi(b)\in B(X)$ 相矛盾。

(5)与(6)说明 $E=\{0\}$ 是不可能的。因此，$\pi:A\to B(X)$ 是连续的。证毕。

定理 1.9.6 (Johnson) 设 $(A,\|\cdot\|)$ 是半单纯的 Banach 代数，又 $(A,\|\cdot\|')$ 也是 Banach 代数，则$\|\cdot\|$与$\|\cdot\|'$相等价。

证 依命题 1.4.10, 无妨设A有单位元 e.

设L是A的任意极大左理想，它对$\|\cdot\|$，$\|\cdot\|'$都是闭的，因

此，A/L 依$\|\cdot\|$，$\|\cdot\|'$分别诱导的商范数(仍记以$\|\cdot\|$，$\|\cdot\|'$)也都是 Banach 空间.

对任意的 $a\in A$，定义

$$\sigma(a)\tilde{b}=\widetilde{ab},\quad \forall \tilde{b}\in (A/L,\|\cdot\|'),$$

易证 $\|\sigma(a)\tilde{b}\|'\leqslant\|a\|'\cdot\|\tilde{b}\|'$，因此，$\sigma(a)\in B((A/L,\ \|\cdot\|'))$. 依命题 1.4.8，$(\sigma,(A/L,\|\cdot\|'))$ 是 $(A,\|\cdot\|)$ 的不可约表示. 依定理 1.9.5，有常数 K，使得

$$\|\sigma(a)\tilde{b}\|'\leqslant K\|a\|\|\tilde{b}\|',\forall a\in A,\tilde{b}\in A/L.$$

由此，$\|\tilde{a}\|'=\|\sigma(a)\tilde{e}\|'\leqslant K\|a\|\|\tilde{e}\|'$，$\forall a\in\tilde{a}$，即

$$\|\tilde{a}\|'\leqslant K\|\tilde{e}\|'\|\tilde{a}\|,\quad \forall\tilde{a}\in A/L.$$

交换$\|\cdot\|'$，$\|\cdot\|$的位置，可见在 A/L 上，$\|\cdot\|$与$\|\cdot\|'$等价.

今设 $a_n,a\in A,\|a_n\|\to 0,\|a_n-a\|'\to 0$，则 $\|\tilde{a}_n\|\to 0,\|\tilde{a}_n-\tilde{a}\|'\to 0$. 已指出在 A/L 上，$\|\cdot\|$与$\|\cdot\|'$等价，因此，$\tilde{a}=0$，即 $a\in L$. 但L是任意的，$(A,\|\cdot\|)$ 又是半单纯的，所以必有 $a=0$. 以上说明：$(A,\|\cdot\|)$ 到 $(A,\|\cdot\|')$ 的恒等算子是闭算子，从而连续. 进而可知在A上，$\|\cdot\|$与$\|\cdot\|'$相互等价. 证毕.

注　半单纯代数上完全的代数范数的等价性，曾经是长期没有解决的问题. 对于交换情形，I.M.Gelfand 给了证明([20])；C.E.Rickart 也有一些结果([46])；这个问题的解决(即为定理 1.9.6)属于 B.E.Johnson([28]).

§10. 逼近单位元与因子分解

当 Banach 代数A没有单位元时，我们固然可以用 $(A\dotplus\mathbb{C})$ 来考虑问题，但这常常是不方便的. 有一类 Banach 代数，存在着"逼近单位元，"可以起到类似于单位元的作用. 例如在本章§1中提到的交换 Banach 代数 $L^1(\mathbb{R})$，它并无单位元. 但若我们命

$$e_n(t)=\begin{cases} n/2, & -\dfrac{1}{n}\leqslant t\leqslant\dfrac{1}{n},\\ 0, & \text{其他的 } t\in\mathbb{R}.\end{cases}$$

则 $\|e_n\| = \int_{-\infty}^{\infty} e_n(t)\,dt = 1, \forall n$，并且对于任何的 $f \in L^1(\mathbf{R})$，

$$\|e_n * f - f\| = \int_{-\infty}^{\infty} ds \left|\int_{-\infty}^{\infty} e_n(t) f(s-t)\,dt - f(s)\right|$$
$$\leqslant \int_{-\infty}^{\infty} ds \int_{-\infty}^{\infty} e_n(t)\,|f(s-t) - f(s)|\,dt$$
$$= \frac{n}{2}\int_{-\frac{1}{n}}^{\frac{1}{n}} dt \int_{-\infty}^{\infty} |f(s-t) - f(s)|\,ds.$$

依整体连续性，

$$\lim_{t\to 0}\int_{-\infty}^{\infty} |f(s-t) - f(s)|\,ds = 0,$$

即见在 $L^1(\mathbf{R})$ 中，$e_n * f \to f$.

这样的元列 $\{e_n\}$ 在 $L^1(\mathbf{R})$ 中将起到类似于单位元的作用．更一般地，我们引入

定义 1.10.1 设 A 是 Banach 代数，A 中的元网 $\{e_l\}_{l\in\Lambda}$[1] 称为 A 的左(或右)逼近单位元，指

$$e_l x (\text{或 } x e_l) \to x, \ \forall x \in A.$$

如果 $\{e_l\}$ 既是左、又是右的逼近单位元，则称为逼近单位元．

命题 1.10.2 如果 A 是 Banach 代数，$U \subset A$ 是有界的左逼近集，即 U 是 A 的依范数的有界子集，并且对任意的 $x \in A$ 及 $\varepsilon > 0$，有 $y \in U$，使得 $\|yx - x\| < \varepsilon$，则 A 中存在有界的(依范数意义)左逼近单位元．

证 设 K 是 U 依范数的上界．对 $\varepsilon > 0$，我们指出对 A 的任何有限子集 F，存在 $w = w_{F,\varepsilon}$，使得 $\|w\| \leqslant (1+K)^2$，$\|wx - x\| < \varepsilon, \forall x \in F$．由此，$\{w_{F,\varepsilon}\}$ 将是 A 的有界左逼近单位元，这里 $(F,\varepsilon) \leqslant (F',\varepsilon')$ 指 $F \subset F'$，$\varepsilon' \leqslant \varepsilon$.

首先，若 $F = \{x_1, x_2\}$（包括 $x_1 = x_2$ 的情形)，依设，可取 $u, v \in U$，使得

---

1) 指 Λ 是定向指标集，也就是 Λ 为偏序集，且对任意的 $\alpha, \beta \in \Lambda$，有 $\gamma \in \Lambda$，使得在 Λ 中，$\alpha \leqslant \gamma, \beta \leqslant \gamma$．$\|e_l x - x\| \longrightarrow 0$ 指对 $\forall \varepsilon > 0$，有 $l_\varepsilon \in \Lambda$，只要 $l \geqslant l_\varepsilon$，就有 $\|e_l x - x\| < \varepsilon$.

$$\|ux_1 - x_1\| < \frac{\varepsilon}{1+K}, \|v(x_2 - ux_2) - (x_2 - ux_2)\| < \varepsilon.$$

令 $w = v + u - vu$，则 $\|w\| \leqslant 2K + K^2 < (1+K)^2$，且

$$\|x_2 - wx_2\| = \|(x_2 - ux_2) - v(x_2 - ux_2)\| < \varepsilon,$$

$$\|x_1 - wx_1\| \leqslant \|x_1 - ux_1\| + \|v(x_1 - ux_1)\|$$

$$< \frac{\varepsilon}{1+K} + K\frac{\varepsilon}{1+K} = \varepsilon.$$

今归纳假定对 $^{\#}F$[1] $\leqslant n$ 成立，并设 $F = \{x_1, \cdots, x_{n+1}\}$，令

$$\alpha = \max\{\|x_j\| \mid 1 \leqslant j \leqslant n+1\}.$$

依归纳假设有 y，使得

$$\|y\| < (1+K)^2, \|yx_j - x_j\| < \frac{\varepsilon}{3(1+K)^2}, \ 1 \leqslant j \leqslant n.$$

对 $\{y, x_{n+1}\}$，前面已证有 w，使得

$$\|w\| < (1+K)^2, \ \|wy - y\| < \frac{\varepsilon}{3\alpha},$$

$$\|wx_{n+1} - x_{n+1}\| < \varepsilon,$$

于是对 $1 \leqslant j \leqslant n$，

$$\begin{aligned}\|wx_j - x_j\| &\leqslant \|yx_j - x_j\| + \|wyx_j - yx_j\| + \|wx_j - wyx_j\| \\ &< \frac{\varepsilon}{3(1+K)^2} + \frac{\varepsilon}{3\alpha}\cdot\alpha + (1+K)^2\cdot\frac{\varepsilon}{3(1+K)^2} \\ &< \varepsilon.\end{aligned}$$

因此，对 $^{\#}F = n+1$ 也成立．证毕．

下面由逼近单位元，来讨论 Banach 代数中元素的因子分解．

设 A 是 Banach 代数，X 是 Banach 空间，$\pi: A \to B(X)$ 是连续同态，$\|\pi\| \leqslant K$，无妨设 $K \geqslant 1$．这个同态可自然地开拓到 $(A \dotplus \mathbb{C})$ 上，只须令 $\pi(1) = I_X$（X 中的恒等算子），仍将保持 $\|\pi\| \leqslant K$（这时 $(A \dotplus \mathbb{C})$ 中范数取为 $\|x + \lambda\| = \|x\| + |\lambda|$，$\forall x \in A, \lambda \in \mathbb{C}$）．

1）对于一个集合 F，我们常常用 $^{\#}F$ 表示 F 中元素的个数．

引理 1.10.3 设 $a\in A$, $\lambda\in\mathbf{R}$ 且 $\lambda>1$, $\|a\|\leqslant\lambda$, $r=(4\lambda)^{-1}$, 则 $(1-r+ra)$ 在 $(A\dotplus\mathbf{C})$ 中有逆 b, 满足 $\|b\|\leqslant 2$, 并且对任意的 $\varepsilon>0$, 有 $\delta>0$, 只要

$$\|\pi(a)\xi-\xi\|\leqslant\delta\|\xi\| \text{ (这里 } \xi\in X\text{)},$$

就有 $\|\pi(b)\xi-\xi\|\leqslant\varepsilon\|\xi\|$.

证 由 $0<r<4^{-1}, 1-r>3/4$, $\lambda r(1-r)^{-1}<4\lambda r/3=3^{-1}$, 因此, $1-r+ra=(1-r)(1+r(1-r)^{-1}a)$ 在 $(A\dotplus\mathbf{C})$ 中有逆 b:

$$b=\frac{1}{1-r}\sum_{k=0}^{\infty}(-1)^k r^k(1-r)^{-k}a^k, \tag{1}$$

于是

$$\|b\|\leqslant\frac{1}{1-r}\sum_{k=0}^{\infty}\left(\frac{r\lambda}{1-r}\right)^k\leqslant 2.$$

注意

$$b-1=b(1-b^{-1})=b(1-(1-r+ra))=rb(1-a),$$

于是

$$\begin{aligned}\|\pi(b)\xi-\xi\|&\leqslant r\|\pi(b)\|\cdot\|\pi(a)\xi-\xi\|\\&\leqslant 2Kr\|\pi(a)\xi-\xi\|,\end{aligned}$$

因此,对 $\varepsilon>0$, 只须取 $\delta=\varepsilon/2Kr$ 即可. 证毕.

引理 1.10.4 设 $\{e_l\}$ 是 A 中的有界左逼近单位元, 并且依 $B(X)$ 中的强算子拓扑, $\pi(e_l)\to I_X$, 则对任意的 $\xi\in X$ 及 $\varepsilon>0$, 有 $a\in A$, $\eta\in X$, 使得

$$\xi=\pi(a)\eta,\ \|\xi-\eta\|<\varepsilon.$$

证 设 $\lambda>1$, 使得 $\|e_l\|\leqslant\lambda$, $\forall l$. 令 $r=(4\lambda)^{-1}$ 及 $b_l=(1-r+re_l)^{-1}$ (依引理 1.10.3, b_l 在 $(A\dotplus\mathbf{C})$ 中存在, 并且 $\|b_l\|\leqslant 2, \forall l$).

现在我们归纳地作指标列 $\{l_n\}$, 令 $e_n=e_{l_n}$, 使得

$$d_n=(1-r)^n+\sum_{k=1}^{n}r(1-r)^{k-1}e_k$$

在 $(A\dotplus\mathbf{C})$ 中有逆 t_n, 并且

$$\|\pi(t_n)\xi - \pi(t_{n-1})\xi\| \leqslant \varepsilon 2^{-n}, \forall n = 1,2,\cdots, \qquad (1)$$

这里设 $t_0 = d_0 = 1$，$\pi(t_0) = I_X$。

当 $n = 1$ 时，取 $\varepsilon' > 0$，满足 $\varepsilon'\|\xi\| \leqslant \varepsilon 2^{-1}$，相应取指标 l_1，使得 $\|\pi(e_1)\xi - \xi\| \leqslant \delta\|\xi\|$，这里 $\delta = \delta(\varepsilon')$ 如引理 1.10.3 所述（由于依强算子拓扑，$\pi(e_l) \to I_X$，因此这个 l_1 可以找到）. 于是由引理 1.10.3，$d_1 = 1 - r + re_1$ 在 $(A\dotplus C)$ 中有逆 t_1，并且

$$\|\pi(t_1)\xi - \pi(t_0)\xi\| = \|\pi(t_1)\xi - \xi\| \leqslant \varepsilon'\|\xi\| \leqslant \varepsilon 2^{-1}.$$

今归纳假定已找到指标 $l_1,\cdots,l_m$，满足 (1). 令

$$u_l = (1-r)^m + \sum_{k=1}^{m} r(1-r)^{k-1} b_l e_k,$$

于是，

$$u_l - d_m = \sum_{k=1}^{m} r(1-r)^{k-1}(b_l e_k - e_k).$$

当 l 充分大，由于 $\{e_l\}$ 是 A 中的左逼近单位元，因此，$\|e_l e_k - e_k\|$ 充分小，$1 \leqslant k \leqslant m$. 用引理 1.10.3 于 $\{\pi = id, X = A\}$ 的情形，可见 $\|b_l e_k - e_k\|$ $(1 \leqslant k \leqslant m)$，从而 $\|u_l - d_m\|$，充分小. 但 d_m 有逆 t_m，因此，u_l^{-1} 存在. 并依逆的连续性，$\|u_l^{-1} - t_m\|$ 充分小.

现在取 l_{m+1} 充分大，使得 $u_{l_{m+1}}^{-1}$ 存在，并且 $\|u_{l_{m+1}}^{-1} - t_m\|$ 与 $\|\pi(e_{m+1})\xi - \xi\|$ 充分小. 依引理 1.10.3，由此可使得

$$\begin{cases}\|\pi(b_{l_{m+1}})\xi - \xi\| \leqslant \|\xi\|, \\ K(2\|u_{l_{m+1}}^{-1} - t_m\| \cdot \|\xi\| + \|t_m\| \cdot \|\pi(b_{l_{m+1}})\xi - \xi\|) \leqslant \varepsilon 2^{-m-1}.\end{cases} \qquad (2)$$

但 $(1 - r + re_l)b_l = 1$，因此依 u_l 的定义

$$(1 - r + re_l)u_l = (1-r)^{m+1} + r(1-r)^m e_l + \sum_{k=1}^{m} r(1-r)^{k-1} e_k,$$

由此，

$$(1-r+re_{m+1})u_{l_{m+1}}=d_{m+1},$$

因此，$d_{m+1}^{-1}=t_{m+1}$ 存在，且 $t_{m+1}=u_{l_{m+1}}^{-1}b_{l_{m+1}}$. 再由 (2),

$$\|\pi(t_{m+1})\xi-\pi(t_m)\xi\|\leqslant K\|u_{l_{m+1}}^{-1}-t_m\|\cdot\|\pi(b_{l_{m+1}})\xi\| + K\|t_m\|\cdot\|\pi(b_{l_{m+1}})\xi-\xi\|\leqslant K(2\|u_{l_{m+1}}^{-1}-t_m\| \cdot\|\xi\|+\|t_m\|\cdot\|\pi(b_{l_{m+1}})\xi-\xi\|)\leqslant \varepsilon 2^{-m-1},$$

从而可以定义指标列 $\{l_n\}$，使得 (1) 成立.

今命 $\eta_n=\pi(t_n)\xi$，则 $\xi=\pi(d_n)\eta_n$. 由 (1)，$\{\eta_n\}$ 是 X 中的基本列，因此有 $\eta\in X$，使得 $\|\eta_n-\eta\|\to 0$. 并且由 $t_0=1$，$\eta_0=\xi$，

$$\|\xi-\eta\|\leqslant\sum_{n=1}^{\infty}\|\eta_n-\eta_{n-1}\|\leqslant\varepsilon.$$

此外，令

$$a=\sum_{k=1}^{\infty}r(1-r)^{k-1}e_k=\lim d_n\in A,$$

(由于 $0<r<1$，$\|e_l\|\leqslant\lambda$，$\forall l$，极限是存在的)，由 $\xi=\pi(d_n)\eta_n$，$\forall n$，可见 $\pi(a)\eta=\xi$. 证毕.

定理 1.10.5 设 A 是 Banach 代数，包含有界的左逼近单位元，$a\in A$，$\varepsilon>0$，则有 $b,c\in A$，使得 $a=bc$，$\|a-c\|\leqslant\varepsilon$. 此外，如果 $a_n\in A$，$a_n\to 0$，则在 A 中可写 $a_n=bc_n$，而 $c_n\to 0$.

证 前者只要用引理 1.10.4 于 $\{\pi=id, X=A\}$ 即见.

今若 $a_n\to 0$. 命

$$X=\{(b_n)\mid b_n\in A,\text{ 且 } b_n\to 0\}.$$

依 $\|(b_n)\|=\sup\limits_n\|b_n\|$，$X$ 是 Banach 空间. 再命

$$\pi(b)((b_n))=(bb_n),\quad \forall (b_n)\in X, b\in A,$$

今依引理 1.10.4，将有 $b\in A$，$(c_n)\in X$，使得

$$(a_n)=\pi(b)(c_n),$$

即 $a_n=bc_n$，$\forall n$，且 $c_n\to 0$. 证毕.

定理 1.10.6 设 A 是 Banach 代数，包含有界的右逼近单位

元，$a\in A,\varepsilon>0$，则有 $b,c\in A$，使得 $a=bc$，$\|a-b\|<\varepsilon$。此外，如果 $a_n\in A,a_n\to 0$，则在A中可写 $a_n=b_nc$，而 $b_n\to 0$。

事实上，考虑A的反代数 $\mathring{A}$，即作为 Banach 空间 $\mathring{A}=A$，但 $\mathring{A}$ 中的乘法·定义为

$$a\cdot b=ba,\ \forall a,b\in A.$$

再用定理 1.10.5 于 $\mathring{A}$ 即得证。

定理 1.10.7 设A是 Banach 代数，包含有界的（双侧）逼近单位元，$a\in A$，$\varepsilon>0$，则有 $b,c,d\in A$，使得 $a=bcd$，$\|a-c\|<\varepsilon$。此外，如果 $a_n\in A,a_n\to 0$，则在A中可写

$$a_n=bc_nd,\forall n,$$

并且 $c_n\to 0$。

由定理 1.10.5 及 1.10.6 得定理 1.10.7 成立。

注 定理 1.10.5 属于 P.J.Cohen[9]。

第二章　交换的 Banach 代数

交换 Banach 代数的 Gelfand 理论是 Banach 代数理论的核心部分。本章首先在§1，§2中介绍了这个理论，简要地说就是，交换 Banach 代数中任何元素，通过 Gelfand 变换，可以成为某局部紧空间(谱空间)上的连续函数，而函数的值域就是元素的谱集；§3中给出谱空间的若干例子，特别给出 Wiener 定理（关于绝对收敛的三角级数的求逆)简单证明；§5研究实情形；§6中 Shilov 边界的概念，在函数代数理论中有重要的作用；§7利用交换理论来研究导运算与自同构的重要问题，特别 Johnson-Sinclaire 定理(2.7.17)指出，半单纯 Banach 代数中任何导运算都自动是连续的；§8利用交换理论来讨论 Banach 代数中函数方程的解的存在性与唯一性。

§1. Gelfand 理论(有单位元的情形)

设 A 是有单位元 e 的交换 Banach 代数，并且 $\|e\|=1$（我们总有办法，赋等价范来做到这一点）。

命题 2.1.1　设 J 是 A 的理想，则 J 是极大的，当且仅当，$A/J\cong\mathbb{C}$。

证　设 $A/J\cong\mathbb{C}$。如果 A 的理想 $J'\supset J$，则在 $A\to A/J$ 的正则映象下，J' 映为 $\{0\}$（否则映为 A/J，于是 $J'=A$，不可能)，从而，$J'=J$，即 J 是极大的。

反之，若 J 是 A 的极大理想，则 J 是闭的，并且 A/J 不包含任何非零理想。依命题 1.4.13，A/J 的任何非零元将有逆，即 A/J 是可除的 Banach 代数。依定理 1.7.2，$A/J\cong\mathbb{C}$。证毕。

定义 2.1.2　A 上的线性泛函 ρ 称为乘法的，指 $\rho(xy)=\rho(x)\cdot$

$\rho(y), \forall x, y \in A$.

定理 2.1.3 (1) 如果 ρ 是 A 上的非零乘法泛函，则 ρ 是有界的，并且 $\|\rho\| = 1 = \rho(e)$；

(2) A 上的非零乘法泛函全体与 A 的极大理想全体，通过下述方式一一对应：

如果 J 是 A 的极大理想，则 A 有直和分解 $A = J \dotplus \mathbb{C}e$. 由此对任意的 $a \in A$，有唯一分解

$$a = b + \lambda e, \text{ 其中 } b \in J, \lambda \in \mathbb{C}.$$

定义 $\rho(a) = \lambda$，则 ρ 是 A 上的非零乘法泛函，并且 ρ 的零空间 $\mathfrak{N}(\rho) = J$.

反之，如果 ρ 是 A 上的非零乘法泛函，则 ρ 的零空间 $\mathfrak{N}(\rho) = J$ 是 A 的极大理想，并且对任意的 $a \in A$，可唯一分解

$$a = b + \rho(a)e, \text{ 其中 } b \in J.$$

证 (1) 对任意的 $a \in A, \rho(a) = \rho(ae) = \rho(a) \cdot \rho(e)$，又 ρ 是非零的，因此，$\rho(e) = 1$.

记 ρ 的零空间 $\mathfrak{N}(\rho) = J$，显然它是 A 的理想. 于是对任意的 $a \in A$，由于 $(a - \rho(a)e) \in J$，可见 $\rho(a) \in \sigma(a)$. 从而，

$$|\rho(a)| \leqslant \nu(a) \leqslant \|a\|, \ \forall a \in A,$$

因此，$\|\rho\| = 1 = \rho(e)$.

(2) 只须证明定理中所说的 J 与 ρ 的对应关系是一一的.

如果非零乘法泛函 ρ_1, ρ_2 有相同的零空间 J，由于 $A = J \dotplus \mathbb{C}e$，及 $\rho_1(e) = \rho_2(e) = 1$，因此，$\rho_1 = \rho_2$. 证毕.

定义 2.1.4 $\Omega = \Omega(A) = \{\rho | \rho$ 是 A 上的非零乘法泛函$\}$，称为 A 的谱空间.

依定理 2.1.3，Ω 包含于 A 的共轭空间 A^* 的单位球之中；同时 Ω 也可看作为 A 的极大理想的全体，因此，Ω 也称为 A 的极大理想空间.

定理 2.1.5 设 A 是有单位元 e 的交换 Banach 代数，$\|e\| = 1$，$\Omega = \Omega(A)$ 是 A 的谱空间.

(1) $(\Omega, \sigma(A^*, A))$ 是紧 Hausdorff 空间，这里 $\sigma(A^*, A)$ 是 A 的共轭空间 A^* 中的弱*拓扑；

(2) 对每个 $a \in A$，定义 $\hat{a}(\rho) = \rho(a)$，$\forall \rho \in \Omega$，则 $\hat{a}(\cdot) \in C(\Omega)$ (Ω 上复值连续函数的全体)，并且 $\|\hat{a}\| = \max\{|\hat{a}(\rho)| \mid \rho \in \Omega\} \leqslant \|a\|$. 此外，$a \to \hat{a}$ 是 A 到 $C(\Omega)$ 中的代数同态，以及集合 $\{\hat{a}(\cdot) \mid a \in A\}$ 是 $C(\Omega)$ 的包含 1 且分离 Ω 点的子代数；

(3) $\|\hat{a}\| = \nu(a), \sigma(a) = \{\hat{a}(\rho) \mid \rho \in \Omega\}$，$\forall a \in A$；

(4) A 的根基 $R = \{a \in A \mid \hat{a} = 0\}$. 特别地，$A$ 是半单纯的，当且仅当，$a \to \hat{a}$ 是 A 到 $C(\Omega)$ 中的代数同构.

证　首先指出，若 $a \in A$，将有 $\sigma(a) = \{\rho(a) \mid \rho \in \Omega\}$. 事实上，在定理 2.1.3 中已说明 $\rho(a) \in \sigma(a)$，$\forall \rho \in \Omega$. 反之，如 $\lambda \in \sigma(a)$，则 $A(a - \lambda e)$ 是 A 的理想. 它可扩张成 A 的极大理想，对应某 $\rho \in \Omega$. 于是，$\lambda = \rho(a)$.

其次，如果 ρ_1, ρ_2 是 Ω 中的两个不同的点，于是它们的零空间 $J_1 \neq J_2$. 不妨设 $a \in J_1 \backslash J_2$，则 $\rho_1(a) = 0 \neq \rho_2(a)$. 这说明 $\{\hat{a} \mid a \in A\}$ 分离 Ω 中的点.

其余的结论，均皆显然. 证毕.

注　$\{\hat{a}(\cdot) \mid a \in A\}$ 作为 $C(\Omega)$ 的子代数，在 $C(\Omega)$ 中一般未必闭或者稠. 此外，$a \to \hat{a}(\cdot)$ 也称为元素 a 的 Gelfand 变换或者函数表示.

命题 2.1.6　设 $f \in H(a)$(见定义 1.6.3)，则 $\widehat{f(a)}(\cdot) = f(\hat{a}(\cdot))$.

证　对任意的 $\rho \in \Omega$，

$$\rho(f(a)) = \frac{-1}{2\pi i} \int_{\Gamma} f(z) \rho((a - ze)^{-1}) dz$$

$$= \frac{-1}{2\pi i} \int_{\Gamma} \frac{f(z)}{\rho(a) - z} dz = f(\rho(a)),$$

即 $\widehat{f(a)}(\rho) = f(\hat{a}(\rho)), \forall \rho \in \Omega$. 证毕.

注　本命题补足了谱映照定理 1.6.5 的证明.

§ 2. 无单位元情形的注记

设A是交换 Banach 代数，不必有单位元，令 $A_1=A\dotplus\mathbb{C}$，它可以成为有单位元 1 的交换 Banach 代数，$\|1\|=1$，并保持A中范数不变. 设 $\Omega_1=\Omega(A_1)$ 是 A_1 的谱空间，依弱*拓扑，它是紧 Hausdorff 空间.

依命题 1.4.4 及其注，A的极大正则理想J与 A_1 的非A的极大理想 J_1 通过下面的方式一一对应:

$$J=J_1\cap A,\ J_1=J\dotplus(1-u)\mathbb{C},$$

这里u是J的模单位元(在模J的意义下，u是唯一的).

依 § 1 的讨论，A_1 的非A的极大理想 J_1 与 $\rho_1\in\Omega_1$ 并且 $\rho_1|A\neq0$ 一一对应:

$$J_1=\mathfrak{N}(\rho_1)\text{——}\rho_1\ \text{的零空间},$$

以及依分解 $A_1=J_1\dotplus\mathbb{C}$ 决定 ρ_1.

显然 $\{\rho_1\in\Omega_1|\rho_1(A)\neq0\}=\Omega_1\backslash\{\rho_0\}$，这里 $\rho_0(1)=1,\rho_0|A=0$，$\rho_0\in\Omega_1$ 对应于 A_1 的极大理想 A.

对 $\rho_1\in\Omega_1\backslash\{\rho_0\}$，显然 $(\rho_1|A)$ 是A上的非零乘法线性泛函，并且它的零空间 $\mathfrak{N}(\rho_1|A)=\mathfrak{N}(\rho_1)\cap A=J_1\cap A$ 是A的极大正则理想. 反之，如果ρ是A上的非零乘法线性泛函，令 $\rho_1|A=\rho$，$\rho_1(1)=1$，则 $\rho_1\in\Omega_1\backslash\{\rho_0\}$，并且 $\mathfrak{N}(\rho_1)\cap A=\mathfrak{N}(\rho)$，因此，$\rho$ 的零空间 $\mathfrak{N}(\rho)$ 是A的极大正则理想.

又若J是A的极大正则理想，相应决定 A_1 的唯一的非A极大理想 J_1. 于是有唯一的 $\rho_1\in\Omega_1\backslash\{\rho_0\}$，使得 $\mathfrak{N}(\rho_1)=J_1$. 则 $\rho=(\rho_1|A)$ 是A上的非零乘法线性泛函，并且 $\mathfrak{N}(\rho)=\mathfrak{N}(\rho_1)\cap A=J_1\cap A=J$.

上面说明，A上的非零乘法线性泛函ρ的全体与A的极大正则理想J的全体一一对应:

$$A=J\dotplus u\mathbb{C},\ J=\mathfrak{N}(\rho),\ \rho(u)=1,$$

这里u是J的模单位元.

定义 2.2.1 $\Omega=\Omega(A)=\{\rho|\rho$ 是 A上的非零乘法线性泛函$\}$,称为 A 的谱空间.

当 A 本身有单位元时,这定义与定义 2.1.4 相同。

依照前面的讨论,我们有

命题 2.2.2 $\Omega=\{(\rho_1|A)|\rho_1\in\Omega_1\backslash\{\rho_0\}\}$, 这里 Ω_1 是 $A_1=(A\dot{+}\mathbb{C})$ 的谱空间, $\rho_0\in\Omega_1$ 并且 $\mathfrak{N}(\rho_0)=A$. 此外, $\|\rho\|\leqslant 1$, $\forall\rho\in\Omega$.

现进一步指出

定理 2.2.3 设 A 是交换 Banach 代数, Ω 是它的谱空间,则

(1) $(\Omega,\sigma(A^*,A))$ 是局部紧 Hausdorff 空间,这里 $\sigma(A^*,A)$ 是 A 的共轭空间 A^* 中的弱$*$拓扑;

(2) 对每个 $a\in A$, 定义 $\hat{a}(\rho)=\rho(a),\forall\rho\in\Omega$, 则 $a\to\hat{a}(\cdot)$ 是 A 到 $C_0^\infty(\Omega)$ (Ω 上复值连续函数且在∞处为 0 的全体) 中的(代数)同态,并且 $\|\hat{a}(\cdot)\|\leqslant\|a\|,\forall a\in A$;

(3) $\|\hat{a}(\cdot)\|=\sup\{|\rho(a)||\rho\in\Omega\}=\nu(a),\forall a\in A$;

(4) 如果 A 无单位元,则 $\sigma(a)=\{0\}\cup\{\rho(a)|\rho\in\Omega\},\forall a\in A$;

(5) A 的根基 $R=\{a\in A|\hat{a}(\cdot)=0\}$; 特别, A 是半单纯的,当且仅当, $a\to\hat{a}(\cdot)$ 是 A 到 $C_0^\infty(\Omega)$ 中的(代数)同构.

事实上,由于 Ω 可以拓扑地嵌入 Ω_1 之中,依命题 2.2.2, 立见(1)成立. 余皆显然.

§ 3. 谱空间的例子

(1) $C(\Omega)$, 这里 Ω 是紧 Hausdorff 空间.

显然对任意固定的 $t_0\in\Omega$, 由于

$$C(\Omega)=J_{t_0}\dot{+}\mathbb{C}1.$$

这里 $J_{t_0}=\{f\in C(\Omega)|f(t_0)=0\}$, 1 是 Ω 上取常数值 1 的函数, 因此, J_{t_0} 是 $C(\Omega)$ 的极大理想. 反之, 我们来证明, 如果 J 是 $C(\Omega)$ 的极大理想, 必有 t_0 (当然唯一) $\in\Omega$, 使得 $J=J_{t_0}$. 事实上, 若这样的 t_0 不存在, 于是对每个 $t\in\Omega$, 将有 $f_t\in J$, 使得

$f_t(t) \neq 0$. 从而有 t 在 Ω 中的开邻域 U_t，使得 f_t 在 U_t 中不取零值. 今 $\{U_t | t \in \Omega\}$ 是 Ω 的开覆盖，依 Ω 的紧性，将有 $t_1, \cdots, t_n \in \Omega$，使得

$$\bigcup_{i=1}^{n} U_i = \Omega, \quad f_i | U_i \neq 0, \quad 1 \leqslant i \leqslant n,$$

这里 $U_i = U_{t_i}, f_i = f_{t_i}, 1 \leqslant i \leqslant n$. 由于 $f_i \in J$,

$$g = \sum_{i=1}^{n} |f_i|^2 = \sum_{i=1}^{n} \bar{f}_i \cdot f_i \in J,$$

并且 $g(t) \neq 0$，$\forall t \in \Omega$. 于是 g 是 $C(\Omega)$ 的可逆元，这与 $g \in J$ 相矛盾.

以上说明，$C(\Omega)$ 上的非零乘法泛函 ρ 与 Ω 的点 t 一一对应：

$$\rho(f) = f(t), \forall f \in C(\Omega).$$

显然，$t \to \rho$ 是 Ω 到 $C(\Omega)$ 的谱空间的连续映象. 又两者都是紧 Hausdorff 空间，因此，$C(\Omega)$ 的谱空间同胚于 Ω.

(2) 设 K 是复平面 $\mathbb{C}$ 的紧子集，并且 $(\mathbb{C} \backslash K)$ 是连通的. 设 $A = P(K)$ 是 $\{p(\cdot) | p(\cdot)$ 是多项式$\}$在 $C(K)$ 中的一致闭包.

引理 如果 $\lambda \notin K$，则 $(z-\lambda)^{-1} \in A$.

证 考虑函数 z，它作为 $C(K)$ 的元，显然，$\sigma(z) = K$. 依定理 1.2.12，$\sigma_A(z) = \sigma(z) = K$. 因此，$(z-\lambda)^{-1} \in A$，$\forall \lambda \notin K$. 证毕.

注 本引理也可以不利用定理 1.2.12 而直接证明. 事实上，设 $U = \{\lambda \notin K | (z-\lambda)^{-1} \in A\}$，容易证明 U 是 $(\mathbb{C} \backslash K)$ 的非空既闭又开的子集. 由于 $(\mathbb{C} \backslash K)$ 是连通的，因此，$U = \mathbb{C} \backslash K$. 此外，本引理的更一般形式是 Runge 定理，可见后面的引理 2.7.6.

现在我们来指出 $A(=P(K))$ 的谱空间 $\Omega \cong K$. 定义映象 $\phi: K \to \Omega$,

$$\phi(\lambda)(f) = f(\lambda), \forall \lambda \in K, f \in A.$$

由于函数 $z \in A$，可见 ϕ 是 1-1 的. 今若 $\rho \in \Omega$，命 $\rho(z) = \lambda$. 如果 $\lambda \notin K$，依引理，$(z-\lambda)^{-1} \in A$. 这与 $\rho(z) = \lambda \in \sigma(z)$ 相矛

盾．因此，$\rho(z)=\lambda\in K$．又 $\{z^n|n\geqslant 0\}$ 生成 A，因此，$\rho=\phi(\lambda)$，即 $\phi(K)=\Omega$．当然 ϕ 是连续的，因此，$\Omega\cong K$．

此外，对于 $A=P(K)$ 的任意极大理想 J，显然对应唯一的 $\lambda\in K$，使得

$$J=\{f\in A|f(\lambda)=\phi(\lambda)(f)=0\},$$

因此，A 是半单纯的．从而在 Gelfand 变换下，A 等距地映成它自己．

可以证明，第一章 §1 例 3 的 Disk 代数就是这里 $K=\overline{D}$（闭单位圆）的特例（[16]）．

(3) $H^\infty(\Gamma)$（第一章 §1 例 4）．

设其谱空间为 Ω，D 为开单位圆，定义 $\phi:D\to\Omega$，

$$\phi(z)(f)=\frac{1}{2\pi i}\int_\Gamma\frac{f(\lambda)}{\lambda-z}d\lambda,\ \forall z\in D,\ f\in H^\infty(\Gamma),$$

可以证明 ϕ 把 D 同胚地嵌入 Ω 之中．但是，Ω 是十分复杂的，最深刻的结果是：$\phi(D)$ 在 Ω 中稠．这就是著名的 Corona 定理（[34]）．

(4) Wiener 环 W（第一章 §1 例 5）．

$$W=\left\{f(z)=\sum_{n\in Z}\alpha_n z^n\in C(\Gamma)\middle|\sum_{n\in Z}|\alpha_n|<\infty\right\},$$

这里 Γ 是单位圆周．我们来证明 W 的谱空间 $\Omega\cong\Gamma$．定义映象 $\phi:\Gamma\to\Omega$，

$$\phi(\lambda)(f)=f(\lambda),\ \forall\lambda\in\Gamma,\ f\in W.$$

显然 ϕ 一一且连续．今若 $\rho\in\Omega$，设 $\rho(z)=\lambda$．由于 $|\rho(z^n)|=|\lambda^n|\leqslant\|z^n\|_W=1$，$\forall n\in\mathbf{Z}$，因此，$\lambda\in\Gamma$．又 $\{z^n|n\in\mathbf{Z}\}$ 生成 W，所以，$\rho=\phi(\lambda)$．从而通过 ϕ，$\Omega\cong\Gamma$．

上面的讨论也说明，对 W 的任意极大理想 J，唯一对应点 $\lambda\in\Gamma$，使得

$$J=\{f\in W|f(\lambda)=0\}.$$

特别，W 是半单纯的．于是，在 Gelfand 变换下，W 一一地（但并非等距）映成 $C(\Gamma)$ 的稠子代数．

Wiener 定理 为了绝对收敛的三角级数 $\sum_{n\in Z}\alpha_n e^{int}$ 有逆，即存在绝对收敛的三角级数 $\sum_{n\in Z}\beta_n e^{int}$，使得

$$\sum_{n\in Z}\alpha_n e^{int}\cdot\sum_{n\in Z}\beta_n e^{int}=1,\ \forall t\in[0,2\pi],$$

当且仅当，$\sum_{n\in Z}\alpha_n e^{int}\neq 0, \forall t\in[0,2\pi]$.

原来古典分析的证明是十分复杂的，但依上面 Wiener 环的讨论，定理是显然的．这第一次显示了交换 Banach 代数 Gelfand 理论的强大威力，从而引起人们对这个理论的重视．

(5) $L^1(\mathrm{R})$（第一章 §1 例 6）．

这是没有单位元的交换 Banach 代数，设其谱空间为 Ω，我们来证明 $\Omega\cong\mathrm{R}$.

定义 $\psi:\mathrm{R}\to\Omega$,

$$\psi(s)(f)=\int_{-\infty}^{\infty}f(t)e^{ist}dt, \forall s\in\mathrm{R}, f\in L^1(\mathrm{R}).$$

依 $L^1(\mathrm{R})$ 中乘法的定义，可见 $\psi(s)$ 是 $L^1(\mathrm{R})$ 上的乘法泛函；由于 $e^{is\cdot}\in L^\infty(\mathrm{R})=L^1(\mathrm{R})^*$，因此 $\psi(s)$ 是非零的泛函，即 ψ: $\mathrm{R}\to\Omega$．同理，ψ 是一一的，当然 ψ 也是连续的．今若在 Ω 中，$\psi(s_l)\to\psi(s)$，我们说 $\{s_l\}(\subset\mathrm{R})$ 是有界的．不然，可设 $s_l\to\infty$，依 Riemann-Lebesgue 引理，$\psi(s_l)(f)\to 0$，于是 $\psi(s)(f)=0$，$\forall f\in L^1(\mathrm{R})$，这不可能．今依 ψ 的连续性及一一对应关系，即可见 $s_l\to s$．由此，为了证明 $\Omega\cong\mathrm{R}$，只须证明 $\psi(\mathrm{R})=\Omega$.

设 $\rho\in\Omega$，对任意的 $\alpha\geqslant 0$，取

$$g_\alpha(t)=\begin{cases}1, & 0\leqslant t\leqslant\alpha,\\ 0, & t\notin[0,\alpha].\end{cases}$$

自然 $g_\alpha\in L^1(\mathrm{R})$．命 $\varphi(\alpha)=\rho(g_\alpha)$，我们说 $\varphi(\alpha)$ 有导数 $\varphi'(\alpha)$，并且 $\varphi'(\alpha+\beta)=\varphi'(\alpha)\cdot\varphi'(\beta)$．事实上，考察

$$h(t)=\left(\frac{g_{\alpha+\Delta\alpha}-g_\alpha}{\Delta\alpha}*g_\beta\right)(t),$$

这里设 $\beta > \Delta\alpha > 0$. $h(t)$ 的第一个因子是 $[\alpha,\alpha+\Delta\alpha]$ 上的特征函数的 $\frac{1}{\Delta\alpha}$ 倍，而第二个因子是 $[0, \beta]$ 的特征函数，从而 $g_\beta(t-\cdot)$ (当 t 固定时)是 $[t-\beta,t]$ 的特征函数. 这样在积分式

$$h(t)=\int_{-\infty}^{\infty} g_\beta(t-s)\cdot\frac{g_{\alpha+\Delta\alpha}(s)-g_\alpha(s)}{\Delta\alpha}ds$$

中,当 $t\leqslant\alpha$ 时,被积函数$=0$; 当 $\alpha\leqslant t\leqslant\alpha+\Delta\alpha$ 时,积分值$=\frac{t-\alpha}{\Delta\alpha}$; 当 $\alpha+\Delta\alpha\leqslant t\leqslant\alpha+\beta$ 时，积分值 $=1$; 当 $\alpha+\beta\leqslant t\leqslant\alpha+\beta+\Delta\alpha$ 时，积分值应当是 $(\alpha+\Delta\alpha+\beta-t)/\Delta\alpha$; 最后当 $t\geqslant\alpha+\beta+\Delta\alpha$ 时,积分值 $=0$. 于是当 $\Delta\alpha\to 0$ 时,

$$\|h-(g_{\alpha+\beta}-g_\alpha)\|\leqslant\int_\alpha^{\alpha+\Delta\alpha}dt+\int_{\alpha+\beta}^{\alpha+\beta+\Delta\alpha}dt\to 0,$$

即 $h\to g_{\alpha+\beta}-g_\alpha(\Delta\alpha\to 0$ 时). 今 ρ 是乘法的,

$$\rho(h)=\frac{\varphi(\alpha+\Delta\alpha)-\varphi(\alpha)}{\Delta\alpha}\cdot\varphi(\beta),$$

又 ρ 是连续的,因此

$$\lim_{\Delta\alpha\to 0}\frac{\varphi(\alpha+\Delta\alpha)-\varphi(\alpha)}{\Delta\alpha}\cdot\varphi(\beta)=\lim_{\Delta\alpha\to 0}\rho(h)$$

$$=\rho(g_{\alpha+\beta}-g_\alpha)=\varphi(\alpha+\beta)-\varphi(\alpha).$$

由于 ρ 非零，$\varphi(\beta)$ 不能对 β 恒为 0, 因此

$$\varphi'(\alpha)\varphi(\beta)=\varphi(\alpha+\beta)-\varphi(\alpha).$$

此式也表明 $\varphi'(\alpha)$ 对 α 是连续的. 再对 β 求导,

$$\varphi'(\alpha)\varphi'(\beta)=\varphi'(\alpha+\beta),$$

因此存在常数 s，使得

$$\varphi'(\alpha)=e^{is\alpha},\forall\alpha\geqslant 0.$$

由于

$$\left|\frac{\varphi(\alpha+\Delta\alpha)-\varphi(\alpha)}{\Delta\alpha}\right|\leqslant\left\|\frac{g_{\alpha+\Delta\alpha}-g_\alpha}{\Delta\alpha}\right\|=1,$$

即 $|\varphi'(\alpha)|\leqslant 1$，因此，$s$ 为实数. 又 $\varphi(0)=0$，可知

$$\varphi(\alpha) = \frac{e^{ias} - 1}{is},$$

即

$$\rho(g_\alpha) = \frac{e^{ias} - 1}{is} = \int_{-\infty}^{\infty} g_\alpha(t) e^{ist} dt.$$

$\{g_\alpha | \alpha \geqslant 0\}$ 的线性组合在 $L^1(\mathrm{R})$ 中是稠的,从而

$$\rho(f) = \int_{-\infty}^{\infty} f(t) e^{ist} dt, \quad \forall f \in L^1(\mathbf{R}),$$

这就证明了 $\phi(\mathbf{R}) = \Omega$.

上面的讨论也表明,对 $L^1(\mathbf{R})$ 的任意极大正则理想 J, 必对应唯一的 $s \in \mathbf{R}$, 使得

$$J = \left\{ f \in L^1(\mathbf{R}) \middle| \int_{-\infty}^{\infty} f(t) e^{ist} dt = 0 \right\},$$

于是依 Fourier 变换的唯一性,可见 $L^1(\mathrm{R})$ 是半单纯的.

习题

(1) $C^{(n)}([0,1])$ 指 $[0,1]$ 上有 n 次连续导数的复值函数全体,依

$$\|f\| = \sum_{k=0}^{n} \max_{0 \leqslant t \leqslant 1} |f^{(k)}(t)|$$

是有单位元的交换 Banach 代数,其谱空间是 $[0,1]$.

(2) 设 $0 < \alpha \leqslant 1$, $\mathrm{Lip}_\alpha([0,1])$ 指 $[0,1]$ 上满足 α 阶 Lipschitz 条件的复值函数全体,依

$$\|f\| = \sup_{0 \leqslant t \leqslant 1} |f(t)| + \sup_{0 \leqslant s < t \leqslant 1} \frac{|f(s) - f(t)|}{|s - t|^\alpha}$$

是有单位元的交换 Banach 代数,其谱空间是 $[0,1]$.

(3) $BVC([0,1])$ 指 $[0,1]$ 上有界变差的复值函数全体, 依

$$\|f\| = \max_{0 \leqslant t \leqslant 1} |f(t)| + V(f),$$

这里 $V(f)$ 表示 f 在 $[0,1]$ 上的总变差, 则它是有单位元的交换 Banach 代数,其谱空间是 $[0,1]$.

§4. 半单纯的交换 Banach 代数

定理 2.4.1 设 A 是交换的 Banach 代数，Ω 是它的谱空间，则下列条件相互等价：

(1) A 是半单纯的；

(2) Gelfand 变换 $a \to \hat{a}(\cdot): A \to C_0^\infty(\Omega)$ 是一一的；

(3) Ω 分离 A 的元素，即对任意的 $a, b \in A, a \neq b$，有 $\rho \in \Omega$，使得 $\rho(a) \neq \rho(b)$；

(4) $\nu(\cdot)$ 是 A 上的(代数)范数.

证 显然 (1) 与 (2) 等价. 今设(1)成立，$a \neq b \in A$，于是 $\widehat{a-b}(\cdot) \neq 0$，即见 (3). 如果 (3) 成立，于是 $\hat{a}(\cdot) \neq 0, \forall a \neq 0 \in A$，从而 A 半单纯. 最后，$\nu(a) = 0 \Longleftrightarrow \hat{a} = 0$，从而 (1) 与 (4) 等价. 证毕.

注 这时 $\nu(\cdot)$ 的代数性质可由命题 1.2.4 得到，也可由

$$|\rho(a+b)| \leqslant \nu(a) + \nu(b), \quad |\rho(ab)| \leqslant \nu(a)\nu(b)$$

$(\forall \rho \in \Omega, a, b \in A)$ 得到.

定理 2.4.2 设 A 是 Banach 代数，B 是半单纯交换 Banach 代数，α 是 A 到 B 中的(代数)同态，则 α 自动是连续的.

证 设在 A 中 $a_n \to 0$，在 B 中 $\alpha(a_n) \to b$. 对任意的 $\rho \in \Omega(B)$，$\rho \circ \alpha$ 是 A 上的乘法泛函，必然连续(见下面的注)，于是

$$\rho(b) = \lim_n \rho \circ \alpha(a_n) = 0.$$

今 B 是半单纯的，因此 $b = 0$. 这说明 α 是 A 到 B 的闭算子，从而连续. 证毕.

注 上面定理的证明中，使用了这样的事实：A 上任何乘法线性泛函 φ 必然是连续的，实际上 $\|\varphi\| \leqslant 1$. 不然，将有 $x \in A$，$\|x\| < 1$，而 $\varphi(x) = 1$. 令 $y = \sum_{n=1}^{\infty} x^n$，则 $x + xy = y$. 于是

$$1 + \varphi(y) = \varphi(x) + \varphi(x)\varphi(y) = \varphi(y),$$

这不可能.

在定理 2.4.2 中,如设 $\alpha(A)=B$, 由于 Johnson 定理(1.9.6), 不必假定 B 交换,定理仍然成立. 具体说来,我们有

定理 2.4.3 设 A 是 Banach 代数, B 是半单纯 Banach 代数, α 是 A 到 B 上的(代数)同态,则 α 自动是连续的.

首先证明

引理 2.4.4 设 A, B 是 Banach 代数, α 是 A 到 B 上的(代数)同态,则 $\alpha\,\overline{\ker\alpha}\subset R(B)$.

事实上,设 L' 是 B 的任意极大正则左理想, 记 $L=\alpha^{-1}L'$. 易见 $AL\subset L$. 如果 $L=A$, 则 $L'=\alpha A=B$, 矛盾, 因此, L 是 A 的左理想. 若有 A 的左理想 $J\supset L$, 则 $\alpha J\supset L'$. 由于 $\alpha A=B$ 及 L' 是极大左理想,因此, $\alpha J=B$ 或 L'. 如果 $\alpha J=B$, 由于 $\ker\alpha\subset L\subset J$, 因此, $J=\alpha^{-1}B=A$, 这不可能. 从而, $\alpha J=L'$, $J=\alpha^{-1}L'=L$, 即 L 是 A 的极大左理想.

设 u 是 L' 的模单位元, 取 $v\in L$, 使得 $u=\alpha(v)$. 于是 $\alpha(a-av)=\alpha(a)-\alpha(a)u\in L'$, 即 $(a-av)\in L$, $\forall a\in A$. 因此, v 是 L 的模单位元, L 是 A 的极大正则左理想.

依命题 1.4.17, L 是闭的,因此, $\overline{\ker\alpha}\subset L$. 从而, $\alpha\,\overline{\ker\alpha}\subset L'$. 既然 L' 是任意的,所以, $\alpha\overline{\ker\alpha}\subset R(B)$. 证毕.

定理 2.4.3 的证明 $\ker\alpha=\{a\in A\,|\,\alpha(a)=0\}$ 是 A 的双侧理想,依引理 2.4.4 及 $R(B)=\{0\}$, 可见 $\ker\alpha$ 是闭的. 于是能够定义同构

$$\tilde{\alpha}: A/\ker\alpha\to B.$$

把 $A/\ker\alpha$ 的范数转嫁到 B 上,即定义

$$\|b\|'=\|\tilde{\alpha}^{-1}(b)\|=\inf\{\|a+c\|\,|\,c\in\ker\alpha,\ \alpha(a)=b\},$$

$\forall b\in B$, 则 $(B,\|\cdot\|')$ 也是 Banach 代数. 由于 $(B,\|\cdot\|)$ 是半单纯的 Banach 代数,依定理 1.9.6, $\|\cdot\|\sim\|\cdot\|'$, 即有常数 K, 使得

$$\begin{aligned}\|\alpha(a)\| &\leqslant K\|\alpha(a)\|'=K\inf\{\|a+c\|\,|\,c\in\ker\alpha\}\\ &\leqslant K\|a\|,\ \forall a\in A,\end{aligned}$$

因此，α 是连续的。证毕。

注　本定理还有下面的直接证明。设 P 是 B 的任意本原理想，依命题 1.4.18，有 Banach 空间 X_P，及 B 在 X_P 中的不可约表示 π_P，使得

$$\pi_P(B) \subset B(X_P), \ \ker \pi_P = P.$$

依定理 1.9.5，π_P 是连续的。由于 $\alpha(A) = B$，$\pi_P \circ \alpha$ 将是 A 在 X_P 中的不可约表示，依定理 1.9.5，$\pi_P \circ \alpha$ 也是连续的。

今若在 A 中，$a_n \to 0$，且在 B 中，$\alpha(a_n) \to b$，依上面的讨论，对 B 的任何本原理想 P，将有 $\pi_P(b) = 0$，即 $b \in P$。从而，$b \in R(B) = \{0\}$，即 $b = 0$。依闭图象定理，α 必然是连续的。

系 2.4.5　设 A 是半单纯的 Banach 代数，则 A 到 A 上的任意（代数）同态，特别 A 上的任意自同构，必然是连续的。

注　定理 2.4.3 中要求 $\alpha(A) = B$ 是重要的，见 [29]。

§5. 实交换的 Banach 代数

设 A 是实交换的 Banach 代数，$A_C = A \dotplus iA$ 是 A 的复扩张，Ω_C 是 A_C 的谱空间。

定义 2.5.1　$\Omega = \{(\rho|A) | \rho \in \Omega_C\}$ 称为 A 的谱空间。换言之，Ω 是 A 上非零（复值）乘法（实）线性泛函的全体。

定理 2.5.2　设 A 是实交换的 Banach 代数，Ω 是它的谱空间，则

(1) $\|\rho\| \leqslant 1, \ \forall \rho \in \Omega$;

(2) Ω 依弱*拓扑 $\sigma(A^*, A)$ 是局部紧 Hausdorff 空间；当 A 有单位元时，Ω 还是紧的；

(3) $\rho \to \bar{\rho}$ 是 Ω 的同胚，这里 $\bar{\rho}(a) = \overline{\rho(a)}, \forall a \in A$;

(4) $\sigma(a) = \{\rho(a) | \rho \in \Omega\}$（$A$ 有单位时）或 $= \{0\} \cup \{\rho(a) | \rho \in \Omega\}$（$A$ 无单位元时），$\nu(a) = \sup\{|\rho(a)| \,|\, \rho \in \Omega\}, \ \forall a \in A$;

(5) $a \to \hat{a}(\rho) = \rho(a)$ 是 A 到 $C_0^{\infty}(\Omega)$ 中（实代数）同态。

依照Ω的定义，证明是显然的.

现在考察Ω与A的极大理想全体之间的关系. 首先假定A有单位元 e.

如果 $\rho\in\Omega$，并且 $\rho=\bar{\rho}$，即ρ是A上非零实值的乘法泛函，则易见

$$A=J\dotplus\mathrm{R}e, J=\mathfrak{N}(\rho),$$

J是A的极大理想，相应 $J_{\mathrm{C}}=J\dotplus iJ$ 是 A_{C} 的极大理想.

如果 $\rho\in\Omega$，$\rho\neq\bar{\rho}$，由于 $\rho(e)=1$，可以找到 $u\in A$，使得 $\rho(u)=i$. 对任意的 $a\in A$，设 $\rho(a)=\lambda+i\mu$，于是可写

$$a=(a-\lambda e-\mu u)+\lambda e+\mu u,$$

因此，

$$A=J+\mathrm{R}e+\mathrm{R}u,\ J=\mathfrak{N}(\rho).$$

如果 $x+\lambda e+\mu u=0$，这里 $x\in J,\lambda,\mu\in\mathrm{R}$，作用以$\rho$可见$\lambda+i\mu=0$. 因此 $\lambda=\mu=0$，进而 $x=0$. 这说明

$$A=J\dotplus\mathrm{R}e\dotplus\mathrm{R}u.$$

自然J是A的理想，我们说也是极大的. 因若有A的理想 $J'\supset J$，及 $\lambda e+\mu u\in J'$，则

$$u(\lambda e+\mu u)=(\lambda u-\mu e)+\mu(e+u^2)\in J',$$

但 $\rho(e+u^2)=0$，因 $u(e+u^2)\in J\subset J'$. 进而

$$(\lambda e+\mu u)\text{ 与 }(\lambda u-\mu e)\text{ 都 }\in J',$$

由此 $\lambda(\lambda e+\mu u)-\mu(\lambda u-\mu e)=(\lambda^2+\mu^2)e\in J'$. $e\notin J'$，因此 $\lambda=\mu=0$，即 $J'=J$.

综合上面的讨论，对 $\rho\in\Omega$ 有两种情形：

(1) 如果 $\rho=\bar{\rho}$，则

$$A/J\cong\mathrm{R},\ A=J\dotplus\mathrm{R}e,\ J=\mathfrak{N}(\rho);$$

(2) 如果 $\rho\neq\bar{\rho}$，则

$$A/J\cong\mathrm{C},\ A=J\dotplus\mathrm{R}e\dotplus\mathrm{R}u,\ J=\mathfrak{N}(\rho),$$

其中 $\rho(u)=i$.

这两种情形中，$J=\mathfrak{N}(\rho)$（ρ 的零空间）均为A的极大理想.

反之,如果 J 是 A 的极大理想，与命题 2.1.1 证明相仿，A/J 是实赋范可除的交换代数．依系 1.8.12,

$$A/J \cong \mathbf{R} \text{ 或 } \mathbf{C}.$$

如果 $A/J \cong \mathbf{R}$，则 $A = J \dot{+} \mathbf{R}e$，相应决定 $\rho = \bar{\rho} \in \Omega$，使得 $J = \mathfrak{N}(\rho)$；如果 $A/J \cong \mathbf{C}$，即 $A = J \dot{+} \mathbf{R}e \dot{+} \mathbf{R}u$，这里 $e + u^2 \in J$．于是对任意的 $a \in A$，可唯一地写 $a = b + \lambda e + \mu u, b \in J$，定义

$$\rho(a) = \lambda + i\mu,\ \bar{\rho}(a) = \lambda - i\mu,$$

则 $\rho, \bar{\rho} \in \Omega, \rho \neq \bar{\rho}$，及 $J = \mathfrak{N}(\rho)$．

所以,我们有

定理 2.5.3 设 A 是有单位元 e 的实交换 Banach 代数，Ω 是 A 的谱空间,则

$$\{\rho \in \Omega \mid \rho = \bar{\rho}\} \overset{1-1}{\longleftrightarrow} \{J \mid J \text{ 是 } A \text{ 的极大理想,且 } A/J \cong \mathbf{R}\},$$

这时 $J = \mathfrak{N}(\rho), A = J \dot{+} \mathbf{R}e$；

$$\{\rho \in \Omega \mid \rho \neq \bar{\rho}\} \overset{1-1}{\longleftrightarrow} \{J \mid J \text{ 是 } A \text{ 的极大理想, 且 } A/J \cong \mathbf{C}\},$$

这时 $J = \mathfrak{N}(\rho), A = J \dot{+} \mathbf{R}e \dot{+} \mathbf{R}u, (e + u^2) \in J, \rho(u) = i$.

此外，如果 J 是 A 的极大理想，则 $A/J \cong \mathbf{R}$ 或 $\mathbf{C}$，当且仅当,不存在或存在 $u \in A$，使得 $(e + u^2) \in J$.

最后,若不设 A 有单位元，令 $A_1 = A \dot{+} \mathbf{R}$，则 A 的极大正则理想 M 与 A_1 的极大理想 M_1 一一对应，这里 $M_1 = M \dot{+} \mathbf{R}(1 - v)$, v 是 M 的模单位元,并且

$$A_1/M_1 \cong A/M,$$

于是定理 2.5.3 同样成立,只须“极大理想”换以“极大正则理想”，“e”换以“模单位元”即可．详细的叙述,留给读者．

§6. Shilov 边 界

设 X 是紧 Hausdorff 空间，$\mathscr{F}$ 是 $C(X)$ 的子代数,包含1，并且分离 X 的点（即若 $x, y \in X$，$x \neq y$，将有 $f \in \mathscr{F}$，使得

$f(x) \neq f(y)$).

定义 2.6.1 X的闭子集E称为$\mathscr{F}$的一个边界，指 $\|f\|_E = \|f\|, \forall f \in \mathscr{F}$，这里

$$\|f\|_E = \max\{|f(t)| \mid t \in E\}, \|f\| = \max\{|f(t)| \mid t \in X\}.$$

此外，记

$$S = \cap\{E \mid E \text{ 是}\mathscr{F}\text{的边界}\},$$

自然S是X的闭子集.

引理 2.6.2 如果 $x_0 \notin S$，则存在 x_0 的开邻域 V，使得对于$\mathscr{F}$的每个边界 E，$(E \backslash V)$ 仍然是$\mathscr{F}$的边界.

证 由于 $x_0 \notin S$，因此依S的定义，有$\mathscr{F}$的边界 E_0，使得 $x_0 \notin E_0$. 依照$\mathscr{F}$的性质，对每个点 $y \in E_0$，有 $f_y = f \in \mathscr{F}$，使得 $f(x_0) = 0, f(y) = 2$. 于是 $\{x \in X \mid |f(x)| > 1\}$ 是y的开邻域. 今依 E_0 的紧性，存在 $f_1, \cdots, f_r \in \mathscr{F}$，使得

$$f_j(x_0) = 0, \quad 1 \leqslant j \leqslant r,$$

并且对每个 $y \in E_0$，有 k，使得 $|f_k(y)| > 1$. 令

$$V = \{x \in X \mid |f_j(x)| < 1, 1 \leqslant j \leqslant r\},$$

它显然是 x_0 的开邻域，并且 $E_0 \cap V = \phi$. 我们来证明这个V即满足要求.

设E是$\mathscr{F}$的任意边界，若 $(E \backslash V)$ 不是$\mathscr{F}$的边界，即有 $f \in \mathscr{F}$，使得

$$1 = \|f\| > \|f\|_{E \backslash V}.$$

令

$$M = \max\{\|f_j\| \mid 1 \leqslant j \leqslant r\},$$

并选正整数 n，使得

$$M\|f\|_{E \backslash V}^n < 1,$$

于是

$$\begin{aligned} &\|f^n f_j\|_{E \backslash V} < 1, \ 1 \leqslant j \leqslant r, \\ &|f^n(x) f_j(x)| < 1, \forall x \in V, 1 \leqslant j \leqslant r. \end{aligned} \tag{1}$$

由于E是$\mathscr{F}$的边界，依(1)，可见

$$\|f^n f_j\| = \|f^n f_j\|_E < 1, 1 \leqslant j \leqslant r, \tag{2}$$

E_0 也是$\mathscr{F}$的边界,因此有 $y \in E_0$, 使得 $|f(y)| = \|f\| = 1$. 由此,依 (2),

$$|f_i(y)| = |f^n(y) f_i(y)| \leqslant \|f^n f_i\| < 1, \ 1 \leqslant j \leqslant r,$$

由V的定义, $y \in E_0 \cap V$. 这与 $E_0 \cap V = \phi$ 相矛盾.因此, $(E \backslash V)$ 必是$\mathscr{F}$的边界,证毕.

定理 2.6.3 S 是$\mathscr{F}$的最小边界. 特别, $S \neq \phi$.

证 对任意的 $f \in \mathscr{F}$, 令 $K = \{x \in X \mid |f(x)| = \|f\|\}$, 只须证明 $K \cap S \neq \phi$.

如果 $S \cap K = \phi$, 于是对每个 $x \in K$, 有 x 的开邻域 V_x, 使它具有引理 2.6.2 所说的性质,依K的紧性,有 $x_1, \cdots, x_n \in K$,使得 $\bigcup\limits_{i=1}^{n} V_i \supset K$, 这里 $V_i = V_{x_i}, 1 \leqslant i \leqslant n$. X 当然是$\mathscr{F}$的边界,依 V_i 的性质,递推地, $(X \backslash V_1)$, $(X \backslash V_1) \backslash V_2 = X \backslash (V_1 \cup V_2)$, $\cdots$, $X \backslash \bigcup\limits_{i=1}^{n} V_i = E$ 都是$\mathscr{F}$的边界. 显然 $E \cap K = \phi$, 这与K的定义及E为$\mathscr{F}$的边界相矛盾. 因此, $K \cap S \neq \phi$. 证毕.

今若A是有单位元的交换 Banach 代数, Ω是它的谱空间, $a \to \hat{a}(\cdot)$ 是 Gelfand 变换,于是, $\hat{A} = \{\hat{a} \mid a \in A\}$ 是 $C(\Omega)$ 的子代数,包含 1, 并且分离Ω的点,因此,定理 2.6.3 适用于 $\hat{A}$.

定义 2.6.4 设A是有单位元的交换 Banach 代数, Ω是它的谱空间, A的 Shilov 边界,记以 ∂A, 指它是 $\hat{A}$ 的最小边界 (Ω 的非空闭子集).

命题 2.6.5 对任意的 $a \in A$, $\hat{a}(\partial A) \supset \sigma(a)$ 的拓扑边界.

证 设 $\rho \in \Omega$,使得 $\rho(a) \in \sigma(a)$ 的拓扑边界.如果 $\operatorname{dist}(\rho(a), \hat{a}(\partial A)) = \delta > 0$, 取 $\lambda \notin \sigma(a)$, 并且 $|\lambda - \rho(a)| < \delta/2$. 于是,

$$\operatorname{dist}(\lambda, \hat{a}(\partial A)) > \delta/2.$$

记 $b = (\lambda e - a)^{-1}$, 则 $\hat{b} = (\lambda - \hat{a})^{-1}$. 由于

$$|\lambda - \hat{a}(\phi)| > \delta/2, \ \forall \phi \in \partial A,$$

因此, $\|\hat{b}\|_{\partial A} < 2/\delta$, 依 ∂A 的定义, $\|\hat{b}\| < 2/\delta$, 另一方面却有

$$|\hat{b}(\rho)| = |\lambda - \rho(a)|^{-1} > 2/\delta,$$

矛盾. 因此 $\mathrm{dist}(\rho(a), \hat{a}(\partial A)) = 0$, 即 $\rho(a) \in \hat{a}(\partial A)$. 证毕

注 Shilov 边界由 G. Shilov 提出来的 ([52]), 这里的证明取自 [59].

习题

(1) $\rho \in \partial A$, 当且仅当,对 ρ 的每个邻域 U, 存在 $a \in A$, 使得 $\hat{a}(\cdot)$ 的达到极大模的点集 $\subset U$.

(2)设 $a_1, \cdots, a_n \in A$, $V = \{\rho \in \Omega \mid |\hat{a}_i(\rho)| < 1, 1 \leqslant i \leqslant n\}$, 则 V 或者与 $\hat{A}$ 的每个边界有交, 或者对于 $\hat{A}$ 的每个边界 E, $(E \backslash V)$ 也是 $\hat{A}$ 的边界.

(3) 证明 Disk 代数 (第一章 § 1 例 3) 的 Shilov 边界即为单位圆周.

§ 7. 导运算与自同构

定义 2.7.1 设 A 是代数, A 中的线性映象 D 称为导运算, 指

$$D(ab) = D(a)b + aD(b), \ \forall a, b \in A.$$

导运算 D 称为内的,指存在 $d \in A$, 使得

$$D(a) = [a, d] = ad - da, \ \forall a \in A,$$

这时记 $D = \delta_d$.

命题 2.7.2 设 D 是代数 A 中的导运算.

(1) 如果 A 有单位元 e, 则 $D(e) = 0$;

(2) 设 $Z = \{c \in A \mid ac = ca, \ \forall a \in A\}$ (A 的中心), 则 $D(Z) \supset Z$;

(3) 如果命 $D(1) = 0$, 则 D 可以唯一扩张成 $(A \dotplus \mathbb{C})$ 中的导运算;

(4) (Leibnitz 法则)对任意的正整数 n, 及 $a, b \in A$, 有

$$D^n(ab) = \sum_{k=0}^{n} \binom{n}{k} D^{n-k}(a) D^k(b),$$

这里 $D^0 = I$（A 中的恒等映象）；

（5）如果 $aD(a) = D(a)a$，则对任意的 $n \geq 2$，有 $D(a^n) = na^{n-1}D(a)$；

（6）如果 $D^2(a) = 0$，则 $D^n(a^n) = n!D(a)^n$，$\forall n \geq 1$；

（7）如果 p 是 A 中的幂等元（即 $p^2 = p$），则 $pD(p)p = 0$；

（8）如果 p 是 A 中的幂等元,并且 $pD(p) = D(p)p$,则 $D(p) = 0$；

（9）如果 $D = \delta_d$ 是相应于 $d(\in A)$ 的内导运算,则

$$\delta_d^n(a) = \sum_{k=0}^{n} \binom{n}{k} (-1)^k d^k a d^{n-k}, \ \forall n \geq 1.$$

证 （1）由 $D(e) = D(e^2) = D(e)e + eD(e) = 2D(e)$，即见 $D(e) = 0$。

（2）设 $c \in Z$，对于任意的 $a \in A$，

$D(a)c + aD(c) = D(ac) = D(ca) = D(c)a + cD(a)$，

但 $D(a)c = cD(a)$，因此，$aD(c) = D(c)a$，即说明 $D(c) \in Z$。

（3）显然。

（4）$n = 1$ 时显然,今设 n 成立,则

$$\begin{aligned}
D^{n+1}(ab) &= DD^n(ab) = D\left(\sum_{k=0}^{n} \binom{n}{k} D^{n-k}(a)D^k(b)\right) \\
&= \sum_{k=0}^{n} \binom{n}{k} D^{n+1-k}(a)D^k(b) \\
&\quad + \sum_{k=0}^{n} \binom{n}{k} D^{n-k}(a)D^{k+1}(b) \\
&= \sum_{k=0}^{n} \binom{n}{k} D^{n+1-k}(a)D^k(b) \\
&\quad + \sum_{k=1}^{n+1} \binom{n}{k-1} D^{n+1-k}(a)D^k(b) \\
&= D^{n+1}(a)b + \sum_{k=1}^{n} \left[\binom{n}{k}\right.
\end{aligned}$$

$$+\binom{n}{k-1}\Big]D^{n+1-k}(a)D^k(b)+aD^{n+1}(b)$$

$$=\sum_{k=0}^{n+1}\binom{n+1}{k}D^{n+1-k}(a)D^k(b).$$

(5) 由于 $aD(a)=D(a)a$，因此

$$D(a^2)=D(a)a+aD(a)=2aD(a).$$

今设对 n，有 $D(a^n)=na^{n-1}D(a)$，于是

$$D(a^{n+1})=D(a^n)a+a^nD(a)$$
$$=na^{n-1}D(a)a+a^nD(a)=(n+1)a^nD(a).$$

(6) $n=1$ 时显然。今设 $(n-1)$ 成立，即 $D^{n-1}(a^{n-1})=(n-1)!D(a)^{n-1}$，于是依 $D^2(a)=0$，有

$$D^n(a^{n-1})=(n-1)!D(D(a)^{n-1})=0,$$

由此，依(4)及 $D^r(a)=0$，$\forall r\geqslant 2$，

$$D^n(a^n)=D^n(a\cdot a^{n-1})=\sum_{k=0}^{n}\binom{n}{k}D^{n-k}(a)D^k(a^{n-1})$$
$$=nD(a)D^{n-1}(a^{n-1})=n!D(a)^n.$$

(7) $pD(p)p=pD(p^2)p=2pD(p)p$，因此，$pD(p)p=0$.

(8) 由于 $pD(p)=D(p)p$，因此，依(7)，

$$D(p)=D(p^2)=2D(p)p=2D(p)p\cdot p=2pD(p)p=0.$$

(9) $n=1$ 时显然。今设 n 成立，于是仿(4)，

$$\delta_d^{n+1}(a)=\delta_d\left(\sum_{k=0}^{n}\binom{n}{k}(-1)^kd^kad^{n-k}\right)$$
$$=\sum_{k=0}^{n}\binom{n}{k}(-1)^kd^kad^{n+1-k}$$
$$+\sum_{k=0}^{n}\binom{n}{k}(-1)^{k+1}d^{k+1}ad^{n-k}$$
$$=\sum_{k=0}^{n}\binom{n}{k}(-1)^kd^kad^{n+1-k}$$

$$+\sum_{k=1}^{n+1}\binom{n}{k-1}(-1)^k d^k a d^{n+1-k}$$

$$-\sum_{k=0}^{n+1}\binom{n+1}{k}(-1)^k d^k a d^{n+1-k}.$$

证毕.

下面对 Banach 代数进行讨论.

命题 2.7.3 设 A 是 Banach 代数,有单位元 e.

(1) A 中的内导运算 $\delta_d(d\in A)$ 是连续的,并且 $\|\delta_d\|\leqslant 2\|d\|$;

(2) 如果 D 是 A 中连续的导运算, $a\in A$, 使得 $aD(a)=D(a)a$, $f\in H(a)$ (见定义 1.6.3), 则

$$D(f(a))=f'(a)D(a)=D(a)f'(a).$$

证 只须证 (2). 设 Γ 是包围 $\sigma(a)$ 的可度长围道, 且在 f 的解析区域之中,依 D 的连续性,

$$D(f(a))=\frac{-1}{2\pi i}\int_\Gamma f(z)D((a-ze)^{-1})dz.$$

注意

$$\begin{aligned}0=D(e)&=D((a-ze)(a-ze)^{-1})\\&=(a-ze)D((a-ze)^{-1})+D(a)(a-ze)^{-1}.\end{aligned}$$

由于 $aD(a)=D(a)a$, 因此

$$\begin{aligned}D((a-ze)^{-1})&=-(a-ze)^{-1}D(a)(a-ze)^{-1}\\&=-D(a)(a-ze)^{-2}=-(a-ze)^{-2}D(a).\end{aligned}$$

今依命题 1.6.6,

$$\begin{aligned}D(f(a))&=\frac{D(a)}{2\pi i}\int_\Gamma f(z)(a-ze)^{-2}dz=D(a)f'(a)\\&=\frac{1}{2\pi i}\int_\Gamma f(z)(a-ze)^{-2}dzD(a)=f'(a)D(a).\end{aligned}$$

证毕.

现在讨论导运算与自同构之间的关系.

命题 2.7.4 设 A 是 Banach 代数.

(1) 如果 D 是 A 中连续的导运算,则

$$\exp D = \sum_{n=0}^{\infty} \frac{1}{n!} D^n$$

是A的连续自同构;

(2) 如果A有单位元 e, $d\in A$, δ_d 是相应于d的内导运算, $b = e^d$, α_b 是相应于b的内自同构(即 $\alpha_b(\cdot) = b^{-1}\cdot b, \forall \cdot \in A$), 则 $\exp\delta_d = \alpha_b$.

证 (1) 对任意的 $a,b\in A$, 依 Leibnitz 法则,

$$\begin{aligned}(\exp D)(ab) &= \sum_{n=0}^{\infty} \frac{1}{n!} D^n(ab) \\ &= \sum_{n=0}^{\infty} \sum_{k=0}^{n} \frac{D^{n-k}(a)}{(n-k)!} \cdot \frac{D^k(b)}{k!} \\ &= \sum_{n=0}^{\infty} \sum_{k+l=n} \frac{D^l(a)}{l!} \cdot \frac{D^k(b)}{k!} \\ &= \sum_{l=0}^{\infty} \frac{D^l(a)}{l!} \sum_{k=0}^{\infty} \frac{D^k(b)}{k!} \\ &= (\exp D)(a)\cdot(\exp D)(b).\end{aligned}$$

自然 $\exp D$ 是 $B(A)$ (A中有界线性算子的全体,依算子范数,是 Banach 代数)的可逆元,因此, $\exp D$ 是A的连续自同构.

(2) 依命题 2.7.2 的 (9), 对任意的 $a\in A$,

$$\begin{aligned}(\exp\delta_d)(a) &= \sum_{n=0}^{\infty} \frac{1}{n!} \sum_{k=0}^{n} \binom{n}{k} (-1)^k d^k a d^{n-k} \\ &= \sum_{n=0}^{\infty} \sum_{k=0}^{n} \frac{(-1)^k d^k}{k!} \cdot a \cdot \frac{d^{n-k}}{(n-k)!} \\ &= \sum_{k=0}^{\infty} \frac{(-d)^k}{k!} \cdot a \cdot \sum_{l=0}^{\infty} \frac{d^l}{l!} = b^{-1}ab = \alpha_b(a).\end{aligned}$$

证毕.

命题 2.7.5 设A是有单位元e的 Banach 代数,$d\in A$, c 是A中的可逆元,则在 $B(A)$ 中,

$$\sigma(\delta_d)\subset\{(\lambda-\mu)\mid\lambda,\mu\in\sigma(d)\},$$

$$\sigma(\alpha_c)\subset\{\lambda^{-1}\mu\,|\,\lambda,\mu\in\sigma(c)\}.$$

证 对任意的 $a\in A$，定义

$$L_a b = ab,\ R_a b = ba,\ \forall b\in A,$$

则 L_a，$R_a\in B(A)$，并且相互交换. 于是

$$\delta_d = R_d - L_d, \alpha_c = L_c^{-1}R_c.$$

分别设 $\mathscr{D}$，$\mathscr{C}$是 $B(A)$ 的包含 $\{L_d, R_d\}$，$\{L_c, R_c\}$ 的极大交换子代数. 依命题 1.2.11，$\sigma(\delta_d)=\sigma_{\mathscr{D}}(\delta_d)$，$\sigma(\alpha_c)=\sigma_{\mathscr{C}}(\alpha_c)$. 若 $\Omega(\mathscr{D})$，$\Omega(\mathscr{C})$ 分别是 $\mathscr{D}$，$\mathscr{C}$ 的谱空间，则

$$\begin{aligned}\sigma(\delta_d) &= \{\rho(R_d)-\rho(L_d)\,|\,\rho\in\Omega(\mathscr{D})\}\\ &\subset\{(\lambda-\mu)\,|\,\lambda\in\sigma(R_d),\mu\in\sigma(L_d)\},\\ \sigma(\alpha_c) &= \{\rho(L_c)^{-1}\rho(R_c)\,|\,\rho\in\Omega(\mathscr{C})\}\\ &\subset\{\lambda^{-1}\mu\,|\,\lambda\in\sigma(L_c),\mu\in\sigma(R_c)\}.\end{aligned}$$

如果 $\lambda\notin\sigma(a)$，易见 $\lambda\notin\sigma(L_a)$ 及 $\sigma(R_a)$，因此，$\sigma(a)\supset\sigma(L_a)\cup\sigma(R_a), \forall a\in A$. 由此，

$$\begin{aligned}\sigma(\delta_d)&\subset\{(\lambda-\mu)\,|\,\lambda,\mu\in\sigma(d)\},\\ \sigma(\alpha_c)&\subset\{\lambda^{-1}\mu\,|\,\lambda,\mu\in\sigma(c)\}.\end{aligned}$$

证毕.

引理 2.7.6 (Runge 定理) 设K是复平面 C 的紧子集，并且 $(C\backslash K)$ 是连通的. 又 f 是K的某个邻域中的解析函数，则存在多项式 $p_n(\cdot)$，使得

$$p_n(z)\to f(z),\ 对\ z\in k\ 一致.$$

证 在 f 的解析区域中，取可度长的围道 Γ，包围 K，依 Cauchy 公式，

$$f(z)=\frac{-1}{2\pi i}\int_{\Gamma}\frac{f(\lambda)}{z-\lambda}d\lambda.$$

由于 $\mathrm{dist}(\Gamma, K)>0$，因此，$f(z)$ 可为形如

$$\frac{1}{2\pi i}\sum_j f(\lambda_j)(\lambda_j-z)^{-1}(\lambda_{j+1}-\lambda_j)$$

的函数对 $z\in K$ 一致地逼近，这里 $\{\lambda_j\}$ 是 Γ 的一个分割. 依本章 §3 (2)，中的引理，$(\lambda_j-z)^{-1}\in P(K), \forall j$，由此得证.

下面的命题是命题 2.7.4 在一定条件下的逆命题.

命题 2.7.7 设 A 是有单位元 e 的 Banach 代数，$a\in A$ 并且 $\sigma(a)\subset\{z|\mathrm{Re}z>0\}$，$b=\log a$，这里 $\log z$ 是复平面沿负实轴切开后的主分支，则 $\delta_b=\log\alpha_a$，$\alpha_a=\exp\delta_b$，并且 δ_b 是 α_a 的多项式在 $B(A)$ 中的极限.

证 a 是有逆的，依命题 2.7.5，$\sigma(\alpha_a)\subset\mathbf{C}\backslash\mathbf{R}_-$. 于是可取 $\mathbf{C}$ 的紧子集 K，使得

$$\sigma(\alpha_a)\subset K\subset\mathbf{C}\backslash\mathbf{R}_-，\text{并且 } (\mathbf{C}\backslash K) \text{ 是连通的.}$$

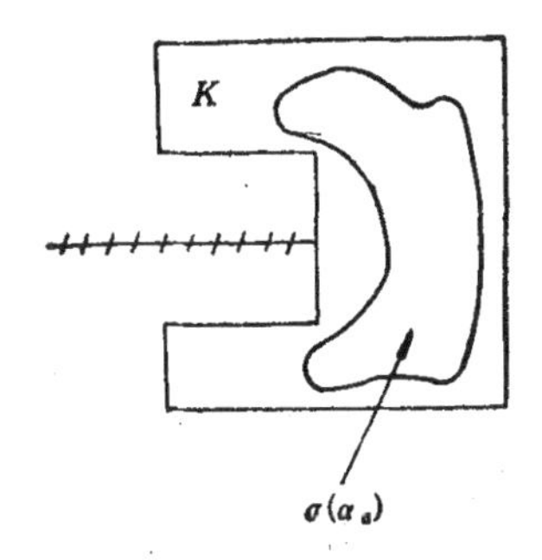

今依引理 2.7.6,，有多项式列 $p_n(\cdot)$，使得

$$p_n(z)\to\log z，\text{对 } z\in K \text{ 一致.}$$

特别在 $B(A)$ 中，

$$p_n(\alpha_a)\to\log\alpha_a.$$

依命题 2.7.4，$\exp\delta_b=\alpha_a$（因 $a=e^b$）. 又依命题 2.7.5，

$$\begin{aligned}\sigma(\delta_b)&\subset\{(\lambda-\mu)|\lambda,\mu\in\sigma(b)\}\\&=\{(\lambda-\mu)|\lambda,\mu\in\log\sigma(a)\},\end{aligned}$$

但 $\sigma(a)$ 在右半平面中，因此

$$\sigma(\delta_b)\subset\{z|\mathrm{Im}z\in(-\pi,\pi)\}.$$

注意下页图中 log 与 exp 互为逆函数，从而由复合定理 (1.6.8)，

$$\log\alpha_a=\log\exp\delta_b=\delta_b.$$

证毕.

定理 2.7.8 设 A 是有单位元 e 的 Banach 代数，a 是 A 的连

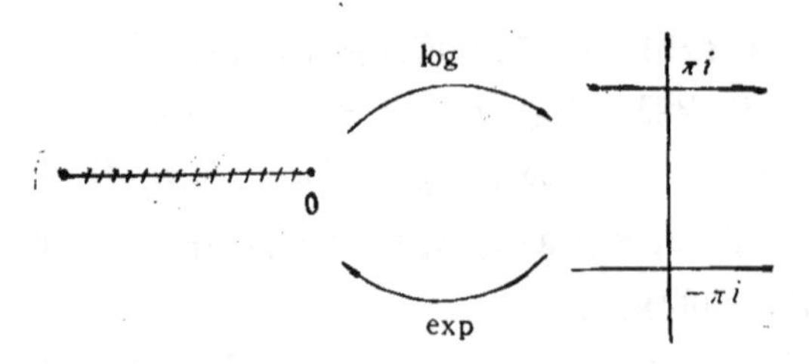

续自同构，并且在 $B(A)$ 中，

$$\sigma(\alpha)\subset\{z\,|\,\mathrm{Re}z>0\},$$

则 $D=\log\alpha$ 是 A 中的连续导运算，这里 $\log z$ 是复平面沿负实轴切开后的主分支，并且 $\alpha=\exp D$.

证 对 $a\in A$，定义 $L_a\in B(A)$，$L_a b=ab$，$\forall b\in A$. 记 $X=\{L_a|a\in A\}$. 由于 $\|L_a\|\leqslant\|a\|=\|a\cdot e\|\leqslant\|L_a\|\cdot\|e\|$，因此，$X$是 $B(A)$ 的闭子空间. 又 $\alpha^{-1}(a)b=\alpha^{-1}(a\alpha(b))$，$\forall b\in A$，因此，$L_{\alpha^{-1}(a)}=\alpha^{-1}L_a\alpha$，$\forall a\in A$，即

$$\alpha^{-1}X\alpha\subset X.$$

用命题 2.7.7 于 $B(A),\alpha$，可见

$$\log(\alpha^{-1}\cdot\alpha)=\delta_D,$$

这里 $\alpha^{-1}\cdot\alpha$ 是 $B(A)$ 相应于其元 α 的内自同构，δ_D 是 $B(A)$ 相应于其元 $D=\log\alpha$ 的内导运算. 此外，δ_D 可为 $\alpha^{-1}\cdot\alpha$ 的多项式列在 $B(A)$ 中的极限. 从而 $\delta_D X\subset X$. 于是对每个 $a\in A$，有 $a'\in A$，使得

$$\delta_D(L_a)=L_aD-DL_a=L_{a'},$$

即 $aD(b)-D(ab)=(L_aD-DL_a)(b)=L_{a'}b=a'b$，$\forall b\in A$. 当 $b=e$ 时，可见 $a'=aD(e)-D(a)$. 今只须证明 $D(e)=0$.

依 Runge 定理 (2.7.6)，有多项式列 $p_n(\cdot)$，使得 $p_n(z)\to\log z$，对 $z\in\sigma(\alpha)$ 的一个邻域一致. 于是在 $B(A)$ 中，$p_n(\alpha)\to\log\alpha=D$. 但 $e=\alpha(e)$，$1\in\sigma(\alpha)$，因此，$p_n(1)\to\log 1=0$. 从而

$$D(e)=\lim p_n(\alpha)(e)=\lim p_n(\alpha(e))=0.$$

证毕.

显然，在交换代数中，无非零的内导运算．下面我们指出，在交换 Banach 代数中，实际上导运算是很少的．

定理 2.7.9 设 A 是交换的 Banach 代数，D 是 A 中的连续导运算，则 $D(A) \subset R(A)$.

证 设 Ω 是 A 的谱空间，$\rho \in \Omega, \lambda \in \mathbb{C}$. 自然 λD 仍然是 A 中的连续导运算，依命题 2.7.4，$\exp(\lambda D)$ 是 A 的连续自同构．从而

$$a \to \rho(\exp(\lambda D)(a))$$

是 A 上的非零乘法泛函．由此

$$|\rho(\exp(\lambda D)(a))| \leqslant \|a\|, \quad \forall a \in A.$$

固定 $a \in A$ 时，$\lambda \to \rho(\exp(\lambda D)(a))$ 是 $\mathbb{C}$ 上的解析函数，它又是有界的，因此为常数．特别其 Taylor 展开的 λ 项系数为 0，即 $\rho(D(a)) = 0$. $\rho \in \Omega, a \in A$ 是任意的，因此，$D(A) \subset R(A)$. 证毕．

下面我们考虑导运算的自动连续性问题．

引理 2.7.10 设 A 是 Banach 代数，$\{\pi, X\}$ 是 A 的不可约表示(见定义 1.4.5)，这里 X 是无限维的 Banach 空间，并且 $\pi(A) \subset B(X)$ (X 中有界线性算子的全体)．如果无限列 $\{\xi_0, \xi_1, \cdots\} \subset X$ 是(有限)线性无关的，则存在 $a \in A$，使得

$$\pi(a)\xi_0 = 0, \{\pi(a)\xi_n | n \geqslant 1\} \text{ (有限)线性无关.}$$

证 首先注意下面的事实：如果 $\{x_1, \cdots, x_n\} \subset X$ 线性无关，$\{y_1, \cdots, y_n\} \subset X$，则存在 $a \in A$. 使得 $\pi(a)x_k = y_k, 1 \leqslant k \leqslant n$.

事实上，依命题 1.4.6，无妨设 $n \geqslant 2$. 依引理 1.9.3，将有 $b \in A$，使得

$$\pi(b)x_k = 0, \ 1 \leqslant k \leqslant n-1, \ \pi(b)x_n \neq 0.$$

再依命题 1.4.6，有 $c \in A$，使得 $\pi(c)\pi(b)x_n = y_n$. 令 $a_n = cb$，则

$$\pi(a_n)x_k = 0, 1 \leqslant k \leqslant n-1, \pi(a_n)x_n = y_n.$$

相似地，对每个 $j \in \{1, \cdots, n\}$，有 $a_j \in A$，使得

$$\pi(a_j)x_k = 0 \qquad \forall k \neq j, \ \pi(a_j)x_j = y_j.$$

今命 $a = a_1 + \cdots + a_n$，上面事实即得证．

依上面的事实及 $\dim X=\infty$,可以归纳地选取 $\{b_1,b_2,\cdots\}\subset A$，使得对任何的 $n\geqslant 1$，有

$$\left.\begin{array}{l}\pi(b_n)\xi_0=\cdots=\pi(b_n)\xi_{n-1}=0,\\ \pi(b_n)\xi_n\notin[\pi(c_n)\xi_1,\cdots,\pi(c_n)\xi_n],\\ \|b_n\|\leqslant 2^{-n},\end{array}\right\}\qquad(*)$$

这里 $c_n=b_{n-1}+\cdots+b_0$，及 $c_1=b_0=0$.

今命 $a=\sum\limits_{n\geqslant 1}b_n$. 注意 $\pi:A\to B(X)$ 是连续的(定理1.9.5)，因此由($*$)，

$$\pi(a)\xi_0=\sum_{n\geqslant 1}\pi(b_n)\xi_0=0.$$

对任意的 $n\geqslant 1$，由($*$)，

$$\pi(a)\xi_n=\pi(c_n)\xi_n+\pi(b_n)\xi_n,$$
$$\pi(a)\xi_j=\pi(c_n)\xi_j,\ \forall j<n,$$

因此 $\pi(a)\xi_n\notin[\pi(c_n)\xi_1,\ \cdots,\ \pi(c_n)\xi_{n-1}]=[\pi(a)\xi_1,\ \cdots,\ \pi(a)\xi_{n-1}]$. 这就说明 $\{\pi(a)\xi_n|n\geqslant 1\}$ 在 X 中是(有限)线性无关的. 证毕.

引理 2.7.11 设 $A,\{\pi,X\}$ 均如前一引理，又设 D 是 A 中的导运算,则对任何的 $\xi\in X$,

$$a\to\pi(D(a))\xi:A\to X\ \text{是连续的.}$$

证 设有 $\xi\in X$，使得 $a\to\pi(D(a))\xi:A\to X$ 不是连续的，我们说对任何的 $\eta\in X,\eta\neq 0$，$a\to\pi(D(a))\eta:A\to X$ 都不是连续的.

事实上,对任何的 $\eta\in X$，$\eta\neq 0$，依命题 1.4.6，有 $b\in A$，使得 $\pi(b)\eta=\xi$. 于是

$$\pi(D(a))\xi=\pi(D(ab))\eta-\pi(a)\pi(D(b))\eta.$$

若 $a\to\pi(D(a))\eta$ 连续,则 $a\to\pi(D(ab))\eta$ 也连续. 又 $\pi:A\to B(X)$ 是连续的,从而 $a\to\pi(D(a))\xi$ 将连续,得到矛盾.

今取 $\{\xi_0,\xi_1,\cdots\}\subset X$ 是线性无关的无限列,并且 $\|\xi_n\|=1$，$\forall n\geqslant 0$. 依引理 2.7.10，可以归纳地选取 $\{a_1,a_2,\cdots\}\subset A$，使得

对 $\forall n>0$，有

$$\pi(a_n\cdots a_1)\xi_{n-1}=0, \tag{1}$$

$$\{\pi(a_n\cdots a_1)\xi_j \mid j\geqslant n\}\ \text{线性无关}, \tag{2}$$

$$\|a_n\|\leqslant 2^{-n}. \tag{3}$$

由 (2) 特别可见

$$\pi(a_n\cdots a_1)\xi_n\neq 0,\forall n>0. \tag{4}$$

依 (4) 及不连续性，可以归纳地选取 $\{b_1, b_2, \cdots\}\subset A$，使得对 $\forall n>0$，有

$$\|b_n\|\leqslant \min\{(1+\|D(a_j\cdots a_1)\|)^{-1} \mid 1\leqslant j\leqslant n\}, \tag{5}$$

$$\|\pi(D(b_n)a_n\cdots a_1)\xi_n\|\geqslant n+\sum_{j=1}^{n-1}\|\pi(D(b_ja_j\cdots a_1))\xi_n\|. \tag{6}$$

现在令

$$c=\sum_{j=1}^{\infty} b_ja_j\cdots a_1,$$

$$c_n=b_{n+1}+\sum_{j\geqslant n+2} b_ja_j\cdots a_{n+2}.$$

依 (3),(5)，它们作为 A 中元有意义，并且

$$c=\sum_{j=1}^{n-1} b_ja_j\cdots a_1+b_na_n\cdots a_1+c_na_{n+1}\cdots a_1, \forall n.$$

注意依 (3),(5)，

$$\|c_n\|\cdot\|D(a_{n+1}\cdots a_1)\|\leqslant 2,$$

又

$$\begin{aligned}\pi(D(c))\xi_n=&\sum_{j=1}^{n-1}\pi(D(b_ja_j\cdots a_1))\xi_n\\&+\pi(D(b_n)a_n\cdots a_1)\xi_n+\pi(b_nD(a_n\cdots a_1))\xi_n\\&+\pi(D(c_n)a_{n+1}\cdots a_1)\xi_n+\pi(c_nD(a_{n+1}\cdots a_1))\xi_n.\end{aligned}$$

依 (1)，其中第四项 $=0$；依 (5)，$\|$第三项$\|\leqslant\|\pi\|$；此外，$\|$第五项$\|\leqslant 2\|\pi\|$，从而由 (6)

$$\|\pi(D(c))\|\geqslant\|\pi(D(c))\xi_n\|\geqslant n-3\|\pi\|, \forall n.$$

这不可能.引理乃得证.

引理 2.7.12 设 P 是 Banach 代数 A 的本原理想,并且 A/P 是无穷维的. 记 Q_P 是 A 到 A/P 的商映象. 如果 D 是 A 中的导运算,则 Q_PD 是连续的.

证 设 $P = L:A = \{a \in A | aA \subset L\}$, 这里 L 是 A 的极大正则左理想(见命题 1.4.10). 由于 A/P 是无穷维的,因此, $\{A/L, \pi\}$ 依自然的方式(定义 1.4.7)是 A 的无穷维的不可约表示, 并且 $\ker\pi = P$ (见命题 1.4.18). 今依引理 2.7.11), 对每个 $\tilde{b} \in A/L$,

$D(\widetilde{\cdot})b = \pi(D(\cdot))\tilde{b}: A \to A/L$ 是连续的.

设在 A 中 $a_n \to 0$, 在 A/P 中 $Q_PD(a_n) \to (a + p)$ $(a \in A)$. 于是对任意的 $b \in A$, 由于 $P \subset L$ (命题 1.4.8) 及 P 是 A 的闭双侧理想,

$$
\begin{aligned}
\inf_{c \in L} \|(D(a_n) - a)b + c\| &\leqslant \inf_{c \in P} \|(D(a_n) - a)b + c\| \\
&= \|(D(a_n) - a)b + P\| \leqslant \|(D(a_n) - a) + P\| \cdot \|b + P\| \\
&= \|Q_PD(a_n) - (a + P)\| \cdot \|b + P\| \to 0,
\end{aligned}
$$

即在 A/L 中 $\pi(D(a_n))\tilde{b} \to \pi(a)\tilde{b} = \widetilde{ab}$. 另一方面, 由引理 2.7.11 及 $a_n \to 0$, $\pi(D(a_n))\tilde{b} \to 0$. 因此, $\widetilde{ab} = 0$, 即 $ab \in L$, $\forall b \in A$. 依 P 的定义, $a \in P$. 从而 $Q_PD(a_n) \to a + P = 0$. 这表明 Q_PD 是 A 到 A/P 的闭算子, 因此, Q_PD 是连续的. 证毕.

引理 2.7.13 设 A 是 Banach 代数, $P_1, \cdots, P_m$ 是 A 的余维有限且互不相同的本原理想,则 A/P_m 同构于矩阵代数,并且

$$P_1 \cap \cdots \cap P_{m-1} + P_m = A.$$

证 易见 A/P_m 是有限维的半单纯代数,依 Wedderburn 定理(见本节附录):

$$A/P_m = J_1 \oplus \cdots \oplus J_n,$$

其中每个 J_i 是矩阵代数. 又 A/P_m 有一对一的不可约表示, 因此 $n = 1$.

记 $P = P_1 \cap \cdots \cap P_{m-1}$，由于 A/P_j 是有限维的，$\forall j$，因此易见 A/P 是有限维的半单纯代数。同样依 Wedderburn 定理，

$$A/P \cong M_1 \oplus \cdots \oplus M_k,$$

这里 M_i 是矩阵代表，$1 \leqslant i \leqslant k$。$\{P_j/P \mid 1 \leqslant j \leqslant m\}$ 是 A/P 的互不相同的本原理想，且交为$\{0\}$，因此，$k = m$，并且可设

$$P_j/P \cong \sum_{i \neq j} \oplus M_i,\ 1 \leqslant j \leqslant m,$$

从而

$$\bigcap_{j \neq m} (P_j/P) + P_m/P = (P + P_m)/P = A/P,$$

进而，$P_1 \cap \cdots \cap P_{m-1} + P_m = A$。证毕。

引理 2.7.14 设 A 是 Banach 代数，P 是 A 的本原理想，并且 $\dim A/P < \infty$。又 $\{\pi, X\}$ 是 A 的不可约表示，这里 X 是有限维的 Banach 空间，使得 $\ker \pi = P$，及 $\pi(A) = B(X) = L(X)$。令 Q_P 是 A 到 A/P 上的商映象，如果 D 是 A 中的导运算，则 $Q_P D$ 是连续的，当且仅当，$\pi \circ D: A \to B(X)$ 是连续的。这又相当于，$a \to \pi(D(a))\xi: A \to X$ 是连续的，对某个 $0 \neq \xi \in X$（从而也对于所有的 $\xi \in X$）。特别，如果 $Q_P D$ 不是连续的，则 $a \to \pi(D(a))\xi: A \to X$ 不是连续的，$\forall 0 \neq \xi \in X$。

证 设 $\tilde{\pi}$ 是 π 诱导的 A/P 的表示，于是 $\tilde{\pi}$ 是 A/P 到 $B(X)$ 上的代数同构。显然，$\pi \circ D = \tilde{\pi}(Q_P D)$。因此，$Q_P D$ 连续，当且仅当，$\pi \circ D$ 连续。这时自然 $a \to \pi(D(a))\xi: A \to X$ 是连续的，$\forall \xi \in X$。

反之设对某个 $0 \neq \xi \in X$, $a \to \pi(D(a))\xi: A \to X$ 是连续的。仿照引理 2.7.11 的证明，将对所有的 $\xi \in X$, $a \to \pi(D(a))\xi: A \to X$ 是连续的。X 是有穷维的，其上所有的范数均相互等价，从而可见 $\pi \circ D$ 是连续的。证毕。

引理 2.7.15 如果 $\{P_n\}$ 是 Banach 代数 A 的一列互不相同的本原理想。$\{\pi_n, X_n\}$ 是 A 的有限维不可约表示，使得 $\ker \pi_n =$

P_n, $\pi_n(A)=B(X_n),\forall n$, 则对任何的正整数 k, 存在 $a_k\in A$, 使得

$$\pi_j(a_k)=0,\forall j<k;\pi_j(a_k)\in B(X_j)^{-1},\forall j\geqslant k.$$

证 对任何的 $j\geqslant k$, 取 $z\in A$, 使得 $(z+P_j)$ 为 A/P_j 的单位元. 又依引理 2.7.13, 可写 $z=z_j+y$, 其中 $z_j\in P_1\cap\cdots\cap P_{j-1}$, $y\in P_j$. 因此有 $z_j\in P_1\cap\cdots\cap P_{j-1}$, 使得 (z_j+P_j) 为 A/P_j 的单位元. 进而依 $\{\pi_n\}$ 的性质,

$$\pi_j(z_j)=I_j,\ \pi_i(z_j)=0,\ \forall i<j.$$

今命 $a_k=\sum_{j=k}^{\infty}\varepsilon_j z_j$, 这里 $\varepsilon_j\in\mathbf{C}$, 使得 $\|\varepsilon_j z_j\|\leqslant 2^{-j},\forall j$, 并且 $\{\varepsilon_j\}$ 归纳地使得

$$\begin{aligned}&\pi_j(\varepsilon_k z_k+\cdots+\varepsilon_j z_j)\\&\quad=\pi_j(\varepsilon_k z_k+\cdots+\varepsilon_{j-1}z_{j-1})+\varepsilon_j I_j\in B(X_j)^{-1},\end{aligned}$$

$\forall j\geqslant k$. 这是可以作到的, 因为 $\pi_j(\varepsilon_k z_k+\cdots+\varepsilon_{j-1}z_{j-1})$ 的谱仅由有限个点组成. 现在由诸 π_n 的连续性 (定理 1.9.5), 不难见 a_k 满足要求. 证毕.

引理 2.7.16 设 D 是 Banach 代数 A 中的导运算, 则至多除去有穷个余维为有限的本原理想外, 对所有的本原理想 P, $Q_P D$ 都是连续的, 这里 Q_P 是 A 到 A/P 的商映象.

证 若不然, 依引理 2.7.12, 将有 A 的互不相同的本原理想无穷列 $\{P_n\}$, 使得 $Q_{P_n}D$ 不连续, 并且 $\dim A/P_n<\infty,\forall n$.

依引理 2.7.13, 对每个 n, 将有 A 的不可约表示 $\{\pi_n, X_n\}$, 这里 X_n 是有穷维的 Banach 空间, 使得 $\ker\pi_n=P_n$, 及 $\pi_n(A)=B(X_n)$. 又依引理 2.7.14, 对每个 $0\neq\xi\in X_n$, $a\to\pi_n(D(a))\xi: A\to X_n$ 不是连续的, $\forall n$.

今取 $\xi_n\in X_n$, $\|\xi_n\|=1,\forall n$. 依引理 2.7.15, 可取 $\{a_1,a_2,\cdots\}\subset A$, 使得对每个 n,

$$\pi_i(a_n)=0,\forall i<n,\tag{1}$$

$$\pi_j(a_n)\in B(X_j)^{-1},\ \forall j\geqslant n,\tag{2}$$

$$\|a_n\|\leqslant 2^{-n}.\tag{3}$$

由(2)可见

$$\pi_n(a_n\cdots a_1)\xi_n\neq 0,\forall n. \tag{4}$$

再依不连续性及(4)，可归纳地选取 $\{b_1,b_2,\cdots\}\subset A$，使得对每个 n，

$$\|b_n\|\leqslant(1+\|D(a_j\cdots a_1)\|)^{-1},\ \forall 1\leqslant j\leqslant n, \tag{5}$$

$$\|\pi_n\|(D(b_n)a_n\cdots a_1)\xi_n\|$$
$$\geqslant K_n+\sum_{j=1}^{n-1}\|\pi_n(D(b_ja_j\cdots a_1))\xi_n\|, \tag{6}$$

这里正整数列 $\{K_n\}$ 满足

$$\frac{K_n-3\|\pi_n\|}{\|\pi_n\|}\to+\infty(n\to\infty). \tag{7}$$

令

$$c=\sum_{j=1}^{\infty}b_ja_j\cdots a_1,$$

$$c_n=b_{n+1}+\sum_{j\geqslant n+2}b_ja_j\cdots a_{n+2},\forall n.$$

依(3),(5)，它们作为 A 中元有意义，并且

$$c=\sum_{j=1}^{n-1}b_ja_j\cdots a_1+b_na_n\cdots a_1+c_na_{n+1}\cdots a_1,\forall n.$$

注意由(3),(5)，

$$\|c_n\|\cdot\|D(a_{n+1}\cdots a_1)\|\leqslant 2,$$

又

$$\begin{aligned}\pi_n(D(c))\xi_n=&\sum_{j=1}^{n-1}\pi_n(D(b_ja_j\cdots a_1))\xi_n\\&+\pi_n(D(b_n)a_n\cdots a_1)\xi_n+\pi_n(b_nD(a_n\cdots a_1))\xi_n\\&+\pi_n(D(c_n)a_{n+1}\cdots a_1)\xi_n+\pi_n(c_nD(a_{n+1}\cdots a_1))\xi_n.\end{aligned}$$

依(1)，第四项=0；依(5)，‖第三项‖$\leqslant\|\pi_n\|$；此外，‖第五项‖$\leqslant 2\|\pi_n\|$. 从而由(6)，

$$\|\pi_n\|\|D(c)\|\geqslant\|\pi_n(D(c))\xi_n\|\geqslant K_n-3\|\pi_n\|,$$

或

$$\|D(c)\| \geqslant \frac{K_n - 3\|\pi_n\|}{\|\pi_n\|} \to +\infty.$$

这不可能。引理乃得证。

定理 2.7.17 (Johnson-Sinclaire) 设A是半单纯的 Banach 代数，$D: A \to A$ 是导运算，则D是自动连续的。

证 记$P_0 = \cap\{P \mid P$ 是A的本原理想，使得 $Q_P D$ 连续$\}$. 设在 A中，$a_n \to 0$，在 A/P_0 中，$Q_{P_0}D(a_n) \to (a + P_0)$ $(a \in A)$. 但对于A的任意本原理想 P，并且 $Q_P D$ 连续时，有 $Q_P D(a_n) \to P$ (在 A/P 中). 这样的 $P \supset P_0$，因此，

$$\|Q_{P_0}D(a_n)\|_{A/P_0} = \inf_{c \in P_0}\|D(a_n) + c\| \leqslant \inf_{c \in P}\|D(a_n) + c\|$$
$$= \|Q_P D(a_n)\|_{A/P} \to 0,$$

因此，$a \in P_0$，即 $Q_{P_0}D(\cdot): A \to A/P_0$ 是闭算子，从而连续.

如果 $P_0 = \{0\}$，$Q_{P_0}D = D$ 连续，乃得证，因此可设 $P_0 \neq \{0\}$. 依引理 2.7.16，可能有A的相互不同的本原理想 P_1，$\cdots$，P_n，使得 P_i 在A中的余维是有限的，并且 $Q_{P_i}D: A \to A/P_i$ 不连续，$1 \leqslant i \leqslant n$.

设 L_i 是A的极大正则左理想，使得 $P_i = L_i: A \subset L_i$，于是$\{\pi_i, X_i\}$ 是A的有限维不可约表示，使得 $\ker\pi_i = P_i$，这里 $X_i = A/L_i$，π_i 是相应于 L_i 的左正则表示，$1 \leqslant i \leqslant n$. 注意

$$P_0 \not\subset P_i$$

(否则 $Q_{P_i}D$ 为 $Q_{P_0}D: A \to A/P_0$ 及 $A/P_0 \to (A/P_0)/(P_i/P_0)$ 商映象的复合，从而连续，这与关于 P_i 的假定相矛盾)，因此 $J_i = \pi_i(P_0)$ 是 $\pi_i(A)$ 的非零理想. 我们说对任意的 $0 \neq \xi \in X_i$，$J_i\xi = X_i$. 事实上，$J_i\xi$ 是 $\pi_i(A)$ 的不变子空间，依 π_i 的不可约，$J_i\xi = X_i$ 或$\{0\}$. 如果 $J_i\xi = \{0\}$，则由 $\pi_i(A)\xi = X_i$ (命题 1.4.6)，

$$J_iX_i = J_i\pi_i(A)\xi \subset J_i\xi = \{0\},$$

则 $J_i = \{0\}$，矛盾. 由此，J_i 在 X_i 中也是不可约的，即 $\{\pi_i \mid P_0, X_i\}$ 将是 P_0 的不可约表示. 因此，$\ker(\pi_i \mid P_0) = P_i \cap P_0$ 是 P_0 的本原理想，$1 \leqslant i \leqslant n$，并且

$$\bigcap_i (P_i \cap P_0) = \bigcap_i P_i \cap P_0 = R(A) = \{0\},$$

这说明 P_0 是半单纯的. 此外,

$$\left\{\bigoplus_{i=1}^{n} \pi_i, \bigoplus_{i=1}^{n} X_i\right\} \text{是 } P_0 \text{ 的一一表示}$$

(事实上,如对某 $a \in P_0, \pi_i(a) = 0$, $1 \leqslant i \leqslant n$, 则 $a \in \bigcap_i P_i \cap P_0 = \{0\}$). 由于每个 X_i 是有限维的,因此, P_0 是有限维的. 今依 Wedderburn 定理(见本节附录), P_0 有单位元 e. 对任意的 $a \in A$, ea 及 $ae \in P_0$, 于是

$$ae = e(ae) = (ea)e = ea,$$

即 e 是 A 的中心幂等元,并且 $P_0 = eA = Ae$.

注意 $D(e) = D(e^2) = 2eD(e)$, 于是

$$D(e)e = 2D(e)e = D(e),$$

因此 $D(e) = 0$. 从而 $D(ea) = eD(a)$, $\forall a \in A$. 这说明 D 对于 eA 及 $(1-e)A = \{a - ae \mid a \in A\}$ 都是不变的.

下面的图是交换的

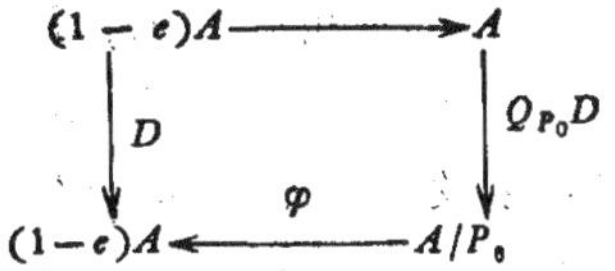

$$\begin{array}{ccc} (1-e)A & \longrightarrow & A \\ \downarrow D & & \downarrow Q_{P_0}D \\ (1-e)A & \xleftarrow{\ \varphi\ } & A/P_0 \end{array}$$

这里 $\varphi(a + P_0) = a - ae$ $(\forall a \in A)$. 易见 φ 是可以定义的, 我们说它也是连续的. 事实上, 对任意的 $a \in A$, $ae \in P_0$, 于是 $\|a + P_0\| \leqslant \|a - ae\|$. 由此易见 $(a - ae) \to a + P_0$ 是 $(1-e)A$ 到 A/P_0 上一对一的连续映象. 今依开映象定理, φ 是连续的. 由此, $D: (1-e)A \to (1-e)A$ 是连续的. 此外, $P_0 = Ae$ 是有限维的, 自然 $D: Ae \to Ae$ 是连续的. 因此, $D: A \to A$ 是连续的. 证毕.

结合定理 2.7.9 与 2.7.17, 我们又可得到

定理 2.7.18 设 A 是半单纯的交换 Banach 代数,则 A 中没有

非零的导运算.

注　泊松括号是经典力学过渡到量子力学的标志，它表示微观系统力学量的不可交换性,即测不准关系;李群的表示归结为李代数的表示，而李代数的乘法类似于泊松括号. 把这个运算推广到更一般的代数上,特别是 Banach 代数,这就是我们研究导运算的背景,并且它与代数的自同构有密切的关系.

命题 2.7.4, 2.7.7, 2.7.8 属于 G. Zeller-Meier; 定理 2.7.9 属于 I. M. Singer 与 J. Wermer ([56]); 定理 2.7.18 属于 B. E. Johnson ([30]); 定理 2.7.17 属于 B. E. Johnson 与 A. M. Sinclaire ([31]).

附录　有限维半单纯(复)代数的构造

Wedderburn 定理. 设 A 是有限维的半单纯(复)代数,则

$$A = J_1 \oplus \cdots \oplus J_n.$$

这里每个 J_i 是 A 的极小双侧理想,并且同构于某个有限阶的(复)矩阵代数. 特别, A 必有单位元.

证　设 $\{\pi, X\}$ 是 A 的不可约表示, $P = \ker\pi$ 是 A 的本原理想,将可诱导 A/P 的一一不可约表示 $\{\tilde{\pi}, X\}$. 由于 $\dim\tilde{\pi}(A/P) = \dim A/P < \infty$, 以及对任意的 $0 \neq \xi \in X$, $\tilde{\pi}(A/P)\xi = X$, 因此 X 是有限维的. 从而可认为 X 是 Banach 空间,以及 $\tilde{\pi}$ 一一地把 A/P 映入 $B(X)$ 之中. 转嫁范数后，可以认为 A/P 是 Banach 代数. 今依引理 2.7.11 及 X 是有限维的,可见

$$\tilde{\pi}(A/P) = B(X),$$

即 A/P 同构于某个有限阶的(复) 矩阵代数. 特别, A/P 是简单的(不包含任何真的非零理想),有单位元,以及 P 是 A 的极大双侧理想.

由于 A 是有限维并且半单纯的，于是有最小的正整数 n, 及相互不同的本原理想 $P_1, \cdots, P_n$, 使得 $\bigcap_{i=1}^{n} P_i = \{0\}$. 令 $J_i =$

$\cap\{P_k | k \neq i\}$，于是 J_i 是非零的双侧理想，且 $J_i\cap P_i=\{0\}$。前一段的证明已指出 P_i 是极大的双侧理想，因此

$$A=P_i\oplus J_i,$$

从而 $J_i(\cong A/P_i)$ 同构于某有限阶的(复)矩阵代数，$1\leqslant i\leqslant n$。今只须证明

$$A=J_1\oplus\cdots\oplus J_n.$$

依 J_i 的定义及 $\bigcap_{i=1}^{n} P_i=\{0\}$，显然这是直和.对于任何的 $a\in A$，可写 $a=j_1+p_1$，这里 $j_1\in J_1$，$p_1\in P_1$。继而可写 $p_1=j_2+p_2$，这里 $j_2\in J_2$，$p_2\in P_2$.由于 $J_2\subset P_1$，因此，$p_2=p_1-j_2\in P_1\cap P_2$. 接下来，写 $p_2=j_3+p_3$，这里 $i_3\in J_3$，$p_3\in P_3$。由于 $J_3\subset P_1\cap P_2$，因此，$p_3=p_2-j_3\in P_1\cap P_2\cap P_3,\cdots$，最终必可表达 $a=j_1+\cdots+j_n, j_i\in J_i, 1\leqslant i\leqslant n$。证毕.

习题

(1) 设 α 是 Banach 代数 A 上的连续自同构，并且 $\|\alpha-I\|<1$，这里 I 表示 A 中的恒等映象，则 $D=\log\alpha$ 是 A 中的连续导运算.

(2) 设 α 是 Banach 代数 A 上的等距自同构，并且 $\|\alpha-I\|<\sqrt{2}$，则 $D=\log\alpha$ 是 A 中的连续导运算.

§8. Banach 代数中函数方程的解

引理 2.8.1 设 A 是有单位元 e 的 Banach 代数，U 是复平面 $\mathbf{C}$ 的开子集，f 是 U 中的解析函数，并且 $f'(z)\neq 0$，$\forall z\in U$。又 $x,u\in A, xu=ux, \sigma(x)\subset U$，$\nu(u)=0$，并且 $f(x)=f(x+u)$，则 $u=0$。

证 设 B 是包含 e,u,x 的 A 的极大交换子代数，Ω 是 B 的谱空间.

注意

$$0=f(x+u)-f(x)=\frac{-1}{2\pi_i}\int_\Gamma f(\lambda)[(x+u-\lambda e)^{-1}$$
$$-(x-\lambda e)^{-1}]d\lambda=uv,$$

这里Γ是U中的可度长围道,包围 $\sigma(x)=\sigma(x+u)$, 以及

$$v=\frac{1}{2\pi_i}\int_\Gamma f(\lambda)(x+u-\lambda e)^{-1}(x-\lambda e)^{-1}d\lambda,$$

于是对任意的 $\rho\in\Omega$, 由于 $\rho(u)=0$, 可见

$$\rho(v)=\frac{1}{2\pi_i}\int_\Gamma f(\lambda)(\rho(x)-\lambda)^{-2}d\lambda=f'(\rho(x))\neq 0,$$

这说明v在B中是可逆的. 已经指出 $uv=0$, 从而$u=0$. 证毕.

引理 2.8.2 设A是有单位元e的 Banach 代数, U是复平面 C 的开子集, f是U中的单叶解析函数, $V=f(U)$. 如果 $a\in A$, 并且 $\sigma(a)\subset V$, 则存在唯一的 $x\in A$, 使得

$$\sigma(x)\subset U,\ f(x)=a,$$

并且 $\{a\}'=\{x\}'$(在A中的交换子),以及x属于A的任意包含a的极大交换子代数.

此外,如果V是单连通的,则x还可以为a的多项式任意地逼近.

证 依f的单叶性,将有V中的单叶解析函数 g, 使得f与g互为逆.

由于$\sigma(a)\subset V$, 乃可定义A的元 $x=g(a)$ (定义 1.6.3), 依定理 1.6.5 及 1.6.8,

$$\sigma(x)\subset U,\ f(x)=a.$$

由 $f(x)=a$, $g(a)=x$, 即见 $\{x\}'=\{a\}'$. 又若B是A的极大交换子代数, $a\in B$, 则 $B\subset\{a\}'$. 由于 $x\in\{x\}''=\{a\}''$, 可见 $xb=bx$, $\forall b\in B$. 又B是极大交换的,因此 $x\in B$.

今若 $y\in A$, 也满足 $\sigma(y)\subset U$, $f(y)=a$. 于是, $y\in\{a\}'=\{x\}'$, 即 $xy=yx$. 设B是A的极大交换子代数, 使得 $x,y\in B$. 于是 $a\in B$, 并且 $\sigma_B(b)=\sigma(b)$, $\forall b\in B$. 如果Ω是B的谱空

间，则对任意的 $\rho\in\Omega$,

$$\rho(x)\in\sigma(x)\subset U,\ \rho(y)\in\sigma(y)\subset U.$$

注意 $f(\rho(x))=\rho(f(x))=\rho(a)=\rho(f(y))=f(\rho(y))$，又 f 在 U 中是单叶的，因此 $\rho(x)=\rho(y)$。从而可写 $y=x+u$，这里 $u\in B$，并且 $\nu(u)=0$。进而依引理 2.8.1，$u=0$，即 $x=y$。

最后，如果 V 是单连通的，我们可以取紧子集 K，使得

$$\sigma(a)\subset\mathring{K}\subset K\subset V，并且\ (\mathbf{C}\backslash K)\ 是连通的，$$

于是依 Runge 定理（2.7.6），将有多项式列 $p_n(\cdot)$，使得 $p_n(\lambda)\to g(\lambda)$，对 $\lambda\in K$ 一致。由此，$p_n(a)\to g(a)=x$。证毕。

现在来考察初等函数的情形。

命题 2.8.3 设 A 是有单位元 e 的 Banach 代数。

(1) 设 $U=\{\lambda\in\mathbf{C}\,|\,|\lambda-1|<1\}, V=U^2=\{\lambda^2\,|\,\lambda\in U\}$，则对任意的 $a\in A$，$\sigma(a)\subset V$，存在唯一的 $x\in A$，使得 $\sigma(x)\subset U$，$x^2=a$，并且这个 x 可以为 a 的多项式任意地逼近；

(2) 设 $a\in A$，并且 $\nu(e-a)<1$，则存在唯一的 $x\in A$，使得 $\nu(e-x)<1, x^2=a$，并且 x 可以为 a 的多项式任意地逼近；

(3) 设 $a\in A,\sigma(a)\subset\mathbf{C}\backslash\mathbf{R}_-$，则存在唯一的 $x\in A$，使得

$$\sigma(x)\subset\{\lambda\in\mathbf{C}\,|\,\mathrm{Re}\lambda>0\},x^2=a,$$

并且 x 可以为 a 的多项式任意地逼近。

证 (1) 与 (3) 由引理 2.8.2 立见。(2) 只须注意 $U=\{\lambda\in\mathbf{C}\,|\,|\lambda-1|<1\}\subset V=U^2$，再用引理 2.8.2 即得证。

命题 2.8.4 设 A 是 Banach 代数，$a\in A,\nu(a)<1$，则 a 有唯一的拟逆平方根 x（即 $x\circ x=2x-x^2=a$），使得 $\nu(x)<1$，并且 x 可以为 a 的常数项是 0 的多项式任意地逼近。

证 考虑 $A\dotplus\mathbf{C}$；由于 $\nu(1-(1-a))<1$，依命题 2.8.3，将有唯一的 $x\in A$ 及 $\lambda\in\mathbf{C}$，使得

$$(\lambda-x)^2=1-a,\ \nu(1-\lambda+x)<1,$$

于是 $\lambda^2=1$。如果 $\lambda=-1$，则 $\nu(2-x)<1$。这说明 x 在 $A\dotplus\mathbf{C}$ 中有逆，将与 $x\in A$ 相矛盾。因此 $\lambda=1$，即 $x\circ x=a$，

$\nu(x) < 1$.

今若 $y \in A$ 也满足要求，于是

$$(1-y)^2 = 1-a, \ \nu(1-(1-y)) = \nu(y) < 1.$$

依前面所说的唯一性，$1-y = 1-x$，即 $x = y$.

此外，$(1-x)$ 可以为 $(1-a)$ 的多项式在 $A\dot{+}\mathbf{C}$ 中任意地逼近，从而得证.

命题 2.8.5 设 A 是有单位元 e 的 Banach 代数，$n \geqslant 2, a \in A$.

(1) 如果 $\sigma(a) \subset \{\lambda \in \mathbf{C} | \mathrm{Re}\lambda > 0\}$，则存在唯一的 $x \in A$，使得

$$\sigma(x) \subset \left\{ z = re^{i\theta} \in \mathbf{C} \,\middle|\, |\theta| \leqslant \frac{3\pi}{2n} \right\}, \ x^n = a,$$

这时实际上 $\sigma(x) \subset \left\{ z = re^{i\theta} \in \mathbf{C} \,\middle|\, |\theta| < \frac{\pi}{2n} \right\}$;

(2) 如果 $n = 2$ 或 3，$\sigma(a) \subset \{\lambda \in \mathbf{C} | \mathrm{Re}\lambda > 0\}$，则存在唯一的 $x \in A$，使得

$$\sigma(x) \subset \{\lambda \in \mathbf{C} | \mathrm{Re}\lambda > 0\}, \ x^n = a;$$

(3) 如果 $\nu(e-a) < 1$，则存在唯一的 $x \in A$，使得

$$\sigma(x) \subset \left\{ z = re^{i\theta} \in \mathbf{C} \,\middle|\, |\theta| \leqslant \frac{3\pi}{2n}, |z-1| < 1 \right\}, \ x^n = a;$$

(4) 如果 $n = 2$ 或 3，$\nu(e-a) < 1$，则存在唯一的 $x \in A$，使得 $\nu(e-x) < 1, x^n = a$;

(5) 如果 $\nu(e-a) < \sin\dfrac{\pi}{n}$ 或 $\left(1-\left(1-\sin\dfrac{\pi}{n}\right)^n\right)$，则存在唯一的 $x \in A$，使得

$$\nu(e-x) < \sin\frac{\pi}{n}, \ x^n = a.$$

此外，上面五种情况的 x 均可为 a 的多项式任意地逼近.

证 (1) 设 $f(z) = z^n$, $U = \left\{ z = re^{i\theta} \in \mathbf{C} \,\middle|\, |\theta| < \frac{\pi}{2n} \right\}$, $V = f(U) = \{\lambda \in \mathbf{C} | \mathrm{Re}\lambda > 0\}$，则 f 单叶地把 U 映成 V. 于是依引理 2.8.2，有唯一的 $x \in A$，使得

$$\sigma(x)\subset U,\ x^n = a.$$

今若 $y\in A$，$\sigma(y)\subset\left\{z=re^{i\theta}\in\mathbf{C}\,\Big|\,|\theta|\leqslant\frac{3\pi}{2n}\right\}$，也满足 $y^n=a$. 由于 $\sigma(y)^n=\sigma(a)\subset V$，因此只能有 $\sigma(y)\subset U$. 依唯一性，$y=x$。

(2)，(3)，(4) 的证明与 (1) 相仿.

(5) 记 $\lambda_n=\sin\frac{\pi}{n}$，由于 $\lambda_n\leqslant 1-(1-\lambda_n)^n$，因此可设 $\nu(e-a)<1-(1-\lambda_n)^n$. 命 U 是以 1 为中心、λ_n 为半径的开圆，$f(z)=z^n$，$V=f(U)$，则 f 单叶地把 U 映成 V. 如果 S 是以 1 为中心、$1-(1-\lambda_n)^n$ 为半径的开圆,可以证明 $S\subset V$. 由此依引理 2.8.2 即可获证. 证毕.

注　本命题的 (4)，当 $n\geqslant 4$，时，唯一性并不成立. 事实上，设 $n\geqslant 4$，$\nu(e-a)<1$，令

$$x=\frac{-1}{2\pi i}\int_\Gamma z^{\frac{1}{n}}(a-ze)^{-1}dz,$$

这里 Γ 是 $S(1,1)=\{\lambda\in\mathbf{C}\,|\,|1-\lambda|<1\}$ 中的可度长围道,并且包围 $\sigma(a)$，$z^{1/n}$ 是复平面沿负实轴切开后的主分支,那末也有 $x^n=a$，$\sigma(e-x)<1$. 但这样的 x 未必唯一. 例如设 A 是有单位元 e 的交换 Banach 代数,并有非零幂等元 p_1,p_2，使得 $p_1p_2=0$，$p_1+p_2=e$. 取 $\lambda_1=re^{i\theta}\in S(1,1)$，并且 $\frac{3\pi}{2n}<\theta<\frac{2\pi}{n}$（由于 $n\geqslant 4$，这可以做到)，$0<r<1$. r 足够小,可使得 $\lambda_1^n\in S(1,1)$. 自然也可表达 $\lambda_1^n=r^ne^{-i\varphi}$，这里 $\varphi=2\pi-n\theta\in\left(0,\frac{\pi}{2}\right)$. 令 $\lambda_2=re^{-i\varphi/n}$，则

$$\lambda_1^n=\lambda_2^n=\mu,\ \lambda_1\neq\lambda_2.$$

如果 $a=\mu e$，$\sigma(a)\subset S(1,1)$，于是 $b=\lambda_1 e$，或 $\lambda_2 e$（＝前面标准的 x)，或 $\lambda_1p_1+\lambda_2p_2$，均满足

$$\sigma(b)\subset S(1,1),\ b^n=a.$$

命题 2.8.6　设 A 是有单位元 e 的 Banach 代数，对于下列情

形之一:

(1) $U=\{\lambda\in\mathbf{C}\mid|\mathrm{Im}\lambda|<\pi\}, V=\mathbf{C}\backslash\mathbf{R}_-$;

(2) $U=\{\lambda\in\mathbf{C}\mid|\mathrm{Im}\lambda|<\pi/2\}$, $V=\{\lambda\in\mathbf{C}\mid\mathrm{Re}\lambda>0\}$;

(3) U 是以 0 为中心、$\frac{\pi}{2}$ 为半径的开圆，S 是以 1 为中心、$e^{-\pi/2}$ 为半径的开圆.

如果 $a\in A$, $\sigma(a)\subset V$ (或 S), 则存在唯一的 $x\in A$, 使得 $\sigma(x)\subset U$, $e^x=a$, 并且 x 可为 a 的多项式任意地逼近.

证 对于情形 (1) 与 (2), 由于 $f(z)=e^z$ 单叶地把 U 映成 V, 从而依引理 2.8.2 立见. 对于情形 (3), f 在 U 中单叶, 并且 $S\subset f(U)$, 因此也依引理 2.8.2 得证. 证毕.

命题 2.8.7 设 A 是有单位元 e 的 Banach 代数, 对于下列情形之一:

(1) $U=\left\{\lambda\in\mathbf{C}\,\middle|\,|\mathrm{Re}\lambda|<\frac{\pi}{2}\right\}$,

$V=\mathbf{C}\backslash([1,+\infty)\cup(-\infty,-1])$;

(2) $U=\left\{\lambda\in\mathbf{C}\,\middle|\,|\mathrm{Re}\lambda|<\frac{\pi}{2},\ \mathrm{Im}\lambda>0\right\}$,

$V=\{\lambda\in\mathbf{C}\mid\mathrm{Im}\lambda>0\}$;

(3) U 是以 0 为中心、$\frac{\pi}{2}$ 为半径的开圆, S 是开单位圆.

如果 $a\in A$, $\sigma(a)\subset V$ (或 S), 则存在唯一的 $x\in A$, 使得 $\sigma(x)\subset U$, $\sin x=a$, 并且 x 可为 a 的多项式任意地逼近.

证明与命题 2.8.6 相似.

命题 2.8.8 设 A 是有单位元 e 的 Banach 代数, 对于下列情形之一:

(1) $U=\left\{\lambda\in\mathbf{C}\,\middle|\,|\mathrm{Re}\lambda|<\frac{\pi}{4}\right\}$, S 是开单位圆;

(2) U, S 分别是以 0 为中心, 半径为 $\frac{\pi}{4}$ 及 α 的开圆, 这里

$$\alpha=(e^{\frac{\pi}{4}}+e^{-\frac{\pi}{4}})^{-2}(e^{\frac{\pi}{2}}-e^{-\frac{\pi}{2}}).$$

如果 $a\in A,\sigma(a)\subset S$，则存在唯一的 $x\in A$，使得 $\sigma(x)\subset U$，$g x=a$，并且 x 可为 a 的多项式任意地逼近。

证明与命题 2.8.6 相似。

注 E. Hille（[23]）首先考虑了 $f(z)=z^n$ 或 e^z 的情形；命题 2.8.3 的(2)，属于 F. F. Bonsall 与 D. S. G. Stirling（[7]）；命题 2.8.3 的(3)，属于 L. T. Gardner；命题 2.8.5 的(5)，及命题 2.8.7 的 3，可见[4]；基本引理 2.8.1 与 2.8.2 属于李炳仁与杨一民（[36]）。此外，A. L. T. Paterson（[44]）考虑了一般情形，引入特解概念，并讨论了特解与通解之间的关系等。

第三章　交换 Banach 代数与多复变函数理论

本章讨论一些交换 Banach 代数的 Gelfand 理论与多个复变量函数理论之间的联系. 为了自给自足起见, §1 中我们介绍了将在下面各节中用到的一些多复变函数的概念与结果; §2 中引入交换 Banach 代数中多个元素的联合谱的概念; 由此我们在 §3 定义多个元素的函数; §4 是 Banach 代数中的隐函数定理, 极为重要, 还从此可得到 Shilov 幂等元定理等; §5 的 Arens-Royden 定理, 要用到多复变函数理论的深刻结果. 一个自然而有兴趣的问题是: 如何用交换 Banach 代数的构造来刻划它的谱空间的拓扑性质? 这方面首先是关于谱空间 Čech 上同调群的结果(见 §7), 为了做到自给自足, 在 §6 我们介绍了紧空间的 Čech 上同调群.

§1. 多个复变量的解析函数的基本概念

如果 U 是复平面 $\mathbf{C}$ 的开子集, f 是 U 中的解析函数, 可以有两种等价的定义: (1) 对任意的 $\lambda\in U$, 如果以 λ 为中心、r 为半径的开圆 $S(\lambda,r)\subset U$, 则在 $S(\lambda,r)$ 中, f 可展开成绝对一致收敛的幂级数: $f(z)=\sum\limits_{n\geq 0}\alpha_n(z-\lambda)^n$, $\forall z\in S(\lambda,r)$; (2) $f'(z)$ 对任意的 $z\in U$ 存在. 现在把这个定义及有关性质推广到多个复变量的函数上去.

定义 3.1.1　设 $\lambda=(\lambda_1,\cdots,\lambda_n)\in\mathbf{C}^n$, $r=(r_1,\cdots,r_n)\in\mathbf{R}_+^{*n}$ (即每个 $r_j>0$), 我们称

$$P(\lambda,r)=\{z=(z_1,\cdots,z_n)\in\mathbf{C}^n\,|\,|z_j-\lambda_j|<r_j,\ 1\leq j\leq n\}$$

为以 λ 为中心, r 为半径的(开)多圆柱.

以 λ 为展开点的形式幂级数 (n 重)指

$$\sum_{m_i \geq 0, 1 \leq i \leq n} \alpha_{m_1 \cdots m_n}(z_1 - \lambda_1)^{m_1} \cdots (z_n - \lambda_n)^{m_n},$$

简记为 $\sum_m \alpha_m (z-\lambda)^m$，这里 $\alpha_m \in \mathbf{C}$，$\forall m$.

命题 3.1.2 如果存在常数 M，及 $\mu \in \mathbf{C}^n$，使得

$$|\alpha_m(\mu - \lambda)^m| \leq M, \ \forall m.$$

特别，如果 $\sum_m \alpha_m(\mu-\lambda)^m$ 依某种方式排列成单级数而收敛，则幂级数 $\sum_m \alpha_m(z-\lambda)^m$ 在多圆柱 $P(\lambda, r)$ 中绝对收敛，而且在 $P(\lambda, r)$ 的任何紧子集中一致收敛，特别，$\sum_m \alpha_m(z-\lambda)^m$ 在 $P(\lambda,r)$ 中是连续的，这里 $r_j = |\mu_j - \lambda_j|$，$1 \leq j \leq n$.

证 当 $z \in P(\lambda, r)$ 时，由于 $|(z_j-\lambda_j)(\mu_j-\lambda_j)^{-1}| < 1$，$1 \leq j \leq n$，因此，

$$\sum_m |\alpha_m(z-\lambda)^m| \leq M \sum_m |(z-\lambda)(\mu-\lambda)^{-1}|^m < \infty.$$

此外，$P(\lambda,r)$ 的任何紧子集必包含于某个 $P(\lambda, r-\varepsilon)$，由此，命题的其余结论均为显然. 证毕.

定义 3.1.3 设 U 是 $\mathbf{C}^n$ 的开子集，U 中的复值函数 f 称为（n 个复变量 $z_1, \cdots, z_n$ 的）解析函数，指对于任何 $\lambda \in U$，有多圆柱 $P(\lambda,r) \subset U$，使得对于 $z \in P(\lambda, r)$，$f(z)$ 可以表示成收敛的幂级数

$$f(z) = \sum_m \alpha_m(z-\lambda)^m.$$

依命题 3.1.2，这级数必然是绝对收敛的，同时易见 f 对每个单变量是解析的.

命题 3.1.4 如果 $f(z) = \sum_m \alpha_m(z-\lambda)^m$ 在 $P(\lambda, r)$ 中收敛，则 f 在 $P(\lambda,r)$ 中解析，并且对每个变量 z_j，f 在 $|z_j - \lambda_j| < r_j$ 中是解析的（作为单变量解析函数），以及

$$\frac{\partial f(z)}{\partial z_j} = \sum_m \alpha_m m_j (z_1-\lambda_1)^{m_1} \cdots (z_j-\lambda_j)^{m_j - 1} \cdots (z_n - \lambda_n)^{m_n}$$

在 $P(\lambda,r)$ 中仍然是解析的.

证 若 $\mu=(\mu_1,\cdots,\mu_n)\in P(\lambda,r)$，即 $|\mu_j-\lambda_j|<r_j$，$1\leqslant j\leqslant n$. 取 $\varepsilon>0$ 及 $\delta_j>0$，使得

$$\delta_j+|\mu_j-\lambda_j|<r_j-\varepsilon,\ 1\leqslant j\leqslant n,$$

从而

$$\begin{aligned}&\sum_m|\alpha_m|\cdot|z-\lambda|^m\\&\quad\leqslant\sum_m|\alpha_m|\cdot(|z-\mu|+|\mu-\lambda|)^m\\&\quad\leqslant\sum_m|\alpha_m|(r-\varepsilon)^m<\infty,\ \forall z\in P(\mu,\delta).\end{aligned}$$

由此

$$\begin{aligned}f(z)&=\sum_m\alpha_m(z-\lambda)^m=\sum_m\alpha_m((z-\mu)+(\mu-\lambda))^m\\&=\sum_m\beta_m(z-\mu)^m,\ \forall z\in P(\mu,\delta).\end{aligned}$$

依定义 3.1.3，f 在 $P(\lambda,r)$ 中是解析的. 今任意固定 j，及 $\{z_i|i\neq j\}$，$|z_i-\lambda_i|<r_i$，$i\neq j$，则

$$f(z)=\sum_{m_j\geqslant 0}\beta_{m_j}(z_1,\cdots,\hat{z}_j,\cdots,z_n)(z_j-\lambda_j)^{m_j}$$

对 $z_j\in S(\lambda_j,r_j)$ 收敛，这里 $\beta_{m_j}(z_1,\cdots,\hat{z}_j,\cdots,z_n)$ 表示不依赖 z_j，$\forall m_j$，从而 $f(z)$ 对 z_j（单个复变量）解析. 此外，对 $z\in P(\lambda,r)$，取 $z'\in P(\lambda,r)$，使得

$$|(z_i-\lambda_i)(z_i'-\lambda_i)^{-1}|<1,\ 1\leqslant i\leqslant n,$$

则

$$\sum_m|\alpha_m m_j(z-\lambda)^{m'}|\leqslant M\sum_m m_j|(z-\lambda)(z'-\lambda)^{-1}|^{m'}<\infty,$$

这里 M 使得 $|\alpha_m(z'-\lambda)^m|\leqslant M$，$\forall m$，并且 m' 与 m 的差别在于 m_j 代以 (m_j-1). 因此

$$\sum_m\alpha_m m_j(z-\lambda)^{m'}$$

也是 $P(\lambda,r)$ 中的解析函数，且易见它等于 $\partial f/\partial z_j$. 证毕.

命题 3.1.5 如果 $f(z)=\sum_m\alpha_m(z-\lambda)^m$ 在 $P(\lambda,r)$ 中收

敛，并且 $f(z)=0$，$\forall z\in P(\lambda,r)$，则 $\alpha_m=0$，$\forall m$. 特别在多圆柱中收敛的幂级数，其各个系数唯一确定.

证 $f(z)=\sum_{m_1\geqslant 0}\left[\sum_{m_2,\cdots,m_n}\alpha_m(z_2-\lambda_2)^{m_2}\cdots(z_n-\lambda_n)^{m_n}\right](z_1-\lambda_1)^{m_1}=0$，依单变量情形，可见

$$\sum_{m_2,\cdots,m_n}\alpha_{m_1m_2\cdots m_n}(z_2-\lambda_2)^{m_2}\cdots(z_n-\lambda_n)^{m_n}=0,$$

$\forall m_1\geqslant 0$ 及 $|z_j-\lambda_j|<r_j$，$2\leqslant j\leqslant n$. 如此递推，即有 $\alpha_m=0$，$\forall m$. 证毕.

定理 3.1.6 设 U 是 $\mathbb{C}^n$ 的连通开子集，f 在 U 中解析，且 f 在 U 的一个非空开子集上取值恒为 0，则 f 在 U 中取值恒为 0.

证 依设，有多圆柱 $P(\lambda,r)\subset U$，使得 f 在 $P(\lambda,r)$ 中取值恒为 0. 对任意的 $\mu\in U$，由于 U 连通，可取路径 Γ 连接 λ 与 μ，进而可取这路径 Γ 的一个分割 $\lambda=\lambda_0,\lambda_1,\cdots,\lambda_n=\mu$，以及多圆柱 $P(\lambda_i,r_i)$，$1\leqslant i\leqslant n$，使得

$$P(\lambda_i,r_i)\subset U,\ 1\leqslant i\leqslant n,\ \text{且}\ \bigcup_{i=1}^n P(\lambda_i,r_i)\supset\Gamma.$$

为了证明 $f(\mu)=0$，问题归结为：如果 f 在多圆柱 $P(\lambda,r)$ 中解析，并且在 $P(\lambda,r)$ 的一个非空开子集中取值恒为 0，则 f 在 $P(\lambda,r)$ 中取值恒为 0. 换言之，我们可以假定 U 为多圆柱 $P(\lambda,r)$.

这时将有多圆柱 $P(\mu,\delta)\subset P(\lambda,r)$，而 f 在 $P(\mu,\delta)$ 中取值恒为 0. 任意固定 $\{z_j|2\leqslant j\leqslant n\}$，$|z_j-\mu_j|<\delta_j$，$2\leqslant j\leqslant n$，于是 $z_1\in S(\lambda_1,r_1)$ 的解析函数 $f(z_1,z_2,\cdots,z_n)$，在 $|z_1-\mu_1|<\delta_1$ 中取值恒为 0，从而

$$f(z)=0,\ \forall|z_1-\lambda_1|<r_1,\ |z_j-\mu_j|<\delta_j,\ 2\leqslant j\leqslant n.$$

继续递推，可见 $f(z)=0$，$\forall z\in P(\lambda,r)$. 证毕.

定理 3.1.7 （Cauchy 公式）设 U_j 是复平面 $\mathbb{C}$ 的有界开子集，且其边界由有限条互不相交可度长的简单闭曲线构成，$1\leqslant j\leqslant n$，$f(z)$ 是 $U_1\times\cdots\times U_n$ 中的解析函数，并且在 $\overline{U_1\times\cdots\times U_n}$ 上连续，则

$$f(z)=\frac{1}{(2\pi i)^n}\int_{C_1\times\cdots\times C_n}\cdots\int\frac{f(\zeta_1,\cdots,\zeta_n)}{(\zeta_1-z_1)\cdots(\zeta_n-z_n)}d\zeta_1\cdots d\zeta_n,$$

$\forall z\in U_1\times\cdots\times U_n$，这里 $C_j=\partial U_j$，$1\leqslant j\leqslant n$，积分可依任意次序的迭代积分或同时的 Riemann 积分来理解.

证　当 $n=1$ 时是熟知的. 设对 $(n-1)$ 成立，把 $f(z_1,\cdots,z_n)$ 看作 $z_1\in U_1$ 的解析函数(任意固定 $z_j\in U_j$，$2\leqslant j\leqslant n$). 当 $z_j^{(k)}\to\zeta_j$，$z_j^{(k)}\in U_j$，$\forall 2\leqslant j\leqslant n$ 及 k 时，由于 f 在 $\overline{U_1\times\cdots\times U_n}$ 上是一致连续的，从而，$f(z_1,\zeta_2,\cdots,\zeta_n)$是 $z_1\in U_1$ 的解析函数列 $f(z_1,z_2^{(k)},\cdots,z_n^{(k)})$ 的一致极限，因此，$f(z_1,\zeta_2,\cdots,\zeta_n)$ 也在 U_1 中解析. 于是依归纳假定及对于 $n=1$ 的 Cauchy 公式

$$\begin{aligned}f(z_1,\cdots,z_n)&=\frac{1}{(2\pi i)^{n-1}}\int_{C_2\times\cdots\times C_n}\cdots\int\frac{f(z_1,\zeta_2,\cdots,\zeta_n)}{(\zeta_2-z_2)\cdots(\zeta_n-z_n)}\\&\quad\cdot d\zeta_2\cdots d\zeta_n\\&=\frac{1}{(2\pi i)^{n-1}}\int_{C_2\times\cdots\times C_n}\cdots\int\frac{d\zeta_2\cdots d\zeta_n}{(\zeta_2-z_2)\cdots(\zeta_n-z_n)}\\&\quad\cdot\frac{1}{2\pi i}\int_{C_1}\frac{f(\zeta_1,\cdots,\zeta_n)}{(\zeta_1-z_1)}d\zeta_1\end{aligned}$$

即为所欲证者. 证毕.

系 3.1.8　如果 $f(z)$ 在 $\overline{P(\lambda,r)}$ (从而在更大一些多圆柱)中解析，$f(z)=\sum_m a_m(z-\lambda)^m$，则

$$a_{m_1\cdots m_n}=\frac{1}{(2\pi i)^n}\int_{\substack{|\zeta_j-\lambda_j|=r_j\\1\leqslant j\leqslant n}}\cdots\int\frac{f(\zeta_1,\cdots,\zeta_n)d\zeta_1\cdots d\zeta_n}{(\zeta_1-\lambda_1)^{m_1+1}\cdots(\zeta_n-\lambda_n)^{m_n+1}},$$

并且 $|a_{m_1\cdots m_n}|\leqslant Mr_1^{-m_1}\cdots r_n^{-m_n}$，这里 M 是 f 在

$$\mathop{\times}_{j=1}^{n}\{\zeta_j\,|\,|\zeta_j-\lambda_j|=r_j\}$$

上的最大模，$\forall m=(m_1,\cdots,m_n)$.

证　依命题 3.1.4,

$$a_{m_1\cdots m_n}=\frac{1}{m_1!\cdots m_n!}\left[\frac{\partial^{m_1+\cdots+m_n}f(z)}{\partial^{m_1}z_1\cdots\partial^{m_n}z_n}\right]_{z=\lambda},$$

再依 Cauchy 公式(3.1.7),

$$\alpha_{m_1\cdots m_n}=\frac{1}{(2\pi i)^n}\int_{C_1\times\cdots\times C_n}\cdots\int\frac{f(\zeta_1,\cdots,\zeta_n)d\zeta_1\cdots d\zeta_n}{(\zeta_1-\lambda_1)^{m_1+1}\cdots(\zeta_n-\lambda_n)^{m_n+1}},$$

这里 $C_j=\{\zeta_j||\zeta_j-\lambda_j|=r_j\}$, $1\leqslant j\leqslant n$, 其余显然. 证毕.

定理 3.1.9 设U是$\mathbf{C}^n$的开子集, f是U中的解析函数, 对任意的 $P(\lambda,r)\subset U$, f 将在 $P(\lambda,r)$ 中有唯一的绝对收敛的级数展开式,

$$f(z)=\sum_m\alpha_m(z-\lambda)^m,\ \forall z\in P(\lambda,r).$$

此外, f无穷可导,并且各阶导数均是U中的解析函数.

证 展开的唯一性由命题 3.1.5 可见.

依定义 3.1.3 及命题 3.1.2, f 在U中是连续的,于是对 $\varepsilon\in(0,\min\limits_j r_j)$, f在 $\overline{P(\lambda,r-\varepsilon)}$ 上是连续的. 从而

$$\max\{|f(z)|||z_j-\lambda_j|=r_j-\varepsilon,1\leqslant j\leqslant n\}=M_\varepsilon<\infty.$$

对于任意的 $m\in\mathbf{N}^n$, 用 Cauchy 公式定义

$$\alpha_m=\frac{1}{(2\pi i)^n}\int_{\substack{|\zeta_j-\lambda_j|=r_j-\varepsilon\\1\leqslant j\leqslant n}}\cdots\int\frac{f(\zeta_1,\cdots,\zeta_n)d\zeta_1\cdots d\zeta_n}{(\zeta_1-\lambda_1)^{m_1+1}\cdots(\zeta_n-\lambda_n)^{m_n+1}},$$

则 $|\alpha_m|\leqslant M_\varepsilon(r_1-\varepsilon)^{-m_1}\cdots(r_n-\varepsilon)^{-m_n}$. 从而 $z\in P(\lambda,r-\varepsilon)$ 时,

$$|\alpha_m(z-\lambda)^m|\leqslant M_\varepsilon.$$

依命题 3.1.2

$$g(z)=\sum_m\alpha_m(z-\lambda)^m$$

在 $P(\lambda,r-\varepsilon)$ 中是绝对收敛的. 依定义 3.1.3, f 对每个单变量是解析的,从而 α_m 的定义与 ε 无关, $\forall m$, 进而

$$g(z)=\sum_m\alpha_m(z-\lambda)^m$$

在 $P(\lambda,r)$ 中绝对收敛.

依定义 3.1.3, 存在 $0<\delta<r$, 使得 $f(z)$ 在 $P(\lambda,\delta)$ 中有幂级数展开. 依 Cauchy 公式及上面关于 α_m 的定义与 ε 无关的说明,可见 $f(z)=g(z)$, $\forall z\in P(\lambda,\delta)$. 再依定理 3.1.6, $f(z)=$

$g(z)$, $\forall z\in P(\lambda,r)$. 证毕.

定理 3.1.10（极大模原理） 如果 f 在 $\mathbf{C}^n$ 的开子集 U 中解析且不为常数，则 $|f(z)|$ 不能在 U 中达到极大值. 又若 f 在 $\bar{U}$ 上连续,则 $|f(z)|$ 在 ∂U 上达到极大值.

证 设 $|f(z)|$ 在某 $\lambda\in U$ 达到极大，于是如果 $P(\lambda,r)\subset U$，则 $|f(\lambda)|\geqslant|f(z)|$, $\forall z\in P(\lambda,r)$. 特别地

$$|f(\lambda)|\geqslant|f(\lambda_1,\cdots,\lambda_{n-1},z_n)|,\ \forall|z_n-\lambda_n|<r_n.$$

依单变量情形，$f(\lambda_1,\cdots,\lambda_{n-1},z_n)=$ 常数，$\forall|z_n-\lambda_n|<r_n$. 取定 $\mu\in P(\lambda,r)$，则 $f(\lambda_1,\cdots,\lambda_{n-1},\mu_n)=f(\lambda)$. 同样，$f(\lambda_1,\cdots,\lambda_{n-2},z_{n-1},\mu_n)=$ 常数，$\forall|z_{n-1}-\lambda_{n-1}|<r_{n-1}$，因此，$f(\lambda_1,\cdots,\lambda_{n-2},\mu_{n-1},\mu_n)=f(\lambda)$. 继续递推,可见 $f(\mu)=f(\lambda)$. 即 $f(z)=f(\lambda)$, $\forall z\in P(\lambda,r)$. 于是 $(f(z)-f(\lambda))$ 在 U 中解析，且在 $P(\lambda,r)$ 中恒为 0，依定理 3.1.6，f 在 U 中为常数，这与假设相矛盾. 从而 $|f(z)|$ 不能在 U 中达到极大值. 证毕.

定理 3.1.11 设 U 是 $\mathbf{C}^n$ 的开子集，f 是 U 中的复值连续函数,并且对每个单变量是解析的,则 f 在 U 中解析.

证 设 $\lambda\in U$, $\overline{P(\lambda,r)}\subset U$，用 Cauchy 公式 (3.1.8) 定义 $\{\alpha_m\}$，则由于 f 的连续性，$\sum\limits_m\alpha_m(z-\lambda)^m$ 在 $P(\lambda,r)$ 中绝对收敛. 当 $z\in P(\lambda,r)$ 时，f 对每个变量是解析的,因此,

$$\begin{aligned}f(z_1,\cdots,z_n)&=\sum_{m_1}\frac{1}{2\pi i}\int_{C_1}\frac{f(\zeta_1,z_2,\cdots,z_n)}{(\zeta_1-\lambda_1)^{m_1+1}}d\zeta_1(z_1-\lambda_1)^{m_1}\\&=\sum_{m_1}\frac{(z_1-\lambda_1)^{m_1}}{2\pi i}\int_{C_1}\frac{d\zeta_1}{(\zeta_1-\lambda_1)^{m_1+1}}\\&\quad\cdot\sum_{m_2}\frac{(z_2-\lambda_2)^{m_2}}{2\pi i}\int_{C_2}\frac{f(\zeta_1,\zeta_2,z_3,\cdots,z_n)}{(\zeta_2-\lambda_2)^{m_2+1}}d\zeta_2\\&=\cdots=\sum_m\alpha_m(z-\lambda)^m,\end{aligned}$$

即 f 在 λ 处解析，$\forall\lambda\in U$. 证毕.

系 3.1.12 设 U 是 $\mathbf{C}^n$ 的开子集，f 是 U 中的复值连续函数，则 f 在 U 中解析,当且仅当，f 对每个单变量是解析的，或者 $\partial f/$

∂z_j 在 U 中存在，$1 \leqslant j \leqslant n$。

引理 3.1.13 设 $f_j(z) = u_j(x,y) + iv_j(x,y)$ 是 $z=(z_1,\cdots,z_n)(\in \mathbf{C}^n)$ 在某一区域中的解析函数，这里 $z = x + iy$，$x = (x_1,\cdots,x_n)$，$y = (y_1,\cdots,y_n)\in \mathbf{R}^n$，$1 \leqslant j \leqslant n$，则在这个区域中有恒等式

$$\det \frac{\partial(u_1,v_1,\cdots,u_n,v_n)}{\partial(x_1,y_1,\cdots,x_n,y_n)} = \left|\det \frac{\partial(f_1,\cdots,f_n)}{\partial(z_1,\cdots,z_n)}\right|^2.$$

证 设 $I = I_n$（n 阶的单位矩阵），注意

$$\frac{1}{2}\begin{pmatrix} I & -iI \\ I & iI \end{pmatrix}\begin{pmatrix} \dfrac{\partial(u_1,\cdots,u_n)}{\partial(x_1,\cdots,x_n)} & \dfrac{\partial(v_1,\cdots,v_n)}{\partial(x_1,\cdots,x_n)} \\ \dfrac{\partial(u_1,\cdots,u_n)}{\partial(y_1,\cdots,y_n)} & \dfrac{\partial(v_1,\cdots,v_n)}{\partial(y_1,\cdots,y_n)} \end{pmatrix}\begin{pmatrix} I & I \\ iI & -iI \end{pmatrix}$$

$$= \begin{pmatrix} \dfrac{1}{2}\left(\dfrac{\partial u_j}{\partial x_k} - i\dfrac{\partial u_j}{\partial y_k} + i\dfrac{\partial v_j}{\partial x_k} + \dfrac{\partial v_j}{\partial y_k}\right) & \dfrac{1}{2}\left(\dfrac{\partial u_j}{\partial x_k} - i\dfrac{\partial u_j}{\partial y_k} - i\dfrac{\partial v_j}{\partial x_k} - \dfrac{\partial v_j}{\partial y_k}\right) \\ \dfrac{1}{2}\left(\dfrac{\partial u_j}{\partial x_k} + i\dfrac{\partial u_j}{\partial y_k} + i\dfrac{\partial v_j}{\partial x_k} - \dfrac{\partial v_j}{\partial y_k}\right) & \dfrac{1}{2}\left(\dfrac{\partial u_j}{\partial x_k} + i\dfrac{\partial u_j}{\partial y_k} - i\dfrac{\partial v_j}{\partial x_k} + \dfrac{\partial v_j}{\partial y_k}\right) \end{pmatrix},$$

$1 \leqslant j,k \leqslant n$。

由于 Cauchy-Riemann 方程

$$\frac{\partial u_j}{\partial x_k} = \frac{\partial v_j}{\partial y_k},\quad \frac{\partial u_j}{\partial y_k} = -\frac{\partial v_j}{\partial x_k},\quad \forall j,k,$$

从而，上式 =

$$\begin{pmatrix} \dfrac{\partial u_j}{\partial x_k} + i\dfrac{\partial v_j}{\partial x_k} & 0 \\ 0 & \dfrac{\partial u_j}{\partial x_k} - i\dfrac{\partial v_j}{\partial x_k} \end{pmatrix}_{j,k} = \begin{pmatrix} \dfrac{\partial f_j}{\partial x_k} & 0 \\ 0 & \dfrac{\partial \bar{f}_j}{\partial x_k} \end{pmatrix}_{j,k}$$

$$= \begin{pmatrix} \dfrac{\partial f_j}{\partial z_k} & 0 \\ 0 & \overline{\left(\dfrac{\partial f_j}{\partial z_k}\right)} \end{pmatrix}_{j,k} = \begin{pmatrix} \dfrac{\partial(f_1,\cdots,f_n)}{\partial(z_1,\cdots,z_n)} & 0 \\ 0 & \overline{\left(\dfrac{\partial(f_1,\cdots,f_n)}{\partial(z_1,\cdots,z_n)}\right)} \end{pmatrix}.$$

由于

$$\left|\frac{1}{2}\begin{pmatrix} I & -iI \\ I & iI \end{pmatrix}\begin{pmatrix} I & I \\ iI & -iI \end{pmatrix}\right| = \left|\begin{pmatrix} I & 0 \\ 0 & I \end{pmatrix}\right| = 1,$$

从而

$$\left|\det\frac{\partial(f_1,\cdots,f_n)}{\partial(z_1,\cdots,z_n)}\right|^2 = \det\begin{pmatrix} \dfrac{\partial u}{\partial x} & \dfrac{\partial v}{\partial x} \\ \dfrac{\partial u}{\partial y} & \dfrac{\partial v}{\partial y} \end{pmatrix}$$

$$= \det\frac{\partial(u_1,\cdots,u_n,v_1,\cdots,v_n)}{\partial(x_1,\cdots,x_n,y_1,\cdots,y_n)}$$

$$= \det\frac{\partial(u_1,v_1,\cdots,u_n,v_n)}{\partial(x_1,y_1,\cdots,x_n,y_n)}.$$

证毕.

定理 3.1.14(隐函数存在定理) 设 $f_j(z_1,\cdots,z_n,w_1,\cdots,w_m)$ 是 $m+n$ 个复变数 $z=(z_1,\cdots,z_n)$, $w=(w_1,\cdots,w_m)$ 在 $z=\lambda=(\lambda_1,\cdots,\lambda_n)$ 与 $w=\mu=(\mu_1,\cdots,\mu_m)$ 邻域中解析的函数,并且 $f_j(\lambda,\mu)=0$, $1\leqslant j\leqslant m$, 以及

$$\det\frac{\partial(f_1,\cdots,f_m)}{\partial(w_1,\cdots,w_m)}\bigg|_{z=\lambda,w=\mu}\neq 0,$$

则在 $z=\lambda$ 的某个邻域 V 中有唯一的解析函数族 $w_k=w_k(z)=w_k(z_1,\cdots,z_n)$, $1\leqslant k\leqslant m$, 使得

$$\begin{cases} f_j(z_1,\cdots,z_n,w_1(z),\cdots,w_m(z))=0, & \forall z=(z_1,\cdots,z_n)\in V, \\ w_j(\lambda)=\mu_j, & 1\leqslant j\leqslant m. \end{cases}$$

证 设 $f_j=u_j+iv_j$, $z_k=x_k+iy_k$, $w_j=s_j+it_j$, 于是 u_j,v_j 是 $2n+2m$ 个实变量的连续可导函数,并且在 (λ,μ) 处为 0. 依引理 3.1.13 及所设

$$\det\left|\frac{\partial(u_1,v_1,\cdots,u_m,v_m)}{\partial(s_1,t_1,\cdots,s_m,t_m)}\right|_{(\lambda,\mu)}$$

$$=\left|\det\frac{\partial(f_1,\cdots,f_m)}{\partial(w_1,\cdots,w_m)}\right|^2_{(\lambda,\mu)}\neq 0.$$

由此,依实变量的隐函数存在定理,可唯一决定 λ 的邻域

$V(\subset \mathbf{R}^{2n})$ 中的连续可导函数族

$$s_j(x_1,y_1,\cdots,x_n,y_n),\ t_j(x_1,y_1,\cdots,x_n,y_n),\ 1\leqslant j\leqslant m,$$

使得

$$f_j(z_1,\cdots,z_n,w_1(z),\cdots,w_m(z))=0,\ 1\leqslant j\leqslant m,\tag{1}$$

$\forall z=(z_1,\cdots,z_n)=(x_1,y_1,\cdots,x_n,y_n)\in V$，这里 $w_j(z)=s_j(x,y)+it_j(x,y)$，并且 $w_j(\lambda)=\mu_j$，$1\leqslant j\leqslant m$.

今只须证明 $w_j(z)$ 在 V 中是解析的，$1\leqslant j\leqslant m$. 由(1)及 $z=(z_1,\cdots,z_n)\in V$，

$$\frac{\partial f_j}{\partial \bar{z}_k}+\sum_{l=1}^{m}\frac{\partial f_j}{\partial \bar{w}_l}\frac{\partial \bar{w}_l}{\partial \bar{z}_k}+\sum_{l=1}^{m}\frac{\partial f_j}{\partial w_l}\frac{\partial w_l}{\partial \bar{z}_k}=0,$$

这里 $\partial/\partial\bar{z}_k=\frac{1}{2}\left(\frac{\partial}{\partial x_k}+i\frac{\partial}{\partial y_k}\right)$. 由于 f_j 对 w_l，z_k 是解析的,依 Cauchy-Riemann 方程,在 (λ,μ) 的邻域中有

$$\frac{\partial f_j}{\partial \bar{z}_k}=\frac{\partial f_j}{\partial \bar{w}_l}=0.$$

当 $z=(z_1,\cdots,z_n)\in V$ 时,由于 $w_j(\lambda)=\mu_j$，可设 V 足够小,从而 $(z_1,\cdots,z_n,w_1(z),\cdots,w_m(z))$属于诸 f_j 解析的区域. 因此,

$$\sum_{l=1}^{m}\frac{\partial f_j}{\partial w_l}\frac{\partial w_l}{\partial \bar{z}_k}=0,\ \begin{matrix}1\leqslant j\leqslant m\\ 1\leqslant k\leqslant n,\end{matrix}\ z\in V.$$

但在 (λ,μ) 的邻域中,

$$\det\left(\frac{\partial f_j}{\partial w_l}\right)_{1\leqslant j,l\leqslant m}\neq 0,$$

因此 $\partial w_l(z)/\partial\bar{z}_k=0$，$\forall z\in V$，$1\leqslant l\leqslant m$，$1\leqslant k\leqslant n$. 这说明 $w_l(z)$ 对每个单变量 z_k 是解析的，当然 $w_l(z)$ 也是 z 的连续函数,因此，$w_l(z)$ 对 $z\in V$ 是解析的(定理 3.1.11)，$1\leqslant l\leqslant m$. 证毕.

注　本节材料取自[39],[11].

§2. 联合谱与多项式凸性

本节中设 A 是有单位元 e 的交换 Banach 代数，Ω 是它的谱

空间，$a \to \hat{a}(\cdot)$：$A \to C(\Omega)$ 是 Gelfand 变换。

定义 3.2.1 设 $a_1,\cdots,a_n \in A$，称

$$\sigma(a_1,\cdots,a_n)=\{(\hat{a}_1(t),\cdots,\hat{a}_n(t))\mid t\in\Omega\}$$

为 $a_1,\cdots,a_n$ 的联合谱。

显然，$\sigma(a_1,\cdots,a_n)$ 是 $\mathbf{C}^n$ 的非空紧子集。

命题 3.2.2 下列条件相互等价：

(1) $(z_1,\cdots,z_n)\in\sigma(a_1,\cdots,a_n)$；

(2) 存在 $t\in\Omega$，使得 $z_j=\hat{a}_j(t)$，$1\leqslant j\leqslant t$；

(3) 存在 A 的极大理想 J，使得

$$(a_j-z_je)\in J,\ 1\leqslant j\leqslant n;$$

(4) 不存在 $b_1,\cdots,b_n\in A$，使得

$$\sum_{j=1}^{n}(a_j-z_je)b_j=e.$$

证 (1),(2),(3)显然相互等价。

(2)$\Longrightarrow$(4) 若存在 $b_1,\cdots,b_n\in A$，使得

$$\sum_{j=1}^{n}(a_j-z_je)b_j=e,$$

于是在 $C(\Omega)$ 中，

$$\sum_{j=1}^{n}(\hat{a}_j-z_j)\hat{b}_j=1,$$

这与 $z_j=\hat{a}_j(t)$，$1\leqslant j\leqslant n$ 相矛盾。

(4)$\Longrightarrow$(3) 依设

$$e\notin\left\{\sum_{j=1}^{n}(a_j-z_je)b_j\,\middle|\,b_j\in A,1\leqslant j\leqslant n\right\}=\mathfrak{I},$$

因此，$\mathfrak{I}$ 是 A 的理想，可扩充成极大理想 J。特别，$(a_j-z_je)\in\mathfrak{I}\subset J$，$1\leqslant j\leqslant n$。证毕。

命题 3.2.3 设 $\{a_1,\cdots,a_n\}$ 是 A 的生成元集，$\lambda=(\lambda_1,\cdots,\lambda_n)\notin\sigma(a_1,\cdots,a_n)$，则存在 n 个变量的多项式 p，使得

$$|p(\lambda)|>\|p(a_1,\cdots,a_n)\|.$$

证　依命题 3.2.2，有 $b_1,\cdots,b_n\in A$，使得

$$\sum_{j=1}^{n}(a_j-\lambda_j e)b_j=e,$$

但 $\{a_1,\cdots,a_n\}$ 生成 A，因此有 n 个变量的多项式 $p_1,\cdots,p_n$，使得 $\|p_j(a_1,\cdots,a_n)-b_j\|$ 充分小，$\forall j$. 由此

$$\left\|\sum_{j=1}^{n}(a_j-\lambda_j e)p_j(a_1,\cdots,a_n)-e\right\|<1.$$

令

$$p(z)=\sum_{j=1}^{n}(z_j-\lambda_j)p_j(z)-1,\ \forall z=(z_1,\cdots,z_n)\in\mathbf{C}^n,$$

它是 n 个变量的多项式，并且 $p(\lambda)=-1$，以及 $\|p(a_1,\cdots,a_n)\|<1$. 证毕.

定义 3.2.4　设 K 是 $\mathbf{C}^n$ 的紧子集，K 的多项式凸壳 $\hat{K}$，指

$$\hat{K}=\{z\in\mathbf{C}^n\,|\,|p(z)|\leqslant\max_{\lambda\in K}|p(\lambda)|,\ \forall\text{ 多项式 }p\}.$$

显然，$\hat{K}$ 也是 $\mathbf{C}^n$ 的紧子集，且包含 K.

如果 $K=\hat{K}$，则称 K 是多项式凸的.

例 1　$\hat{K}$ 是多项式凸的. 事实上，容易证明 $\hat{\hat{K}}=\hat{K}$.

例 2　多项式多面体

$$K=\{z\in\mathbf{C}^n\,|\,|z_i|\leqslant M,|p_j(z)|\leqslant M,1\leqslant i\leqslant n,1\leqslant j\leqslant m\}$$

是多项式凸的，这里 $z=(z_1,\cdots,z_n)$，M 是给定的正常数，$p_1,\cdots,p_m$ 是给定的 n 个变量的多项式. 事实上，$q_i(z)=z_i$ 是多项式，无妨设 $\{q_1,\cdots,q_n\}\subset\{p_1,\cdots,p_m\}$，于是

$$K=\bigcap_{j=1}^{m}\{z\in\mathbf{C}^n\,|\,|p_j(z)|\leqslant M\}.$$

如果有 $\lambda\in\hat{K}\backslash K$，将有 j，使得 $|p_j(\lambda)|>M$. 另一方面，$\lambda\in\hat{K}$，则对多项式 p_j 应有

$$|p_j(\lambda)|\leqslant\max_{\mu\in K}|p_j(\mu)|\leqslant M,$$

矛盾. 因此，$\hat{K}=K$.

命题 3.2.5 如果 $\{a_1,\cdots,a_n\}$ 是 A 的生成元集,则 $\sigma(a_1,\cdots,a_n)\cong\Omega$,并且是 $\mathbf{C}^n$ 的多项式凸的紧子集.

证 由于 $\{a_1,\cdots,a_n\}$ 生成 A,因此

$$t\in\Omega\to(\hat{a}_1(t),\cdots,\hat{a}_n(t))\in\sigma(a_1,\cdots,a_n)$$

实现 Ω 到 $\sigma(a_1,\cdots,a_n)$ 上的同胚.

如果 $z\in\hat{\sigma}(a_1,\cdots,a_n)$,依定义 3.2.4,对 $\mathbf{C}^n$ 上任意的多项式 p,将有

$$\begin{aligned}|p(z)|&\leqslant\max\{|p(\lambda)|\,|\,\lambda\in\sigma(a_1,\cdots,a_n)\}\\&=\max\{|p(\hat{a}_1(t),\cdots,\hat{a}_n(t))|\,t\in\Omega\}\\&=\max\{|\hat{p}(a_1,\cdots,a_n)(t)|\,|\,t\in\Omega\}\\&\leqslant\|p(a_1,\cdots,a_n)\|.\end{aligned}$$

今依命题 3.2.3,$z\in\sigma(a_1,\cdots,a_n)$,即 $\sigma(a_1,\cdots,a_n)=\hat{\sigma}(a_1,\cdots,a_n)$ 是多项式凸的. 证毕.

命题 3.2.6 设 K 是 $\mathbf{C}^n$ 的紧子集,$P(K)$ 是 n 个变量的多项式全体在 $C(K)$ 中的一致闭包,Ω 是 $P(K)$ 的谱空间,则 $\Omega\cong\hat{K}$,$P(K)\cong P(\hat{K})$.

证 对任意的 $\lambda\in\hat{K}$,我们可以定义 $P(K)$ 上的非零乘法泛函 ρ,使得

$$\rho(p)=p(\lambda),\ \forall\text{ 多项式 }p.$$

事实上,对任意的 $f\in P(K)$,有多项式列 p_n,使得 $p_n(z)\to f(z)$,对 $z\in K$ 一致. 由于 $\lambda\in\hat{K}$,于是

$$|p_n(\lambda)-p_m(\lambda)|\leqslant\max_{z\in K}|p_n(z)-p_m(z)|\to0.$$

令 $\rho(f)=\lim\limits_{n}p_n(\lambda)$,易证 $\rho(f)$ 的定义将不随 $\{p_n\}$ 的选择而异,并且 $\rho\in\Omega$.

由于 $\rho(p)=p(\lambda)$,$\forall$ 多项式 p,多项式全体是分离 $\hat{K}$ 点的,因此,$\lambda\to\rho$: $\hat{K}\to\Omega$ 是一一的. 如果在 $\hat{K}$ 中 $\lambda_n\to\lambda$,自然有 $\rho_n(p)\to\rho(p)$,$\forall$ 多项式 p,多项式全体在 $P(K)$ 中是稠的,因此在 Ω 中 $\rho_n\to\rho$. 即 $\lambda\to\rho$: $\hat{K}\to\Omega$ 也是连续的.

反之对任意的 $\rho\in\Omega$,令 $\lambda=(\rho(z_1),\cdots,\rho(z_n))$,则对任意

的多项式 p，$p(\lambda)=\rho(p)$，并且

$$|p(\lambda)|=|\rho(p)|\leqslant\|p\|_K=\max_{z\in K}|p(z)|,$$

即说明 $\lambda\in\hat{K}$。从而 $\hat{K}\cong\Omega$。

此外，由于对任意多项式 p，$\|p\|_K=\|p\|_{\hat{K}}$，因此，$P(K)\cong P(\hat{K})$。 证毕。

§3. 交换 Banach 代数中多个元素的函数演算

设 A 是有单位元 e 的交换 Banach 代数，Ω 是它的谱空间，$a_1,\cdots,a_n\in A$，$\sigma(a_1,\cdots,a_n)$ 是它们的联合谱（定义 3.2.1）。我们希望对 $\sigma(a_1,\cdots,a_n)$ 邻域中的解析函数 f，定义 A 的元素 y，使得

$$\hat{y}(t)=f(\hat{a}_1(t),\cdots,\hat{a}_n(t)),\ \forall t\in\Omega.$$

这个问题显然是第一章 §6（$n=1$ 的情形）的推广。

对任意正整数 n，记 $\Delta^n=\{z\in\mathbf{C}^n\,|\,|z_i|\leqslant 1,1\leqslant i\leqslant n\}$，它是 $\mathbf{C}^n$ 中以原点为中心的闭单位多圆柱。我们承认下面的多复变函数理论中的一个基本定理（将不予证明）：

定理 3.3.1 （Oka 扩张定理）设 n，m 是正整数，$p_1,\cdots,p_m$ 是 $\mathbf{C}^n$ 上的多项式，π：$\mathbf{C}^n\to\mathbf{C}^{m+n}$，

$$\pi(z)=(z_1,\cdots,z_n,p_1(z),\cdots,p_m(z)),\ \forall z=(z_1,\cdots,z_n)\in\mathbf{C}^n.$$

如果 f 是

$$\pi^{-1}(\Delta^{n+m})=\{z\in\mathbf{C}^n\,|\,|z_i|\leqslant 1,|p_j(z)|\leqslant 1,\ 1\leqslant i\leqslant n,1\leqslant j\leqslant m\}$$

邻域中的解析函数，则有在 Δ^{n+m} 邻域中的解析函数 F，使得

$$F(\pi(z))=f(z),\ \forall z\in\pi^{-1}(\Delta^{n+m}).$$

命题 3.3.2 设 $n,m,p_1,\cdots,p_m$ 及 π 均如前一定理，$\varepsilon_k>0$，$1\leqslant k\leqslant n+m$，

$$\Gamma=\{z\in\mathbf{C}^{n+m}\,|\,|z_k|\leqslant\varepsilon_k,1\leqslant k\leqslant n+m\}.$$

如果 f 是 $\pi^{-1}(\Gamma)$ 邻域中的解析函数，则有 Γ 邻域中的解析函数 F，

使得

$$F(\pi(z)) = f(z), \ \forall z \in \pi^{-1}(\Gamma).$$

证 命

$\psi(w_1,\cdots,w_n) = (\varepsilon_1 w_1,\cdots,\varepsilon_n w_n)$: $\mathbb{C}^n \to \mathbb{C}^n$,

$\varphi(z_1,\cdots,z_{n+m}) = (\varepsilon_1^{-1} z_1,\cdots,\varepsilon_{n+m}^{-1} z_{n+m})$: $\mathbb{C}^{n+m} \to \mathbb{C}^{n+m}$,

$q_j(w) = \varepsilon_{n+j}^{-1} p_j(\psi(w))$ 是 $\mathbb{C}^n$ 上的多项式，$1 \leqslant j \leqslant m$,

$\sigma(w_1,\cdots,w_n) = (w_1,\cdots,w_n, q_1(w),\cdots, q_m(w))$: $\mathbb{C}^n \to \mathbb{C}^{n+m}$.

显然，$\sigma(w) = \varphi\circ\pi\circ\psi(w)$, $\forall w \in \mathbb{C}^n$, 及 $\Delta^{n+m} = \varphi(\Gamma)$.

如果 $w \in \sigma^{-1}(\Delta^{n+m})$, 即

$$\sigma(w) = \varphi\circ\pi\circ\psi(w) \in \Delta^{n+m} = \varphi(\Gamma),$$

但φ是一一的,因此，$\pi\circ\psi(w) \in \Gamma$, $w \in \psi^{-1}\circ\pi^{-1}(\Gamma)$. 反之,如果 $w \in \psi^{-1}\circ\pi^{-1}(\Gamma)$, 即 $\pi\circ\psi(w) \in \Gamma$, 从而

$$\sigma(w) = \varphi\circ\pi\circ\psi(w) \in \varphi(\Gamma) = \Delta^{n+m},$$

即 $w \in \sigma^{-1}(\Delta^{n+m})$. 因此，

$$\sigma^{-1}(\Delta^{n+m}) = \psi^{-1}\circ\pi^{-1}(\Gamma). \tag{1}$$

今设U是 $\pi^{-1}(\Gamma)$ 在 $\mathbb{C}^n$ 中的开邻域,使得 f 在U中解析. 于是，$\psi^{-1}(U)$ 是 $\psi^{-1}\circ\pi^{-1}(\Gamma) = \sigma^{-1}(\Delta^{n+m})$ 在 $\mathbb{C}^n$ 中的开邻域,及 $f\circ\psi$ 在 $\psi^{-1}(U)$ 中解析. 依定理 3.3.1 (那里的π代以 σ), 将有 Δ^{n+m} 的邻域V中的解析函数 G, 使得

$$G(\sigma(w)) = f(\psi(w)), \ \forall w \in \sigma^{-1}(\Delta^{n+m}). \tag{2}$$

令 $F = G\circ\varphi$, 则F在 $\varphi^{-1}(V)$ 中解析,而 $\varphi^{-1}(V)$ 是Γ的邻域. 对 $z \in \pi^{-1}(\Gamma)$, 即 $z = \psi(w)$, 而 $w \in \sigma^{-1}(\Delta^{n+m})$ (见(1)及ψ是一一的),于是依(2)

$$\begin{aligned} f(z) &= f(\psi(w)) = G(\sigma(w)) \\ &= G\circ\varphi\circ\pi\circ\psi(w) = F(\pi(z)). \end{aligned}$$

证毕.

引理 3.3.3 设 $a_1,\cdots,a_n \in A$, U 是 $\sigma(a_1,\cdots,a_n)$ 在 $\mathbb{C}^n$ 中的开邻域,则存在A的有限生成的闭子代数 B, 使得

$$e, a_1,\cdots,a_n \in B, \ \sigma_B(a_1,\cdots,a_n) \subset U,$$

这里 $\sigma_B(a_1,\cdots,a_n)$ 是 $\{a_1,\cdots,a_n\}$ 作为B的元素族的联合谱.

证 设 $\Gamma=\{z\in \mathbf{C}^n \mid |z_i|\leqslant \|a_i\|,1\leqslant i\leqslant n\}$，则 $\sigma(a_1,\cdots,a_n)\subset\Gamma$。对 $z\in \mathbf{C}^n\backslash\sigma(a_1,\cdots,a_n)$，依命题 3.2.2，有 $b_1,\cdots,b_n\in A$，使得

$$\sum_{i=1}^{n}(a_i-z_ie)b_i=e.$$

命 $B(z)$ 为由 $\{e,a_1,\cdots,a_n,b_1,\cdots,b_n\}$ 生成的 A 的闭子代数. 依命题 3.2.2，$z\notin\sigma_{B(z)}(a_1,\cdots,a_n)$。由于 $\sigma_{B(z)}(a_1,\cdots,a_n)$ 是 $\mathbf{C}^n$ 的紧子集，因此有 z 的开邻域 $V(z)$，使得 $V(z)\cap\sigma_{B(z)}(a_1,\cdots,a_n)=\phi$。今 $(\Gamma\backslash U)$ 是与 $\sigma(a_1,\cdots,a_n)$ 无交的紧子集，从而有 $w_1,\cdots,w_m\in(\Gamma\backslash U)$，使得

$$\bigcup_{i=1}^{m}V(w_i)\supset(\Gamma\backslash U).$$

每个 $B(w_i)$ 是有限生成的，从而存在 A 的有限生成的闭子代数 B，使得

$$B(w_i)\subset B,\ 1\leqslant i\leqslant m.$$

特别 $\{e,a_1,\cdots,a_n\}\subset\bigcap_i B(w_i)\subset B$。由于

$$\sigma_B(a_1,\cdots,a_n)\subset\sigma_{B(w_i)}(a_1,\cdots,a_n),$$

因此

$$\sigma_B(a_1,\cdots,a_n)\cap V(w_i)=\phi\quad 1\leqslant i\leqslant m,$$

从而 $\sigma_B(a_1,\cdots,a_n)\cap(\Gamma\backslash U)=\phi$。自然 $\sigma_B(a_1,\cdots,a_n)\subset\Gamma$，因此，$\sigma_B(a_1,\cdots,a_n)\subset U$。 证毕.

定理 3.3.4 设 $a_1,\cdots,a_n\in A$，U 是 $\sigma(a_1,\cdots,a_n)$ 在 $\mathbf{C}^n$ 中的开邻域，则存在 $a_{n+1},\cdots,a_N\in A$，使得对在 U 中解析函数 f，有在多圆柱

$$\{z\in\mathbf{C}^N \mid |z_i|\leqslant 1+\|a_i\|,1\leqslant i\leqslant N\}$$

邻域中的解析函数 F，使得

$$f(\hat{a}_1(t),\cdots,\hat{a}_n(t))=F(\hat{a}_1(t),\cdots,\hat{a}_N(t)),\ \forall t\in\Omega.$$

证 依引理 3.3.3，存在 A 的有限生成的闭子代数 B，使得

$$e,a_1,\cdots,a_n\in B,\ 及\ \sigma_B(a_1,\cdots,a_n)\subset U.$$

选 $a_{n+1},\cdots,a_r$，使得 $\{a_1,\cdots,a_r\}$ 生成 B. 依命题 3.2.3，对每个 $z\in\mathbf{C}^r\backslash\sigma_B(a_1,\cdots,a_r)$，有 $\mathbf{C}^r$ 上的多项式 p，使得

$$|p(z)|>1+\|p(a_1,\cdots,a_r)\|,$$

于是有 z 在 $\mathbf{C}^r$ 中的开邻域 $V(p,z)$，使得

$$|p(w)|>1+\|p(a_1,\cdots,a_r)\|,\quad\forall w\in V(p,z).$$

令 $\Delta=\{z\in\mathbf{C}^r\,|\,|z_i|\leqslant 1+\|a_i\|,1\leqslant i\leqslant r\}$ 及 σ 是 $\mathbf{C}^r$ 到前面 n 个分量的 $\mathbf{C}^n$ 上的投影. 自然 $\Delta\backslash\sigma^{-1}(U)$ 是紧的. 另一方面，$\sigma(\sigma_B(a_1,\cdots,a_r))=\sigma_B(a_1,\cdots,a_n)\subset U$，因此，$\sigma_B(a_1,\cdots,a_r)\subset\sigma^{-1}(U)$. 于是有 $z^{(1)},\cdots,z^{(m)}\in\Delta\backslash\sigma^{-1}(U)$，及 $\mathbf{C}^r$ 上的多项式 $p_1,\cdots,p_m$，使得

$$\bigcup_{i=1}^{m}V(p_i,z^{(i)})\supset\Delta\backslash\sigma^{-1}(U).$$

特别对任意的 $z\in\Delta\backslash\sigma^{-1}(U)$，将有 $k\in\{1,\cdots,m\}$，使得

$$|p_k(z)|>1+\|p_k(a_1,\cdots,a_r)\|.\tag{1}$$

今命 $N=r+m$，$a_{r+k}=p_k(a_1,\cdots,a_r)$，$1\leqslant k\leqslant m$，及

$$\Gamma=\{z\in\mathbf{C}^N\,|\,|z_i|\leqslant 1+\|a_i\|,1\leqslant i\leqslant N\},$$

$$\pi(z)=(z_1,\cdots,z_r,p_1(z),\cdots,p_m(z)):\ \mathbf{C}^r\to\mathbf{C}^N.$$

如果 $\pi(z)\in\Gamma$，即 $z\in\pi^{-1}(\Gamma)$，则

$$\begin{cases}|z_i|\leqslant 1+\|a_i\|,\ 1\leqslant i\leqslant r\Longrightarrow z\in\Delta,\\ |p_k(z)|\leqslant 1+\|a_{r+k}\|=1+\|p_k(a_1,\cdots,a_r)\|,\ 1\leqslant k\leqslant m.\end{cases}$$

依(1)可见，$z\in\sigma^{-1}(U)$，即

$$\pi^{-1}(\Gamma)\subset\sigma^{-1}(\Gamma).$$

由于 $f\circ\sigma$ 在 $\pi^{-1}(\Gamma)$ 的邻域 $\sigma^{-1}(\Gamma)$ 中解析，依命题 3.3.2，有 Γ 邻域中的解析函数 F，使得

$$F(\pi(z))=(f\circ\sigma)(z),\quad\forall z\in\pi^{-1}(\Gamma).$$

对任意的 $t\in\Omega$，记 $z=(\hat{a}_1(t),\cdots,\hat{a}_r(t))\in\mathbf{C}^r$，则

$$p_k(z)=\hat{p}_k(a_1,\cdots,a_r)(t)=\hat{a}_{r+k}(t),\quad 1\leqslant k\leqslant m.$$

由此，$\pi(z)=(\hat{a}_1(t),\cdots,\hat{a}_N(t))$. 显然，$\pi(z)\in\Gamma$，即 $z\in\pi^{-1}(\Gamma)$. 从而

$$f(\hat{a}_1(t),\cdots,\hat{a}_n(t))=(f\circ\sigma)(z)=F(\pi(z))$$

$$= F(\hat{a}_1(t), \cdots, \hat{a}_N(t)), \quad \forall t \in \Omega.$$

证毕.

定理 3.3.5 设 $a_1, \cdots, a_n \in A$, 则对每个在 $\sigma(a_1, \cdots, a_n)$ 邻域中解析的函数 f, 有 $y \in A$, 使得

$$\hat{y}(t) = f(\hat{a}_1(t), \cdots, \hat{a}_n(t)), \quad \forall t \in \Omega.$$

证 依定理 3.3.4, 有 $a_{n+1}, \cdots, a_N \in A$, 以及

$$\Gamma = \{z \in \mathbf{C}^N \mid |z_i| \leqslant 1 + \|a_i\|, 1 \leqslant i \leqslant N\}$$

邻域中的解析函数 F, 使得

$$f(\hat{a}_1(t), \cdots, \hat{a}_n(t)) = F(\hat{a}_1(t), \cdots, \hat{a}_N(t)), \quad \forall t \in \Omega.$$

F 在 Γ 中有绝对一致收敛的幂级数展开

$$F(z) = \sum_{k_1, \cdots, k_N \geqslant 0} \alpha_{k_1 \cdots k_N} z_1^{k_1} \cdots z_N^{k_N}.$$

特别地,

$$\sum_{k_1, \cdots, k_N \geqslant 0} |\alpha_{k_1 \cdots k_N}| \|a_1\|^{k_1} \cdots \|a_N\|^{k_N} < \infty,$$

于是

$$y = \sum_{k_1, \cdots, k_N} \alpha_{k_1 \cdots k_N} a_1^{k_1} \cdots a_N^{k_N}.$$

有意义. 显然,

$$\hat{y}(t) = \sum_{k_1, \cdots, k_N} \alpha_{k_1 \cdots k_N} \hat{a}_1(t)^{k_1} \cdots \hat{a}_N(t)^{k_N}$$

$$= F(\hat{a}_1(t), \cdots, \hat{a}_N(t)) = f(\hat{a}_1(t), \cdots, \hat{a}_n(t)), \quad \forall t \in \Omega.$$

证毕.

定理 3.3.6 如果 A 还是半单纯的, $a_1, \cdots, a_n \in A$, 记

$$H(a_1, \cdots, a_n) = \{f \mid f \text{ 在 } \sigma(a_1, \cdots, a_n) \text{ 邻域中解析}\},$$

则对任意的 $f \in H(a_1, \cdots, a_n)$, 有唯一的 $y \in A$, 记 $y = f(a_1, \cdots, a_n)$, 使得

$$\hat{f}(a_1, \cdots, a_n)(t) = f(\hat{a}_1(t), \cdots, \hat{a}_n(t)), \quad \forall t \in \Omega,$$

并且 $f \to f(a_1, \cdots, a_n)$ 保持代数运算, 以及如果 f 是多项式, $f(a_1, \cdots, a_n)$ 即为自然的定义.

证明是显然的，从略.

注　定理 3.3.5 首先由 G. E. Shilov ([53]) 对有限生成的代数所证明，一般情形为 R. Arens 与 A. Calderon ([3]) 得到. Oka 扩张定理也可参见[59].

§4. 隐函数定理

定理 3.4.1　设 A 是有单位元 e 的交换 Banach 代数，$a_0,\cdots,a_n\in A$，Ω 是 A 的谱空间，$h\in C(\Omega)$，$f(z_0,\cdots,z_n,w)$ 是

$$K=\{(\hat{a}_0(t),\cdots,\hat{a}_n(t),h(t))\,|\,t\in\Omega\}$$

($\mathbf{C}^{n+2}$ 的紧子集)邻域中的解析函数，满足

$$\begin{cases}f(\hat{a}_0(t),\cdots,\hat{a}_n(t),\ h(t))=0,\\ \dfrac{\partial f}{\partial w}(\hat{a}_0(t),\cdots,\hat{a}_n(t),h(t))\neq 0,\quad \forall t\in\Omega,\end{cases}$$

则存在 $b\in A$，使得 $\hat{b}=h$. 特别地，当 A 半单纯时，这个 b 唯一，并且 $f(a_0,\cdots,a_n,b)=0$ (依定理 3.3.6 的意义).

证　分成以下的诸步骤来进行.

(1) 无妨设 f 在

$$\begin{aligned}K_\varepsilon=&\{(z_0,\cdots,z_n,w)\,|\min_{t\in\Omega}\max_{0\leqslant i\leqslant n}\{|z_i-\hat{a}_i(t)|,\\ &|w-h(t)|\}\leqslant\varepsilon\}\\ =&\{(z_0,\cdots,z_n,w)\,|\,\mathrm{dist}((z_0,\cdots,z_n,w),K)\leqslant\varepsilon\}\end{aligned}$$

的邻域中解析(对某 $\varepsilon>0$). 于是 f 在 K_ε 上一致连续，因此对任意的 $\delta>0$，有 $\eta=\eta(\delta)>0$，只要 $(z_0,\cdots,z_n,w)$ 及 $(z_0',\cdots,z_n',w')\in K_\varepsilon$，并且 $|z_i-z_i'|<\eta$，$0\leqslant i\leqslant n$，$|w-w'|<\eta$，就有

$$|f(z_0,\cdots,z_n,w)-f(z_0',\cdots,z_n',w')|<\delta.$$

(2) 对任意的 $s\in\Omega$，令

$$f_s(w)=f(\hat{a}_0(s),\cdots,\hat{a}_n(s),w),$$

它是 $|w-h(s)|\leqslant\varepsilon$ 邻域中的(单变量)解析函数，并且

$$f_s(h(s)) = 0, \ \frac{\partial f_s}{\partial w}(h(s)) \neq 0,$$

因此存在 $\delta \in (0, \varepsilon/2)$，使得 $f_s(w)$ 在 $|w - h(s)| \leqslant \delta$ 中仅以 $h(s)$ 为单零点。

令 $\Gamma = \{w \mid |w - h(s)| = \delta\}$，于是 $\min_{w \in \Gamma}|f_s(w)| > 0$，依 (1)有 $\eta = \eta(\min_{w \in \Gamma}|f_s(w)|)$。

如果 $t \in \Omega$，使得

$|\hat{a}_i(t) - \hat{a}_i(s)| < \eta$，$0 \leqslant i \leqslant n$，$|h(t) - h(s)| < \delta$. (*)

当 $w \in \Gamma$ 时，由于

$$|w - h(t)| \leqslant |w - h(s)| + |h(s) - h(t)| \leqslant 2\delta \leqslant \varepsilon,$$

即 $(\hat{a}_0(t), \cdots, \hat{a}_n(t), w) \in K_\varepsilon$，由此依 (1),

$$|f_t(w) - f_s(w)| < \min_{v \in \Gamma}|f_s(v)|,$$

这里 $f_t(w) = f(\hat{a}_0(t), \cdots, \hat{a}_n(t), w)$ 也在 $|w - h(s)| \leqslant \delta$ 的邻域中解析. 从而依 Lush 定理[1],

$$f_t(w) = f_s(w) + (f_t(w) - f_s(w))$$

在 $|w - h(s)| < \delta$ 中也仅以 $h(t)$ 为单零点。

(3) 取 s 在 Ω 中的开邻域 $V(s)$，使得如果 $t \in V(s)$，就有(*)成立.

从而，如果 t_1，$t_2 \in V(s)$，并且 $\hat{a}_i(t_1) = \hat{a}_i(t_2)$，$0 \leqslant i \leqslant n$. 依 (2)，$f_{t_1}(w)$，$f_{t_2}(w)$ 在 $|w - h(s)| < \delta$ 中分别仅以 $h(t_1)$，$h(t_2)$ 为单零点. 但这时，$f_{t_1}(w) = f_{t_2}(w)$，$\forall |w - h(s)| < \delta$，因此，$h(t_1) = h(t_2)$。

(4) $\{(s, s) \mid s \in \Omega\}$ 是 $\Omega \times \Omega$ 的紧子集，$\{V(s) \times V(s) \mid s \in \Omega\}$ 是它的开覆盖，从而有 $s_1, \cdots, s_m \in \Omega$，使得

$$W = \sum_{i=1}^{m} (V(s_i) \times V(s_i)) \supset \{(s, s) \mid s \in \Omega\}.$$

(5) 对任意的 $s \neq t \in \Omega$，必有 $b \in A$，使得 $\hat{b}(s) \neq \hat{b}(t)$,

---

1) 例见勃列瓦洛夫《复变函数引论》, p.275, 人民教育出版社, 1960.

从而有 s, t 在Ω中的开邻域 $U_s^{(b)}$, $U_t^{(b)}$, 使得 $\hat{b}(s') \neq \hat{b}(t')$, $\forall s' \in U_s^{(b)}$, $t' \in U_t^{(b)}$.

今 $\Omega \times \Omega \backslash W$ 是$\Omega \times \Omega$的紧子集,且与 $\{(s,s) | s \in \Omega\}$ 无交,从而有 s_i, $t_i \in \Omega, a_i \in A$, $n+1 \leqslant i \leqslant \nu$, 使得

$$\bigcup_{i=n+1}^{\nu} (U_{s_i}^{(a_i)} \times U_{t_i}^{(a_i)}) \supset \Omega \times \Omega \backslash W.$$

(6) 今若 $s,t \in \Omega$, 使得 $\hat{a}_i(s) = \hat{a}_i(t)$, $0 \leqslant i \leqslant \nu$. 特别地, $\hat{a}_i(s) = \hat{a}_i(t)$, $n+1 \leqslant i \leqslant \nu$. 依 (5), $(s,t) \in W$. 依 (4), 有 $j \in \{1, \cdots, m\}$, 使得 $(\ , t) \in V(s_j) \times V(s_j)$. 又 $\hat{a}_i(s) = \hat{a}_i(t)$, $0 \leqslant i \leqslant n$, 依(3), $h(s) = h(t)$.

(7) 依(6),可在 $\sigma = \sigma(a_0, \cdots, a_\nu)$ ($\subset \mathbf{C}^{\nu+1}$) 上定义复值函数 $H(\cdot)$:

$$H(\hat{a}_0(t), \cdots, \hat{a}_\nu(t)) = h(t), \ \forall t \in \Omega.$$

由于Ω是紧的, $\hat{a}_0(\cdot), \cdots, \hat{a}_\nu(\cdot)$ 及 $h(\cdot) \in C(\Omega)$, 并依(6), 可见 $H(\cdot)$ 是σ上的连续函数.

(8) 命 $g(z_0, \cdots, z_\nu, w) = f(z_0, \cdots, z_n, w)$, 自然 g 在 $\{(\hat{a}_0(t), \cdots, \hat{a}_\nu(t), h(t)) | t \in \Omega\}$ 的邻域中解析,并且

$$\begin{cases} g(\hat{a}_0(t), \cdots, \hat{a}_\nu(t), h(t)) = 0, \\ \dfrac{\partial g}{\partial w}(\hat{a}_0(t), \cdots, \hat{a}_\nu(t), h(t)) \neq 0, \ \forall t \in \Omega. \end{cases}$$

仿(1),(2)的证明(那里的 f, n 代以 g, ν), 对任意的 $s \in \Omega$, 有 $\delta, \eta > 0$, 只要 $t \in \Omega$, 使得

$$|\hat{a}_i(t) - \hat{a}_i(s)| < \eta, \ 0 \leqslant i \leqslant \nu, \ |h(t) - h(s)| < \delta,$$

就有 $g_t(w) = g(\hat{a}_0(t), \cdots, \hat{a}_\nu(t), w)$ 在 $|w - h(s)| < \delta$ 中仅以 $h(t)$ 为单零点.

但 $H(\cdot)$ 是连续的, 只要η充分小, $|\hat{a}_i(t) - \hat{a}_i(s)| < \eta$, $0 \leqslant i \leqslant \nu$, 就有 $|h(t) - h(s)| < \delta$. 换言之, 如 $t \in \Omega$, 使得 $|\hat{a}_i(t) - \hat{a}_i(s)| < \eta$, $0 \leqslant i \leqslant \nu$, 则 $g_t(w)$ 在 $|w - h(s)| < \delta$ 中仅以 $h(t)$ 为单零点.

另一方面, $x = (\hat{a}_0(s), \cdots, \hat{a}_\nu(s)) \in \sigma$, 依定理 3.1.14, 存在

x 的邻域 $V(\subset \mathbf{C}^{\nu+1})$ 及其中唯一的解析函数 G_x，使得

$$\begin{cases} g(z_0, \cdots, z_\nu, G_x(z)) = 0, \\ G_x(x) = h(s) = H(x), \ \forall z = (z_0, \cdots, z_\nu) \in V. \end{cases}$$

今设 V 充分小，使得当 $t \in \Omega$ 且 $(\hat{a}_i(t))_{0<i<\nu} \in V$ 时，就有 $|\hat{a}_i(t) - \hat{a}_i(s)| < \eta$，$0 \leqslant i \leqslant \nu$；同时依 G_x 的连续性，V 也使得 G_x 在其上的变差 $< \delta$。由此，当 $(\hat{a}_i(t))_{0<i<\nu} \in V$ 时，$g_t(w)$ 在 $|w - h(s)| < \delta$ 中仅以 $h(t)$ 为单零点。另一方面

$$g_t(G_x(\hat{a}_0(t), \cdots, \hat{a}_\nu(t))) = 0,$$

$$\begin{aligned} &|G_x(\hat{a}_0(t), \cdots, \hat{a}_\nu(t)) - h(s)| \\ &= |G_x(\hat{a}_0(t), \cdots, \hat{a}_\nu(t)) - G_x(x)| < \delta, \end{aligned}$$

因此，$G_x(\hat{a}_0(t), \cdots, \hat{a}_\nu(t)) = h(t) = H(\hat{a}_0(t), \cdots, \hat{a}_\nu(t))$。

总之，对每个 $x \in \sigma$，有开邻域 $V_x(\subset \mathbf{C}^{\nu+1})$，及其中的解析函数 G_x，使得

$$\begin{cases} g(z, G_x(z)) = 0, \ \forall z = (z_0, \cdots, z_\nu) \in V_x, \\ G_x(y) = H(y), \ \forall y \in V_x \cap \sigma. \end{cases}$$

(9) 今 $\{V_x | x \in \sigma\}$ 是紧集 σ 的开覆盖，依 Lebesgue 性质，有 $\eta > 0$，使得对每个 $x \in \sigma$，有 $x' \in \sigma$，而 $S(x, 2\eta) \subset V_{x'}$，这里 $S(x, 2\eta)$ 是 $\mathbf{C}^{\nu+1}$ 中以 x 为中心，2η 为半径的开球。

从而对每个 $x \in \sigma$，有 $S(x, 2\eta)$ 中的解析函数 F_x（实际上 $F_x = G_{x'}|S(x, 2\eta)$），使得

$$\begin{cases} g(z, F_x(z)) = 0, \ \forall z = (z_0, \cdots, z_\nu) \in S(x, 2\eta), \\ F_x(y) = H(y), \ \forall y \in S(x, 2\eta) \cap \sigma. \end{cases} \quad (**)$$

(10) 今证明，若 $x, y \in \sigma$，$z \in S(x, \eta) \cap S(y, \eta)$，则

$$F_x(z) = F_y(z).$$

事实上，$g(\alpha, w)$ 是 $(y, H(y))$ 邻域中的解析函数，并且

$$g(y, H(y)) = 0, \ \frac{\partial g}{\partial w}(y, H(y)) \neq 0.$$

依定理 3.1.14，在 y 的某个邻域 V 中有唯一的解析函数 G，使得

$$g(\alpha, G(\alpha)) = 0, \ \forall \alpha \in V, \ G(y) = H(y). \quad (***)$$

由于 $y \in S(x, 2\eta) \cap S(y, 2\eta)$，无妨设 $V \subset S(x, 2\eta) \cap S(y, 2\eta)$。今

F_x，F_y 均在 V 中解析，由(＊＊)，它们都满足(＊＊＊)，依唯一性，$F_x|V = F_y|V$. 进而依定理 3.1.6,

$$F_x|S(x,2\eta)\cap S(y,2\eta) = F_y|S(x,2\eta)\cap S(y,2\eta).$$

特别，$F_x(z) = F_y(z)$，$\forall z \in S(x,\eta)\cap S(y,\eta)$.

由此，我们可以在 $\sigma = \sigma(a_0,\cdots,a_v)$ 的开邻域

$$U = \bigcup_{x\in\sigma} S(x,\eta)$$

中定义解析函数 F，$F(z) = F_x(z)$，如 $z \in S(x,\eta)$. 它显然满足

$$\begin{cases} g(\alpha, F(\alpha)) = 0, & \forall \alpha \in U, \\ F(y) = H(y), & \forall y \in \sigma. \end{cases}$$

依定理 3.3.5，有 $b \in A$，使得

$$\begin{aligned} \hat{b}(t) &= F(\hat{a}_0(t),\cdots,\hat{a}_v(t)) = H(\hat{a}_0(t),\cdots,\hat{a}_v(t)) \\ &= h(t), \quad \forall t \in \Omega. \end{aligned}$$

其余显然. 证毕.

引理 3.4.2 设 $b_0 \in R(A)$，b_1 是 A 的可逆元，$b_2,\cdots,b_n \in A$，则存在唯一的 $u \in R(A)$，使得

$$b_0 + b_1u + b_2u^2 + \cdots + b_nu^n = 0.$$

证 乘以 b_1^{-1}，可以设 $b_1 = e$. 考虑 $\mathbf{C}^{n+1}$ 上的整函数

$$f(z_0,z_2,\cdots,z_n,w) = z_0 + w + z_2w^2 + \cdots + z_nw^n.$$

显然

$$\begin{cases} f(0,\cdots,0) = 0, \\ \dfrac{\partial f}{\partial w}(0,\cdots,0) = 1(\neq 0). \end{cases}$$

依定理 3.1.14，在 $(0,\cdots,0)$ ($\mathbf{C}^{n+1}$ 的原点)的某个邻域 V 中有唯一的解析函数 $w(z)$，使得

$$\begin{cases} z_0 + w(z) + z_2w(z)^2 + \cdots + z_nw(z)^n = 0, \\ w(0) = 0, \\ \forall z = (z_0,z_2,\cdots,z_n) \in V. \end{cases} \tag{1}$$

无妨设 V 有多圆盘形式，以及 $w(z)$ 在 V 中有绝对一致收敛的展

开式

$$w(z)=\sum_{\alpha} C_{\alpha} z^{\alpha},$$

这里 $C_{\alpha}=C_{\alpha_0\alpha_2\cdots\alpha_n}$, $z^{\alpha}=z_0^{\alpha_0}z_2^{\alpha_2}\cdots z_n^{\alpha_n}$. 将幂级数代入(1),可见

$$w(z)=-z_0+\sum_{|\alpha|\geqslant 2} C_{\alpha} z^{\alpha}, \tag{2}$$

这里 $|\alpha|=\alpha_0+\alpha_2+\cdots+\alpha_n$.

现在证明,如果 $C_{\alpha}\neq 0$, 则

$$L(\alpha)=\alpha_0-\sum_{i=2}^{n}\alpha_i>0,$$

即 $\alpha_0>(\alpha_2+\cdots+\alpha_n)$.

事实上,由(2),当 $|\alpha|=0,1$ 时已应验. 今设 $|\alpha|\leqslant k$ 时已成立 $(k\geqslant 1)$. 当 $|\alpha|=k+1$ 时,欲 $C_{\alpha}\neq 0$, 依(1),必须对某个 j, $2\leqslant j\leqslant n$, $z_j w(z)^j$ 中所出现的 z^{α} 的系数 $\neq 0$. 注意

$$z_j w(z)^j=\sum_{\alpha^{(1)},\cdots,\alpha^{(j)}} C_{\alpha^{(1)}}\cdots C_{\alpha^{(j)}} z_j z^{\alpha^{(1)}}\cdots z^{\alpha^{(j)}},$$

它的 z^{α} 项的系数应当为这样的 $C_{\alpha^{(1)}}\cdots C_{\alpha^{(j)}}$ 之和,其中

$$\alpha^{(1)}+\cdots+\alpha^{(j)}+\beta^{(j)}=\alpha,$$

这里 $\beta^{(j)}$ 的第 j 个分量是 1, 其它分量为 0. z^{α} 项的系数$\neq 0$,至少要求某个这样的 $C_{\alpha^{(1)}}\cdots C_{\alpha^{(j)}}\neq 0$. 这时自然$|\alpha^{(i)}|\leqslant k$, 依归纳假设 $L(\alpha^{(i)})\geqslant 1$, $1\leqslant i\leqslant j$. 由此,

$$L(\alpha)=L(\alpha^{(1)})+\cdots+L(\alpha^{(j)})-1\geqslant j-1\geqslant 1.$$

因此,$|\alpha|=k+1$ 时,也有 $L(\alpha)>0$. 所以结论对所有的 α 成立.

今取 $M>1$, 使得 $\|b_j\|<M$, $2\leqslant j\leqslant n$. 如果 $C_{\alpha}\neq 0$, 已指出 $L(\alpha)>0$, 即 $\alpha_0>\alpha_2+\cdots+\alpha_n$, 于是

$$\|b^{\alpha}\|=\|b_0^{\alpha_0}b_2^{\alpha_2}\cdots b_n^{\alpha_n}\|<\|b_0^{\alpha_0}\|M^{\alpha_0}. \tag{3}$$

由于 $b_0\in R(A)$, 以及幂级数 $\sum_{\alpha} C_{\alpha} z^{\alpha}$ 在 0 的邻域中是收敛的,依命题 1.5.2 及(3),可见

$$u = w(b_0, b_2, \cdots, b_n) = \sum_{\alpha} C_\alpha b^\alpha$$

有意义(级数依范数绝对收敛)．依(1)自然有

$$b_0 + u + b_2 u^2 + \cdots + b_n u^n = 0.$$

注意 $R(A)$ 是闭理想，又 $C_\alpha \neq 0$ 时，$L(\alpha)$（从而 α_0）> 0，以及 $b_0 \in R(A)$，因此，$u \in R(A)$．

最后，我们证明满足引理要求的 u 是唯一的．如果 v 也满足要求，于是

$$\begin{aligned} 0 &= b_1(u - v) + \sum_{k=2}^{n} b_k(u^k - v^k) \\ &= (u - v)\left[b_1 + \sum_{k=2}^{n} b_k(u^{k-1} + \cdots + v^{k-1})\right], \end{aligned}$$

$$(u^{k-1} + \cdots + v^{k-1}) \in R(A),$$

于是

$$\sum_{k=2}^{n} b_k(u^{k-1} + \cdots + v^{k-1}) \in R(A),$$

又 b_1 是可逆的，从而 $[b_1 + \cdots]$ 可逆，因此，$u = v$．　证毕．

定理 3.4.3 (Arens-Calderon)　设 A 是有单位元 e 的交换 Banach 代数，Ω 是它的谱空间，$a_0, \cdots, a_n \in A$，$h \in C(\Omega)$，使得对任意的 $t \in \Omega$，

$$\hat{a}_0(t) + \hat{a}_1(t)h(t) + \cdots + \hat{a}_n(t)h(t)^n = 0,$$

以及

$$\hat{a}_1(t) + 2\hat{a}_2(t)h(t) + \cdots + n\hat{a}_n(t)h(t)^{n-1} \neq 0,$$

这里 $a \to \hat{a}(\cdot)$ 是 Gelfand 变换 $(\forall a \in A)$，则存在 $b \in A$，使得 $\hat{b} = h$，以及

$$a_0 + a_1 b + a_2 b^2 + \cdots + a_n b^n = 0.$$

证　用定理 3.4.1 于函数

$$f(z_0, \cdots, z_n, w) = \sum_{k=0}^{n} z_k w^k,$$

可见有 $c \in A$，使得 $\hat{c} = h$．今指出存在 $u \in R(A)$，使得

$$\sum_{k=0}^{n} a_k(c+u)^k = 0,$$

于是 $b = c + u$ 即为所求。 这相当于要求 $u \in R(A)$，并且满足

$$0 = b_0 + \sum_{k=0}^{n} a_k[(c+u)^k - c^k]$$
$$= b_0 + b_1 u + b_2 u^2 + \cdots + b_n u^n,$$

其中

$$b_0 = \sum_{k=0}^{n} a_k c^k \in R(A)$$

(因 $\hat{c} = h$ 及定理的条件)，

$$b_1 = \sum_{k=1}^{n} k a_k c^{k-1}$$

依定理的条件是可逆的，由此依引理 3.4.2，这样的 u 是存在的。证毕。

定理 3.4.4 (Shilov 幂等元定理) 设 A 是有单位元 e 的交换 Banach 代数，Ω 是它的谱空间。如果 Ω 可以分解为两个非空且无交的闭子集 Ω_1，Ω_2 的并，则存在唯一的 $p \in A$，使得

$$p^2 = p, \ \hat{p} = \chi_{\Omega_1} \ (\Omega_1 \text{ 的特征函数}).$$

证 令 $h = \chi_{\Omega_1} \in C(\Omega)$，则 $h(1-h) = 0$。又 $1-2h(t) \neq 0$，$\forall t \in \Omega$，依定理 3.4.3，将有 $p \in A$，使得 $\hat{p} = h$，及 $p(1-p) = 0$，即 $p^2 = p$。

今若 $q \in A$ 也满足 $q^2 = q$，$\hat{q} = h$，则

$$p = q + v, \ v = p - q \in R(A),$$

于是，$q + v = (q+v)^2 = q + 2qv + v^2$，即

$$v(2q - e + v) = 0.$$

但 $(2q - e + v)^\wedge(t) = 2h(t) - 1 \neq 0$，$\forall t \in \Omega$，因此，$(2q - e + v)$ 在 A 中有逆，从而 $v = 0$，即 $p = q$。证毕。

注 如果 Ω 可分解成 n 个非空且相互无交的闭子集的并，相应的结论仍然成立。

定理 3.4.5 设A是有单位元e的交换 Banach 代数，Ω是它的谱空间，$h \in C(\Omega)$，f 是 $h(\Omega)$ 邻域中的解析函数，$a \in A$，使得

$$\hat{a}(t) = f(h(t)),\ f'(h(t)) \neq 0,\ \forall t \in \Omega,$$

则存在 $b \in A$，使得 $\hat{b} = h$，$(a - f(b)) \in R(A)$. 特别当A半单纯时，这b唯一，并且 $a = f(b)$.

证 令 $a_0 = a$，用定理 3.4.1 于函数 $(z_0 - f(w))$，即得证.

命题 3.4.6 在定理 3.4.5 的假设下，如果a还是可逆的，则有 $c \in R(A)$，使得 $a = f(b)e^c$.

证 依定理 3.4.5，$u = a - f(b) \in R(A)$. 令 $x = f(b)^{-1}u$ (由于a可逆，$f(b)$ 也是可逆的)，于是 $a = f(b)(e + x)$. 注意 $x \in R(A)$，从而对于任何的 $\lambda \in [0,1]$，$(e + \lambda x)$ 可逆. 这说明 $(e + x)$ 属于 $G(A)$ 的主分量 $G_0(A)$ (见定义 1.3.4). 又A是交换的，依定理 1.3.7，将有 $d \in A$，使得 $e + x = e^d$.

由于 $x \in R(A)$，$\hat{d}(t)$ 将有 $2\pi in$ 的形式. 如果对任何 $n \in \mathbb{Z}$ (整数全体)，命

$$\Omega_n = \{t \in \Omega \mid \hat{d}(t) = 2\pi in\},$$

由于 $\mathbb{Z}$ 是离散的，因此，$\{\Omega_n\}_{n\in\mathbb{Z}}$ 是Ω的互不相交的既闭又开的子集族，并且 $\Omega = \bigcup\limits_{n\in\mathbb{Z}} \Omega_n$. 今依$\Omega$的紧性，$\{\Omega_n\}_{n\in\mathbb{Z}}$ 中仅有有限个是非空的. 换言之，存在 $\mathbb{Z}$ 的有限子集 F，使得

$$\Omega = \bigcup_{n\in F} \Omega_n.$$

今依定理 3.4.4，将有 $\{p_n \mid n \in F\} \subset A$，使得

$$p_n p_m = \delta_{nm} p_n,\ \hat{p}_n = \chi_{\Omega_n},\ \forall n, m \in F,$$

并且 $\sum\limits_{n\in F} p_n = e$. 显然

$$e^{2\pi i n p_n} = e,\ \forall n \in F,$$

于是如果命

$$c = d - \sum_{n\in F} 2\pi i n p_n,$$

则 $c\in R(A)$，并且

$$e^c = e^d = e + x.$$

证毕。

命题 3.4.7 设A是有单位元e的交换 Banach 代数，Ω是它的谱空间，$a\in A$，$h\in C(\Omega)$。

(1) 如果 $\hat{a}=e^h$，则有 $b\in A$，使得 $\hat{b}=h$，并且 $a=e^b$；

(2) 如果a可逆，以及 $\hat{a}=h^n$ $(n\geqslant 2)$，则有 $b\in A$，使得 $\hat{b}=h$，并且 $a=b^n$。

证 (1) 用定理 3.4.5 于函数 $f(z)=e^z$，由于 $\hat{a}=e^h$，a自然是可逆的，再依命题 3.4.6，将有 $y\in A$，$c\in R(A)$，使得 $\hat{y}=h$，以及 $a=e^y e^c$。命 $b=y+c$ 即可。

(2) 用定理 3.4.5 于函数 $f(z)=z^n$（注意a可逆，从而 $\hat{a}(t)\neq 0$，$h(t)\neq 0$，$\forall t\in\Omega$），再依命题 3.4.6，将有 $y\in A$及 $c\in R(A)$，使得 $\hat{y}=h$，并且 $a=y^n e^c$。进而令 $b=ye^{\frac{c}{n}}$即可。

证毕。

注 定理 3.4.1 可见[16]；定理 3.4.3 属于 R. Arens 与 A. Calderon ([3])；定理 3.4.4 早先由 G. E. Shilov 利用 Cauchy-Weil 公式对有限生成的情形所证明，一般情形属于[3]。

习题

(1) 证明定理 3.4.4 下面的注。

(2) 设 $a\in A$，$h\in C(\Omega)$，使得

$$\hat{a}(t)=\sin h(t),\quad h(t)\neq\frac{1}{2}(2n+1)\pi,\quad \forall t\in\Omega,\quad n\in\mathbf{Z},$$

则有 $b\in A$，使得 $\hat{b}=h$，并且 $(a-\sin b)\in R(A)$。

(3) 设 $a\in A$，$h\in C(\Omega)$，使得

$$\hat{a}(t)=\operatorname{tg} h(t),\quad h(t)\neq\frac{1}{2}(2n+1)\pi,\quad \forall t\in\Omega,\quad n\in\mathbf{Z},$$

则有 $b\in A$，使得 $\hat{b}=h$，并且 $(a-\operatorname{tg} b)\in R(A)$。

§5. Arens-Royden 定理

定义 3.5.1 $\mathbb{C}^n$ 中一个开的多项式多面体，指形如

$$V = \{z \in \mathbb{C}^n \mid |p_j(z)| < 1, 1 \leqslant j \leqslant m\}$$

的子集，这里 $p_1, \cdots, p_m$ 是 $\mathbb{C}^n$ 上的多项式。

引理 3.5.2 如果K是 $\mathbb{C}^n$ 的多项式凸的子集(见定义 3.2.4)，U 是K的开邻域，则存在开的多项式多面体 V，使得

$$K \subset V \subset U$$

证 对多项式 $p(\cdot)$ 及正整数 m，记

$$K_{p,m} = \left\{z \in \mathbb{C}^n \mid |p(z)| \leqslant 1 + \frac{1}{m}\right\},$$

于是

$$\begin{aligned}
K &= \bigcap_{\|p\|_K = 1} \{z \in \mathbb{C}^n \mid |p(z)| \leqslant 1\} \\
&= \bigcap_{m, \|p\|_K = 1} \left\{z \in \mathbb{C}^n \mid |p(z)| < 1 + \frac{1}{m}\right\} \\
&= \bigcap_{m, \|p\|_K = 1} K_{p,m}.
\end{aligned}$$

今U是K的开邻域，于是依 Lebesgue 性质，存在 (p, m) 的有限子集 F，使得

$$\bigcap_{(p,m) \in F} K_{p,m} \subset U.$$

令

$$V = \bigcap_{(p,m) \in F} \left\{z \in \mathbb{C}^n \,\middle|\, \left|\frac{m}{m+1} p(z)\right| < 1\right\},$$

它是开的多项式多面体，并且

$$K \subset V \subset \overline{V} = \bigcap_{(p,m) \in F} K_{p,m} \subset U.$$

证毕。

定义 3.5.3 设 V 是 $\mathbf{C}^n$ 的开子集，$\{V_\alpha\}$ 是 V 的开覆盖，$\{h_{\alpha\beta}\}$ 称为关于 $\{V_\alpha\}$ 的 Cousin 数据，指对于任意的指标 α,β，$h_{\alpha\beta}$ 是 $V_\alpha\cap V_\beta$ 中的解析函数，并且对于任意的指标 α,β,γ，在 $V_\alpha\cap V_\beta\cap V_\gamma$ 中满足

$$h_{\alpha\beta}+h_{\beta\gamma}+h_{\gamma\alpha}=0.$$

Cousin 问题是对已知的关于 $\{V_\alpha\}$ 的 Cousin 数据 $\{h_{\alpha\beta}\}$，对每个指标 α，寻找 V_α 中的解析函数 h_α，使得对任意的指标 α,β，在 $V_\alpha\cap V_\beta$ 中有

$$h_\alpha-h_\beta=h_{\alpha\beta}.$$

对于开的多项式多面体，Cousin 问题是可解的。Cousin 证明了某些特殊情形，下面的定理属于 Oka（可参见[21]），这里证明从略。

定理 3.5.4 设 V 是 $\mathbf{C}^n$ 中开的多项式多面体，$\{V_\alpha\}$ 是 V 的开覆盖，$\{h_{\alpha\beta}\}$ 是关于 $\{V_\alpha\}$ Cousin 数据，则对每个指标 α，存在 V_α 中的解析函数 h_α，使得对于任何的指标 α,β，在 $V_\alpha\cap V_\beta$ 中有

$$h_\alpha-h_\beta=h_{\alpha\beta}.$$

引理 3.5.5 设 V 是 $\mathbf{C}^n$ 的开子集，f 是 V 中的复值连续函数，并且 $f(z)\neq 0$，$\forall z\in V$，则存在 V 的开覆盖 $\{V_\alpha\}$，及对每个指标 α，有 V_α 中的连续函数 g_α，使得

$$f(z)=\exp(g_\alpha(z)),\quad \forall z\in V_\alpha,$$

$$g_\alpha(z)-g_\beta(z)=2\pi i g_{\alpha\beta},\quad \forall z\in V_\alpha\cap V_\beta,$$

这里 $g_{\alpha\beta}$ 是整数的常数，$\forall\alpha,\beta$.

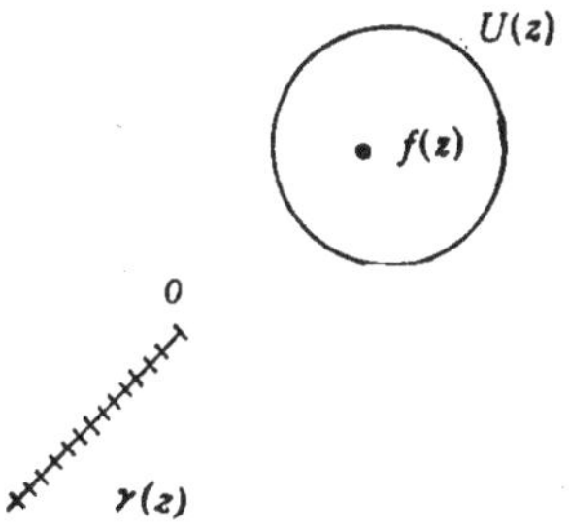

证 对每个 $z\in V$，$f(z)\neq 0$，沿原点到 $f(z)$ 的相反方向 $\gamma(z)$ 将复平面切开. 在切开的复平面中，取 $f(z)$ 的邻域 $U(z)$（见图）. 于是有 z 在 V 中的开凸邻域 V_z，使得 $f(V_z)\subset U(z)$。令

$$g_z=\log(f|V_z),$$

这里 log 是沿 $\gamma(z)$ 切开的复平面中的主分支。于是 $\{V_z|z\in V\}$

是V的开覆盖，g_z 是 V_z 中的复值连续函数，并且

$$f|V_z = \exp(g_z),\ \forall z \in V.$$

在 $V_z \cap V_{z'}$ 中，由于

$$\exp(g_z) = f = \exp(g_{z'}),$$

因此，$\frac{1}{2\pi i}(g_z - g_{z'}) \in \mathbf{Z}$。 但 V_z，$V_{z'}$ 均开凸，因此 $V_z \cap V_{z'}$ 是连通的。自然 $(g_z - g_{z'})$ 在 $V_z \cap V_{z'}$ 中是连续的，因此，$\frac{1}{2\pi i}(g_z - g_{z'})$ 在 $V_z \cap V'_z$ 中是整数的常数，$\forall z, z' \in V$。证毕。

定理 3.5.6 (Arens-Royden) 设A是有单位元e的交换 Banach 代数，Ω是它的谱空间，$f \in C(\Omega)$ 并且 $f(t) \neq 0$，$\forall t \in \Omega$，则存在A的可逆元a，及 $h \in C(\Omega)$，使得

$$f/\hat{a} = e^h.$$

证 依 Stone-Weierstrass 定理 $\{\hat{a}\bar{\hat{b}} | a, b \in A\}$ 的线性组合全体在 $C(\Omega)$ 中是稠的，因此有 $a_1, \cdots, a_{2n} \in A$，使得

$$\left\| f - \sum_{j=1}^{n} \hat{a}_j \bar{\hat{a}}_{n+j} \right\| < \min_{t \in \Omega} |f(t)|,$$

或者

$$\left\| 1 - f^{-1} \sum_{j=1}^{n} \hat{a}_j \bar{\hat{a}}_{n+j} \right\| < 1, \tag{1}$$

特别地，$f^{-1} \sum_{j=1}^{n} \hat{a}_j \bar{\hat{a}}_{n+j}$ 取值于右半平面，因此它可表示为Ω中某个连续函数的指数函数。

今只须证明存在A中可逆元a，使得 $\hat{a}^{-1} \sum_{j=1}^{n} \hat{a}_j \bar{\hat{a}}_{n+j}$ 可以表示为Ω中某个连续函数的指数函数。令

$$F(z) = \sum_{j=1}^{n} z_j z_{n+j}:\ \mathbf{C}^{2n} \to \mathbf{C}.$$

由于

$$\sum_{j=1}^{n} \hat{a}_j(t) \bar{\hat{a}}_{n+j}(t) \neq 0,\ \forall t \in \Omega,$$

因此，F 在 $\sigma(a_1,\cdots,a_{2n})$ 上不为 0. 于是有开邻域 $U\supset\sigma(a_1,\cdots,a_{2n})$，使得 $F|U\neq 0$。

依引理 3.3.3，存在 A 的有限生成的闭子代数 B，使得

$$e,a_1,\cdots,a_{2n}\in B,\ \text{且}\ \sigma_B(a_1,\cdots,a_{2n})\subset U.$$

令 $\{a_1,\cdots,a_{2n},\cdots,a_m\}$ 是 B 的生成元集，依命题 3.2.5，$\sigma_B(a_1,\cdots,a_m)$ 是多项式凸的 ($\subset\mathbf{C}^m$)，并且显然

$$\pi\sigma_B(a_1,\cdots,a_m)=\sigma_B(a_1,\cdots,a_{2n}),$$

这里 π: $\mathbf{C}^m\to\mathbf{C}^{2n}$ 是前 $2n$ 个分量上的投影. 令

$$\pi^{-1}(U)=U\times\mathbf{C}^{m-2n}$$

是包含 $\sigma_B(a_1,\cdots,a_m)$ 的开集，依引理 3.5.2，有开的多项式多面体 $V(\subset\mathbf{C}^m)$，使得

$$\sigma_B(a_1,\cdots,a_m)\subset V\subset\pi^{-1}(U).$$

令 $F\circ\pi$ 在 $\pi^{-1}(U)$ 中，从而在 V 中，不为 0. 依引理 3.5.5，可以找到 V 的开覆盖 $\{V_\alpha\}$，及对每个指标 α，有 V_α 中的连续函数 F_α，使得

$$(F\circ\pi)|V_\alpha=\exp(F_\alpha),$$

并且对任意的指标 α,β，有常数 $F_{\alpha\beta}$，使得

$$(F_\alpha-F_\beta)|V_\alpha\cap V_\beta=F_{\alpha\beta},\quad \frac{F_{\alpha\beta}}{2\pi i}\in\mathbf{Z},$$

于是对任意的指标 α,β,γ，在 $V_\alpha\cap V_\beta\cap V_\gamma$ 中，

$$F_{\alpha\beta}+F_{\beta\gamma}+F_{\gamma\alpha}=0.$$

依定理 3.5.4，对每个指标 α，有 V_α 中的解析函数 G_α，使得对任意的指标 α,β，在 $V_\alpha\cap V_\beta$ 中有

$$G_\alpha-G_\beta=F_{\alpha\beta}.$$

由于 $F_{\alpha\beta}\in 2\pi i\mathbf{Z}$，因此可以定义 V 中的函数：

$$G(z)=\exp(G_\alpha(z)),\ \text{如}\ z\in V_\alpha.$$

由于 V_α 是开的，以及 $G_\alpha(z)$ 在 V_α 中解析，因此，$G(z)$ 在 V 中是解析的. 令

$$(F_\alpha-G_\alpha)|V_\alpha\cap V_\beta=(F_\beta-G_\beta)|V_\alpha\cap V_\beta,\quad\forall\alpha,\beta,$$

于是可以定义 V 中的连续函数

$$H(z) = (F_\alpha - G_\alpha)(z), \text{ 如 } z \in V_\alpha.$$

显然

$$(F \circ \pi)/G = \exp(H).$$

既然 G 在 $V(\supset \sigma_B(a_1, \cdots, a_m))$ 中解析，依定理 3.3.5，有 $a \in B$，使得

$$\hat{a}(s) = G(\hat{a}_1(s), \cdots, \hat{a}_m(s)), \quad \forall s \in \Omega(B).$$

G 在 V 中是不为 0 的，因此，a 在 B 中，从而在 A 中，是可逆的。

定义 Ω 上的连续函数

$$\widetilde{H}(t) = H(\hat{a}_1(t), \cdots, \hat{a}_m(t)), \quad \forall t \in \Omega.$$

注意对任意的 $t \in \Omega$，$t|B \in \Omega(B)$，因此

$$\hat{a}(t) = G(\hat{a}_1(t), \cdots, \hat{a}_m(t)),$$

从而

$$\begin{aligned}\exp(\widetilde{H}(t)) &= \exp(H(\hat{a}_1(t), \cdots, \hat{a}_m(t))) \\ &= \frac{F \circ \pi(\hat{a}_1(t), \cdots, \hat{a}_m(t))}{G(\hat{a}_1(t), \cdots, \hat{a}_m(t))} \\ &= \frac{\sum_{j=1}^{n} \hat{a}_j(t) \hat{a}_{n+j}(t)}{\hat{a}(t)},\end{aligned}$$

即 $\hat{a}^{-1} \sum_{j=1}^{n} \hat{a}_j \hat{a}_{n+j}$ 可以表示成 Ω 中的连续函数 $\widetilde{H}$ 的指数函数. 证毕。

注　本节可以参见[49],[21].

§6. 紧 Hausdorff 空间的 Čech 上同调群

首先回忆一下欧氏空间中单纯复合形的定义.

设 E 是欧氏空间，点集 $\{x_0, \cdots, x_p\}(\subset E)$ 称为几何无关的，指 $\{(x_i - x_0) | 1 \leqslant i \leqslant p\}$ 是线性无关的. 容易证明，这个定义对于 x_0 的选择没有限制. 换言之，这个定义等价于，对任意固定的 $j \in \{0, \cdots, p\}$，$\{(x_i - x_j) | 0 \leqslant i \leqslant p, i \neq j\}$ 是线性无关的.

今设 $\{x_0,\cdots,x_p\}$ 是 E 中几何无关的点集，它们的凸组合全体

$$\mathrm{Co}\{x_0,\cdots,x_p\}=\left\{\sum_{i=0}^{p}\lambda_i x_i \,\middle|\, \lambda_i\geqslant 0,\ \sum_{i=0}^{p}\lambda_i=1\right\}$$

称为（E 中的）一个 p 维单纯形，简称为 p-单形．这个单形的顶点（也就是这个凸集的端点）全体就是 $\{x_0,\cdots,x_p\}$． 例如，$p=0$，相应的单形就是一个点 $\{x_0\}$；$p=1$，相应的单形是以 $\{x_0, x_1\}$ 为端点的闭线段；$p=2$，相应的单形是以 $\{x_0,x_1,x_2\}$ 为顶点的三角形；$p=3$，相应的单形是以 $\{x_0,\cdots,x_4\}$ 为顶点的四面体；…．

如果 $\sigma^p=\mathrm{Co}\{x_0,\cdots,x_p\}$ 是 E 中的 p 单形，对于 $\{0,\cdots,p\}$ 的任何子集 $\{i_0,\cdots,i_q\}$，点集 $\{x_{i_0},\cdots,x_{i_q}\}$ 自然也是几何无关，相应的 q-单形 $\mathrm{Co}\{x_{i_0},\cdots,x_{i_q}\}$ （$\subset\sigma^p$）称为 σ^p 的一个（q 维）面．

如果 s，σ 是 E 中的两个单形（维数不必相同），它们称为规则地相处，指 $s\cap\sigma=\Phi$ 或为它们的一个公共的面．

今假定 K 是由 E 中单形组成的有限族，如果满足：K 中的每个单形的每个面作为单形仍然属于 K，并且 K 中任意两个单形是规则地相处的，那么我们称 K 为（E 中的）单纯复合形．

设 K 是单纯复合形，S 是 K 中的顶点（即 0-单形）全体．S 的子集称为指定的，指它能够成为 K 中某个单形的顶点全体．显然 S 的指定的子集全体满足：① $\{x\}$ 是指定的，$\forall x\in S$；② 每个指定的子集的任何非空子集也是指定的．

现在我们给出顶点表 $V=(S,\mathscr{F})$ 的定义，这里 S 是有限点集，$\mathscr{F}$ 是 S 的某些子集组成的族．$\mathscr{F}$ 中的子集都称为 S 的指定子集，它们满足上面所说的 ①，②．因此，任何一个单纯复合形可以决定一张顶点表．反之，显然对于给出的顶点表 V，可以唯一地（在同胚的意义下）决定 E 中的单纯复合形 K，使得 K 所决定的顶点表就是 V．

今转向 Čech 上同调理论．

设 X 是紧 Hausdorff 空间，$\lambda=\{U_1,\cdots,U_n\}$ 是 X 的有限开覆盖，我们把 λ 看作一个有限点集，λ 的子集 $\{U_{i_0},\cdots,U_{i_q}\}$ 称

为指定的，指

$$U_{i_0}\cap\cdots\cap U_{i_q}\neq\phi,$$

这样 λ 与它的指定子集全体构成一张顶点表（自然假定每个 U_i 是非空的），相应决定的单纯复合形记作 K_λ。现在我们用单纯上同调理论于 K_λ。K_λ 的一个有序 p 单形乃是 λ 的一个有序子集 $\{U_{i_0},\cdots,U_{i_p}\}$（次序不能变动，但允许重复），使得

$$U_{i_0}\cap\cdots\cap U_{i_p}\neq\phi.$$

记 $N_p(K_\lambda)$ 是 K_λ 的有序 p 单形的全体。

今设 G 是加法群，对于覆盖 λ 及系数群 G，一个 Čech p 上链 $(p\geqslant 0)$，乃是一个函数 f: $N_p(K_\lambda)\to G$。记这样全部的 Čech p 上链为 $C^p(K_\lambda, G)$，$p\geqslant 0$。由于 G 是加法群，$C^p(K_\lambda, G)$ 也自然地成为加法群。

定义边缘算子 $\delta=\delta^p$: $C^p(K_\lambda, G)\to C^{p+1}(K_\lambda, G)$（加法群的同态）如下

$$\begin{aligned}
&(\delta f)(V_0,\cdots,V_{p+1})\\
&\quad=\sum_{i=0}^{p+1}(-1)^i f(V_0,\cdots,\hat{V}_i,\cdots,V_{p+1}),\\
&\quad\forall(V_0,\cdots,V_{p+1})\in N_{p+1}(K_\lambda),\text{这里}(V_0,\cdots,\hat{V}_i,\cdots,V_{p+1})\\
&\quad=(V_0,\cdots,V_{i-1},V_{i+1},\cdots,V_{p+1})\in N_p(K_\lambda),\\
&\quad f\in C^p(K_\lambda,G).
\end{aligned}$$

我们说将有

$$\delta\circ\delta=0.$$

事实上，对于任何的 $(V_0,\cdots,V_{p+2})\in N_{p+2}(K_\lambda,G)$ 及 $f\in C^p(K_\lambda, G)$，

$$\begin{aligned}
&(\delta\circ\delta f)(V_0,\cdots,V_{p+2})\\
&\quad=\sum_{i=0}^{p+2}(-1)^i(\delta f)(V_0,\cdots,\hat{V}_i,\cdots,V_{p+2})\\
&\quad=\sum_{i=0}^{p+2}\sum_{j<i}(-1)^{i+j}f(V_0,\cdots,\hat{V}_j,\cdots,\hat{V}_i,\cdots,V_{p+2})
\end{aligned}$$

$$+\sum_{i=0}^{p+2}\sum_{i<j}(-1)^{i+j-1}f(V_0,\cdots,\hat{V}_i,\cdots,\hat{V}_j,\cdots,V_{p+2})=0.$$

对任何 $p\geqslant 0$，令

$$Z^p(K_\lambda,G)=\ker(\delta:\ C^p(K_\lambda,G)\to C^{p+1}(K_\lambda,G)),$$
$$B^p(K_\lambda,G)=\delta C^{p-1}(K_\lambda,G),$$

这里认为 $C^q(K_\lambda,G)=\{0\}$，如果 $q<0$. 由于 $\delta\circ\delta=0$，因此，$B^p(K_\lambda,G)$ 是 $Z^p(K_\lambda,G)$ 的子群，从而得到加法群

$$H^p(K_\lambda,G)=Z^p(K_\lambda,G)/B^p(K_\lambda,G).$$

前面是对 X 的任意固定的开复盖 λ 来讨论的. 现在考虑 λ 的继续细分. 设 $\lambda=\{U_1,\cdots,U_n\}$，$\mu=\{S_1,\cdots,S_m\}$ 分别是 X 的两个有限开覆盖. μ 称为是 λ 的细分，记作 $\lambda<\mu$，指每个 S_i 包含在某个 U_j 之中. 于是我们可以定义映象

$$\gamma:\ \{1,\cdots,m\}\to\{1,\cdots,n\},$$

使得对任意的 $i\in\{1,\cdots,m\}$，有 $S_i\subset U_{\gamma(i)}$. 注意如果

$$\sigma=\{S_{i_0},\cdots,S_{i_p}\}\in N_p(K_\mu),$$

于是，$S_{i_0}\cap\cdots\cap S_{i_p}\neq\phi$. 自然更有 $U_{\gamma(i_0)}\cap\cdots\cap U_{\gamma(i_p)}\neq\phi$，因此，$\gamma\sigma=(U_{\gamma(i_0)},\cdots,U_{\gamma(i_p)})\in N_p(K_\lambda)$. 于是如果定义

$$(\tilde{\gamma}f)(\sigma)=f(\gamma\sigma),$$

$\forall f\in C^p(K_\lambda,G)$，$\sigma\in N_p(K_\mu)$，则 $\tilde{\gamma}$ 是 $C^p(K_\lambda,G)$ 到 $C^p(K_\mu,G)$ 的同态.

设 $f\in C^p(K_\lambda,G)$，$\sigma=(S_{i_0},\cdots,S_{i_{p+1}})\in N_{p+1}(K_\mu)$，则

$$\begin{aligned}(\tilde{\gamma}\delta f)(\sigma)&=(\delta f)(\gamma\sigma)\\&=\sum_{j=0}^{p+1}(-1)^j f(U_{\gamma(i_0)},\cdots,\hat{U}_{\gamma(i_j)},\cdots,U_{\gamma(i_{p+1})})\\&=\sum_{j=0}^{p+1}(-1)^j(\tilde{\gamma}f)(S_{i_0},\cdots,\hat{S}_{i_j},\cdots,S_{i_{p+1}})\\&=(\delta\tilde{\gamma}f)(\sigma),\end{aligned}$$

这说明 $\tilde{\gamma}\delta=\delta\tilde{\gamma}$. 由此，

$$\tilde{\gamma}(Z^p(K_\lambda,G))\subset Z^p(K_\mu,G),\ \tilde{\gamma}B^p(K_\lambda,G)\subset B^p(K_\mu,G)$$

从而可以定义同态

$$\gamma^*:\ H^p(K_\lambda,G)\to H^p(K_\mu,G).$$

虽然我们的映象 γ: $\{1,\cdots,m\}\to\{1,\cdots,n\}$ 并不是唯一的，但我们却有

引理 3.6.1 细分同态 γ^* 不依赖 γ 的选择.

证 如果映象 t: $\{1,\cdots,m\}\to\{1,\cdots,n\}$ 也使得 $S_i\subset U_{t(i)}$, $\forall i\in\{1,\cdots,m\}$, 我们要证明 $t^*=\gamma^*$.

定义 ξ: $C^{p+1}(K_\lambda,G)\to C^p(K_\mu,G)$ 如下:

$$(\xi f)(S_{i_0},\cdots,S_{i_p})$$
$$=\sum_{j=0}^{p}(-1)^j f(U_{\gamma(i_0)},\cdots,U_{\gamma(i_j)},U_{t(i_j)},\cdots,U_{t(i_p)}),$$

$\forall f\in C^{p+1}(K_\lambda,G)$, $(S_{i_0},\cdots,S_{i_p})\in N_p(K_\mu)$. 这时有

$$S_{i_0}\cap\cdots\cap S_{i_p}\neq\phi,$$

于是

$$\bigcap_{l=0}^{j}U_{\gamma(i_l)}\cap\bigcap_{k=j}^{p}U_{t(i_k)}\supset\bigcap_{l=0}^{j}S_{i_l}\cap\bigcap_{k=j}^{p}S_{i_k}=\bigcap_{k=0}^{p}S_{i_k}\neq\phi,$$

从而

$$(U_{\gamma(i_0)},\cdots,U_{\gamma(i_j)},U_{t(i_j)},\cdots,U_{t(i_p)})\in N_{p+1}(K_\lambda),\ \forall 0\leqslant j\leqslant p.$$

因此，ξ 的定义是有效的.

今设 $f\in C^p(K_\lambda,G)$, $(S_{i_0},\cdots,S_{i_p})\in N_p(K_\mu)$, 则

$$(\xi\delta f)(S_{i_0},\cdots,S_{i_p})$$
$$=\sum_{j=0}^{p}(-1)^j(\delta f)(U_{\gamma(i_0)},\cdots,U_{\gamma(i_j)},U_{t(i_j)},\cdots,U_{t(i_p)})$$
$$=\sum_{j=0}^{p}(-1)^j\Big\{\sum_{k=0}^{j}(-1)^k f(U_{\gamma(i_0)},\cdots,\hat{U}_{\gamma(i_k)},\cdots,U_{\gamma(i_j)},U_{t(i_j)},\cdots,U_{t(i_p)})$$
$$+\sum_{k=j}^{p}(-1)^{k+1}f(U_{\gamma(i_0)},\cdots,U_{\gamma(i_j)},U_{t(i_j)},\cdots,\hat{U}_{t(i_k)},\cdots,U_{t(i_p)})\Big\},$$

$$(\delta\xi f)(S_{i_0},\cdots,S_{i_p})=\sum_{k=0}^{p}(-1)^k(\xi f)(S_{i_0},\cdots,\hat{S}_{i_k},\cdots,S_{i_p})$$

$$= \sum_{k=0}^{p} (-1)^k \Big\{ \sum_{0 \leqslant j \leqslant k} (-1)^j f(U_{\gamma(i_0)}, \cdots, U_{\gamma(i_j)}, U_{t(i_j)}, \cdots, \hat{U}_{t(i_k)}, \cdots, U_{t(i_p)})$$

$$+ \sum_{k < j \leqslant p} (-1)^{j+1} f(U_{\gamma(i_0)}, \cdots, \hat{U}_{\gamma(i_k)}, \cdots, U_{\gamma(i_j)}, U_{t(i_j)}, \cdots, U_{t(i_p)}) \Big\},$$

因此,

$$(\xi\delta + \delta\xi) f(S_{i_0}, \cdots, S_{i_p})$$

$$= \sum_{j=0}^{p} f(U_{\gamma(i_0)}, \cdots, \hat{U}_{\gamma(i_j)}, U_{t(i_j)}, \cdots, U_{t(i_p)})$$

$$- \sum_{j=0}^{p} f(U_{\gamma(i_0)}, \cdots, U_{\gamma(i_j)}, \hat{U}_{t(i_j)}, \cdots, U_{t(i_p)})$$

$$= f(U_{t(i_0)}, \cdots, U_{t(i_p)}) - f(U_{\gamma(i_0)}, \cdots, U_{\gamma(i_p)})$$

$$= (\tilde{t} - \tilde{\gamma}) f(S_{i_0}, \cdots, S_{i_p}),$$

即

$$\xi\delta + \delta\xi = \tilde{t} - \tilde{\gamma},$$

由此当 $f \in Z^p(K_\lambda, G)$ 时,由于 $\delta f = 0$, 因此

$$(\tilde{t} - \tilde{\gamma}) f = \delta\xi f \in B^p(K_\mu, G),$$

从而 $t^* = \gamma^*$. 证毕.

定义 3.6.2 $\{G_\alpha, \varphi_{\alpha\beta} | \alpha \leqslant \beta \in \Lambda\}$ 称为加法群的直接系统,指 Λ 是定向的指标集(即 Λ 是偏序集,并且对于任何的 $\alpha, \beta \in \Lambda$, 有 $\gamma \in \Lambda$, 使得 $\alpha \leqslant \gamma$, $\beta \leqslant \gamma$), 对每个指标 $\alpha \in \Lambda$, G_α 是加法群, 并且对任意的 $\alpha, \beta \in \Lambda$, $\alpha \leqslant \beta$, $\varphi_{\alpha\beta}$ 是 G_α 到 G_β 的(群)同态, 以及满足

$$\varphi_{\alpha\alpha} = id, \quad \varphi_{\beta\gamma}\varphi_{\alpha\beta} = \varphi_{\alpha\gamma},$$

$\forall \alpha, \beta, \gamma \in \Lambda$, 并且 $\alpha \leqslant \beta \leqslant \gamma$.

对于直接系统 $\{G_\alpha, \varphi_{\alpha\beta}\}$, 我们可以定义它的直接极限

$$\varinjlim \{G_\alpha, \varphi_{\alpha\beta}\}.$$

首先命

$$\mathscr{L} = \left\{ a = (a_\alpha)_{\alpha\in\Lambda} \middle| \begin{array}{l} a_\alpha \in G_\alpha,\ \forall\alpha\in\Lambda,\ \text{且存在}\ \alpha = \alpha(a), \\ \text{使得}\ a_\beta = \varphi_{\alpha\beta}(a_\alpha),\ \forall\beta \geqslant \alpha = \alpha(a) \end{array} \right\},$$

依分量的运算，$\mathscr{L}$ 是加法群．再令

$$\mathfrak{I} = \{a = (a_\alpha) \in \mathscr{L} \mid \text{存在}\ \alpha = \alpha(a),$$
$$\text{使得}\ a_\beta = 0,\ \forall\beta \geqslant \alpha = \alpha(a)\}.$$

显然 $\mathfrak{I}$ 是 $\mathscr{L}$ 的子群．我们称加法群

$$G = \mathscr{L}/\mathfrak{I}$$

为 $\{G_\alpha, \varphi_{\alpha\beta}\}$ 的直接极限，记作 $G = \varinjlim \{G_\alpha, \varphi_{\alpha\beta}\}$．它有如下的简单性质：

(1) 对任意的 $\alpha \in \Lambda$ 及 $a_\alpha \in G_\alpha$，命

$$a_\beta = \begin{cases} \varphi_{\alpha\beta}(a_\alpha), & \text{如}\ \beta \geqslant \alpha, \\ 0, & \text{其它}, \end{cases}$$

及 $\phi_\alpha(a_\alpha) = a = (a_\beta)_{\beta\in\Lambda} \in \mathscr{L}$，于是 ϕ_α 是 G_α 到 $\mathscr{L}$ 的同态．如果 π 是 $\mathscr{L}$ 到 G 上的商映象，并记 $\eta_\alpha = \pi\phi_\alpha$: $G_\alpha \to G$，则

$$\eta_\beta\varphi_{\alpha\beta} = \eta_\alpha,\ \forall\alpha,\ \beta \in \Lambda,\ \text{并且}\ \alpha \leqslant \beta;$$

(2) $G = \bigcup_{\alpha\in\Lambda} \eta_\alpha(G_\alpha)$;

(3) 如果 $a_\alpha \in G_\alpha$，使得 $\eta_\alpha(a_\alpha) = 0$，则存在 $\beta \geqslant \alpha$，使得 $\varphi_{\alpha\beta}(a_\alpha) = 0$;

(4) 设 H 是加法群，并对任意的 $\alpha \in \Lambda$，有同态 ζ_α: $G_\alpha \to H$，也使得

$$\zeta_\beta\varphi_{\alpha\beta} = \zeta_\alpha,\ \forall\alpha,\ \beta \in \Lambda\ \text{并且}\ \alpha \leqslant \beta,$$

则存在唯一的同态 θ: $G \to H$，使得

$$\theta\eta_\alpha = \zeta_\alpha,\ \forall\alpha \in \Lambda.$$

以上诸性质的证明，留给读者．

现在继续前面所讨论的 X, γ^*: $H^p(K_\lambda, G) \to H^p(K_\mu, G)$．记 Λ 为 X 的有限开覆盖的全体，依细分为序，Λ 显然是定向指标集．对于 λ, $\mu \in \Lambda$ 且 $\lambda \prec \mu$，记前面所定义的 $\gamma^* = \gamma^*_{\lambda\mu}$（它不依赖于映象 γ 的选择）．显然

$$\gamma^*_{\lambda\lambda} = id,\ \gamma^*_{\mu\nu}\gamma^*_{\lambda\mu} = \gamma^*_{\lambda\nu},$$

$\forall\lambda,\ \mu,\ \nu\in\Lambda$ 并且 $\lambda<\mu<\nu$（因这时总可取 $\gamma_{\mu\nu}\gamma_{\lambda\mu}=\gamma_{\lambda\nu}$）．由此对每个 $p\geqslant 0$，

$$\{H^p(K_\lambda,G),\gamma^*_{\lambda\mu}\mid\lambda<\mu\in\Lambda\}$$

是加法群的直接系统．

定义 3.6.3 设 X 是紧 Hausdorff 空间，对任意的 $p\geqslant 0$，它的系数群为 G 的 p-Čech 上同调群定义为

$$H^p(X,G)=\varinjlim\{H^p(K_\lambda,G),\gamma^*_{\lambda\mu}\}.$$

注 关于相对的 Čech 上同调群，以及进一步的讨论，请读者参见[57]，[14]．

下面对于 $G=\mathbf{Z}$（整数的加法群）的情形，来计算 $H^0(X,\mathbf{Z})$ 与 $H^1(X,\mathbf{Z})$．

如果 $f\colon X\to\mathbf{Z}$ 是连续的，由于 X 是紧 Hausdorff 的，f 的值域只能是有限个不同的整数 $\{j_1,\cdots,j_n\}$（见命题 3.4.6 的证明）．令 $U_i=f^{-1}(\{j_i\})$，则 $\lambda=\{U_1,\cdots,U_n\}$ 是 X 的互不相交，既闭又开的有限复盖．于是相应的单纯复合形 K_λ 将由 n 个相互独立的点 $\{U_1,\cdots,U_n\}$ 构成．因此，

$$C^0(K_\lambda,\mathbf{Z})=\{g:\{U_1,\cdots,U_n\}\to\mathbf{Z}\ \text{的全体}\}.$$

特别地，$f|U_i=j_i\ 1\leqslant i\leqslant n$，决定 $C^0(K_\lambda,\mathbf{Z})$ 的元 c_f．注意 K_λ 的有序 1-单形只能是 (U_i,U_i) 的形式 $(1\leqslant i\leqslant n)$，因此，$\delta C^0(K_\lambda,\mathbf{Z})=\{0\}$．从而

$$H^0(K_\lambda,\mathbf{Z})=Z^0(K_\lambda,\mathbf{Z})=C^0(K_\lambda,\mathbf{Z}).$$

令

$$H^0(X,\mathbf{Z})=\varinjlim\{H^0(K_\mu,\mathbf{Z}),\gamma^*_{\mu\nu}\},$$

又设 $\gamma^*_\mu\colon H^0(K_\mu,\mathbf{Z})\to H^0(X,\mathbf{Z})$（这同态即是定义 3.6.2 下面 (1) 所讨论的同态 η_α），于是

$$\gamma^*_\nu\gamma^*_{\mu\nu}=\gamma^*_\mu,\ \forall\mu,\ \nu\in\Lambda\ \text{及}\ \mu<\nu.$$

此外，f 决定 $H^0(X,\mathbf{Z})$ 的元 $u_f=\gamma^*_\lambda(c_f)$．

如果 $\mu=\{S_1,\cdots,S_m\}$ 是 X 的另一个互不相交，既闭又开的有限覆盖，使得 $f|S_i$ 为常数，$1\leqslant i\leqslant m$．自然 $\lambda<\mu$，并

且有唯一的映象 γ: $\{1,\cdots,m\}\to\{1,\cdots,n\}$，使得 $S_i\subset U_{\gamma(i)}$，$1\leqslant i\leqslant m$. f 当然也决定元 $c\in C^0(K_\mu,\mathbf{Z})=H^0(K_\mu,\mathbf{Z})$，使得

$$c(S_i)=(f|S_i) \text{ 的值}, \quad 1\leqslant i\leqslant m.$$

由于

$$\begin{aligned}\gamma^*_{\lambda\mu}(c_f)(S_i)&=c_f(\tilde{\gamma}(S_i))=c_f(U_{\gamma(i)})\\&=f|U_{\gamma(i)}=f|S_i,\quad 1\leqslant i\leqslant m,\end{aligned}$$

因此，$\gamma^*_{\lambda\mu}(c_f)=c$. 从而

$$\gamma^*_\mu(c)=\gamma^*_\mu\gamma^*_{\lambda\mu}(c_f)=\gamma^*_\lambda(c_f)=u_f,$$

因此，$f\to u_f$ 的定义并不依赖于X的互不相交，既闭又开的有限覆盖 $\{S_1,\cdots,S_m\}$ 并且 $f|S_i$ 为常数 ($1\leqslant i\leqslant m$) 的选择.

今设 f,g 是X到 $\mathbf{Z}$ 的两个连续函数，我们自然可取X的互不相交，既闭又开的有限覆盖 $\lambda=\{U_1,\cdots,U_n\}$，使得 $f|U_i$ 及 $g|U_i$ 均为常数，$1\leqslant i\leqslant n$. 由此可见在 $H^0(K_\lambda,\mathbb{Z})=C^0(K_\lambda,\mathbf{Z})$ 中，$c_{f+g}=c_f+c_g$. 从而

$$u_{f+g}=\gamma^*_\lambda(c_{f+g})=\gamma^*_\lambda(c_f)+\gamma^*_\lambda(c_g)=u_f+u_g,$$

即 $f\to u_f$ 是可加的.

现在指出 $f\to u_f$ 是一一的. 如果对某个 f (X 到 $\mathbf{Z}$ 的连续函数)，$u_f=\gamma^*_\lambda(c_f)=0$. 依定义 3.6.2 下面的 (3)，将有 $\mu>\lambda$，使得 $\gamma^*_{\lambda\mu}(c_f)=0$. 设 $\lambda=\{U_1,\cdots,U_n\}$ 是X的互不相交，既闭又开的有限覆盖，并且 $(f|U_i)$ 是常数，$1\leqslant i\leqslant n$. 又设 $\mu=\{S_1,\cdots,S_m\}$，于是有 γ: $\{1,\cdots,m\}\to\{1,\cdots,n\}$，使得 $S_i\subset U_{\gamma(i)}$ (这个 γ 是唯一的). 由此

$$0=\gamma^*_{\lambda\mu}(c_f)(S_i)=c_f(\tilde{\gamma}(S_i))=c_f(U_{\gamma(i)})=f|U_{\gamma(i)},\quad \forall i.$$

但 i 跑遍 $\{1,\cdots,m\}$ 时，$\gamma(i)$ 将跑遍 $\{1,\cdots,n\}$，从而 $f=0$. 即说明映象 $f\to u_f$ 是一一的.

最后来证明映象 $f\to u_f$ 是满的对任意的 $u\in H^0(X,\ \mathbf{Z})$，依定义 3.6.2 下面的(2)，有X的有限开覆盖 $\mu=\{S_1,\cdots,S_m\}$ 及 $c\in Z^0(K_\mu,\mathbf{Z})=H^0(K_\mu,\mathbf{Z})$，使得 $u=\gamma^*_\mu(c)$. 注意 (S_i,S_j) 是 K_μ 的有序 1-单形，当且仅当，$S_i\cap S_j\neq\phi$，这时

$$0=(\delta c)(S_i,S_j)=c(S_j)-c(S_i),$$

于是我们可以定义 X 到 $\mathbf{Z}$ 的连续函数

$$f(x)=c(S_i),\text{ 如果 } x\in S_i.$$

这个 f 又决定 X 的互不相交，既闭又开的有限覆盖 $\lambda=\{U_1,\cdots,U_n\}$，使得 $f|U_i$ 是常数，并且 $f|U_i\neq f|U_j$，$\forall i\neq j$. 由于 $f|S_j$ 也是常数，$\forall j$，因此，$\lambda<\mu$. 于是有 $\gamma:\{1,\cdots,m\}\to\{1,\cdots,n\}$，使得 $S_i\subset U_{\gamma(i)}$，$1\leqslant i\leqslant m$. 由此，

$$\begin{aligned}\gamma^*_{\lambda\mu}(c_f)(S_i)&=c_f(\tilde{\gamma}(S_i))=c_f(U_{\gamma(i)})\\&=f|U_{\gamma(i)}=f|S_i=c(S_i),\ \forall i,\end{aligned}$$

即 $\gamma^*_{\lambda\mu}(c_f)=c$. 从而

$$u=\gamma^*_\mu(c)=\gamma^*_\mu\gamma^*_{\lambda\mu}(c_f)=\gamma^*_\lambda(c_f)=u_f.$$

综上所述，我们有

定理 3.6.4 作为加法群

$$H^0(X,\mathbf{Z})\cong\{f|f\text{ 是 }X\text{ 到 }\mathbf{Z}\text{ 的连续函数}\}.$$

关于 $H^1(X,\mathbf{Z})$，我们有

定理 3.6.5 作为交换群

$$H^1(X,\mathbf{Z})\cong C(X)^{-1}/e^{C(X)},$$

这里 $C(X)^{-1}$ 是 $C(X)$ 中可逆元的全体，依 $C(X)$ 的范数拓扑，它是交换的拓扑群；$e^{C(X)}=\{e^f|f\in C(X)\}$ 是 $C(X)^{-1}$ 的主分量（连接 1 的连通分量），也是 $C(X)^{-1}$ 的既闭又开的子群；$C(X)^{-1}/e^{C(X)}$ 依照商拓扑是离散的交换群（见定理 1.3.5）.

证 记 $G=C(X)^{-1}$，$G_0=e^{C(X)}$. 设 $f\in G$，于是 $f(X)$ 是 $\mathbf{C}^*=\mathbf{C}\backslash\{0\}$ 的紧子集. 由此可选 X 的有限开覆盖 $\lambda=\{U_1,\cdots,U_n\}$，使得

$$f(U_k)\subset S(z_k,\gamma_k),$$

这里 $\gamma_k>0$，$z_k\in\mathbf{C}^*$，$S(z_k,\gamma_k)$ 是以 z_k 为中心，γ_k 为半径的开圆，并且 $0\notin S(z_k,\gamma_k)$，$1\leqslant k\leqslant n$.

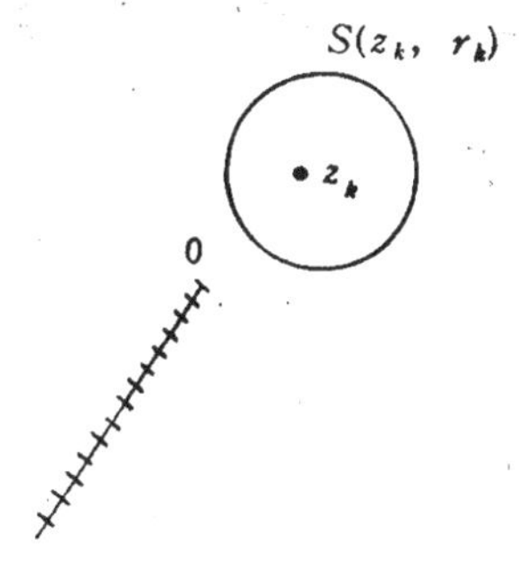

对每个 k，沿 O 点到 z_k 的反方向把复平面切开，由此可以定义 U_k 中的复值连续函数 g_k，

$$g_k(x) = \log f(x),\ f(x) = e^{g_k(x)},\ \forall x \in U_k,$$
并且 g_k 的虚部在 U_k 中的变化 $< \pi$，$1 \leqslant k \leqslant n$.

下面我们称一个族 $(\lambda, \{g_k\})$ 对 $f \in G$ 是满足要求的，指 $\lambda = \{U_1, \cdots, U_n\}$ 是 X 的有限开覆盖，g_k 是 U_k 中的复值连续函数,并且 $f(x) = e^{g_k(x)}$，$\forall x \in U_k$，以及 g_k 的虚部在 U_k 中变化 $< \pi$，$1 \leqslant k \leqslant n$. 前段的证明,说明对 $f \in G$，满足要求的族是存在的. 今设 $(\lambda = \{U_k\}, \{g_k\})$ 是 $f \in G$ 的满足要求的族.设 K_λ 是相应于 λ 的单纯复合形,于是 (U_k, U_j) 是 K_λ 的有序 1-单形,当且仅当，$U_k \cap U_j \neq \phi$. 这时
$$e^{g_k(x)} = f(x) = e^{g_j(x)},\ \forall x \in U_k \cap U_j.$$
由于 g_k，g_j 在 $U_k \cap U_j$ 中虚部的变化都 $< \pi$，因此有常数 $c(k, j) \in \mathbf{Z}$，使得
$$g_j(x) - g_k(x) = 2\pi i c(k, j),\ \forall x \in U_k \cap U_j.$$
从而我们可以定义 $c \in C^1(K_\lambda, \mathbf{Z})$，使得
$$c(U_k, U_j) = c(k, j),$$
$\forall (U_k, U_j)$ 是 K_λ 的有序 1-单形. 如果 (U_k, U_j, U_l) 是 K_λ 的有序 2-单形,则 $U_k \cap U_j \cap U_l \neq \phi$. 于是
$$\begin{aligned}(\delta c)(U_k, U_j, U_l) &= c(j, l) - c(k, l) + c(k, j) \\ &= \frac{1}{2\pi i}\{(g_l(x) - g_j(x)) - (g_l(x) \\ &\quad - g_k(x)) + (g_j(x) - g_k(x))\} = 0,\end{aligned}$$
这里 $x \in U_k \cap U_j \cap U_l$. 这说明 $c \in Z^1(K_\lambda, \mathbf{Z})$，相应决定
$$\tilde{c} = c + B^1(K_\lambda, \mathbf{Z}) \in H^1(K_\lambda, \mathbf{Z}),$$
以及
$$u_f = \gamma_\lambda^*(\tilde{c}) \in H^1(X, \mathbf{Z}),$$
这里同态 γ_λ^*: $H^1(K_\lambda, \mathbf{Z}) \to H^1(X, \mathbf{Z})$ 如定义 3.6.2 下面的(1).

现在指出映象 $f \to u_f$ 是可以定义的,即应当证明 u_f 并不依赖于满足要求的族 $(\lambda, \{g_k\})$.

首先对 $\lambda = \{U_1, \cdots, U_n\}$，$\{g'_k\}$ 是另一个选择，即 $(\lambda, \{g'_k\})$ 也是满足要求的. 对任意的 $k \in \{1, \cdots, n\}$，由于

$$e^{g_k(x)} = f(x) = e^{g'_k(x)}, \ \forall x \in U_k,$$

以及 g_k, g'_k 在 U_k 中虚部变化均 $<\pi$, 因此有 $d(k) \in \mathbf{Z}$, 使得

$$g_k(x) - g'_k(x) = 2\pi i d(k), \ \forall x \in U_k, \ 1 \leqslant k \leqslant n.$$

命 $d(U_k) = d(k)$, $1 \leqslant k \leqslant n$, 则 $d \in C^0(K_\lambda, \mathbf{Z})$. 又命 c' 是 $\{g'_k\}$ 构造的 $Z^1(K_\lambda, \mathbf{Z})$ 中的元,即

$$g'_j(x) - g'_k(x) = 2\pi i c'(U_k, U_j),$$

$\forall U_k \cap U_j \neq \phi$, $x \in U_k \cap U_j$. 于是

$$(c - c')(U_k, U_j) = \frac{1}{2\pi i}\{(g_j(x) - g_k(x)) - (g'_j(x) - g'_k(x))\}$$

$$= d(j) - d(k) = (\delta d)(U_k, U_j),$$

$\forall U_k \cap U_j \neq \phi$, $x \in U_k \cap U_j$, 因此, $(c - c') \in B^1(K_\lambda, \mathbf{Z})$. 从而在 $H^1(K_\lambda, \mathbf{Z})$ 中, $\tilde{c} = \tilde{c}'$. 进而, $u_f = \gamma_\lambda^*(\tilde{c}) = \gamma_\lambda^*(\tilde{c}')$.

今设 $(\lambda, \{g_k\})$ 是满足要求的, $\mu = \{S_1, \cdots, S_m\} > \lambda = \{U_1, \cdots, U_n\}$. 取 γ: $\{1, \cdots, m\} \to \{1, \cdots, n\}$, 使得 $S_k \subset U_{\gamma(k)}$, $1 \leqslant k \leqslant m$. 再定义

$$g'_k(x) = g_{\gamma(k)}(x), \ \forall x \in S_k \subset U_{\gamma(k)}, \ 1 \leqslant k \leqslant m.$$

易见 $(\mu, \{g'_k\})$ 也是满足要求的,它决定元 $c' \in Z^1(K_\mu, \mathbf{Z})$, 即

$$c'(S_k, S_j) = \frac{1}{2\pi i}(g'_j(x) - g'_k(x)),$$

$\forall S_k \cap S_j \neq \phi$, $x \in S_k \cap S_j$. 由于

$$(\tilde{\gamma} c)(S_k, S_j) = c(\gamma(S_k, S_j)) = c(U_{\gamma(k)}, U_{\gamma(j)})$$

$$= \frac{1}{2\pi i}(g_{\gamma(j)}(x) - g_{\gamma(k)}(x))$$

$$= \frac{1}{2\pi i}(g'_j(x) - g'_k(x)) = c'(S_k, S_j),$$

$\forall S_k \cap S_j \neq \phi$, $x \in S_k \cap S_j$, 因此, $\tilde{\gamma} c = c'$. 于是, $\tilde{c}' = \gamma_{\lambda\mu}^*(\tilde{c})$. 以及

$$\gamma_\mu^*(\tilde{c}') = \gamma_\mu^* \gamma_{\lambda\mu}^*(\tilde{c}) = \gamma_\lambda^*(\tilde{c}) = u_f.$$

对一般的满足要求的两个族 $(\lambda, \{g_k\})$ 与 $(\mu, \{g'_j\})$, 我们取细分 $\nu > \lambda$, μ. 由 $\{g_k\}$ 如前可决定满足要求的族 $(\nu, \{h_i\})$;

又由 $\{g_i'\}$ 也可决定满足要求的族 $(\nu,\{h_i'\})$. 再依前面两段的讨论,可见 $(\lambda,\{g_k\})$ 与 $(\mu,\{g_j'\})$ 将决定 $H^1(X,\mathbf{Z})$ 中同样的元. 因此映象 $f\to u_f$: $C(X)^{-1}\to H^1(X,\mathbf{Z})$ 是可以定义的.

我们注意这样的事实: 如果 U 是 X 的开子集, g 是 U 中的复值连续函数, 并且 g 的虚部在 U 中的变化 $<\pi$, 那末我们可以找到开子集 V_1, V_2, V_3, 使得 $U=V_1\cup V_2\cup V_3$, 并且 g 的虚部在 V_i 中的变化 $<\pi/2$, $1\leqslant i\leqslant 3$. 事实上,无妨设

$$-\frac{\pi}{2}<\operatorname{Im} g(x)<\frac{\pi}{2},\ \forall x\in U,$$

于是命

$$V_1=g^{-1}\left(\left\{z\,|\,0<\operatorname{Im} z<\frac{\pi}{2}\right\}\right),$$

$$V_2=g^{-1}\left(\left\{z\,\middle|\,-\frac{\pi}{2}<\operatorname{Im} z<0\right\}\right),$$

$$V_3=g^{-1}\left(\left\{z\,\middle|\,-\frac{\pi}{4}<\operatorname{Im} z<\frac{\pi}{4}\right\}\right),$$

即达到目的.

由这个事实可见,对任意的 $f\in G$, 我们可以找到满足要求的族 $(\lambda=\{U_k\},\{g_k\})$, 并且 g_k 的虚部在 U_k 中的变化 $<\pi/2$, $\forall k$.

今设 $f_1,f_2\in G$, 依照上面的讨论,对 f_i, 我们可以找到满足要求的族 $(\lambda=\{U_k\},\{g_k^{(i)}\})$, 并且 $g_k^{(i)}$ 的虚部在 U_k 中的变化 $<\pi/2$, $\forall k$, 及 $i=1,2$. 由此, $(\lambda,\{g_k^{(1)}+g_k^{(2)}\})$ 是关于 f_1f_2 满足要求的族. 从而可见 $u_{f_1f_2}=u_{f_1}+u_{f_2}$. 即 $f\to u_f$ 是 $C(X)^{-1}$ 到 $H^1(X,\mathbf{Z})$ 的同态(作为交换群).

现在证明这个同态是满的. 设 $u\in H^1(X,\mathbf{Z})$, 于是有 X 的有限开覆盖 $\lambda=\{U_1,\cdots,U_n\}$ 及 $c\in Z^1(K_\lambda,\mathbf{Z})$, 使得

$$u=\gamma_\lambda^*\tilde{c},\ 这里\ \tilde{c}=c+B^1(K_\lambda,\mathbf{Z})\in H^1(K_\lambda,\mathbf{Z}).$$

设 $\{\varphi_k\}$ 是关于 λ 的单位分解, 即 $\varphi_k\in C(X)$, $0\leqslant\varphi_k\leqslant 1$, $\operatorname{supp}\varphi_k\subset U_k$, $\forall k$, 及 $\sum_{k=1}^{n}\varphi_k(x)=1$, $\forall x\in X$. 定义 $g_k\in C(U_k)$

为

$$g_k(x)=2\pi i\sum_j c(j,k)\varphi_j(x),\ \forall x\in U_k,$$

这里 $c(j,k)=c(U_j,U_k)$，而 (U_j,U_k) 是 K_λ 的有序 1-单形（即 $U_j\cap U_k\neq\phi$），并认为 $c(j,k)=0$，如果 $U_j\cap U_k=\phi$. 由于 $\delta c=0$，因此

$$(\delta c)(k,j,l)=0=c(j,l)-c(k,l)+c(k,j),$$

即 $c(j,i)=c(k,l)-c(k,j)$，$\forall U_k\cap U_j\cap U_l\neq\phi$. 从而当 $x\in U_k\cap U_j$ 时，由于 $U_k\cap U_j\cap U_l=\phi$ 时，$x\notin U_l$，因此

$$\begin{aligned}g_j(x)-g_k(x)&=2\pi i\sum_l\varphi_l(x)(c(l,j)-c(l,k))\\&=\sum_l 2\pi i\varphi_l(x)\cdot c(k,j)\\&=2\pi i\Big(\sum_{\substack{l\\U_k\cap U_j\cap U_l\neq\phi}}\varphi_l(x)\Big)\cdot c(k,j)=2\pi ic(k,j),\end{aligned}$$

从而

$$e^{g_j(x)}=e^{g_k(x)},\ \forall U_j\cap U_k\neq\phi,\ x\in U_j\cap U_k,$$

这样便可以定义 $G=C(X)^{-1}$ 中的元

$$f(x)=e^{g_k(x)},\ 如\ x\in U_k.$$

虽然 g_k 的虚部（$=g_k$）在 U_k 中的变化未必 $<\pi$，但仿照前面的讨论，我们可以找到 X 的有限开覆盖 $\mu=\{S_1,\cdots,S_m\}>\lambda$，及 $\gamma:\{1,\cdots,m\}\to\{1,\cdots,n\}$，使得 $S_k\subset U_{\gamma(k)}$，以及 $g'_k=g_{\gamma(k)}|S_k$ 在 S_k 中虚部的变化$<\pi$，$1\leqslant k\leqslant m$. 从而，$(\mu,\{g'_k\})$ 对 f 是满足要求的族. 用这个族可定义元 $c'\in Z^1(K_\mu,\mathbf{Z})$，即

$$c'(S_j,S_k)=\frac{1}{2\pi i}(g'_k(x)-g'_j(x)),$$

$\forall S_j\cap S_k\neq\phi$，$x\in S_j\cap S_k$. 对于 $S_j\cap S_k\neq\phi$，$x\in S_j\cap S_k$，

$$\begin{aligned}(\tilde\gamma c)(S_j,S_k)&=c(\gamma(S_j,S_k))=c(U_{\gamma(j)},U_{\gamma(k)})\\&=c(\gamma(j),\gamma(k))=\frac{1}{2\pi i}(g_{\gamma(k)}(x)-g_{\gamma(j)}(x))\\&=\frac{1}{2\pi i}(g'_k(x)-g'_j(x))=c'(S_j,S_k),\end{aligned}$$

因此，$\tilde{\gamma}c=c'$. 于是依 u_f 的定义，

$$u_f=\gamma_\mu^*\tilde{c}'=\gamma_\mu^*\gamma_{\lambda\mu}^*\tilde{c}=\gamma_\lambda^*\tilde{c}=u,$$

即 $f\to u_f$: $C(X)^{-1}\to H^1(X,\mathbf{Z})$ 的同态是满的.

最后我们来考察这个同态的核. 如果 $f=e^g$, 这里 $g\in C(X)$, 自然可取 X 的有限开覆盖 $\lambda=\{U_k\}$, 使得 $g_k=g|U_k$ 在 U_k 中虚部的变化小于 π. 于是 $(\lambda,\{g_k\})$ 是 f 满足要求的族. 显然这个族所决定的 $Z^1(K_\lambda,\mathbf{Z})$ 中的元是 0, 从而 $u_f=0$. 反之，$f\in C(X)^{-1}$ 使得 $u_f=0$. 设 $(\lambda=\{U_k\},\{g_k\})$ 是关于 f 满足要求的族，它决定 $Z^1(K_\lambda,\mathbf{Z})$ 中的元 c, 于是，$0=u_f=\gamma_\lambda^*\tilde{c}$. 这样便有 $\mu>\lambda$, 使得 $\gamma_{\lambda\mu}^*\tilde{c}=0$. 对于 μ 也可找到满足要求的族，因此可以假定 $\tilde{c}=0$, 即 $c\in B^1(K_\lambda,\mathbf{Z})$. 于是有 $d\in C^0(K_\lambda,\mathbf{Z})$, 使得 $c=\delta d$. 于是对 $x\in U_k\cap U_j$,

$$g_j(x)-g_k(x)=2\pi ic(U_k,U_j)=2\pi i(d(U_j)-d(U_k)),$$

即

$$g_j(x)-2\pi id(U_j)=g_k(x)-2\pi id(U_k),\ \forall x\in U_k\cap U_j,$$

由此我们可以定义 X 上的连续函数

$$g(x)=g_k(x)-2\pi id(U_k),\ 如\ x\in U_k.$$

显然 $f=e^g$. 这就说明了 $f\to u_f$: $C(X)^{-1}\to H^1(X,\mathbf{Z})$ 同态的核是 $G_0=e^{C(X)}$. 证毕.

注 定理 3.6.4, 3.6.5 可以参见[57].

§7 谱空间的第 0 与第 1 阶的 Čech 上同调群

设 A 是有单位元 e 的交换 Banach 代数，Ω 是它的谱空间. 我们来研究紧 Hausdorff 空间 Ω 的 Čech 上同调群与 A 的构造之间的关系.

定义 3.7.1 $Q(A)=\{a\in A\,|\,e^{2\pi ia}=e\}$.

命题 3.7.2 (1) $Q(A)\cap R(A)=\{0\}$;

(2) 设 p_i 是 A 中的幂等元，$n_i\in\mathbf{Z}$, $i=1,\cdots,k$, 则

$$\sum_{i=1}^{k} n_i p_i \in Q(A);$$

(3) 如果 $a \in Q(A)$，则可以唯一地写

$$a = \sum_{j \in \mathbf{Z}} j p_j.$$

这里 $\{p_j | j \in \mathbf{Z}\}$ 是 A 中的幂等元族，仅有限个非零，并且 $p_i p_j = \delta_{ij} p_i$，$\forall i, j$，以及 $\sum_{j \in \mathbf{Z}} p_j = e$. 此外每个 p_j 连续地依赖于 a，以及若 $b \in A$，$ba = ab$，则 $bp_j = p_j b$，$\forall j \in \mathbf{Z}$.

这时称 $a = \sum_{j \in \mathbf{Z}} j p_j$ 为 a 的谱分解.

证 (1) 设 $a \in Q(A) \cap R(A)$，记 $b = 2\pi i a$，$c = \sum_{n=2}^{\infty} b^{n-1}/n!$. 由 $e^b = e$，可见

$$b(e + c) = \sum_{n=1}^{\infty} b^n/n! = e^b - e = 0,$$

但 $b \in R(A)$，因此，$c \in R(A)$，$(e + c)$ 可逆，所以 $b = 0$，即 $a = 0$.

(2) 显然.

(3) 由 $a \in Q(A)$，$e^{2\pi i \hat{a}(t)} = 1$，因此，$\hat{a}(t) \in \mathbf{Z}$，$\forall t \in \Omega$. 令

$$\Omega_j = \{t \in \Omega | \hat{a}(t) = j\},$$

则 $\{\Omega_j\}_{j \in \mathbf{Z}}$ 是 Ω 的互不相交的闭子集，且仅有限多个非空，以及并为 Ω. 今依 Shilov 幂等元定理(3.4.4)，存在唯一的幂等元族 $\{p_j\}_{j \in \mathbf{Z}}$，使得 $p_i p_j = \delta_{ij} p_i$，$\hat{p}_j = \chi_{\Omega_j}$，$\forall i, j$，及 $\sum_{j \in \mathbf{Z}} p_j = e$. 显然

$$\left(a - \sum_{j \in \mathbf{Z}} j p_j\right) \in Q(A) \cap R(A) = \{0\},$$

因此，$a = \sum j p_j$. 其余皆容易(参见命题 1.6.7). 证毕.

命题 3.7.3 在 Gelfand 变换下，作为加法群

$$Q(A) \cong Q(C(\Omega)).$$

证 依命题 3.7.2 的 1),显然 $a \to \hat{a}$ 是 $Q(A)$ 到 $Q(C(\Omega))$ 中的(加法群)同构.

今设 $f \in Q(C(\Omega))$, 于是 $f(\Omega) \subset \mathbf{Z}$. 对任意的 $i \in \mathbf{Z}$, 令 $\Omega_i = \{t \in \Omega | f(t) = i\}$, 相应决定 A 中的幂等元 p_i, 使得 $\hat{p}_i = \chi_{\Omega_i}$. 令 $a = \sum i p_i$, 则 $a \in Q(A)$, 且 $\hat{a} = f$. 因此, $Q(A) \cong Q(C(\Omega))$. 证毕.

定理 3.7.4 作为加法群,

$$Q(A) \cong H^0(\Omega, \mathbf{Z}).$$

证 由命题 3.7.3 及定理 3.6.4 立见.

注 本定理是谱空间 Ω 的拓扑性质与交换 Banach 代数 A 的构造相联系的第一个结果.

下面记 A^{-1} 为 A 中可逆元的全体, $e^A = \{e^a | a \in A\}$ 是 A^{-1} 的主分量.

命题 3.7.5 在 Gelfand 变换下,作为乘法群,

$$A^{-1}/e^A \cong C(\Omega)^{-1}/e^{C(\Omega)}.$$

证 显然 $ae^A \to \hat{a}e^{C(\Omega)}$ 是 A^{-1}/e^A 到 $C(\Omega)^{-1}/e^{C(\Omega)}$ 的同态.

对任意的 $f \in C(\Omega)^{-1}$, 依 Arens-Royden 定理(3.5.6), 有 $a \in A^{-1}$, $h \in C(\Omega)$, 使得 $f = \hat{a}e^h$. 因此上面的同态是满的.

最后, 如果 $a \in A^{-1}$, $h \in C(\Omega)$, 使得 $\hat{a} = e^h$, 依命题 3.4.7 的 (1),将有 $b \in A$, 使得 $\hat{b} = h$, $a = e^b$. 因此上面的同态也是同构. 证毕.

定理 3.7.6 作为交换群,

$$A^{-1}/e^A \cong H^1(\Omega, \mathbf{Z}).$$

证 由命题 3.7.5 及定理 3.6.5 立见.

注 本定理是 Ω 的拓扑与 A 的构造相联系的第二个主要结果,它属于 R. Arens ([1]). 进而要用 A 的构造来描述 Ω 的更高阶的 Čech 上同调群将是很困难的. 例如 $H^a(\Omega, \mathbf{Z})$ 同构于 A 的 Picard 群,可以参见[57].

习题

设 A 是有单位元的交换 Banach 代数，R 是它的根基，$\tilde{A}=A/R$，Ω 与 $\tilde{\Omega}$ 分别是 A 与 $\tilde{A}$ 的谱空间，则 $\Omega\cong\tilde{\Omega}$，并且在 $A\to\tilde{A}$ 的商映象下，$A^{-1}/e^{A}\cong\tilde{A}^{-1}/e^{\tilde{A}}$。

第四章　Banach 代数与 K 理论

本章将用 Banach 代数理论来处理 K 理论，或者说把拓扑 K 理论推广到一般的 Banach 代数情形。第一节介绍投影模等一系列概念的介绍；第二节对 Banach 代数引入 K_0 函子；第三节对 Banach 代数引入 K_1 函子；第四节讨论函子 K_1 与 K_0 的联系（指标映象），由此得到 6 项正合列(4.4.2)；第五节是 K 理论的核心部份——Bott 周期性定理，由此得到 6 项循环的正合列，这将是计算 K 群的基本工具；第六节回到交换 Banach 代数的情形，避免使用向量丛的工具，得到拓扑 K 理论的主要结果。当然，我们都是在复数域上进行的。如考虑实数域，还要涉及到 Clifford 代数等，本书不予讨论。

§1. 若干准备知识

§1.1 投影的右模

回忆一下域 $\mathbf{F}$ 上的线性空间 V，于是有映象 $(\lambda, v) \to \lambda v$: $\mathbf{F} \times V \to V$，满足分配律，结合律等等。如果 $\mathbf{F}$ 代以一般的环，就有模的概念。

定义 4.1.1　设 R 是有单位元 1 的环，M 称为右 R 模，指 M 是加法群，并且有映象 $(a, x) \to xa$: $R \times M \to M$ 满足

$$(x+y)a = xa + ya, \quad x(a+b) = xa + xb,$$
$$x(ab) = (xa)b, \qquad x1 = x,$$

$\forall x, y \in M$, $a, b \in R$.

相仿地定义左 R 模。当 R 交换时，左、右 R 模并无区别，简单地称为 R 模。

任意的加法群可自然地看作为 $\mathbf{Z}$ 模，因此加法群是特殊的模。

下面对固定的环 R 进行讨论,因此简单地称右 R 模为右模.

定义 4.1.2 右模 M 称为自由的,指存在基集$\mathfrak{M}$,使得对任意的 $x\in M$,可以唯一地表达成有限和 $x=\sum\limits_i x_i a_i$,这里 $x_i\in\mathfrak{M}$,$a_i\in R$,$\forall i$.

定义 4.1.3 设 M, N 是右模,$\varphi: M\to N$ 称为(模)同态,指φ首先是(加法)群同态,同时与R的作用相交换,即

$$\varphi(x+y)=\varphi(x)+\varphi(y),\quad \varphi(xa)=\varphi(x)a,$$

$\forall x, y\in M$,$a\in R$. 如果φ还是一一的,并且 $\varphi(M)=N$,就称φ是 M 到N上的(模)同构,这时自然地 φ^{-1} 是N到 M 上的(模)同构.

定义 4.1.4 右模P称为投影的,指对任意的右模 M, N,及(模)同态 $f: P\to N$,$p: M\twoheadrightarrow N$ (即 $p: M\to N$ 并且 $p(M)=N$),有(模)同态 $g: P\to M$,使得 $f=pg$,用右图来表示.

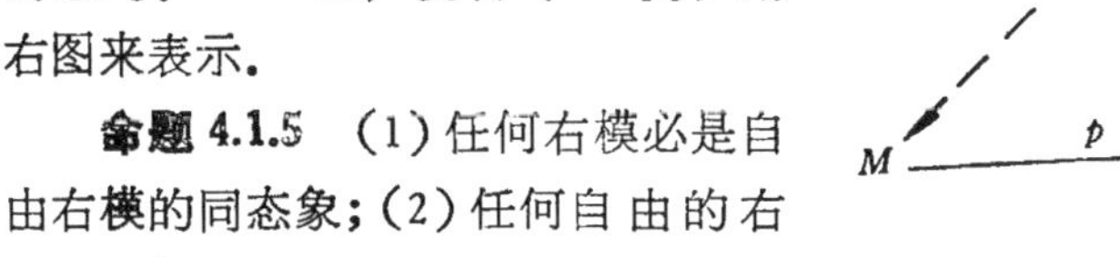

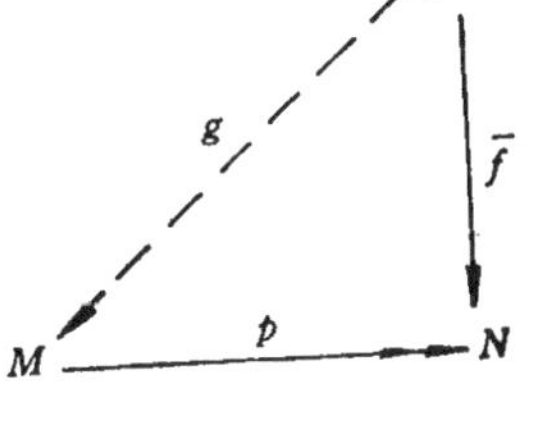

命题 4.1.5 (1) 任何右模必是自由右模的同态象;(2) 任何自由的右模必是投影的.

证 (1) 设 M 是右模,令

$$N=\bigoplus_M R=\{(a_x)_{x\in M}\mid a_x\in R,\ \forall x\in M,\ \text{并且在}\ \{a_x\mid x\in M\}\ \text{中仅有限个不为}\ 0\}.$$

显然N自然地成为自由的右 (R) 模. 若命

$$f((a_x))=\sum_{x\in M}xa_x,\quad \forall (a_x)\in N,$$

则 f 是N到M的(模)同态,并且 $f(N)=M$.

(2) 设 P 是自由的右模,$\mathscr{P}$是它的基集. 如果有 M, N, f, p 如定义 4.1.4,对每个 $x\in\mathscr{P}$,由于 $N=p(M)$,可选定 $m=m(x)$,使得 $f(x)=p(m)$. 今定义 $g: P\to M$ 为

$$g\left(\sum_i x_i a_i\right)=\sum_i m_i a_i,$$

这里 $a_i \in R$, $x_i \in \mathscr{P}$, $m_i = m(x_i)$, 即 $f(x_i) = p(m_i)$, $\forall i$, 即见 g 是 P 到 M 的同态，并且 $f = pg$。因此，P 是投影的. 证毕.

定理 4.1.6 右模 P 是投影的，当且仅当，存在右模 Q，使得 $(P \oplus Q)$ 是自由的.

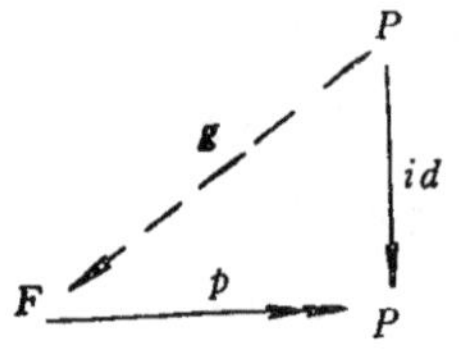

证 设 P 是投影的. 由命题 4.1.5 的 (1)，有自由右模 F，及同态 $p: F \to P$，使得 $p(F) = P$. 从而有同态 $g: P \to F$，使得 $pg = id$（如图）. 令 $Q = \ker p$，显然也是右模. 我们将有

$$F = gP \oplus Q.$$

事实上，对任何的 $x \in F$，$(x - gp(x)) \in \ker p = Q$，因此，

$$x = gp(x) + (x - gp(x)).$$

若 $x \in gP \cap Q$，设 $x = gy$，某 $y \in P$，则 $px = 0 = pgy = y$，因此，$x = 0$. 此外，由 $pg = id$，可见 g 是 P 到 F 中的一一同态；进而 $(p|gP)$ 是 gP 到 P 上的同构. 因此，$P \oplus Q \cong gP \oplus Q = F$ 是自由的.

反之设有右模 Q，使得

$$F = P \oplus Q$$

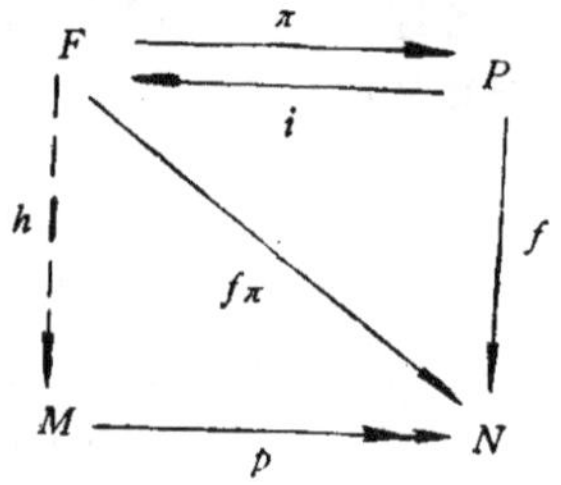

是自由的. 今若有 M, N, f, p 如定义 4.1.4，令 $\pi: F \to P$ 是投影映象，自然是(模)同态；i 是 P 到 F 中的嵌入映象(见图). 依命题 4.1.5，F 是投影模，从而，有同态 $h: F \to M$，使得 $ph = f\pi$. 于是 $g = hi$ 是 P 到 M 的同态，并且满足

$$pg = phi = f\pi i = f,$$

这就说明 P 是投影模. 证毕.

右模 M 称为有限生成的，指它有有限的生成元的集合，换言之，有 M 的有限子集 $\mathfrak{M}$，使得任意的 $y \in M$，可以写成

$$y = \sum_{x \in \mathfrak{M}} x a_x,$$

这里 $a_x\in R$，$\forall x\in\mathfrak{M}$（注意这样的表达式不必唯一）.

系 4.1.7 右模 P 是投影的并且有限生成的，当且仅当，存在右模 Q，使得 $F=P\oplus Q$ 是自由的，并且 F 有有限的基集.

证 充分性 显然 P 是投影的. 此外，F 是有限生成的，自然 P 也是有限生成的.

反之设 P 是投影的，并且是有限生成的. 如果 $\mathscr{P}$ 是 P 的有限生成元集，命

$$N=\bigoplus_{\mathscr{P}}R=\{(a_x)_{x\in\mathscr{P}}\mid a_x\in R,\forall x\in\mathscr{P}\},$$

则 N 是具有限基集的自由右模. 再令

$$p((a_x))=\sum_{x\in\mathscr{P}}xa_x,$$

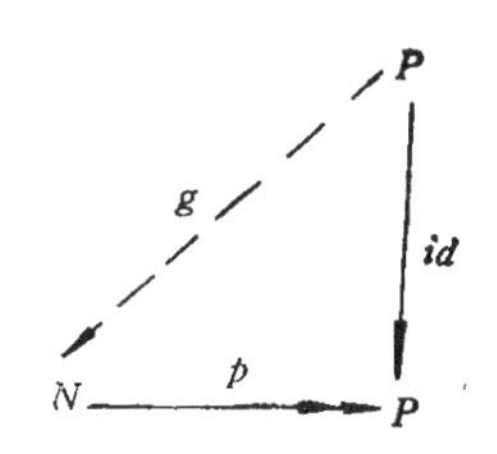

则 p 是 N 到 P 上的同态. 记 $Q=\ker p$. 另一方面，P 是投影的，因此有同态 g: $P\to N$，使得 $pg=id$（如图）. 定义

$$(x,y)\to gx+y:\ F=P\oplus Q\to N(\forall x\in P,y\in Q).$$

如定理 4.1.6 的证明可见 $F\cong N$. 证毕.

§1.2 交换半群的泛群（Grothendieck 群）

定义 4.1.8 设 M 是交换半群，即 M 中定义有满足结合律的加法(或交换的乘法)，并且有零元(或单位元)，但并不假定对 M 的任意元都有相应的负元(或逆元). 如果交换群 $\mathscr{U}(M)$ 与同态 u: $M\to\mathscr{U}(M)$ 满足下面的(泛)性质: 对于任何的交换群 G 及 M 到 G 的同态 f，将有唯一的(群)同态 θ: $\mathscr{U}(M)\to G$，使得 $\theta u=f$. 即有交换图

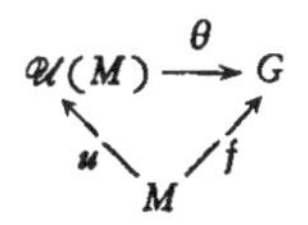

这时将称 $\mathscr{U}(M)$ 为 M 的泛群或 Grothendieck 群.

现在我们指出：如果交换半群 M 的泛群是存在的，那末在

(群)同构意义下,它是唯一的. 事实上,设 $(\mathscr{U}_i(M),u_i)$ 都满足要求, $i=1,2$, 于是将有唯一的(群)同态

$$\theta_1: \mathscr{U}_1(M)\to\mathscr{U}_2(M) \text{ 及 } \theta_2: \mathscr{U}_2(M)\to\mathscr{U}_1(M),$$

使得有交换图

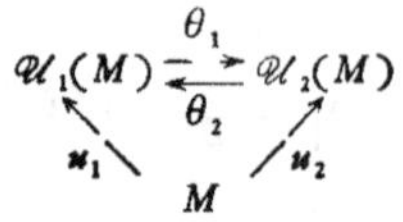

$$\begin{array}{ccc} \mathscr{U}_1(M) & \underset{\theta_2}{\overset{\theta_1}{\rightleftarrows}} & \mathscr{U}_2(M) \\ {}_{u_1}\nwarrow & & \nearrow_{u_2} \\ & M & \end{array}$$

特别有

$$\begin{array}{ccc} \mathscr{U}_1(M) & \xrightarrow{\theta_2\circ\theta_1} & \mathscr{U}_1(M) \\ {}_{u_1}\nwarrow & & \nearrow_{u_2} \\ & M & \end{array}$$

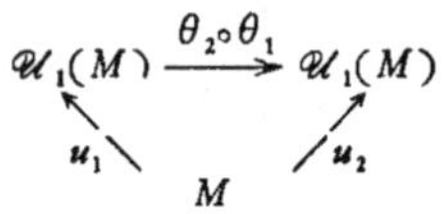

依唯一性,应当有 $\theta_2\circ\theta_1=id$. 同样 $\theta_1\circ\theta_2=id$, 因此,

$$\mathscr{U}_1(M)\cong\mathscr{U}_2(M).$$

下面我们来给出 $\mathscr{U}(M)$ 及 u 的一种构造方法,虽然还可以给出其他的构造方法,但依唯一性的讨论,它们都是同构的.

在 $M\times M$ 中引入等价关系~: $(m,n)\sim(m',n')$, 指存在 $t\in M$, 使得

$$m+n'+t=m'+n+t.$$

令 $\mathscr{U}(M)=(M\times M)/\sim$, 并定义加法

$$(m,n)^{\sim}+(m',n')^{\sim}=(m+m',n+n')^{\sim}.$$

容易证明,这个定义是合理的,并且 $(m,n)^{\sim}$ 的逆元是 $(n,m)^{\sim}$, 以及零元是 $(0,0)^{\sim}=(m,m)^{\sim}$. 进而令 $u: M\to\mathscr{U}(M)$ 为

$$u(m)=(m,0)^{\sim}.$$

特别可见

$$(m,n)^{\sim}=(m,0)^{\sim}-(n,0)^{\sim},\ \mathscr{U}(M)=u(M)-u(M),$$

今指出这样的 $\mathscr{U}(M)$ 及 u 满足要求. 如果有 M 到某交换群 G 的同态 f, 我们命

$$\theta((m,n)^{\sim})=f(m)-f(n),\ \forall(m,n)^{\sim}\in\mathscr{U}(M).$$

自然将有 $\theta u=f$. 当然需要检验 θ 定义的合理性. 事实上,若 $(m,n)\sim(m',n')$, 于是有 $t\in M$, 使得

$$m + n' + t = m' + n + t,$$
从而 $f(m) + f(n') + f(t) = f(m') + f(n) + f(t)$. 因此在$G$中有

$$f(m) - f(n) = f(m') - f(n').$$
即说明θ定义是合理的. 至于θ的唯一性,由

$$\mathscr{U}(M) = u(M) - u(M)$$
立见. 因此我们有

命题 4.1.9 交换半群 M 的泛群 $\mathscr{U}(M)$ 是唯一(同构意义下)存在的,并且 $\mathscr{U}(M) = u(M) - u(M)$.

注 $u: M \to \mathscr{U}(M)$ 未必是一一的. 例如M中有∞元, 即 $m + \infty = \infty$, $\forall m \in M$, 这时

$$\begin{aligned} u(m) - u(n) &= u(m) + u(\infty) - u(n) - u(\infty) \\ &= u(m + \infty) - u(n + \infty) \\ &= u(\infty) - u(\infty) = 0. \end{aligned}$$
因此 $\mathscr{U}(M) = \{0\}$. 另一方面, 我们有下面的事实: $u: M \to \mathscr{U}(M)$ 是一一的,当且仅当, M 满足消去律, 即若 M 中的任意元 m, n, t 满足 $m + t = n + t$, 则有 $m = n$. 事实上,由

$$u(m) = u(n) \Longleftrightarrow (m,0)^{\sim} = (n,0)^{\sim} \Longleftrightarrow (m,0) \sim (n,0)$$
$\Longleftrightarrow$ 存在 $t \in M$, 使得 $m + t = n + t$ 成立,可得证.

§1.3 幂等元与有限生成的投影右模

定义 4.1.10 设R是有单位元 1 的环, $p \in R$ 称为幂等的, 指 $p^2 = p$. 记R中幂等元的全体为 $P_1(R)$.

$p, q \in P_1(R)$ 称为代数等价的, 记作 $p \underset{a}{\sim} q$, 指有 $a, b \in R$, 使得 $ab = p$, $ba = q$.

R中可逆元全体记作 R^{-1} 或者 $GL_1(R)$. $p, q \in P_1(R)$ 称为相似的,记作 $p \underset{s}{\sim} q$, 指存在 $u \in R^{-1}$, 使得 $upu^{-1} = q$.

$p, q \in P_1(R)$ 称为直交的,记作 $p \perp q$, 指 $pq = qp = 0$.

命题 4.1.11 (1) 设 $p, q \in P_1(R)$, 则 $p \perp q$, 当且仅当,

$(p+q)\in P_1(R)$;

(2) 设 $p, q\in P_1(R)$，并且 $p\underset{a}{\sim}q$，则存在 $a\in pRq$，$b\in qRp$，使得 $ab=p$，$ba=q$；

(3) $\underset{a}{\sim}$ 是等价关系；

(4) 如果 $p_i\underset{a}{\sim}q_i$，$i=1,2$，并且 $p_1\perp p_2$，$q_1\perp q_2$，则

$$(p_1+p_2)\underset{a}{\sim}(q_1+q_2).$$

证 (1) 显然如果 $p\perp q$，则 $(p+q)\in P_1(R)$. 反之设 $(p+q)^2=p+q$，则 $pq+qp=0$。于是

$$\begin{cases}(1-p)qp=(1-p)(pq+qp)=0,\\ pqp=\dfrac{1}{2}(2pqp)=\dfrac{1}{2}p(qp+pq)p=0.\end{cases}$$

因此，$qp=0$。进而 $pq=pq+qp=0$。

(2) 取定义 4.1.10 中的 a 为 paq，b 为 qbp 即得证。

(3) 设 $p=ab$，$q=ba=cd$，$r=dc$，这里 $p,q,r\in P_1(R)$. 依(2)可设 $a\in pRq$，$b\in qRp$，$c\in qRr$，$d\in rRq$. 于是

$$(ac)(db)=aqb=ab=p,$$
$$(db)(ac)=dqc=dc=r,$$

即 $p\underset{a}{\sim}r$。因此，$\underset{a}{\sim}$ 是等价关系。

(4) 设 $a_ib_i=p_i$，$b_ia_i=q_i$，$a_i\in p_iRq_i$，$b_i\in q_iRp_i$，$i=1,2$。于是由 $p_ip_j=q_iq_j=0$，可见 $a_ib_j=b_ja_i=0$，$\forall i\neq j$. 从而

$$(a_1+a_2)(b_1+b_2)=p_1+p_2,\ (b_1+b_2)(a_1+a_2)=q_1+q_2,$$

即 $(p_1+p_2)\underset{a}{\sim}(q_1+q_2)$. 证毕。

命题 4.1.12 设 $p, q\in P_1(R)$，$M_2(R)=\left\{\begin{pmatrix}a&b\\c&d\end{pmatrix}\middle|\, a,b,c,d\in R\right\}$ $\left(\text{它自然地也成为有单位元}\begin{pmatrix}1&0\\0&1\end{pmatrix}=1\oplus1\text{ 的环}\right)$.

(1) $p\underset{s}{\sim}q$，当且仅当，$p\underset{a}{\sim}q$，$(1-p)\underset{a}{\sim}(1-q)$. 特别，$p\underset{s}{\sim}q$ 时，必然有 $p\underset{a}{\sim}q$；

(2) 如果 $p \underset{a}{\sim} q$，则在 $P_1(M_2(R))$ 中，

$$p \oplus 0 \underset{s}{\sim} q \oplus 0.$$

证 (1) 设有 $u \in R^{-1}$，使得 $upu^{-1} = q$. 当然也有 $u(1-p)u^{-1} = 1-q$. 令 $a = pu^{-1}$, $b = up$，则 $ab = p$, $ba = q$，即 $p \underset{a}{\sim} q$. 再命 $a' = (1-p)u^{-1}$, $b' = u(1-p)$，则 $a'b' = 1-p$, $b'a' = 1-q$，即 $(1-p) \underset{a}{\sim} (1-q)$.

反之设 $p \underset{a}{\sim} q$, $(1-p) \underset{a}{\sim} (1-q)$. 令

$$ab = p,\ ba = q,\ a'b' = 1-p,\ b'a' = 1-q,$$

并且

$$a \in pRq,\ b \in qRp,\ a' \in (1-p)R(1-q),$$
$$b' \in (1-q)R(1-p).$$

于是令 $v = a + a$，则 $v^{-1} = b + b'$，并且

$$v^{-1}pv = (b+b')p(a+a') = ba = q,$$

即 $p \underset{s}{\sim} q$.

(2) 设 $ab = p$, $ba = q$, $a \in pRq$, $b \in qRp$. 令

$$z = \begin{pmatrix} b & 1-q \\ 1-p & a \end{pmatrix},$$

则

$$z^{-1} = \begin{pmatrix} a & 1-p \\ 1-q & b \end{pmatrix},\quad z\begin{pmatrix} p & 0 \\ 0 & 0 \end{pmatrix}z^{-1} = \begin{pmatrix} q & 0 \\ 0 & 0 \end{pmatrix},$$

证毕.

定义 4.1.13 设 R 是有单位元 1 的环，对任何的正整数 n，记

$$M_n(R) = \{(a_{ij})_{1 \leqslant i,j \leqslant n} \mid a_{ij} \in R, 1 \leqslant i,j \leqslant n\},$$

则 $M_n(R)$ 可以自然地成为有单位元 $1_n = 1 \oplus \cdots \oplus 1$ 的环. 记 $M_n(R)$ 中幂等元的全体为 $P_n(R)$. 显然如果 $p \in P_n(R)$，p 的一阶零扩张 $p \oplus 0 \in P_{n+1}(R)$. 在这样的意义下，可以认为

$$P_1(R) \hookrightarrow P_2(R) \hookrightarrow \cdots \hookrightarrow P_n(R) \hookrightarrow \cdots,$$

并记

$$P(R) = \bigcup_{n=1}^{\infty} P_n(R).$$

又记环 $M_n(R)$ 的可逆元全体为 $M_n(R)^{-1}=GL_n(R)$. 如果 $u\in GL_n(R)$, 它的一阶 1 扩张 $u\oplus 1\in GL_{n+1}(R)$. 在这样的意义下,可以认为

$$GL_1(R)\hookrightarrow\cdots\hookrightarrow GL_n(R)\hookrightarrow\cdots,$$

并记

$$GL(R)=\bigcup_{n=1}^{\infty}GL_n(R).$$

定义 4.1.14 在 $P(R)$ 中引入等价关系$\sim$: $p\sim q$ 指有 $u\in GL(R)$, 使得 $upu^{-1}=q$. 确切地说,若 $p\in P_n(R)$, $q\in P_k(R)$, 则有 $m\geqslant n$ 及 k, 与 $u\in GL_m(R)$, 使得

$$u(p\oplus 0_{m-n})u^{-1}=q\oplus 0_{m-k}.$$

换言之, p, q 有相似的零扩张.

依命题 4.1.12, 如 $p\in P_n(R)$, $q\in P_k(R)$, 则 $p\sim q$, 当且仅当,存在 $m\geqslant n$ 及 k, 使得

$$(p\oplus 0_{m-n})\underset{a}{\sim}(q\oplus 0_{m-k}).$$

命题 4.1.15 在 $P(R)/\sim$ 中可以定义加法

$$\tilde{p}+\tilde{q}=(p\oplus q)^{\sim},\ \forall\tilde{p},\ \tilde{q}\in P(R)/\sim.$$

依此, $P(R)/\sim$是交换半群. 此外,加法也可以写成

$$\tilde{p}+\tilde{q}=(p'+q')^{\sim},$$

这里 $p'\in\tilde{p}$, $q'\in\tilde{q}$, 并且 $p'\perp q'$.

证 首先证明如果 $p\sim p'$, $q\sim q'$, 则 $p\oplus p'\sim q\oplus q'$. 依$\sim$的定义,将有 u, $v\in GL(R)$, 使得

$$u(p\oplus 0)u^{-1}=p'\oplus 0,\ v(q\oplus 0)v^{-1}=q'\oplus 0.$$

因此,

$$(u\oplus v)(p\oplus 0\oplus q\oplus 0)(u\oplus v)^{-1}=(p'\oplus 0\oplus q'\oplus 0).$$

自然

$$p\oplus 0\oplus q\oplus 0\underset{s}{\sim}p\oplus q\oplus 0,\ p'\oplus 0\oplus q'\oplus 0\underset{s}{\sim}p'\oplus q'\oplus 0,$$

从而 $(p\oplus q)\sim(p'\oplus q')$.

对任意的 p, $q\in P(R)$, 显然 $(p\oplus q)\underset{s}{\sim}(q\oplus p)$, 因此,

$$\tilde{p}+\tilde{q}=\tilde{q}+\tilde{p}.$$

即 $(P(R)/\sim,+)$ 是交换半群.

此外，如果 $p'\in\tilde{p}$，$q'\in\tilde{q}$，$p'\perp q'$，自然 $(p'+q')\in P(R)$. 令

$$u=\begin{pmatrix}1-q' & q'\\ q' & 1-q'\end{pmatrix},$$

则 $u^2=1$，$u=u^{-1}$，$u(p'\oplus q')u=(p'+q')\oplus 0$. 即

$$(p'+q')\sim(p'\oplus q').$$

由此，

$$\tilde{p}+\tilde{q}=\tilde{p}'+\tilde{q}'=(p'\oplus q')^{\sim}=(p'+q')^{\sim},$$

证毕.

定义 4.1.16 设 R 是有单位元 1 的环，记 $\mathscr{P}(R)$ 为有限生成的投影右（R-）模的全体. 以(模)同构 $\cong$ 作为等价关系，以直和 $\oplus$ 作为加法，显然，$(\mathscr{P}(R)/\cong,\oplus)$ 也是交换半群.

下面我们来指出，交换半群 $(P(R)/\sim,+)$ 与 $(\mathscr{P}(R)/\cong,\oplus)$ 是同构的.

对任何的 $P\in\mathscr{P}(R)$，依系 4.1.7，将有 $Q\in\mathscr{P}(R)$ 及正整数 k，使得 $P\oplus Q\cong R^k$. 设 Φ 是 $(P\oplus Q)$ 到 R^k 上的模同构. 于是

$$R^k=\Phi(P)\oplus\Phi(Q).$$

相应决定 R^k 到 $\Phi(P)$ 上的投影映象 p. 由于 $\Phi(P)$ 是右模，因此 p 是(模)同态. 从而

$$p\begin{pmatrix}a_1\\ \vdots\\ a_k\end{pmatrix}=\sum_{k=1}^{k}p(e_i)a_i,\ \forall a_i\in R,\ 1\leqslant i\leqslant k,\ \text{这里}\ e_i=\begin{pmatrix}0\\ \vdots\\ 1\\ 0\\ \vdots\end{pmatrix}-i.$$

记

$$p(e_i)=\begin{pmatrix}p_{1i}\\ \vdots\\ p_{ki}\end{pmatrix},\ \text{这里}\ p_{ji}\in R,\ 1\leqslant i,\ j\leqslant k,$$

则

$$p\begin{pmatrix}a_1\\ \vdots\\ a_k\end{pmatrix}=\begin{pmatrix}\sum_{i=1}^{k} p_{1i}a_i\\ \vdots\\ \sum_{i=1}^{k} p_{ki}a_i\end{pmatrix}=(p_{ij})_{1\leq i,j\leq k}\begin{pmatrix}a_1\\ \vdots\\ a_k\end{pmatrix}.$$

因为 $p^2=p$，因此，(p_{ij}) 是 $M_k(R)$ 中的幂等元. 这样对于 $P\in\mathscr{P}(R)$，通过上面的过程，可以作出 $P\in P(R)$ 与之对应.

今设 P，$P'\in\mathscr{P}(R)$，α 是 P 到 P' 上的(模)同构. 同样有 Q，$Q'\in\mathscr{P}(R)$，正整数 k，k'，以及

$$\Phi:\ P\oplus Q\cong R^k,\quad \Phi':\ P'\oplus Q'\cong R^{k'}.$$

于是

$$R^k=\Phi(P)\oplus\Phi(Q),\quad R^{k'}=\Phi'(P')\oplus\Phi'(Q'),$$

相应决定 p，$p'\in P(R)$，使得

$$p:\ R^k\to\Phi(P),\quad p':\ R^{k'}\to\Phi'(P').$$

考虑分解

$$R^{k+k'}=\Phi(P)\oplus\Phi(Q)\oplus\Phi'(P')\oplus\Phi'(Q').$$

令

$$u=\begin{pmatrix}0&0&-\alpha^{-1}&0\\ 0&1&0&0\\ \alpha&0&0&0\\ 0&0&0&1\end{pmatrix},$$

则 u 是 $R^{k+k'}$ 的(模)自同构. 于是可写 $u=(u_{ij})\in GL_{k+k'}(R)$，并且

$$\begin{aligned}&u^{-1}(0_k\oplus p')u(a,b,a',b')\\ &\quad=u^{-1}(0_k\oplus p')(-\alpha^{-1}(a'),b,\alpha(a),b')\\ &\quad=u^{-1}(0,0,\alpha(a),0)=(a,0,0,0)\\ &\quad=(p\oplus 0_{k'})(a,b,a',b'),\end{aligned}$$

$\forall a\in\Phi(P)$，$b\in\Phi(Q)$，$a'\in\Phi'(P')$，$b'\in\Phi'(Q')$，因此，

$$u^{-1}(0_k\oplus p')u=(p\oplus 0_{k'}),$$

即在 $P(R)$ 中，$p\sim p'$.

这样，不仅说明，前面由 $P\in\mathscr{P}(R)$ 决定 $p\in P(R)$ 的过程将与 Φ，k 的选择无关(在 $P(R)$ 中的～意义下)，而且也说明，如果 $P\cong P'$，则有 $p\sim p'$. 从而我们可以建立映象

$$\langle P\rangle\to\bar{p}:\ \mathscr{P}(R)/\cong\ \to P(R)/\sim$$

这里 $\langle P\rangle$ 表示 $P(\in\mathscr{P}(R))$ 的(模)同构类，$\bar{p}$ 表示 $p(\in P(R))$ 的等价类. 显然，这个映象是(交换半群之间的)同态. 对任何的 $p\in P_k(R)$，令 $P=pR^k$，则 $P\in\mathscr{P}(R)$，并且 $\langle P\rangle$ 决定 $\bar{p}$. 因此，这个映象也是满的. 最后，如果 $p:\ R^k\to\Phi(P)$，$p':\ R^{k'}\to\Phi'(P')$ 如前，并且 $p\sim p'$，即有 $u\in GL(R)$，使得

$$u^{-1}(0+p')u=p\oplus 0,$$

则

$$\Phi(P)=(p\oplus 0)R^{k+k'}=u^{-1}(0\oplus p')uR^{k+k'}=u^{-1}\Phi'(P').$$

于是，u: $\Phi(P)\to\Phi'(P')$ 是(模)同构，即 $P\cong P'$. 从而，$\langle P\rangle\to\bar{p}$ 的映象也是一一的. 总之，有

命题 4.1.17 设 R 是有单位元的环，则交换半群 $P(R)/\sim$ 与 $\mathscr{P}(R)/\cong$ 是同构的.

§1.4 范畴与函子

定义 4.1.18 范畴 C 由"事物"的集合 $\mathrm{Ob}c$ 与每两个事物 A，$B\in\mathrm{Ob}c$ 之间"射"的集合 $\mathrm{Hom}(A,B)$ 所组成，并且在射之间有"复合"$\circ$ 的运算：

$$(f,g)\to f\circ g:\mathrm{Hom}(A,B)\times\mathrm{Hom}(B,C)\to\mathrm{Hom}(A,C)$$

满足结合律 $(f\circ g)\circ h=f\circ(g\circ h)$，并且对每个事物 A，有"单位射" $1_A\in\mathrm{Hom}(A,A)$，使得

$$\begin{cases}f\circ 1_A=f,\ \forall f\in\mathrm{Hom}(A,B),\\ 1_A\circ g=g,\ \forall g\in\mathrm{Hom}(B,A),\end{cases}$$

$\forall A$，$B\in\mathrm{Ob}c$.

范畴例子随处可见，例如群与群的同态，环与环的同态，模与模的同态等等.

定义 4.1.19 设 C, C' 是范畴, $F: C\to C'$ 称为(协变)函子,指对 $\forall A, B\in Obc$ 及 $f\in \mathrm{Hom}(A,B)$, 有 $FA, FB\in ObC'$ 及 $Ff\in \mathrm{Hom}(FA,FB)$, 使得

$$F(g\circ f)=Fg\circ Ff,\quad F(1_A)=1_{FA},$$

$\forall f\in \mathrm{Hom}(A,B)$, $g\in \mathrm{Hom}(B,C)$.

设 F_i: $C\to C'$ 是函子, $i=1,2$, 变换 φ: $F_1\to F_2$ 称为自然的,指对 C 的任何事物 A, 有射 $\varphi(A)\in \mathrm{Hom}(F_1(A),F_2(A))$, 使得对 C 中任意的 f: $A\to B$, 有交换图

$$\begin{array}{ccc} F_1(A) & \xrightarrow{F_1(f)} & F_1(B) \\ \varphi(A)\downarrow & & \downarrow\varphi(B) \\ F_2(A) & \xrightarrow{F_2(f)} & F_2(B) \end{array}$$

关于范畴与函子,我们不拟多加笔墨,估计读者已经熟悉,或可查阅有关书籍.

§1.5 环的 K_0 函子

定义 4.1.20 设 R 是有单位元 1 的环, 记交换半群 $P(R)/\sim$ 或 $\mathscr{P}(R)/\cong$ 的泛群为 $K_0(R)$ (见定义 4.1.8).

命题 4.1.21 记 $\tilde{p}$ 在 $K_0(R)$ 中的映象为 $[p]$, $\langle P\rangle$ 在 $K_0(R)$ 中的映象为 $[P]$, $\forall p\in P(R)$, $P\in \mathscr{P}(R)$.

(1)
$$\begin{aligned} K_0(R) &= \{[p]-[q]\mid p,q\in P(R)\} \\ &= \{[p]-[1_n]\mid p\in P(R), n=0,1,\cdots\}, \end{aligned}$$

或者

$$\begin{aligned} K_0(R) &= \{[P]-[Q]\mid P,Q\in \mathscr{P}(R)\} \\ &= \{[P]-[R^n]\mid P\in \mathscr{P}(R), n=0,1,\cdots\}. \end{aligned}$$

(2) 设 $p, q, p', q'\in P(R)$, 则在 $K_0(R)$ 中, $[p]-[q]=[p']-[q']$, 当且仅当, 存在 $r\in P(R)$, 使得在 $P(R)$ 中, $(p\oplus q'\oplus r)\sim(p'\oplus q\oplus r)$. 此外,这个 r 可以取作 1_n 的形式.

设 $P, Q, P', Q'\in \mathscr{P}(R)$, 则在 $K_0(R)$ 中, $[P]-[Q]=[P']-[Q']$, 当且仅当, 存在 $S\in \mathscr{P}(R)$, 使得在 $\mathscr{P}(R)$ 中,

$P\oplus Q'\oplus S\cong P'\oplus Q\oplus S$. 此外,这个 S 可以取作 R^n 的形式.

(3) 设 $p,q\in P(R)$, 则在 $K_0(R)$ 中, $[p]=[q]$, 当且仅当,存在 $r\in P(R)$, 使得在 $P(R)$ 中, $p\oplus r\sim q\oplus r$. 此外, 这个 r 可以取作 1_n 的形式;

设 $P,Q\in P(R)$, 则在 $K_0(R)$ 中, $[P]=[Q]$, 当且仅当, 存在 $S\in\mathscr{P}(R)$, 使得在 $\mathscr{P}(R)$ 中, $P\oplus S\cong Q\oplus S$. 此外, 这个 S 可以取作 R^n 的形式.

证 (1) 依命题 4.1.9, 可见

$$K_0(R)=\{[p]-[q]\,|\,p,q\in P(R)\}.$$

此外如 $q\in P_n(R)$, 则

$$\begin{aligned}[p]-[q]&=[p]+[1_n-q]-([q]+[1_n-q])\\&=[p\oplus(1_n-q)]-[1_n],\end{aligned}$$

因此, $K_0(R)=\{[p]-[1_n]\,|\,p\in P(R),n\}$. 关于 $\mathscr{P}(R)$ 的结论同证之.

(2) 依泛群的构造, $[p]-[q]=[p']-[q']$, 当且仅当, 在 $P(R)/\sim\times P(R)/\sim$ 中 $(\tilde{p},\tilde{q})$ 与 $(\tilde{p}',\tilde{q}')$ 是等价的, 即存在 $r\in P(R)$, 使得在 $P(R)/\sim$ 中

$$\tilde{p}+\tilde{q}'+\tilde{r}=\tilde{p}'+\tilde{q}+\tilde{r},$$

也就是在 $P(R)$ 中, $(p\oplus q'\oplus r)\sim(p'\oplus q\oplus r)$. 关于 $\mathscr{P}(R)$ 的结论同证之.

(3) 由(2)立见. 证毕.

命题 4.1.22 K_0 是范畴"有单位元的环与保持单位元的环同态"到"交换群与群同态"的协变函子.

证 设 $\varphi: R_1\to R_2$ 环同态且保持单位元. 于是如果 $p\in P(R_1)$, 则 $\varphi(p)\in P(R_2)$. 此外,由于 φ 保持单位元,因此, 如果 $p\sim q$ 于 $P(R_1)$ 中, 则 $\varphi(p)\sim\varphi(q)$ 于 $P(R_2)$ 中. 从而,我们可以定义同态 $\varphi_*: K_0(R_1)\to K_0(R_2)$, $\varphi_*([p])=[\varphi(p)]$, $\forall p\in P(R_1)$. 至于 K_0 作为函子的其它性质是易见的. 证毕.

例 $R=\mathbf{F}$ 是域, R 模即 $\mathbf{F}$ 上的线性空间(必是自由模, 从而是投影的). 于是, $\mathbf{F}$ 有限生成的投影模就是 $\mathbf{F}$ 上的有限维线性

空间。由此易见，$[P]\to \dim P$ 实现 $K_0(\mathrm{F})$ 到 $\mathbf{Z}$ 上的同构。因此，$K_0(R)$ 是通常线性空间维数的推广。

注　本节内容可参见[26],[42],[57],[6]。

§2. 函　子　K_0

设 A 是有单位元 e 的 Banach 代数，对任何正整数 n，$M_n(A)$ 中的每个元可以看成是 Banach 空间 A^n($\|(a_1,\cdots,a_n)\|$ 定义为 $\max\limits_{1\leqslant i\leqslant n}\|a_i\|$) 中的有界线性算子，因此，$M_n(A)$ 也是有单位元 $e_n=e\oplus\cdots\oplus e$ 的 Banach 代数。这样 $P_n(A)$ 中便有了拓扑，于是我们引入

定义 4.2.1　$p,\ q\in P_n(A)$ 称为同伦的，指存在 $[0,1]$ 在 $P_n(A)$ 中的连续映象 $p_\cdot$，使得 $p_0=p$，$p_1=q$。这时记以 $p\underset{h}{\sim}q$。

命题 4.2.2　(1) 如果 $p\underset{h}{\sim}q$ 于 $P_n(A)$ 中，则存在 $[0,1]$ 到 $M_n(A)^{-1}=GL_n(A)$ 中的连续映象 $u_\cdot$，使得 $u_0=e_n$，$u_t^{-1}pu_t=p_t$，$\forall_t\in[0,1]$，这里 $p_\cdot$ 是 $[0,1]$ 到 $P_n(A)$ 的连续映象，使得 $p_0=p$，$p_1=q$。特别可见，$p\underset{s}{\sim}q$；

(2) 如果在 $P_n(A)$ 中，$p\underset{s}{\sim}q$，则在 $P_{2n}(A)$ 中，

$$p\oplus 0\underset{h}{\sim}q\oplus 0.$$

证　(1) 设 $p_\cdot$ 是 $[0,1]$ 到 $P_n(A)$ 中的连续映象，使得 $p_0=p$，$p_1=q$。取常数 K，使得

$$\|2p_t-e_n\|\leqslant K,\ \forall t.$$

并取分割 $0=t_0<t_1<\cdots<t_m=1$，使得

$$\|p_t-p_s\|<K^{-1},$$

$\forall t,\ s\in$ 同一个 $[t_i,t_{i+1}]$，$0\leqslant i\leqslant m-1$。令

$$\begin{cases}v_t=(2p_{t_i}-e_n)(2p_t-e_n)+e_n,\\ w_t=\dfrac{1}{2}v_t,\ t_i\leqslant t\leqslant t_{i+1}.\end{cases}$$

当 $t_i \leqslant t \leqslant t_{i+1}$ 时，

$$\|e_n - w_t\| = \frac{1}{2}\|2e_n - v_t\|$$

$$= \|(2p_{t_i} - e_n)(p_{t_i} - p_t)\| < 1.$$

因此，$w_t \in M_n(A)^{-1}$.

我们记

$$w_{t_i} = \frac{1}{2}[(2p_{t_{i-1}} - e_n)(2p_{t_i} - e_n) + e_n],\ 1 \leqslant i \leqslant m.$$

当 $0 = t_0 \leqslant t \leqslant t_1$ 时，令

$$u_t = w_t = \frac{(2p_{t_0} - e_n)(2p_t - e_n) + e_n}{2}:\ e_n \dashrightarrow w_{t_1}.$$

当 $t_1 \leqslant t \leqslant t_2$ 时，令

$$u_t = w_{t_1}w_t = w_{t_1}\frac{(2p_{t_1} - e_n)(2p_t - e_n) + e_n}{2}:\ w_{t_1} \to w_{t_1}w_{t_2}$$

……

当 $t_{m-1} \leqslant t \leqslant t_m = 1$ 时，令

$$u_t = w_{t_1}\cdots w_{t_{m-1}}w_t$$

$$= w_{t_1}\cdots w_{t_{m-1}}\frac{(2p_{t_{m-1}} - e_n)(2p_t - e_n) + e_n}{2}:$$

$$w_{t_1}\cdots w_{t_{m-1}} \to w_{t_1}\cdots w_{t_m},$$

因此，$u.$ 是$[0,1]$到 $M_n(A)^{-1}$ 的连续映象，并且 $u_0 = e_n$.

容易直接验证 $p_{t_i}v_t = v_tp_t$, $p_{t_i}w_t = w_tp_t$, 即 $w_t^{-1}p_{t_i}w_t = p_t$, $\forall t_i \leqslant t \leqslant t_{i+1}$, $i = 0,\cdots,m-1$. 于是当 $i = 0,\cdots,m-1$, $t_i \leqslant t \leqslant t_{i+1}$ 时，

$$u_t^{-1}pu_t = w_t^{-1}w_{t_i}^{-1}\cdots(w_{t_1}^{-1}p_{t_0}w_{t_1})\cdots w_{t_i}w_t$$

$$= w_t^{-1}w_{t_i}^{-1}\cdots(w_{t_2}^{-1}p_{t_1}w_{t_2})\cdots w_{t_i}w_t$$

$$= w_t^{-1}p_{t_i}w_t = p_t.$$

从而，$\{u_t | 0 \leqslant t \leqslant 1\}$ 满足要求。

(2) 设 $u \in M_n(A)^{-1}$, 使得 $upu^{-1} = q$. 令

$$w_t = \begin{pmatrix} u & 0 \\ 0 & e_n \end{pmatrix} \begin{pmatrix} e_n \cos \frac{\pi}{2} t & -e_n \sin \frac{\pi}{2} t \\ e_n \sin \frac{\pi}{2} t & e_n \cos \frac{\pi}{2} t \end{pmatrix}$$

$$\cdot \begin{pmatrix} u^{-1} & 0 \\ 0 & e_n \end{pmatrix} \begin{pmatrix} e_n \cos \frac{\pi}{2} t & e_n \sin \frac{\pi}{2} t \\ -e_n \sin \frac{\pi}{2} t & e_n \cos \frac{\pi}{2} t \end{pmatrix}, \quad 0 \leqslant t \leqslant 1.$$

在 $M_{2n}(A)^{-1}$ 中，w_t：$e_{2n} \to \begin{pmatrix} u & 0 \\ 0 & u^{-1} \end{pmatrix}$. 再令

$$p_t = w_t \begin{pmatrix} p & 0 \\ 0 & 0 \end{pmatrix} w_t^{-1}, \quad 0 \leqslant t \leqslant 1,$$

则 $p.$ 是[0,1]到 $P_{2n}(A)$ 中的连续映象，并且 $p_0 = p \oplus 0$，$p_1 = upu^{-1} \oplus 0 = q \oplus 0$，即 $p \oplus 0 \underset{h}{\sim} q \oplus 0$. 证毕.

注 依§1及本命题可见，在 $P(A)$ 中 $p \sim q$，当且仅当，适当的零扩张后，$(p\oplus 0) \underset{a}{\sim} (q \oplus 0)$，或者 $(p \oplus 0) \underset{s}{\sim} (q \oplus 0)$，或者 $(p \oplus 0) \underset{h}{\sim} (q \oplus 0)$.

现在定义 $K_0(A)$ 如定义 4.1.20，于是命题 4.1.21 及 4.1.22 对 A 同样成立，并且还有

命题 4.2.3 K_0 是同伦不变的，即如果

$$\varphi \simeq \psi: A \to B,$$

这里 A, B 是有单位元的 Banach 代数，$\varphi \simeq \psi$ 意味着对每个 $t \in [0,1]$，有 A 到 B 保持单位元的(代数)同态 w_t，使得 $w_0 = \varphi$，$w_1 = \psi$，并且对于任何的 $a \in A$，$w_t(a)$ 是[0,1]到 B 的连续映象，则 $\varphi_* = \psi_*: K_0(A) \to K_0(B)$.

证 对任何的 $p \in P(A)$，通过 $\{w_t(p)\}$ 可见，在 $P(B)$ 中，$\varphi(p) \underset{h}{\sim} \psi(p)$. 因此，在 $P(B)$ 中，$\varphi(p) \sim \psi(p)$. 从而，

$$\varphi_*([p]) = [\varphi(p)] = [\psi(p)] = \psi_*([p]).$$

即 $\varphi_* = \psi_*: K_0(A) \to K_0(B)$. 证毕.

现在设 A 是 Banach 代数,并不假定它有单位元,我们来定义它的 K_0 函子. 令

$$A^+ = A \dot{+} \mathbb{C}, \quad \pi: A^+ \to \mathbb{C}, \quad \ker\pi = A,$$

A^+ 与 $\mathbb{C}$ 都是有单位元的 Banach 代数,并且 π 是同态, 因此我们可以作

定义 4.2.4 $\widetilde{K}_0(A) = \ker\pi_*$, 这里 $\pi_*: K_0(A^+) \to K_0(\mathbb{C})$. 此外, § 1 末已指出 $K_0(\mathbb{C}) \cong \mathbf{Z}$.

命题 4.2.5 设 A 是 Banach 代数,则

(1) $\widetilde{K}_0(A)$ 是这样形式元的全体:

$$[(p_{ij} + \lambda_{ij})] - [(q_{kl} + \mu_{kl})],$$

这里 p_{ij}, $q_{kl} \in A$, λ_{ij}, $\mu_{kl} \in \mathbb{C}$, $(p_{ij} + \lambda_{ij})$ 及 $(q_{kl} + \mu_{kl}) \in P(A^+)$, 并且 $\text{rank}(\lambda_{ij}) = \text{rank}(\mu_{kl})$ (这时必然有 (λ_{ij}) 及 $(\mu_{kl}) \in P(\mathbb{C})$). 当然 $\widetilde{K}_0(A)$ 还可以写成如下形式元的全体:

$$[(p_{ij} + \lambda_{ij})] - [1_n],$$

这里 $p_{ij} \in A$, $\lambda_{ij} \in \mathbb{C}$, $(p_{ij} + \lambda_{ij}) \in P(A^+)$, 并且 $n = \text{rank}(\lambda_{ij})$, $n = 0, 1, \cdots$;

(2) $K_0(A^+) \cong \widetilde{K}_0(A) \oplus K_0(\mathbb{C})$;

(3) 如果 A 本身是有单位元的, 则 $K_0(A) \cong \widetilde{K}_0(A)$ (因此, $\widetilde{K}_0$ 是 K_0 的拓广);

(4) $\widetilde{K}_0$ 是范畴 "Banach 代数与代数同态"到范畴"交换群与群同态"的函子;

(5) $\widetilde{K}_0$ 是同伦不变的. 如果

$$\varphi \simeq \psi: A \to B,$$

这里 A, B 是 Banach 代数, $\varphi \simeq \psi$ 意味着, 对每个 $t \in [0,1]$, 有 A 到 B 的同态 w_t, 使得 $w_0 = \varphi$, $w_1 = \psi$, 并且对于任何的 $a \in A$, $w_t(a)$ 是$[0,1]$到 B 的连续映象,则 $\varphi_* = \psi_*$.

证 (1) 依命题 4.1.21 及 $\widetilde{K}_0(A)$ 的定义, 只须注意这样的事实: 若 $\lambda = (\lambda_{ij})$, $\mu = (\mu_{kl}) \in P(\mathbb{C})$, 则在 $K_0(\mathbb{C})$ 中, $[\lambda] = [\mu]$, 当且仅当, $\text{rank}\lambda = \text{rank}\mu$. 但这个事实可由命题 4.1.21 的(3)立见.

(2) 记 i: $\mathbb{C} \hookrightarrow A^+$，诱导同态 i_*: $K_0(\mathbb{C}) \to K_0(A^+)$. 注意 $\pi \circ i = id$，因此 $\pi_* \circ i_*$ 是 $K_0(\mathbb{C})$ 中的恒等映象. 特别 i_* 是一一的. 又由 $\pi_* \circ i_* = id$，及 $\widetilde{K}_0(A) = \ker \pi_*$，可见 $i_* K_0(\mathbb{C}) \cap \widetilde{K}_0(A) = \{0\}$. 此外，任意的 $x \in K_0(A^+)$ 可写成

$$x = (x - i_* \pi_* x) + i_* \pi_* x,$$

从而

$$K_0(A^+) = \widetilde{K}_0(A) \oplus i_* K_0(\mathbb{C}) \cong \widetilde{K}_0(A) \oplus K_0(\mathbb{C}).$$

(3) 设 A 有单位元 e，则 $A^+ = A \oplus \mathbb{C}(1-e)$. 依 K_0 的定义易见

$$\widetilde{K}_0(A^+) = K_0(A) \oplus K_0(\mathbb{C}(1-e)).$$

记 $\varphi(x) = \pi(x(1-e))$，$\forall x \in A^+$，由于 $\lambda \to \lambda(1-e)$ 是 $\mathbb{C}$ 到 $\mathbb{C}(1-e)$ 的同构，从而

$$\widetilde{K}_0(A) = \ker \pi_* \cong \ker \varphi_* = K_0(A).$$

(4) 设 φ 是 Banach 代数 A 到 B 的同态，它可自然地扩张为 φ^+，φ^+ 将是 A^+ 到 B^+ 保持单位元的同态. 我们将有交换图

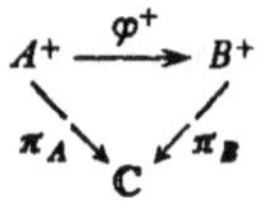

$$\begin{array}{ccc} A^+ & \xrightarrow{\varphi^+} & B^+ \\ & {\scriptstyle \pi_A} \searrow \quad \swarrow {\scriptstyle \pi_B} & \\ & \mathbb{C} & \end{array}$$

从而

$$\begin{array}{ccc} K_0(A^+) & \xrightarrow{\varphi^+_*} & K_0(B^+) \\ & {\scriptstyle \pi_{A*}} \searrow \quad \swarrow {\scriptstyle \pi_{B*}} & \\ & K_0(\mathbb{C}) & \end{array}$$

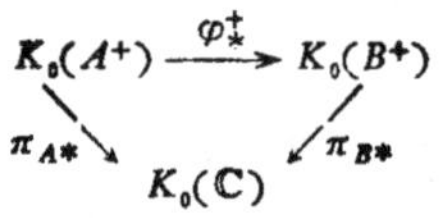

因此，$\varphi^+_* \ker \pi_{A*} \subset \ker \pi_{B*}$. 从而可以得到同态

$$\varphi_* = \varphi^+_* | \ker \pi_{A*}: \widetilde{K}_0(A) \to \widetilde{K}_0(B).$$

(5) 如果 $\varphi \simeq \psi$: $A \to B$，则有交换图

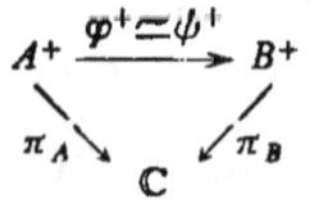

$$\begin{array}{ccc} A^+ & \xrightarrow{\varphi^+ \simeq \psi^+} & B^+ \\ & {\scriptstyle \pi_A} \searrow \quad \swarrow {\scriptstyle \pi_B} & \\ & \mathbb{C} & \end{array}$$

依命题 4.2.3，$\varphi^+_* = \psi^+_*$，因此，

$$\varphi_* = \varphi^+_* | \ker \pi_{A*} = \psi^+_* | \ker \pi_{A*} = \psi_*.$$

证毕。

引理 4.2.6 设 A 是有单位元的 Banach 代数，n 是正整数，$u\in GL_n(A)$，则 $(u\oplus u^{-1})\in GL_{2n}^0(A)$，这里 $GL_{2n}^0(A)$ 是 $GL_{2n}(A)$ 的主分量。

我们还有更一般的结果(见引理 4.3.4)，由于下面引用时并不发生逻辑循环，因此不予证明本引理。

定理 4.2.7 设 A 是 Banach 代数，J 是 A 的闭双侧理想，则我们有正合列

$$\widetilde{K}_0(J)\xrightarrow{i_*}\widetilde{K}_0(A)\xrightarrow{\pi_*}\widetilde{K}_0(A/J),$$

即 $\mathrm{Im}i_*=\ker\pi_*$，这里 i: $J\hookrightarrow A$ 是嵌入映象，π: $A\to A/J$ 是商映象(自然 $J\xrightarrow{i}A\xrightarrow{\pi}A/J$ 是正合的)。

证　由于 $\pi\circ i=0$，因此，$\pi_*\circ i_*=0$，即说明 $\mathrm{Im}i_*\subset\ker\pi_*$。

今设 $c=[p]-[1_n]\in\widetilde{K}_0(A)\subset K_0(A^+)$，其中 $p=(p_{ij}+\lambda_{ij})\in P(A^+)$，$p_{ij}\in A$，$\lambda_{ij}\in\mathbb{C}$，依命题 4.2.5，$\mathrm{rank}(\lambda_{ij})=n$。如果在 $\widetilde{K}_0(A/J)(\subset K_0(A^+/J))$ 中

$$0=\pi_*c=[\pi^+p]-[1_n],$$

这里 π^+: $A^+\to A^+/J$ (注意这里 π 是 A 到 A/J 的商映象，不要与定义 4.2.4 中的 π: $A^+\to\mathbb{C}$ 相混淆)，依命题 4.1.21，将有正整数 k 及 $u\in GL(A^+/J)$，使得

$$u(\pi^+p\oplus 1_k\oplus 0)u^{-1}=1_{n+k}\oplus 0,$$

必要时代以 u 为 $u\oplus u^{-1}$，依引理 4.2.6，可以假定 $u\in GL^0(A^+/J)$。于是依定理 1.3.7，可以写

$$u=\pi^+v,\ 某\ v\in GL^0(A^+).$$

由此

$$\pi^+(vp_1v^{-1})=q_1,$$

这里 $p_1=p\oplus 1_k\oplus 0$，$q_1=1_{n+k}\oplus 0$。自然

$$c=[p_1]-[q_1]=[vp_1v^{-1}]-[q_1].$$

又 $\pi^+(vp_1v)=q_1$ 是数值矩阵，这说明可以写

$$vp_1v^{-1}=(p'_{ij}+\lambda'_{ij}).$$

这里 $p'_{ij}\in J$, $\lambda'_{ij}\in \mathrm{C}$. 由于 $c\in \widetilde{K}_0(A)$, $J\subset A$, 依命题 4.2.5,

$$\mathrm{rank}(\lambda'_{ij})=\mathrm{rank}q_1=n+k.$$

再依命题 4.2.5 可见

$$[vp_1v^{-1}]_{J^+}-[q_1]_{J^+}\in \widetilde{K}_0(J),$$

这里 $[\quad]_{J^+}$ 表示 $K_0(J^+)$ 中的元,并且

$$i_*([vp_1v^{-1}]_{J^+}-[q_1]_{J^+}])=[vp_1v^{-1}]-[q_1]=c.$$

从而 $\ker\pi_*\subset \mathrm{Im}i_*$, $\ker\pi_*=\mathrm{Im}i_*$. 证毕.

下面讨论几个 K_0 的例子.

(1) 本章§1末已指出 $K_0(\mathrm{C})\cong \mathrm{Z}$, 现在用 Banach 代数的观点来考察.

对正整数 n, $M_n(\mathrm{C})$ 可看作 n 维 Hilbert 空间 $\mathscr{H}_n$ 中有界线性算子的全体. 显然, 对于 p, $q\in P_n(\mathrm{C})$, $p\sim q$, 当且仅当, $\dim p\mathscr{H}_n=\dim q\mathscr{H}_n$. 由此

$$(P(\mathrm{C})/\sim,+)\cong \mathrm{Z}_+,\ K_0(\mathrm{C})\cong \mathrm{Z}.$$

如果 C 换以 M_n ($n\times n$ 复矩阵代数),同样可证明:

$$K_0(M_n)\cong \mathrm{Z}.$$

(2) 设 $\mathscr{H}$ 是可数无穷维的 Hilbert 空间, $B(\mathscr{H})$ 是 $\mathscr{H}$ 中有界线性算子的全体. 注意

$$M_n(B(\mathscr{H}))=B(\mathscr{H}^{(n)}),$$

这里 $\mathscr{H}^{(n)}=\mathscr{H}\oplus\cdots\oplus\mathscr{H}$ (n 个),因此,对于 $p,q\in P_n(B(\mathscr{H}))$, $p\sim q$, 当且仅当, $\dim p\mathscr{H}^{(n)}=\dim q\mathscr{H}^{(n)}$. 从而

$$(P(B(\mathscr{H}))/\sim,+)\cong \mathrm{Z}_+\cup\{\infty\},$$

再由命题 4.1.9 下面的注,可见

$$K_0(B(\mathscr{H}))=\{0\}.$$

(3) 设 A 是 σ-有限的 II_1 型因子(见[38]), 我们可以证明 $K_0(A)\cong \mathrm{R}$; 而若 A 是 σ 有限的 II_∞ 或 III 型因子,则

$$K_0(A)=\{0\}.$$

(4) 如果 A 是 (AF) 代数, 则 $\widetilde{K}_0(A)$ 就是 A 的维数群(见[38]).

(5) 设 $\mathscr{H}$ 是可数无穷维的 Hilbert 空间, $C(\mathscr{H})$ 是 $\mathscr{H}$

中紧算子的全体. 我们可以证明

$$\tilde{K}_0(C(\mathscr{H})) \cong \mathbb{Z}.$$

§3. 函 子 K_1

设 A 是有单位元 e 的 Banach 代数, 对任何正整数 n, §2 的开始已经指出, $M_n(A)$ 是有单位元 e_n 的 Banach 代数. 于是, $GL_n(A) = M_n(A)^{-1}$ 是拓扑群, 它的主分量 $GL_n^0(A)$ 是既闭又开的正规子群. 令

$$L_n(A) = GL_n(A)/GL_n^0(A).$$

依商拓朴, $L_n(A)$ 是离散群(定理 1.3.5).

现在考虑 $GL_n^0(\mathbb{C})$ 中的三种基本矩阵:

(1)
$$\begin{pmatrix} 1 & & & & & & \\ & \ddots & & & & 0 & \\ & & 1 & & & & \\ & & & \alpha & & & \\ & & & & 1 & & \\ & 0 & & & & \ddots & \\ & & & & & & 1 \end{pmatrix} \in GL_n^0(\mathbb{C}), \quad \forall \alpha \in \mathbb{C}\backslash\{0\}.$$

事实上,可取一条路径连接 α 与 1, 而使此路径不通过 0 点, 即可见这矩阵 $\in GL_n^0(\mathbb{C})$;

(2)
$$\begin{pmatrix} 1 & & & & & & & & & \\ & \ddots & & & & & & & & \\ & & 1 & & & & & & & \\ & & & 0 & & & 1 & & & \\ & & & & 1 & & & & & \\ & & & & & \ddots & & & & \\ & & & & & & 1 & & & \\ & & & 1 & & & 0 & & & \\ & & & & & & & 1 & & \\ & & & & & & & & \ddots & \\ & & & & & & & & & 1 \end{pmatrix} \in GL_n^0(\mathbb{C}).$$

事实上

$$\begin{pmatrix} -\cos\frac{\pi}{2}t & \sin\frac{\pi}{2}t \\ \sin\frac{\pi}{2}t & \cos\frac{\pi}{2}t \end{pmatrix}, \quad 0 \leqslant t \leqslant 1,$$

连接$\begin{pmatrix} -1 & 0 \\ 0 & 1 \end{pmatrix}$与$\begin{pmatrix} 0 & 1 \\ 1 & 0 \end{pmatrix}$. 又依(1), $\begin{pmatrix} -1 & 0 \\ 0 & 1 \end{pmatrix}$与$\begin{pmatrix} 1 & 0 \\ 0 & 1 \end{pmatrix}$可相连接,因此所讨论的矩阵 $\in GL_n^0(\mathbb{C})$;

(3) 若 $i \neq j$, 记 e_{ij} 是 $n \times n$ 的矩阵,仅在 (i,j) 处阵元为1, 其余阵元为 0. 由 $\{1_n + t\alpha e_{ij} | 0 \leqslant t \leqslant 1\} \subset GL_n(\mathbb{C})$, 可见

$$(1_n + \alpha e_{ij}) \in GL_n^0(\mathbb{C}), \ \forall \alpha \in \mathbb{C}, \ i \neq j.$$

上面三类矩阵对任意的 $(a_{ij}) \in M_n(A)$ 的作用如下:

$$k - \begin{pmatrix} 1 & & & & \\ & \ddots & & & \\ & & \alpha & & \\ & & & \ddots & \\ & & & & 1 \end{pmatrix} (a_{ij})$$ 使得 (a_{ij}) 的第 k 行乘以 α 倍;

$$(a_{ij}) \begin{pmatrix} 1 & & & & \\ & \ddots & & & \\ & & \alpha & & \\ & & & \ddots & \\ & & & & 1 \end{pmatrix} - k$$ 使得 (a_{ij}) 的第 k 列乘以 α 倍;

$$\begin{matrix} \\ k - \\ \\ l - \\ \\ \end{matrix} \begin{pmatrix} 1 & & & & \\ & \ddots & & & \\ & 0 & & 1 & \\ & & \ddots & & \\ & 1 & & 0 & \\ & & & & \ddots & \\ & & & & & 1 \end{pmatrix} (a_{ij})$$ 使得 (a_{ij}) 的第 k, l 行互换;

$$(a_{ij}) \begin{pmatrix} 1 & & & & \\ & \ddots & & & \\ & 0 & & 1 & \\ & & \ddots & & \\ & 1 & & 0 & \\ & & & & \ddots & \\ & & & & & 1 \end{pmatrix} \begin{matrix} \\ - k \\ \\ - l \\ \\ \end{matrix}$$ 使得 (a_{ij}) 的第 k, l 列互换;

当 $i \neq j$ 时

$(1_n + \alpha e_{ij})(a_{ij})$ 使得 (a_{ij}) 的 i 行变为 (i 行 + $\alpha \cdot j$ 行);

$(a_{ij})(1_n + \alpha e_{ij})$ 使得 (a_{ij}) 的 i 列变为 (i 列 + $\alpha \cdot j$ 列).

由此可见

命题 4.3.1 设 A 是有单位元的 Banach 代数, n 是正整数, $(a_{ij}) \in GL_n(A)$, 则在下列运算下,并不改变 (a_{ij}) 在 $L_n(A) = GL_n(A)/GL_n^0(A)$ 中的等价类;

(1) (a_{ij}) 的某行或某列乘以 $\alpha(\neq 0)$ 倍;

(2) 交换 (a_{ij}) 的某两行或某两列;

(3) 把(a_{ij})的某行(列)的 α 倍加到 (a_{ij}) 的另一行(列)上去.

系 4.3.2 $L_n(\mathbb{C})$ 是平凡的,即 $GL_n(\mathbb{C}) = GL_n^0(\mathbb{C})$, $\forall n$.

证 对任意的 $(\alpha_{ij}) \in GL_n(\mathbb{C})$, 至少有某个阵元 $\alpha_{ij} \neq 0$. 依上面命题, 可设 $\alpha_{11} = 1$. 再由上面命题, 可设 $\alpha_{1i} = \alpha_{i1} = 0$, $2 \leqslant i \leqslant n$. 同样方法用于 $(\alpha_{ij})_{2 \leqslant i,j \leqslant n}$, $\cdots$. 乃可得证.

设 A 是有单位元 e 的 Banach 代数,在 §1 中已指出,在 1 扩张之下,可以认为 $GL_n(A) \hookrightarrow GL_{n+1}(A)$. 又依定理 1.3.7, 相应地有 $GL_n^0(A) \hookrightarrow GL_{n+1}^0(A)$. 于是有 $L_n(A) \hookrightarrow L_{n+1}(A)$. 这样我们便得到群的直接系统 $\{L_n(A) | n = 1, 2, \cdots\}$, 完全与定义 3.6.2 相同,可以取它的直接极限.

定义 4.3.3 设 A 是有单位元 e 的 Banach 代数,令

$$K_1(A) = \varinjlim L_n(A).$$

引理 4.3.4 设 $a, b \in GL_n(A)$, 则 $ab \oplus e_n$, $a \oplus b$, $b \oplus a$, $ba \oplus e_n$ 在 $L_{2n}(A)$ 中有相同的等价类.

证 由改变行和列,依命题 4.3.1,可见 $(a \oplus b)$ 与 $(b \oplus a)$ 在 $L_{2n}(A)$ 中有相同的等价类. 进而

$$\begin{aligned} ab \oplus e_n &= (a \oplus e_n)(b \oplus e_n) \sim (a \oplus e_n)(e_n \oplus b) \\ &= a \oplus b \sim b \oplus a \\ &= (b \oplus e_n)(e_n \oplus a) \sim (b \oplus e_n)(a \oplus e_n) \\ &= ba \oplus e_n. \end{aligned}$$

因此，$ab\oplus e_n$，$a\oplus b$，$b\oplus a$，$ba\oplus e_n$ 在 $L_{2n}(A)$ 中有相同的等价类。 证毕。

注 依此引理，虽然 $L_n(A)$ 未必交换，但它在 $L_m(A)$ $(m\geqslant 2n)$ 中的正则同态象是交换的。

命题 4.3.5 (1) $K_1(A)$ 是交换群；

(2) K_1 是范畴"有单位元的 Banach 代数与保持单位元的连续同态"到"交换群与同态"的函子；

(3) 函子 K_1 是同伦不变的，即若

$$\varphi\simeq\psi:\ A\to B,$$

这里 A，B 是有单位元的 Banach 代数，$\varphi\simeq\psi$ 意味着对每个 $t\in[0,1]$，有 A 到 B 保持单位元的连续同态 w_t，使得 $w_0=\varphi$，$w_1=\psi$，并且对任何的 $a\in A$，$w_t(a)$ 是$[0,1]$到 B 的连续映象，则 $\varphi_*=\psi_*$：$K_1(A)\to K_1(B)$。

证 (1) 由引理 4.3.4 及其注立见。

(2) 设 φ 是 A 到 B 的连续同态，并保持单位元，自然

$$\varphi GL_n(A)\subset GL_n(B),\ \varphi GL_n^0(A)\subset GL_n^0(B),$$

这里 $\varphi((a_{ij}))=(\varphi(a_{ij}))$，$\forall(a_{ij})\in M_n(A)$，并且有交换图

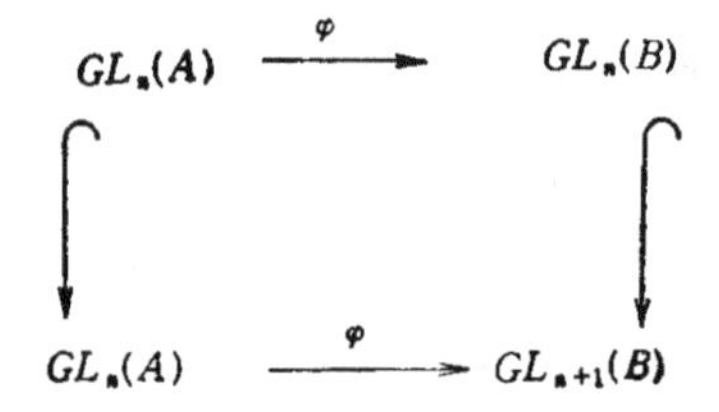

因此有交换图

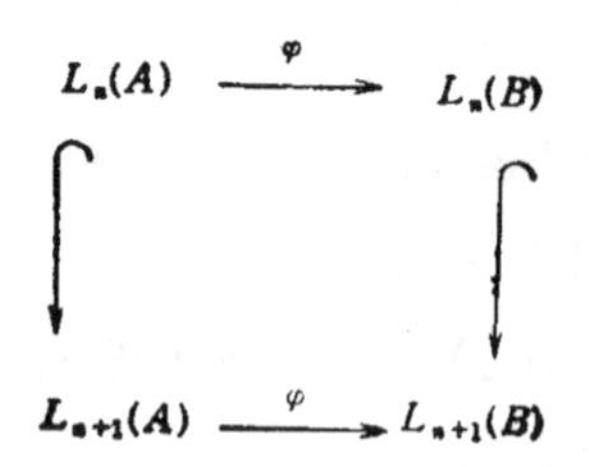

取直接极限，便有同态 $\varphi_*: K_1(A)\to K_1(B)$. 因此，$K_1$ 是函子.

(3) 对任何的 $a\in GL_n(A)$, 依设 $\varphi(a)$ 与 $\psi(a)$ 属于 $GL_n(B)$ 的同一连通分量，从而它们在 $L_n(B)$ 中有相同的等价类，$\forall n$. 由此立见 $\varphi_*=\psi_*$. 证毕.

现在对一般的 Banach 代数 A(并不假定它有单位元)，来定义它的 K_1 函子. 令

$$A^+=A\dotplus\mathbb{C},\quad \pi: A^+\to\mathbb{C},\quad \ker\pi=A.$$

从而有同态 $\pi_*: K_1(A^+)\to K_1(\mathbb{C})$. 依系 4.3.2, $K_1(\mathbb{C})$ 是平凡的，因此，$\ker\pi_*=K_1(A^+)$.

定义 4.3.6 设 A 是 Banach 代数，命

$$\widetilde{K}_1(A)=K_1(A^+)=\ker\pi_*.$$

命题 4.3.7 (1) 如果 A 有单位元 e, 则 $\widetilde{K}_1(A)=K_1(A)$ (因此 $\widetilde{K}_1$ 是 K_1 的拓广);

(2) $\widetilde{K}_1$ 是范畴“Banach 代数与连续同态”到“交换群与同态”的函子;

(3) $\widetilde{K}_1$ 是同伦不变的，即若

$$\varphi\simeq\psi: A\to B,$$

这里 A, B 是 Banach 代数，$\varphi\simeq\psi$ 意味着对每个 $t\in[0,1]$, 有 A 到 B 的连续同态 w_t, 使得 $w_0=\varphi$, $w_1=\psi$, 并且对任意的 $a\in A$, $w_t(a)$ 是$[0,1]$到 B 的连续映象，则

$$\varphi_*=\psi_*: \widetilde{K}_1(A)\to\widetilde{K}_1(B).$$

证 (1), 由 $A^+=A\oplus\mathbb{C}(1-e)$, 易见

$$\widetilde{K}_1(A)=K_1(A^+)=K_1(A)\oplus K_1(\mathbb{C}(1-e)).$$

但 $K_1(\mathbb{C}(1-e))\cong K_1(\mathbb{C})$ 是平凡的，因此，$\widetilde{K}_1(A)=K_1(A)$.

(2) 设 φ 是 Banach 代数 A 到 B 的连续同态，于是，φ^+ 是 A^+ 到 B^+ 的连续同态，并且保持单位元，从而有同态

$$\varphi_*=\varphi_*^+: \widetilde{K}_1(A)=K_1(A^+)\to K_1(B^+)=\widetilde{K}_1(B).$$

(3) 如果 $\varphi\simeq\psi: A\to B$, 则 $\varphi^+\simeq\psi^+: A^+\to B^+$. 从而，$\varphi_*=\varphi_*^+=\psi_*^+=\psi_*$. 证毕.

定理 4.3.8 设 A 是 Banach 代数，J 是 A 的闭双侧理想，则

我们有正合列
$$\tilde{K}_1(J) \xrightarrow{i_*} \tilde{K}_1(A) \xrightarrow{\pi_*} \tilde{K}_1(A/J),$$
即 $\mathrm{Im} i_* = \ker \pi_*$，这里 $i: J \hookrightarrow A$ 是嵌入映象，$\pi: A \to A/J$ 是商映象.

证 由于 $\pi \circ i = 0$，因此，$\pi_* \circ i_* = 0$，即 $\mathrm{Im} i_* \subset \ker \pi_*$.

反之设 $u \in \tilde{K}_1(A) = K_1(A^+)$，并且 $\pi_* u = 0$. 依直接极限的讨论(见定义 3.6.2)，并设 $\eta_k: L_k(A^+) \to K_1(A^+)$，于是将有 $a \in GL_n(A^+)$ (某 n)，使得
$$u = \eta_n \tilde{a},\ \tilde{a} = a \cdot GL_n^0(A^+),$$
并且 $\pi^+ a \in GL_n^0(A^+/J)$. 于是可写
$$\pi^+ a = e^{c_1} \cdots e^{c_m},$$
这里 $c_i \in M_n(A^+/J)$，自然有 $b_i \in M_n(A^+)$，使得
$$c_i = \pi^+ b_i,\ 1 \leqslant i \leqslant m.$$
令
$$d = e^{-b_m} \cdots e^{-b_1} a \in GL_n(A^+),$$
则 $\pi^+ d = 1$，这说明
$$d \in (1_n + M_n(J)) \cap GL_n(A^+).$$
同样证明 $d^{-1} \in (1_n + M_n(J)) \cap GL_n(A^+)$，因此
$$d \in GL_n(J^+),$$
又由 d 的形式，d 与 a 属于 $GL_n(A^+)$ 的同一连通分量，因此它们在 $L_n(A^+)$ 中有相同的等价类，从而，$u = \eta_n \tilde{a} = \eta_n \tilde{d}$，这里 $\tilde{d} = d \cdot GL_n^0(A^+)$. 如果记
$$\hat{d} = d \cdot GL_n^0(J^+),\ \hat{\eta}_n: L_n(J^+) \to K_1(J^+),$$
则
$$u = \eta_n \tilde{d} = i_*^+ \hat{\eta}_n \hat{d} = i_* \hat{\eta}_n \hat{d}.$$
因此，$\ker \pi_* \subset \mathrm{Im} i_*$，$\ker \pi_* = \mathrm{Im} i_*$. 证毕.

注 设 A 是有单位元的交换 Banach 代数，Ω 是它的谱空间. 在第三章 § 7，我们指出了两个用 A 的构造来刻划 Ω 拓扑的结果，特别，$A^{-1}/e^A \cong C(\Omega)^{-1}/e^{C(\Omega)}$ (见命题 3.7.5)，即

$$L_1(A) \cong L_1(C(\Omega)).$$

R. Arens[2] 进一步指出：在 Gelfand 变换下，对任何的正整数 n，有 $L_n(A) \cong L_n(C(\Omega))$. 如果取直接极限，将有 $K_1(A) \cong K_1(C(\Omega))$. 这样便使得 Banach 代数理论与$K$理论发生了联系.

下面讨论几个 K_1 的例子.

(1) 设A是 von Neumann 代数，依谱分解理论，其酉元群是连通的，因此，$K_1(A)=\{0\}$.

(2) 如果A是 (AF) 代数，与(1)，相似，可证 $\widetilde{K}_1(A)=\{0\}$.

(3) 设T是单位圆周，考虑到函数绕 0 点的圈数，可以证明 $K_1(C(T)) \cong \mathbf{Z}$.

§4. K_0 与 K_1 之间的关系

首先设A有单位元e的 Banach 代数，J是A的闭双侧理想，π: $A \to A/J$.

对 $a \in GL_k(A/J)$，我们可选 $n>k$ 及 $b \in GL_{n-k}(A/J)$，使得 $a \oplus b \in GL_n^0(A/J)$（依引理 4.3.4，例取 $n=2k$，$b=a^{-1}$）. 于是有 $u \in GL_n(A)$，使得 $\pi u = a \oplus b$. 再命

$$q = e_k \oplus 0_{n-k}, \quad p = uqu^{-1}.$$

由于 $\pi p = q$，$\ker \pi = J$，可见 $p \in P_n(J^+)$，这里 $J^+ = J \dotplus \mathbf{C}e$. 若令 φ: $J^+ \to \mathbf{C}e$，则

$$\varphi_*([p]-[e_k]) = [\varphi(p)]-[e_k]$$
$$= [\pi(p)]-[e_k] = 0,$$

即 $([p]-[e_k]) \in \ker \varphi_* = \widetilde{K}_0(J)$. 这样我们就从 $a \in GL_k(A/J)$ 得到了 $([p]-[e_k]) \in \widetilde{K}_0(J)$.

为了定义这个映象

$$\delta: L_k(A/J) \to \widetilde{K}_0(J), \quad \delta(\tilde{a}) = [p]-[e_k],$$

我们必须证明 $[p]$ 的定义不依赖于 b, u 的选择，也不依赖于 $a \in \tilde{a} = a \cdot GL_k^0(A/J)$ 的选择.

设 $a' \in GL_k(A/J)$，它与 a 在 $L_k(A/J)$ 中属于同一等价类. 我们一样可取 $b' \in GL_{n-k}(A/J)$，使得 $(a' \oplus b') \in GL_n^0(A/J)$ (这个 n 可取得与 b 的一样，否则作平凡的扩张即可). 进而有 $u' \in GL_n(A)$，使得 $\pi u' = a' \oplus b'$. 注意

$$(a' \oplus b')^{-1}(a \oplus b) = a'^{-1}a \oplus b'^{-1}b \in GL_n^0(A/J),$$

并且 $a'^{-1}a \in GL_k^0(A/J)$，因此，$(1_k \oplus b'^{-1}b) \in GL_n^0(A/J)$ 或 $(1_k \oplus b')$ 与 $(1_k \oplus b)$ 在 $L_n(A/J)$ 中属于同一等价类. 代替 b', b 以 $(1_k \oplus b')$, $(1_k \oplus b)$ (并不影响我们最终的定义)，可以假定 $b'^{-1}b \in GL_{n-k}^0(A/J)$.

现命 $p' = u'qu'^{-1}$，与前面一样，$p' \in P_n(J^+)$. 我们需要证明在 $K_0(J^+)$ 中，$[p] = [p']$. 由此即见 $[p]$ 的定义不依赖于 b, u 及 $a \in \tilde{a}$ 的选择(也与 n 无关).

事实上,可以取 $g \in GL_k(A)$, $h \in GL_{n-k}(A)$，使得 $\pi(g) = a'^{-1}a$, $\pi(h) = b'^{-1}b$. 记 $w = g \oplus h \in GL_n(A)$，则

$$\pi(u'wu^{-1}) = (a' \oplus b')(a'^{-1}a \oplus b'^{-1}b)(a^{-1} \oplus b^{-1}) = 1_n.$$

因此，$u'wu^{-1} \in GL_n(J^+)$. 由于 $p = uqu^{-1}$, $p' = u'qu'^{-1}$，因此，

$$\begin{aligned} p &= u(g^{-1} \oplus h^{-1})q(g \oplus h)u^{-1} \\ &= (uw^{-1}u'^{-1})p'(u'wu^{-1}), \end{aligned}$$

即在 $P_n(J^+)$ 中, p 与 p' 相似,从而 $[p] = [p']$ 于 $K_0(J^+)$ 中.

综上所述,对 $\tilde{a} \in L_k(A/J)$，我们可以定义

$$\delta\tilde{a} = [p] - [e_k] \in \widetilde{K}_0(J),$$

这里 $p = u(e_k \oplus 0_{n-k})u^{-1}$, $u \in GL_n(A)$，并且

$$\pi u = a \oplus b \in GL_n^0(A/J), \ b \in GL_{n-k}(A/J), \ a \in \tilde{a}.$$

如果 $\tilde{a}$ 作平凡扩张,即 $(a \oplus 1)^{\sim} = (1 \oplus a)^{\sim} \in L_{k+1}(A/J)$，则

$$\pi(e \oplus u) = 1 \oplus a \oplus b.$$

$$e \oplus p = (e \oplus u)(e \oplus q)(e \oplus u)^{-1}.$$

$$\begin{aligned} \delta((a \oplus 1)^{\sim}) = \delta((1 \oplus a)^{\sim}) &= [e \oplus p] - [e_{k+1}] \\ &= [p] - [e_k]. \end{aligned}$$

因此有交换图

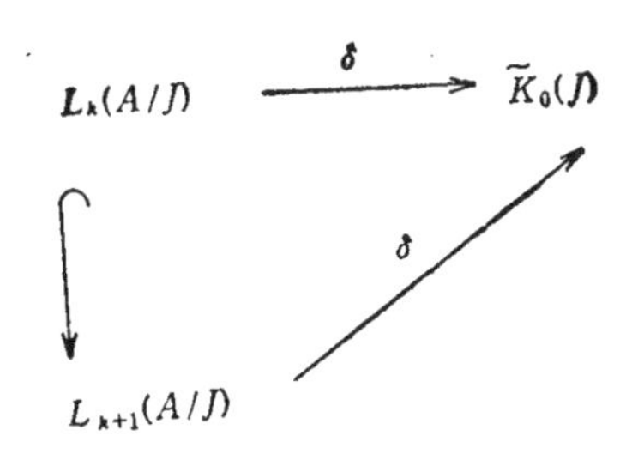

从而可定义

$$\delta_*:\ K_1(A/J)\to\widetilde{K}_0(J),$$

这个 δ_* 是同态．事实上，对任意的 $a_i\in GL_k(A/J)$，如上相应有 b_i，u_i，p_i，$i=1,2$，于是

$$\pi(u_1\oplus u_2)=a_1\oplus b_1\oplus a_2\oplus b_2=t(a_1\oplus a_2\oplus b_1\oplus b_2)t^{-1},$$

这里 t 是数值矩阵．由此

$$\begin{aligned}\delta(\widetilde{a_1a_2})&=\delta((a_1a_2\oplus 1_k)^{\sim})=\delta((a_1\oplus a_2)^{\sim})\\&=[t^{-1}(u_1\oplus u_2)t(e_{2k}\oplus 0_{2n-2k})t^{-1}(u_1^{-1}\oplus u_2^{-1})t]-[e_{2k}]\\&=[(u_1\oplus u_2)(q\oplus q)(u_1^{-1}\oplus u_2^{-1})]-[e_{2k}]\\&=[p_1\oplus p_2]-[e_k]-[e_k]=\delta(\tilde{a}_1)+\delta(\tilde{a}_2).\end{aligned}$$

一般地不假定 A 有单位元，由于 $(A/J)^+=A^+/J$，于是，$\widetilde{K}_1(A/J)=K_1(A^+/J)$.

命题 4.4.1 设 A 是 Banach 代数，J 是 A 的闭双侧理想，将有连接同态

$$\delta_*:\ \widetilde{K}_1(A/J)\to\widetilde{K}_0(J).$$

如果 $\tilde{a}\in L_k(A^+/J)$ 在 $\widetilde{K}_1(A/J)=K_1(A^+/J)$ 中相应的元记作 $[a]$，则 $\delta_*([a])=[p]-[1_k]$，这里 $p=u(1_k\oplus 0_{n-k})u^{-1}$，$u\in GL_n(A^+)$，$\pi u=a\oplus b$，$b\in GL_{n-k}(A^+/J)$，$a\in\tilde{a}$.

注　这个 δ_* 也称为指标映象．考虑这样的特殊情形．设 $\mathscr{H}$ 是 Hilbert 空间，$B(\mathscr{H})=A$ 是 $\mathscr{H}$ 中有界线性算子的全体，$J=C(\mathscr{H})$ 是 $\mathscr{H}$ 中全连续线性算子的全体．如果 a 是 $\mathscr{H}$ 中的 Fredholm 算子，取 $\mathscr{H}$ 中的部份等距算子 v，使得 index$a$=index$v$，于是 $\tilde{a}$ 与 $\tilde{v}$ 属于 $GL_1(A/J)$ 的同一连通分量，且 $\tilde{v}$ 是

A/J 的酉元。令

$$w=\begin{pmatrix} v & 1-vv^* \\ 1-v^*v & v^* \end{pmatrix}$$

是 $\mathscr{H}\oplus\mathscr{H}$ 中的酉算子，且 $\pi w=u\oplus u^{-1}$。依定义将有

$$\begin{aligned}\delta_*([\tilde{a}])=\delta_*([\tilde{v}])&=[w(1\oplus 0)w^{-1}]-[1\oplus 0]\\&=[vv^*\oplus(1-v^*v)]-[1\oplus 0]\\&=[(1-v^*v)]-[(1-vv^*)]\\&=\dim\ker v-\dim\ker v^*\\&=\mathrm{index}\,v=\mathrm{index}\,a.\end{aligned}$$

定理 4.4.2 设 A 是 Banach 代数，J 是 A 的闭双侧理想，则我们有(六项的)正合列[1]

$$\widetilde{K}_1(J)\xrightarrow{i_*}\widetilde{K}_1(A)\xrightarrow{\pi_*}\widetilde{K}_1(A/J)\xrightarrow{\delta_*}\widetilde{K}_0(J)$$
$$\xrightarrow{i_*}\widetilde{K}_0(A)\xrightarrow{\pi_*}\widetilde{K}_0(A/J),$$

这里 $J\xrightarrow{i}A\xrightarrow{\pi}A/J$。

证 在 $\widetilde{K}_0(A)$ 与 $\widetilde{K}_1(A)$ 处的正合性，分别可见于定理 4.2.7 与 4.3.8。因此只须证明在 $\widetilde{K}_0(J)$ 与 $\widetilde{K}_1(A/J)=K_1(A^+/J)$ 处的正合性。

(1) 在 $\widetilde{K}_0(J)$ 处的正合性。

设 $\tilde{a}\in L_k(A^+/J)$，$\delta_*([a])=[p]-[1_k]$，这里 $p=uqu^{-1}$，$q=1_k\oplus 0_{n-k}$，$u\in GL_n(A^+)$，$\pi u=a\oplus b\in GL_n^0(A^+/J)$，$a\in\tilde{a}$，$b\in GL_{n-k}(A^+/J)$。在 $P_n(A^+)$ 中，p 相似于 q，因此，

$$i_*\delta_*([a])=[p]_{A^+}-[1_k]_{A^+}=[q]_{A^+}-[1_k]_{A^+}=0,$$

即 $\mathrm{Im}\,\delta_*\subset\ker i_*$。

反之如 $([p]-[1_k])\in\widetilde{K}_0(J)\subset K_0(J^+)$，使得

$$i_*([p]-[1_k])=0.$$

即在 $K_0(A^+)$ 中，$[p]_{A^+}=[1_k]_{A^+}$。依命题 4.1.21，有 m 及 $u\in GL(A^+)$ 使得

---

1) 正合，指前一映象的值域为后一映象的核。意义完全与定理 4.2.7 或 4.3.8 一样。

$$u^{-1}(p\oplus 1_m\oplus 0)u = 1_k\oplus 1_m\oplus 0,$$

代原来的 p, 1_k 为 $p\oplus 1_m\oplus 0$, $1_k\oplus 1_m$, 可以认为

$$p = uqu^{-1},$$

这里 $u\in GL_n(A^+)$, $q = 1_k\oplus 0_{n-k}$. 由于 $([p]-[1_k])\in \widetilde{K}_0(J)$, πp 将是秩 k 的数值矩阵 (π 已从 $A\to A/J$ 扩充为 $A^+\to A^+/J$. 此外, $p\in P_n(J^+)\subset M_n(A^+)$), 因此有初等矩阵 t, 使得

$$t(\pi p)t^{-1} = q(=\pi q).$$

当然 $t(\pi p)t^{-1} = \pi(tuqu^{-1}t^{-1}) = \pi(tu)q\pi(tu)^{-1}$. 如果代 u 以 t_u, p 以 tpt^{-1} (将不影响 $[p]$), 可以认为

$$\pi p = q = (\pi u)q(\pi u)^{-1},$$

即 πu 与 $q = 1_k\oplus 0_{n-k}$ 交换,从而 $\pi u = a\oplus b$, 某 $a\in GL_k(A^+/J)$, $b\in GL_{n-k}(A^+/J)$. 由此依 δ_* 的定义,

$$\delta_*([a]) = [p]-[1_k],$$

这表明 $\ker i_*\subset \mathrm{Im}\delta_*$. 所以, $\mathrm{Im}\delta_* = \ker i_*$.

(2) 在 $\widetilde{K}_1(A/J) = K_1(A^+/J)$ 处的正合性.

设 $[a] = \pi_*[v]\in \mathrm{Im}\pi_*$, 这里 $[a]\in \widetilde{K}_1(A/J)$, $[v]\in \widetilde{K}_1(A)$, 于是可设 $v\in GL_k(A^+)$, $a = \pi v\in GL_k(A^+/J)$. 取 $u = v\oplus v^{-1}\in GL^0_{2k}(A^+)$, 则 $\pi u = a\oplus a^{-1}\in GL^0_{2k}(A^+/J)$. 依 δ_* 的定义.

$$\delta_*([a]) = [p]-[1_k],$$

其中 $p = uqu^{-1}$, $q = 1_k\oplus 0_k$. 但这时由于 $u = v\oplus v^{-1}$ 的形式, 可见 $p = q = 1_k\oplus 0_k$. 从而 $\delta_*([a]) = 0$, 即 $\mathrm{Im}\pi_*\subset \ker\delta_*$.

反之设 $a\in GL_k(A^+/J)$, $u\in GL_n(A^+)$, $\pi u = a\oplus b$, $b\in GL_{n-k}(A^+/J)$, $p = uqu^{-1}$, $q = 1_k\oplus 0_{n-k}$, 如果

$$\delta_*([a]) = [p]-[1_k] = 0,$$

即在 $K_0(J^+)$ 中, $[p] = [1_k] = [q]$. 依命题 4.1.21, 有 m, l 及 $v\in GL_{n+m+l}(J^+)$, 使得

$$p\oplus 1_m\oplus 0_l = v(q\oplus 1_m\oplus 0_l)v^{-1}.$$

取 $t\in GL_{n+m+l}(\mathbb{C})$, 使得

$$t(a\oplus 1_m\oplus b\oplus 1_l)t^{-1} = a\oplus b\oplus 1_{m+l},$$

则

$$\pi(u\oplus 1_{m+l}) = a\oplus b\oplus 1_{m+l} = t(a\oplus 1_m\oplus b\oplus 1_l)t^{-1}.$$

因此，

$$\pi(t^{-1}(u\oplus 1_{m+l})t) = (a\oplus 1_m)\oplus(b\oplus 1_l).$$

注意 $\delta_*([a]) = \delta_*([a\oplus 1_m])$ 以及

$$\begin{aligned} & t^{-1}(u\oplus 1_{m+l})t\cdot(1_{k+m}\oplus 0_{n-k+l})\cdot t^{-1}(u\oplus 1_{m+l})^{-1}t \\ &= t^{-1}(u\oplus 1_{m+l})\cdot(1_k\oplus 0_{n-k}\oplus 1_m\oplus 0_l)\cdot(u\oplus 1_{m+l})^{-1}t \\ &= t^{-1}(p\oplus 1_m\oplus 0_l)t \\ &= t^{-1}vt\cdot(1_{k+m}\oplus 0_{n-k+l})\cdot t^{-1}v^{-1}t. \end{aligned}$$

于是若代 a 以 $a\oplus 1_m$, $q = 1_k\oplus 0_{n-k}$ 以 $1_{k+m}\oplus 0_{n-k+l}$, p 以 $t^{-1}(p\oplus 1_m\oplus 0_l)t$, u 以 $t^{-1}(u\oplus 1_{m+l})t$, b 以 $b\oplus 1_l$, v 以 $t^{-1}vt$, 则诸关系不变. 从而可以认为

$$\delta_*([a]) = [p] - [1_k],\ uqu^{-1} = p = vqv^{-1},$$

其中 $q = 1_k\oplus 0_{n-k}$, $u\in GL_n(A^+)$, $v\in GL_n(J^+)$, $\pi u = a\oplus b$, $b\in GL_{n-k}(A^+/J)$. 由此, $q = v^{-1}u\cdot q\cdot u^{-1}v$, 即 $v^{-1}u$ 与 $q = 1_k\oplus 0_{n-k}$ 交换. 从而可写 $v^{-1}u = g\oplus h$, 这里 $g\in GL_k(A^+)$, $h\in GL_{n-k}(A^+)$. 注意

$$\pi v\cdot q\cdot(\pi v)^{-1} = \pi u\cdot q(\pi u)^{-1} = q,$$

因此 $\pi v = \alpha\oplus\beta$, $\alpha\in GL_k(\mathbb{C})$, $\beta\in GL_{n-k}(\mathbb{C})$. 由此,

$$a\oplus b = \pi u = \pi v\cdot\pi(g\oplus h),$$

$a = \alpha\pi(g) = \pi(\alpha g)$, $\alpha g\in GL_k(A^+)$. 因此,

$$[a]\in \mathrm{Im}\pi_*,\quad \ker\delta_*\subset\mathrm{Im}\pi_*.$$

进而, $\ker\delta_* = \mathrm{Im}\pi_*$. 证毕.

定义 4.4.3 设 A 是 Banach 代数,记

$CA = \{f \mid f$ 是$[0,1]$到 A的连续映象,并且 $f(0) = 0\}$,

$SA = \{f\in CA \mid f(0) = f(1) = 0\}$.

依 $\|f\| = \max\{\|f(t)\| \mid 0\leqslant t\leqslant 1\}$, CA 也是 Banach 代数, 并且 SA 是 CA 的闭双侧理想.

引理 4.4.4 $\tilde{f} = f + SA\to f(1)$ 实现等距同构:

$$CA/SA\cong A.$$

证 显然 $\tilde{f}\to f(1)$ 是 CA/SA 到 A上的同态.

今若 $\tilde{f}\to f(1)=a$，自然 $g(t)=ta\in\tilde{f}$，由此，$\|\tilde{f}\|\leqslant\|g\|=\|a\|$。另一方面，对任意的 $f\in\tilde{f}$，$\|f\|\geqslant\|f(1)\|=\|a\|$，由此，$\|\tilde{f}\|\geqslant\|a\|$。从而，$\|\tilde{f}\|=\|a\|=\|f(1)\|$。证毕。

定理 4.4.5 存在自然的同构 α_*: $\widetilde{K}_1(A)\to\widetilde{K}_0(SA)$，这里 A 是 Banach 代数。

证 记 $(CA)^+=CA\dotplus\mathbf{C}$，对 $s\in[0,1]$，令

$$\varphi_s(f+\lambda)(t)=f(st)+\lambda:\ (CA)^+\to(CA)^+.$$

显然

$$\begin{cases}\varphi_0:\ (CA)^+\to\mathbf{C}\ \text{且核为}\ CA;\\ \varphi_1:\ (CA)^+\to(CA)^+\ \text{是恒等映象};\\ \varphi:\ [0,1]\times(CA)^+\to(CA)^+\ \text{是连续的}.\end{cases}$$

如果 $(f_{ij}+\lambda_{ij})\in P_n((CA)^+)$ 或 $GL_n((CA)^+)$，其中 $f_{ij}\in CA$，$\lambda_{ij}\in\mathbf{C}$，$1\leqslant i,j\leqslant n$，则 $\varphi_s((f_{ij}+\lambda_{ij}))$: $(\lambda_{ij})\to(f_{ij}+\lambda_{ij})$ 在 $P_n((CA)^+)$ 或 $GL_n((CA)^+)$ 中是路径连接的。

由于 $GL_n^0(\mathbf{C})=GL_n(\mathbf{C})$（系 4.3.2），于是，$GL_n((CA)^+)=GL_n^0((CA)^+)$，即 $L_n((CA)^+)$ 是平凡的。进而，

$$\widetilde{K}_1(CA)=K_1((CA)^+)$$

是平凡的。

由于 $(f_{ij}+\lambda_{ij})\in P_n((CA)^+)$ 与 (λ_{ij}) 是路径连接的，即 $(f_{ij}+\lambda_{ij})\underset{h}{\sim}(\lambda_{ij})$，依命题 4.2.2，$(f_{ij}+\lambda_{ij})\underset{s}{\sim}(\lambda_{ij})$。因此在 $K_0((CA)^+)$ 中，$[(f_{ij}+\lambda_{ij})]=[(\lambda_{ij})]$。再依命题 4.2.5，

$$\widetilde{K}_0(CA)=\{0\}.$$

依引理 4.4.4，我们有正合列 $SA\xrightarrow{i}CA\xrightarrow{\pi}A$，再依定理4.4.2，便有

$$\widetilde{K}_1(SA)\xrightarrow{i_*}\widetilde{K}_1(CA)\xrightarrow{\pi_*}\widetilde{K}_1(A)\xrightarrow{\delta_*}\widetilde{K}_0(SA)$$
$$\xrightarrow{i_*}\widetilde{K}_0(CA)\xrightarrow{\pi_*}\widetilde{K}_0(A),$$

从而有

$$0\xrightarrow{\pi_*}\widetilde{K}_1(A)\xrightarrow{\delta_*}\widetilde{K}_0(SA)\xrightarrow{i_*}0,$$

即有同构 $\alpha_* = \delta_*$: $\widetilde{K}_1(A) \cong \widetilde{K}_0(SA)$.

今证明 α_* 是自然的,即若

$$\phi: A(\cong CA/SA) \to B(\cong CB/SB)$$

是连续同态,相应诱导连续同态 $\psi: SA \to SB$,我们需要证明下面图

$$\begin{array}{ccc} \widetilde{K}_1(A) & \xrightarrow{\alpha_*} & \widetilde{K}_0(SA) \\ \psi_* \downarrow & & \downarrow \psi_* \\ \widetilde{K}_1(B) & \xrightarrow{\alpha_*} & \widetilde{K}_0(SB) \end{array}$$

是交换的. 对 $a \in GL_k(A^+)$, 取

$$u \in GL_n((CA)^+),\ b \in GL_{n-k}(A^+),$$

使得 $\pi u = a \oplus b$, 这里 π: $(CA)^+ \to A^+(\cong (CA)^+/SA)$. 依定义 4.4.1, $\alpha_*([a]) = \delta_*([a]) = [p] - [1_k]$, 这里 $p = uqu^{-1}$, $q = 1_k \oplus 0_{n-k}$. 另一方面,

$$\psi(a) \in GL_k(B^+),\ \psi(u) \in GL_n((CB)^+),$$

并且

$$\pi' \psi(u) = \psi\pi(u) = \psi(a) \oplus \psi(b),$$

这里 π': $(CB)^+ \to B^+(\cong (CB)^+/SB)$. 于是

$$\begin{aligned} \alpha_*\psi_*([a]) &= \alpha_*([\psi(a)]) \\ &= [\psi(u)q\psi(u)^{-1}] - [1_k] \\ &= [\psi(uqu^{-1})] - [1_k] \\ &= [\psi(p)] - [1_k] \\ &= \psi_*\alpha_*([a]). \end{aligned}$$

因此, $\alpha_*\psi_* = \psi_*\alpha_*$. 证毕.

引理 4.4.6 设 A 是 Banach 代数, J 是 A 的闭双侧理想,则

$$S(A/J) \cong SA/SJ.$$

证 对任意的 $\tilde{\alpha} = \alpha + SJ$, 这里 $\alpha \in SA$, 显然可以与 $\alpha \in \tilde{\alpha}$ 选择无关地定义

$$\Phi(\tilde{\alpha}) = \overline{\alpha(\cdot)} = \alpha(\cdot) + J:\ SA/SJ \to S(A/J).$$

Φ 当然是(代数)同态,并且

$$\|\Phi(\tilde{\alpha})\| = \|\overline{\alpha(\cdot)}\| = \max_{0\leqslant t\leqslant 1}\inf_{c\in J}\|\alpha(t)+c\|$$
$$\leqslant \max_{0\leqslant t\leqslant 1}\|\alpha(t)+\beta(t)\|,\ \forall\beta\in SJ.$$
从而
$$\|\Phi(\tilde{\alpha})\| \leqslant \inf_{\beta\in SJ}\max_{0\leqslant t\leqslant 1}\|\alpha(t)+\beta(t)\| = \|\tilde{\alpha}\|.$$
我们说 Φ 也是等距的，只须对任意的 $\varepsilon>0$, $\alpha\in SA$, 作出 $\beta\in SJ$, 使得
$$\|\alpha(t)+\beta(t)\| \leqslant \|\alpha(t)+J\|+\varepsilon,\ \forall t\in[0,1],$$
α 在$[0,1]$上是一致连续的，于是有 $\delta>0$, 使得
$$\|\alpha(s)-\alpha(t)\|<\varepsilon/3,\ \forall s,t\in[0,1]\ \text{且}\ |s-t|<\delta. \tag{1}$$
取分割 $0=t_0<\cdots<t_n=1$, 使得
$$|t_j-t_{j+1}|<\delta,\ 0\leqslant j\leqslant n-1, \tag{2}$$
对每个 t_j, 取 $a_j\in J$, 当 $j=0,n$ 时取 $a_j=0$, 使得
$$\|\alpha(t_j)+a_j\| \leqslant \|\alpha(t_j)+J\|+\varepsilon/3. \tag{3}$$
由(1),(2),(3),当 $t\in[t_j,t_{j+1}]$ $(0\leqslant j\leqslant n-1)$ 时,
$$\begin{aligned}\|\alpha(t)+a_j\| &\leqslant \|\alpha(t_j)+a_j\|+\|\alpha(t_j)-\alpha(t)\|\\ &\leqslant \|\alpha(t_j)+J\|+\frac{2}{3}\varepsilon\\ &\leqslant \|\alpha(t_j)-\alpha(t)+J\|+\|\alpha(t)+J\|+\frac{2}{3}\varepsilon\\ &\leqslant \|\alpha(t)+J\|+\varepsilon.\end{aligned} \tag{4}$$
同样
$$\|\alpha(t)+a_{j+1}\| \leqslant \|\alpha(t)+J\|+\varepsilon. \tag{5}$$
令
$$\beta(t)=\frac{1}{t_{j+1}-t_j}\{(t-t_j)a_{j+1}+(t_{j+1}-t)a_j\},$$
$\forall t\in[t_j,t_{j+1}]$, $0\leqslant j\leqslant n-1$, 则 $\beta\in SJ$, 并且由(4),(5)
$$\begin{aligned}\|\alpha(t)+\beta(t)\| &\leqslant \frac{1}{t_{j+1}-t_j}\{(t-t_j)\|\alpha(t)+a_{j+1}\|\\ &\quad+(t_{j+1}-t)\|\alpha(t)+a_j\|\}\\ &\leqslant \|\alpha(t)+J\|+\varepsilon,\end{aligned}$$

$\forall t \in [t_j, t_{j+1}]$，$0 \leqslant j \leqslant n-1$. 从而我们证明了，$\Phi$ 是 SA/SJ 到 $S(A/J)$ 的等距代数同构

尚须证明 Φ 是满的，只须证 $\mathrm{Im}\Phi$ 在 $S(A/J)$ 中是稠的. 对任意的 $\varphi \in S(A/J)$ 及 $\varepsilon > 0$，由一致连续性，存在 $\delta > 0$，使得

$$\|\varphi(s) - \varphi(t)\| < \varepsilon,\ \forall s, t \in [0,1] \text{ 且 } |s-t| < \delta.$$

作分割 $0 = t_0 < \cdots < t_n = 1$，使得

$$|t_j - t_{j+1}| < \delta,\ 0 \leqslant j \leqslant n-1,$$

并对每个 t_j，取 $a_j \in A$ $(a_0 = a_n = 0)$，使得

$$\varphi(t_j) = a_j + J,\ 0 \leqslant j \leqslant n.$$

令

$$\alpha(t) = \frac{1}{t_{j+1} - t_j}\{(t_{j+1} - t)a_j + (t - t_j)a_{j+1}\},$$

$\forall t \in [t_j, t_{j+1}]$，$0 \leqslant j \leqslant n-1$，则 $\alpha \in SA$，并且

$$\begin{aligned}\|\alpha(t) + J - \varphi(t)\| &\leqslant \frac{1}{t_{j+1} - t_j}\{(t_{j+1} - t)\|a_j + J - \varphi(t)\| \\ &\quad + (t - t_j)\|a_{j+1} + J - \varphi(t)\|\} \\ &= \frac{1}{t_{j+1} - t_j}\{(t_{j+1} - t)\|\varphi(t_j) - \varphi(t)\| \\ &\quad + (t - t_j)\|\varphi(t_{j+1}) - \varphi(t)\|\} < \varepsilon, \\ &\forall t \in [t_j, t_{j+1}],\ 0 \leqslant j \leqslant n-1,\end{aligned}$$

因此在 $S(A/J)$ 中，

$$\|\Phi(\tilde{\alpha}) - \varphi\| < \varepsilon,$$

这就说明 $\mathrm{Im}\Phi$ 在 $S(A/J)$ 中是稠的.　证毕.

定义 4.4.7　设 A 是 Banach 代数，$n \geqslant 0$，令

$$\widetilde{K}_n(A) = \widetilde{K}_0(S^n A),$$

这里 $S^n A = S(S^{n-1}A)$.

由于定理 4.4.5，可见本定义是合理的.

定理 4.4.8　设 A 是 Banach 代数，J 是 A 的闭双侧理想，则我们有长正合列

$$\cdots \xrightarrow{\delta_*} \widetilde{K}_n(J) \xrightarrow{i_*} \widetilde{K}_n(A) \xrightarrow{\pi_*} \widetilde{K}_n(A/J)$$

$$\xrightarrow{\delta_*} \widetilde{K}_{n-1}(J) \xrightarrow{i_*} \cdots \xrightarrow{\pi_*} \widetilde{K}_0(A/J),$$

这里 i: $J \hookrightarrow A$ 是嵌入映象，π: $A \to A/J$ 是商映象，δ_* 是连接映象。

证 $n=0,1$ 已见于定理 4.4.2.今设 n 已成立,当 $n+1$ 时要证明

$$\widetilde{K}_{n+1}(J) \to \widetilde{K}_{n+1}(A) \to \widetilde{K}_{n+1}(A/J) \to \widetilde{K}_n(J)$$

是正合的。依归纳假设,我们有正合列

$$\widetilde{K}_n(SJ) \to \widetilde{K}_n(SA) \to \widetilde{K}_n(SA/SJ) \to \widetilde{K}_{n-1}(SJ).$$

依引理 4.4.6 及定义 4.4.7，这个正合列正是我们所要证明的正合列。 证毕.

命题 4.4.9 设 A 是 Banach 代数，J 是 A 的闭双侧理想，如果短正合列

$$0 \to J \xrightarrow{i} A \xrightarrow{\pi} A/J \to 0$$

是分裂的，即有(代数)同态 σ: $A/J \to A$，使得 $\pi\circ\sigma = id$ (A/J 中的恒等映象),则对于任何的 $n \geqslant 0$，我们有分裂的短正合列

$$0 \to \widetilde{K}_n(J) \xrightarrow{i_*} \widetilde{K}_n(A) \underset{\sigma_*}{\xrightarrow{\pi_*}} \widetilde{K}_n(A/J) \to 0.$$

证 由于 $\pi\sigma = id$，因此 $\pi_*\sigma_* = id$，从而

$$\pi_*\widetilde{K}_n(A) = \widetilde{K}_n(A/J).$$

同样

$$\pi_*\widetilde{K}_{n+1}(A) = \widetilde{K}_{n+1}(A/J),$$

于是

$$\delta_*\widetilde{K}_{n+1}(A/J) = \delta_*\pi_*\widetilde{K}_{n+1}(A) = \{0\}$$

(定理 4.4.8)。又 $\delta_*\widetilde{K}_{n+1}(A/J) = \ker i_*$ (定理 4.4.8)，因此，i_*: $\widetilde{K}_n(J) \to \widetilde{K}_n(A)$ 是一一的。 证毕.

系 4.4.10 设 A 是 Banach 代数,记

$$\Omega A = \{f \mid f\colon [0,1] \to A \text{ 连续,并且 } f(0) = f(1)\},$$

则对任意的 $n \geqslant 0$，我们有分裂的短正合列

$$0 \to \widetilde{K}_n(SA) \to \widetilde{K}_n(\Omega A) \to \widetilde{K}_n(A) \to 0.$$

证　显然 SA 是 ΩA 的闭双侧理想，并且

$$\tilde{f}=f+SA\xrightarrow{\pi}f(1)$$

是 $\Omega A/SA$ 到 A 的代数同构．对任意的 $a\in A$，令 $\sigma(a)(t)=a$，则 $\sigma(a)\in\Omega A$，因此上面的同构也是满的，显然 $\pi\sigma$ 是 A 上的恒等映象，因此短正合列

$$0\to SA\xrightarrow{i}\Omega A\xrightarrow{\pi}A\to 0$$

是分裂的．再依命题 4.4.9 即得证．

§5. Bott 周期性定理

§5.1 Bott 映象

设 A 是 Banach 代数，$A^+=A\dotplus\mathbf{C}$，s：$A^+\to\mathbf{C}=A^+/A$．依命题 4.2.5，$\tilde{K}_0(A)$ 中任意元可写成

$$[p]-[s(p)],$$

这里 $p\in P(A^+)$．对 $p\in P_n(A^+)$，我们定义

$$f_p(z)=zp+(1_n-p):\ S^1\to M_n(A^+),$$

这里 S^1 是单位圆周，$1_n=1\oplus\cdots\oplus 1$ 是 $M_n(A^+)$的单位元，$z\in S^1$．

引理 4.5.1　如 $p\in P_n(A^+)$，则

$$f_p(z)f_{s(p)}(z)^{-1}\in GL_n((SA)^+).$$

证

$$\begin{aligned}s(f_p(z)f_{s(p)}(z)^{-1})&=(zs(p)+1_n-s(p))(\bar{z}s(p)+1_n-s(p))\\&=s(p)+(1_n-s(p))=1_n,\ \forall z\in S^1.\end{aligned}$$

又显然 $f_p(1)f_{s(p)}(1)^{-1}=1_n$，因此

$$f_p(z)f_{s(p)}(z)^{-1}\in M_n(SA)+1_n\subset M_n((SA)^+),$$

此外，$f_p(z)^{-1}=\bar{z}p+1_n-p$，$\forall z\in S^1$，因此，$f_p(z)f_{s(p)}(z)^{-1}\in GL_n((SA)^+)$．　证毕．

依此引理，我们定义映象 $\tilde{K}_0(A)\to K_1((SA)^+)=\tilde{K}_1(SA)$：

$$[p]-[s(p)]\to[f_pf_{s(p)}^{-1}],$$

这个映象是可以定义的．事实上，首先设 $p\in P_n(A^+)$，$\lambda\in P_k(\mathbf{C})$，

$$
\begin{aligned}
&f_{p\oplus\lambda}(z)f_{s(p)\oplus\lambda}(z)^{-1}\\
&\quad=(p\oplus\lambda)(s(p)\oplus\lambda)+z(p\oplus\lambda)[(1_n-s(p))\oplus(1_k-\lambda)]\\
&\qquad+\bar{z}[(1_n-p)\oplus(1_k-\lambda)](s(p)\oplus\lambda)\\
&\qquad+[(1_n-p)\oplus(1_k-\lambda)][(1_n-s(p))\oplus(1_k-\lambda)]\\
&\quad=(ps(p)\oplus\lambda)+[(1_n-p)(1_n-s(p))\oplus(1_k-\lambda)]\\
&\qquad+z[p(1_n-s(p))\oplus 0_k]+\bar{z}[(1_n-p)s(p)\oplus 0_k]\\
&\quad=[ps(p)+(1_n-p)(1_n-s(p))\\
&\qquad+zp(1_n-s(p))+\bar{z}(1_n-p)s(p)]\oplus 1_k\\
&\quad=f_p(z)f_{s(p)}(z)^{-1}\oplus 1_k,
\end{aligned}
$$

因此在 $\widetilde{K}_1(SA)$ 中

$$[f_pf_{s(p)}^{-1}]=[f_{p\oplus\lambda}f_{s(p)\oplus\lambda}^{-1}],\tag{1}$$

$\forall p\in P(A^+)$, $\lambda\in P(\mathbb{C})$.

如果 γ_t: $[0,1]\to P_n(A^+)$ 是连续的,则

$$f_{\gamma_t}f_{s(\gamma_t)}^{-1}:\ f_{\gamma_0}f_{s(\gamma_0)}^{-1}\to f_{\gamma_1}f_{s(\gamma_1)}^{-1}$$

于 $GL_n((SA)^+)$ 中,因此在 $\widetilde{K}_1(SA)$ 中

$$[f_{\gamma_0}f_{s(\gamma_0)}^{-1}]=[f_{\gamma_1}f_{s(\gamma_1)}^{-1}].\tag{2}$$

今若在 $\widetilde{K}_0(A)(\subset K_0(A^+))$ 中

$$[p]-[s(p)]=[q]-[s(q)],$$

即 $[p\oplus s(q)]=[q\oplus s(p)]$, 依命题 4.1.21,有 m 及 $u\in GL(A^+)$,使得

$$u(p\oplus s(q)\oplus 1_m\oplus 0)u^{-1}=q\oplus s(p)\oplus 1_m\oplus 0,$$

进而依命题 4.2.2, 有 λ, $\mu\in P(\mathbb{C})$, 使得

$$p\oplus\lambda\underset{h}{\sim}q\oplus\mu.$$

由此依(1),(2),在 $\widetilde{K}_1(SA)$ 中

$$
\begin{aligned}
[f_pf_{s(p)}^{-1}]&=[f_{p\oplus\lambda}f_{s(p)\oplus\lambda}^{-1}]\\
&=[f_{q\oplus\mu}f_{s(q)\oplus\mu}^{-1}]=[f_qf_{s(q)}^{-1}],
\end{aligned}
$$

这就表明了映象的可定义性.

定义 4.5.2 $\widetilde{K}_0(A)$ 到 $\widetilde{K}_1(SA)$ 的映象

$$\beta([p]-[s(p)])=[f_pf_{s(p)}^{-1}]$$

称之为 Bott 映象，这里 $p\in P_n(A^+)$，s: $A^+\to\mathbb{C}=A^+/A$，$f_p(z)=zp+(1_n-p)$，$n=1,2,\cdots$，$z\in S^1$.

命题 4.5.3 β 是 $\widetilde{K}_0(A)$ 到 $\widetilde{K}_1(SA)$ 的自然的同态，即若 φ 是 Banach 代数 A 到 B 的连续的(代数)同态，相应诱导 SA 到 SB 的连续同态(仍记以 φ)，则有交换图：

$$\begin{array}{ccc} \widetilde{K}_0(A) & \xrightarrow{\varphi_*} & \widetilde{K}_0(B) \\ \beta\downarrow & & \downarrow\beta \\ \widetilde{K}_1(SA) & \xrightarrow{\varphi_*} & \widetilde{K}_1(SB) \end{array}$$

证

$$\begin{aligned} &\beta(([p]-[s(p)])+([q]-[s(q)])) \\ &\quad=\beta([p\oplus q]-[s(p\oplus q)]) \\ &\quad=[f_{p\oplus q}f^{-1}_{s(p)\oplus s(q)}] \\ &\quad=[f_pf^{-1}_{s(p)}\oplus f_qf^{-1}_{s(q)}] \\ &\quad=[(f_pf^{-1}_{s(p)}\oplus 1)\cdot(1\oplus f_qf^{-1}_{s(q)})] \\ &\quad=\beta([p]-[s(p)])\cdot\beta([q]-[s(q)]), \end{aligned}$$

$\forall([p]-[s(p)])$，$([q]-[s(q)])\in\widetilde{K}_0(A)$，因此 β 是同态. 至于图的交换性，是显然的. 证毕.

§5.2 Bott 周期性定理与证明的约化

定理 4.5.4 (Bott 周期性定理) β 是 $\widetilde{K}_0(A)$ 到 $\widetilde{K}_1(SA)$ 的自然的同构. 特别，$\widetilde{K}_0(A)\cong\widetilde{K}_0(S^2A)$，这里 A 是任意的 Banach 代数.

依命题 4.5.3，只须证明 β 是同构.

引理 4.5.5 在下面的交换图中

$$\begin{array}{ccccccccc} 0 & \to & \widetilde{K}_0(A) & \to & K_0(A^+) & \to & K_0(\mathbb{C}) & \to & 0 \\ & & \downarrow\beta_A & & \downarrow\beta_{A^+} & & \downarrow\beta_{\mathbb{C}} & & \\ 0 & \to & \widetilde{K}_1(SA) & \to & \widetilde{K}_1(SA^+) & \to & \widetilde{K}_1(S\mathbb{C}) & \to & 0 \end{array}$$

如果 $\beta_{\mathbb{C}}$，β_{A^+} 均为同构，则 β_A 也是同构.

证 显然短正合列 $0\to A\to A^+\to\mathbb{C}\to 0$ 及 $0\to SA\to SA^+\to SA^+/SA\cong S(A^+/A)=S\mathbb{C}\to 0$ 都是分裂的，今依命题 4.4.9，

可见图中上,下两行的列都是短正合列。

今若 $a\in\widetilde{K}_0(A)$，使得 $\beta_A(a)$ 为 $\widetilde{K}_1(SA)$ 的单位元，由于 β_{A^+} 是同构,以及图

$$\begin{array}{ccc}\widetilde{K}_0(A) & \longrightarrow & K_0(A^+)\\ \downarrow{\scriptstyle\beta_A} & & \downarrow{\scriptstyle\beta_{A^+}}\\ K_1(SA) & \longrightarrow & \widetilde{K}_1(SA^+)\end{array}$$

的交换性，可见 a 在 $K_0(A^+)$ 中的象应是零元. 但 $\widetilde{K}_0(A)\to K_0(A^+)$ 的同态是一一的,因此，$a=0$，即 β_A 是一一的.

对于任意的 $b\in\widetilde{K}_1(SA)$，设其在 $\widetilde{K}_1(SA^+)$ 中的象是 b^+，β_{A^+} 是同构,于是有唯一的 $a^+\in K_0(A^+)$，使得 $\beta_{A^+}a^+=b^+$. 今 b^+ 在 $\widetilde{K}_1(S\mathbb{C})$ 中的象是单位元，$\beta_{\mathbb{C}}$ 又是同构,并且图

$$\begin{array}{ccc}K_0(A^+) & \longrightarrow & K_0(\mathbb{C})\\ \downarrow & & \downarrow\\ \widetilde{K}_1(SA^+) & \longrightarrow & \widetilde{K}_1(S\mathbb{C})\end{array}$$

是交换的,因此 a^+ 在 $K_0(\mathbb{C})$ 中的象为 0. 今依上面一行的正合性,可见有 $a\in\widetilde{K}_0(A)$，它在 $K_0(A^+)$ 中的象为 a^+. 再由第一个方块的交换性,以及 $\widetilde{K}_1(SA)$ 到 $\widetilde{K}_1(SA^+)$ 的映象是一一的,可见 $b=\beta_A(a)$. 从而 β_A 是 $\widetilde{K}_0(A)$ 到 $\widetilde{K}_1(SA)$ 上的同构. 证毕.

依此引理,下面我们设 A 是有单位元 e 的 Banach 代数,来证明 β 的同构性.

这时 β 的形式可以简化. 设

$$p\in M_n(A),\ \lambda\in P_n(\mathbb{C}),\ (p+\lambda)\in P_n(A^+),$$

于是在 $\widetilde{K}_0(A)=K_0(A)$ 中

$$\begin{aligned}&[p+\lambda]-[\lambda]\\&\quad=[(p+\lambda e)+\lambda(1-e)]-[\lambda e+\lambda(1-e)]\\&\quad=[p+\lambda e]+[\lambda(1-e)]-[\lambda e]-[\lambda(1-e)]\\&\quad=[p+\lambda e]-[\lambda e],\end{aligned}$$

这里 $(p+\lambda e)$ 与 λe 都 $\in P_n(A)$，且 $s(p+\lambda e)=0=s(\lambda e)$. 由此,

$$\beta([p+\lambda]-[\lambda])=\beta([p+\lambda e])-\beta([\lambda e]),$$

因此，Banach 代数 A 有单位元 e 时，同态 β: $K_0(A)\to\widetilde{K}_1(SA)$

取如下的形式

$\beta([p]) = [f_p]$, $\beta(-[p]) = [f_p^{-1}]$,

$f_p(z) = zp - p + 1_n$, $\forall p \in P_n(A)$, $z \in S^1$, $n = 1,2,\cdots$.

现在我们给出 $\widetilde{K}_1(SA)$ 的另一种描述.

对任意的正整数 n, 令

$$\begin{aligned}\Delta_n &= \{\sigma | \sigma \text{ 是 } S^1 \text{ 到 } GL_n(A) \text{ 中的连续映象，且 } \sigma(1) \in GL_n^0(A)\} \\ &= \{\sigma | \sigma \text{ 是 } S^1 \text{ 到 } GL_n^0(A) \text{ 中的连续映象}\}.\end{aligned}$$

在平凡的扩张 $\sigma \to \sigma \oplus 1$ 下,可以认为

$$\Delta_1 \hookrightarrow \Delta_2 \hookrightarrow \cdots \hookrightarrow \Delta_n \hookrightarrow \cdots,$$

并记

$$\Delta = \bigcup_{n=1}^{\infty} \Delta_n.$$

在Δ中引入等价关系$\sim$, $\sigma \sim \delta$ 指有 n 及连续映象 γ_t: $[0,1] \to \Delta_n$, 使得 $\gamma_0 = \sigma$, $\gamma_1 = \delta$, 这里 Δ_n 中的拓扑由 $M_n(\Omega A)$ 诱导而来, $\Omega A = C(S^1, A)$ (见系 4.4.10), $\Delta_n \subset M_n(\Omega A)$.

定义 4.5.6 记 $G = \Delta/\sim$, 并令

$$\tilde{\sigma} \cdot \tilde{\delta} = \widetilde{\sigma\delta}, \ \forall \tilde{\delta}, \tilde{\sigma} \in G.$$

命题 4.5.7 G 是交换群,并且对任意的 $\tilde{\sigma}, \tilde{\delta} \in G$,

$$\tilde{\sigma} \cdot \tilde{\delta} = \widetilde{\sigma\delta} = \widetilde{\delta\sigma} = (\sigma \oplus \delta)^\sim = (\delta \oplus \sigma)^\sim.$$

证 无妨设 $\sigma, \delta \in \Delta_n$. 注意

$$\begin{pmatrix} \sigma & 0 \\ 0 & \sigma^{-1} \end{pmatrix} = \begin{pmatrix} e_n & -\sigma \\ 0 & e_n \end{pmatrix} \begin{pmatrix} e_n & 0 \\ \sigma^{-1} & e_n \end{pmatrix} \begin{pmatrix} e_n & -\sigma \\ 0 & e_n \end{pmatrix} \begin{pmatrix} 0 & e_n \\ -e_n & 0 \end{pmatrix},$$

令

$$\gamma_t = \begin{pmatrix} e_n & -t\sigma \\ 0 & e_n \end{pmatrix} \begin{pmatrix} e_n & 0 \\ t\sigma^{-1} & e_n \end{pmatrix} \begin{pmatrix} e_n & -t\sigma \\ 0 & e_n \end{pmatrix} \cdot \begin{pmatrix} e_n \cos \frac{\pi}{2} t & e_n \sin \frac{\pi}{2} t \\ -e_n \sin \frac{\pi}{2} t & e_n \cos \frac{\pi}{2} t \end{pmatrix},$$

可见在Δ中, $(\sigma \oplus \sigma^{-1}) \sim e_{2n}$. 又由

$$\begin{pmatrix}\sigma^{-1} & 0\\ 0 & \delta^{-1}\end{pmatrix}\begin{pmatrix}\sigma\delta & 0\\ 0 & e_n\end{pmatrix}=\begin{pmatrix}\delta & 0\\ 0 & \delta^{-1}\end{pmatrix},$$

可见在Δ中，$(\sigma\oplus\delta)\sim(\sigma\delta\oplus e_n)$. 此外，由

$$\begin{pmatrix}e_n\cos\frac{\pi}{2}t & -e_n\sin\frac{\pi}{2}t\\ e_n\sin\frac{\pi}{2}t & e_n\cos\frac{\pi}{2}t\end{pmatrix}\begin{pmatrix}\delta & 0\\ 0 & \sigma\end{pmatrix}\begin{pmatrix}e_n\cos\frac{\pi}{2}t & e_n\sin\frac{\pi}{2}t\\ -e_n\sin\frac{\pi}{2}t & e_n\cos\frac{\pi}{2}t\end{pmatrix},$$

可见在Δ中，$(\sigma\oplus\delta)\sim(\delta\oplus\sigma)$. 从而，

$$\widetilde{\sigma\delta}=(\sigma\delta\oplus e_n)^{\sim}=(\sigma\oplus\delta)^{\sim}=(\delta\oplus\sigma)^{\sim}=(\delta\sigma\oplus e_n)^{\sim}=\widetilde{\delta\sigma},$$

证毕.

命题 4.5.8 $[f(z)+\lambda]\to(f(z)+\lambda e)^{\sim}$ 实现同构:

$$\widetilde{K}_1(SA)\cong G,$$

这里 $f(z)\in M_n(SA)$, $\lambda\in GL_n(\mathbb{C})$, $(f(z)+\lambda)\in GL_n((SA)^+)$, $n=1,2,\cdots$.

证 如果 $(f(z)+\lambda)$ 的逆为 $(g(z)+\mu)$, 这里

$$g(z)\in M_n(SA),\ \mu\in GL_n(\mathbb{C}),$$

易见对每个 $z\in S^1$, $(f(z)+\lambda e)$ 在 $M_n(A)$ 中有逆 $(g(z)+\mu e)$. 又 $(f(z)+\lambda e)|_{z=1}=\lambda e\in GL_n^0(A)$ (系 4.3.2), 因此, $(f(z)+\lambda e)\in\Delta_n$.

现在指出这个映象是可以定义的. 如果在 $\widetilde{K}_1(SA)$ 中,

$$[f(z)+\lambda]=[g(z)+\mu].$$

作平凡扩张后，可认为$(f(z)+\lambda)$与$(g(z)+\mu)$属于 $GL_n((SA)^+)$ 的同一连通分量. 于是存在连续映象

$$(\gamma_t(z)+\lambda_t):[0,1]\to GL_n((SA)^+),$$

使得

$$\gamma_0(z)+\lambda_0=f(z)+\lambda,\ \gamma_1(z)+\lambda_1=g(z)+\mu,$$

这里

$$\gamma_t(z)\in M_n(SA),\ \lambda_t\in GL_n(\mathbb{C}),\ \forall t\in[0,1].$$

由此,

$$\gamma_t(z) + \lambda_t e: f(z) + \lambda e \to g(z) + \mu e.$$

即在 Δ_n 中，$(f(z) + \lambda e) \sim (g(z) + \mu e)$，由此可见映象是可以定义的,并且显然为同态。

下面来定义逆映象。

$$\tilde{\sigma} \to [\sigma(1)^{-1}\sigma - e_n + 1_n]: G \to \widetilde{K}_1(SA) = K_1((SA)^+),$$

这里 $\sigma \in \Delta_n$, $n = 1,2,\cdots$. 这个映象是可以定义的。事实上,如果 γ_t: $[0,1] \to \Delta_n$, $\gamma_0 = \sigma$, $\gamma_1 = \delta$, 则

$$(\gamma_t(1)^{-1}\gamma_t - e_n + 1_n):$$
$$(\sigma(1)^{-1}\sigma - e_n + 1_n) \to (\delta(1)^{-1}\delta - e_n + 1_n)$$

因此,$(\sigma(1)^{-1}\sigma - e_n + 1_n)$ 与 $(\delta(1)^{-1}\delta - e_n + 1_n)$ 属于 $GL_n((SA)^+)$ 的同一连通分量,从而在 $\widetilde{K}_1(SA)$ 中

$$[\sigma(1)^{-1}\sigma - e_n + 1_n] = [\delta(1)^{-1}\delta - e_n + 1_n],$$

这个映象也是同态。事实上设 σ, $\delta \in \Delta_n$, 由于 $\sigma(1)$, $\delta(1) \in GL_n^0(A)$, 于是有连续映象 α_t, β_t: $[0, 1] \to GL_n^0(A)$, 使得 $\alpha_0 = \sigma(1)$, $\beta_0 = \delta(1)$, $\alpha_1 = \beta_1 = e_n$. 由此,

$$\delta(1)^{-1}\sigma(1)^{-1}\sigma\delta \xrightarrow{\beta_t^{-1}\alpha_t^{-1}\sigma\delta} \sigma\delta$$
$$\xrightarrow{\alpha_{1-t}^{-1}\sigma\beta_{1-t}^{-1}\delta} \sigma(1)^{-1}\sigma\delta(1)^{-1}\delta,$$

即 $(\delta(1)^{-1}\sigma(1)^{-1}\sigma\delta - e_n + 1_n)$ 与 $(\sigma(1)^{-1}\sigma\delta(1)^{-1}\delta - e_n + 1_n)$ 属于 $GL_n((SA)^+)$ 的同一连通分量. 从而

$$\begin{aligned}\widetilde{\sigma\delta} &\to [\delta(1)^{-1}\sigma(1)^{-1}\sigma\delta - e_n + 1_n] \\ &= [\sigma(1)^{-1}\sigma\delta(1)^{-1}\delta - e_n + 1_n] \\ &= [\sigma(1)^{-1}\sigma - e_n + 1_n] \cdot [\delta(1)^{-1}\delta - e_n + 1_n].\end{aligned}$$

最后对任意的 n, $f(z) \in M_n(SA)$, $\lambda \in GL_n(\mathbb{C})$, $(f(z) + \lambda) \in GL_n((SA)^+)$,

$$[f(z) + \lambda] \to (f(z) + \lambda e)^{\sim} \to [\lambda^{-1}f(z) + 1_n] = [f(z) + \lambda],$$

这就说明前面定义的两个映象是互逆的。　证毕。

现在我们有

$$K_0(A) \xrightarrow{\beta} \widetilde{K}_1(SA) \xrightarrow{\cong} G,$$

复合同态仍然记为 β: $K_0(A) \to G$, 应当有下面形式

$$\beta([p])=(zp-p+e_n)^{\sim},\ \forall p\in P_n(A),$$

这里 $e_n=e\oplus\cdots\oplus e$，$n=1,2,\cdots$. 从而问题归结要证明

定理 4.5.9 设 A 是 Banach 代数，则 β 是 $K_0(A)$ 到 G 上的同构。

§5.3 β 是满的

引理 4.5.10 设 A 是 Banach 代数，则集合

$$\{ag\mid a\in A,g\in C(S^1)\}$$

的线性组合全体在 $\Omega A=C(S^1,A)$ 中是稠的。

证 对任意的 $f\in\Omega A$ 及 $\varepsilon>0$. 如 $s\in S^1$，依连续性，有 s 在 S^1 中的开邻域 U_s，使得

$$\|f(t)-f(s)\|<\varepsilon,\ \forall t\in U_s,$$

S^1 是紧的，于是有 $s_1,\cdots,s_m\in S^1$，使得

$$\bigcup_{i=1}^m U_i=S^1,$$

这里 $U_i=U_{s_i}$，$1\leqslant i\leqslant m$.

对 $\{U_i\}$ 有单位分解 $\{g_i\}$，即 $g_i\in C(S^1)$，$0\leqslant g_i\leqslant 1$，$\operatorname{supp}g_i\subset U_i$，$1\leqslant i\leqslant m$，并且 $\sum_{i=1}^m g_i(s)=1$，$\forall s\in S^1$. 令 $a_i=f(s_i)$，$1\leqslant i\leqslant m$，则对任意的 $s\in S^1$，

$$\left\|\sum_{i=1}^m a_ig_i(s)-f(s)\right\|\leqslant\sum_{i=1}^m g_i(s)\|a_i-f(s)\|<\varepsilon,$$

证毕.

引理 4.5.11 对任意的 $\sigma\in\Delta_n$，存在

$$\{a_{-N},\cdots,a_N\}\subset M_n(A),$$

使得

$$\sum_{j=-N}^N a_j\in GL_n^0(A),$$

并且在 G 中，

$$\tilde{\sigma}=\left(\sum_{j=-N}^N a_jz^j\right)^{\sim},$$

(即Δ中任意元可等价于某个 Laurent 的闭路). 进而有多项式的闭路$\left(\text{即}\Delta\text{中形如} \sum_{j=0}^{N} a_j z^j \text{ 并且 } \sum_{i=0}^{N} a_j \in GL^0(A) \text{ 的元}\right)$ g, h,使得在G中,

$$\tilde{\sigma} = \tilde{g} \cdot \tilde{h}^{-1}.$$

此外,如果 $g(z) = \sum_{i=0}^{N} a_j z^j$, 这里 $a_j \in M_n(A)$, $1 \leqslant j \leqslant N$, 并且 $\sum_{j=0}^{N} a_j \in GL_n^0(A)$ (即 g 是 Δ_n 中的多项式闭路),则存在某 $m \geqslant n$, 及 a, $b \in M_m(A)$, 使得 $(a+b) \in GL_m^0(A)$, 并且在G中, $\tilde{g}(z) = (a+bz)^{\sim}$.

证 依 Stone-Weierstrass 定理, Laurent 级数 $\sum_{j=-N}^{N} \lambda_j z^j$ 全体在 $C(S^1)$ 中是稠的. 再依前一引理,可见集合

$$\left\{\sum_{-N}^{N} a_j z^j \,|\, a_j \in A, N\right\}$$

的线性组合全体在 ΩA 中是稠的. 今

$$\sigma \in \Delta_n \subset GL_n(\Omega A) \subset M_n(\Omega A),$$

于是对任意的 $\varepsilon > 0$, 将有 $\{a_{-N}, \cdots, a_N\} \subset M_n(A)$, 使得

$$\left\| \sum_{j=-N}^{N} a_j z^j - \sigma \right\|_{M_n(\Omega A)} < \varepsilon,$$

$GL_n(\Omega A)$ 是 $M_n(\Omega A)$ 的开子集,因此 ε 充分小时,

$$\sum_{-N}^{N} a_j z^j \in GL_n(\Omega A).$$

当然也有

$$\left\| \sum_{-N}^{N} a_j - \sigma(1) \right\| < \varepsilon,$$

$GL_n^0(A)$ 是 $M_n(A)$ 的开子集,因此 ε 充分小时, 由于 $\sigma(1) \in GL_n^0(A)$, 可见 $\sum_{-N}^{N} a_j \in GL_n^0(A)$. 由此

$$\sum_{-N}^{N} a_j z^j \in \Delta_n,$$

注意当 ε 充分小时，有

$$\left\| \sigma^{-1}\left(\sigma - \sum_{-N}^{N} a_j z^j\right) \right\|_{M_n(\Omega A)} < 1.$$

于是

$$\begin{aligned} \gamma_t(z) &= t\sum_{-N}^{N} a_j z^j + (1-t)\sigma \\ &= \sigma\left[e_n - t\sigma^{-1}\left(\sigma - \sum_{-N}^{N} a_j z^j\right)\right] \in GL_n(\Omega A). \end{aligned}$$

此外，$\gamma_t(1)$ 与 $\sigma(1)$ 相差很小(对 t 一致)，因此，$\gamma_t(1) \in GL_n^0(A)$，$\forall t$，即 γ_t: $[0,1] \to \Delta_n$ (当然连续)．由此可见在 G 中，

$$\tilde{\sigma} = \left(\sum_{-N}^{N} a_j z^j\right)^{\sim}.$$

进而

$$\begin{aligned} \tilde{\sigma} &= \left(\sum_{j=-N}^{N} a_j z^{j+N} \cdot \bar{z}^N e_n\right)^{\sim} \\ &= \left(\sum_{j=-N}^{N} a_j z^{j+N}\right)^{\sim} \cdot (z^N e_n)^{\sim -1}. \end{aligned}$$

最后，如果 $g(z) = a_0 + a_1 z + \cdots + a_N z^N$ 是 Δ_n 中的多项式闭路，我们指出在 Δ 中，

$$\begin{pmatrix} a_0 & a_1 & \cdots & \cdots & a_N \\ -ze_n & e_n & & & 0 \\ & \ddots & \ddots & & \\ 0 & & \ddots & \ddots & \\ & & & -ze_n & e_n \end{pmatrix} \sim g(z) \oplus e_{nN}.$$

事实上，把第 N 列变成(第 N 列 $+ z$ 第 $(N+1)$ 列)，再把第一行变成(第一行 $-a_N$ 第 $(N+1)$ 行)，依命题 4.3.1，

$$\begin{pmatrix} a_0 & a_1 & \cdots\cdots & a_N \\ -ze_n & e_n & & 0 \\ 0 & \ddots & \ddots & \\ & & -ze_n & e_n \end{pmatrix} \sim \begin{pmatrix} a_0 & a_1 & \cdots\cdots (a_{N-1}+za_N) & 0 \\ -ze_n & e_n & 0 & 0 \\ 0 & \ddots & \ddots & \vdots \\ & -ze_n & e_n & 0 \\ 0 & \cdots\cdots\cdots & 0 & e_n \end{pmatrix}$$

如此继续下去,即可得证。

引理 4.5.12 设 $a,b\in M_n(A)$, $(a+b)\in GL_n^0(A)$, $f(z)=(a+bz)\in\Delta_n$, 则存在 $p\in P_n(A)$, 使得在G中,

$$\tilde{f}=(zp-p+e_n)^{\sim}.$$

注 依引理 4.5.11 及 4.5.12,再由β的定义,即可见映象β是满的。

证 设γ_t是$[0,1]$到 $GL_n^0(A)$ 中连续映象,使得

$$\gamma_0=(a+b)^{-1},\ \gamma_1=e_n,$$

于是

$$\gamma_t f:\ (a+b)^{-1}f\to f,$$

因此在G中, $\tilde{f}=((a+b)^{-1}f)^{\sim}$. 从而可以假定 $a+b=e_n$, 或 $a=e_n-b$. 这样,

$$f(z)=(z-1)b+e_n.$$

当 $z\neq 1$时,由于

$$f(z)=(1-z)[(1-z)^{-1}e_n-b]\in GL_n(A).$$

因此,

$$(1-z)^{-1}\notin\sigma(b)=\sigma_{M_n(A)}(b),\ \forall|z|=1,\ z\neq 1.$$

若设 $z=\lambda+i\mu$, $\lambda,\mu\in\mathbf{R}$, $\lambda^2+\mu^2=1$, $\lambda\neq 1$,

$$(1-z)^{-1}=\frac{1}{2}+i\frac{\mu}{2(1-\lambda)}=\frac{1}{2}+\frac{i}{2}\operatorname{tg}\theta,$$

$-\frac{\pi}{2}<\theta<\frac{\pi}{2}$, 因此,

$$\{(1-z)^{-1}\,|\,|z|=1,\ z\neq 1\}=\left\{\alpha\in\mathbf{C}\,\middle|\,\operatorname{Re}\alpha=\frac{1}{2}\right\}.$$

换言之,

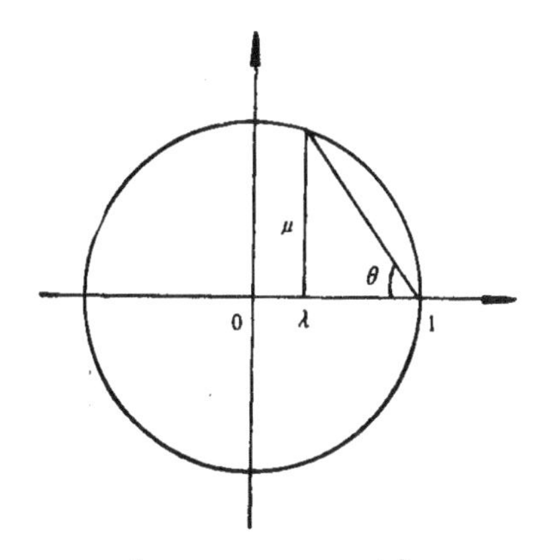

$$\sigma(b)\cap\left\{\alpha\in\mathbf{C}\,|\,\mathrm{Re}\,\alpha=\frac{1}{2}\right\}=\phi.$$

反之如 $b\in M_n(A)$, $\sigma(b)$ 满足上面要求,则

$$f(z)=(z-1)b+e_n\in GL_n(A),\ \forall z\neq 1.$$

显然 $f(1)=e_n$, 因此, $f\in\Delta_n$. 从而我们得到下面的事实: 设

$$f(z)=(z-1)b+e_n,\ b\in M_n(A),$$

则 $f\in\Delta_n$, 当且仅当,

$$\sigma(b)\cap\left\{\alpha\in\mathbf{C}\,|\,\mathrm{Re}\,\alpha=\frac{1}{2}\right\}=\phi.$$

现在对满足上面条件的 b 如图取围道 $\Gamma=\Gamma_1\cup\Gamma_2$, 使之与 $\{\alpha\in\mathbf{C}\,|\,\mathrm{Re}\alpha=1/2\}$ 无交,并且所包围的区域 $(\mathrm{I}\cup\mathrm{II})\supset\sigma(b)$. 再令

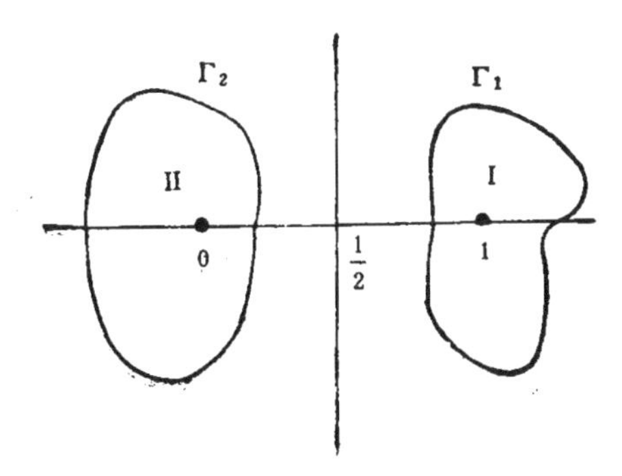

$$g(z)=\begin{cases}1, & \text{如 } z\in \mathrm{I},\\ 0, & \text{如 } z\in \mathrm{II},\end{cases}$$

以及

$$p=\frac{-1}{2\pi i}\int_{\Gamma} g(z)(b-ze_n)^{-1}dz\in P_n(A).$$

又记 $f_t(z)=tg(z)+(1-t)z$，及

$$r_t=\frac{-1}{2\pi i}\int_{\Gamma} f_t(z)(b-ze_n)^{-1}dz=tp+(1-t)b.$$

于是

$$\begin{aligned}\sigma(r_t)&=f_t(\sigma(b))\\&=\begin{cases}t+(1-t)z, & \text{如 } z\in\sigma(b)\cap \mathrm{I},\\ (1-t)z, & \text{如 } z\in\sigma(b)\cap \mathrm{II}.\end{cases}\end{aligned}$$

从而，

$$\sigma(r_t)\cap\{\alpha\in \mathbf{C}\,|\,\mathrm{Re}\alpha=1/2\}=\phi,\ \forall t\in[0,1].$$

依前面所证的事实，

$$(r_t(z-1)+e_n)\in\Delta_n:\ f(z)\to(z-1)p+e_n.$$

因此在 G 中

$$\tilde{f}=((z-1)p+e_n)^{\sim}=\beta([p]),\qquad \text{证毕.}$$

§5.4 β 是一一的

下面的定义虽然前面已出现，但再重复一下，更为确切些。

定义 4.5.13 Δ 中的任意元素都称为闭路；Δ 中的元 $f(z)$ 称为线性闭路，指 $f(z)=a+bz$，这里对某 n，a 与 $b\in M_n(A)$，且 $(a+bz)\in GL_n^0(A)$，$\forall z\in S^1$；Δ 中形如 $\sum\limits_{0}^{N}a_jz^j$ 的元称为多项式闭路；Δ 中形如 $\sum\limits_{-N}^{N}a_jz^j$ 的元称为 Laurent 闭路。

注 如果

$$\sum_{0}^{N}a_jz^j=\sum_{0}^{N}b_jz^j,\ \forall z\in S^1,$$

由于整函数的性质，这个等式将对任意的 $z\in\mathbb{C}$ 成立，今对 z 取 j-次导数，再命 $z=0$，可见 $a_j=b_j$，$0\leqslant j\leqslant N$。即多项式闭路的系数唯一确定。对于 Laurent 闭路相仿地证明同样的结论。

定义 4.5.14 如果线性闭路 $f(z)=a+bz\in\Delta_n$，我们记

$$P(f)=\frac{-1}{2\pi i}\int_\Gamma g(z)((a+b)^{-1}b-ze_n)^{-1}dz.$$

引理 4.5.12 证明中已指出，在 $M_n(A)$ 中，$(a+b)^{-1}b$ 的谱集 $\sigma((a+b)^{-1}b)$ 与 $\{\alpha\in\mathbb{C}|\mathrm{Re}\alpha=1/2\}$无交，这里 $\Gamma=\Gamma_{\mathrm{I}}\cup\Gamma_{\mathrm{II}}$ 分别包围 $\sigma(a+b)^{-1}b)$ 在直线 $\mathrm{Re}\alpha=1/2$ 的右、左两部份子集，并且 $g(z)=1$，如 z 在 Γ_{I} 之内；$g(z)=0$，如 z 在 Γ_{II} 之内。引理 4.5.12 的证明也已指出。在 G 中，$\tilde{f}=((a+b)^{-1}f)^{\sim}$，以及 $(a+b)^{-1}f\in\Delta_n$。并且，依引理 4.5.12，$P(f)\in P_n(A)$，以及在 G 中，

$$\tilde{f}=((z-1)P(f)+e_n)^{\sim}.$$

此外，对于任何的 $q\in P_n(A)$，显然

$$P((z-1)q+e_n)=q.$$

引理 4.5.15 设 $f_t(z)=a(t)+b(t)z$ 是 $[0,1]$ 到 Δ_n 中的连续映象，则 $P(f_t)$ 是$[0,1]$到 $P_n(A)$ 中的连续映象。特别，

$$P(f_0)\underset{h}{\sim}P(f_1).$$

证 记 $c(t)=(a(t)+b(t))^{-1}b(t)$，由于 $(a(t)+b(t))$ 是 $[0,1]$ 到 $GL_n^0(A)$ 中的连续映象，因此，$c(t)$ 也是 $[0,1]$ 到 $GL_n^0(A)$ 中的连续映象。引理 4.5.12 中已指出对每个 $t\in[0,1]$，

$$\sigma(c(t))\cap\{\alpha\in\mathbb{C}|\mathrm{Re}\alpha=1/2\}=\phi.$$

于是可取 $\sigma(c(t))$ 的开邻域 $V_t(\subset\mathbb{C})$，使 V_t 与直线 $\mathrm{Re}\alpha=1/2$ 无交。今依 $c(\cdot)$ 连续性，将有 t 在$[0,1]$中的开邻域 U_t，使得 $\sigma(c(s))\subset V_t,\forall s\in U_t$。依$[0,1]$的紧性，有 $\{t_1,\cdots,t_m\}\subset[0,1]$，使得 $\bigcup\limits_{i=1}^m U_i=[0,1]$，这里 $U_i=U_{t_i}$，$1\leqslant i\leqslant m$。令 $V_i=V_{t_i}$，自然 $\bigcup\limits_{i=1}^m V_i$ 与直线 $\mathrm{Re}\alpha=1/2$ 无交。从而可取围道 $\Gamma=\Gamma_{\mathrm{I}}\cup\Gamma_{\mathrm{II}}$，

使它包围 $\bigcup_{i=1}^{m} V_i$，而且与直线 $\mathrm{Re}\alpha=1/2$ 无交(对每个 $t\in[0,1]$，适当缩小 V_t，使 V_t 与直线 $\mathrm{Re}\alpha=1/2$ 的某个邻域无交．这样，就可作出满足要求的 Γ)．由此，Γ 包围了每个 $\sigma(c(t))$，$\forall t\in[0,1]$．从而可见

$$P(f_t)=\frac{-1}{2\pi_i}\int_\Gamma g(z)(c(t)-ze_n)^{-1}dz$$

是$[0,1]$到 $P_n(A)$ 中的连续映象．证毕．

引理 4.5.16 如果 f,g 是线性闭路，则

$$P(f\oplus g)=P(f)\oplus P(g),$$

证明是显然的．

引理 4.5.17 设 f,g 是多项式闭路，并且在G中，$\tilde{f}=\tilde{g}$，则在平凡扩张后，仍记以 f,g，将有正整数 m，多项式闭路 h，以及$[0,1]$到 Δ_m 中的连续映象 γ_t，使得每个 γ_t 都是多项式闭路，同时多项式的阶与 t 无关，而

$$\gamma_0=f\oplus h,\ \gamma_1=g\oplus h.$$

证 无妨设有$[0,1]$到 Δ_n 中的连续映象 f_t，使得 $f_0=f$，$f_1=g$．令

$$\mathscr{L}=\{f_t|t\in[0,1]\}\subset\Delta_n\subset GL_n(\Omega A).$$

显然 $\mathscr{L}$ 是紧的，$GL_n(\Omega A)$ 又是 $M_n(\Omega A)$ 的开子集，从而有 $\varepsilon>0$，使得 $\mathscr{L}$ 在 $M_n(\Omega A)$ 中的 ε 邻域

$$U(\mathscr{L},\varepsilon)\subset GL_n(\Omega A),$$

即若 $g\in M_n(\Omega A)$，并且在 $M_n(\Omega A)$ 中，$\mathrm{dist}(g,\mathscr{L})<\varepsilon$，就有 $g\in GL_n(\Omega A)$．

作分割 $0=t_0<\cdots<t_k=1$，使得

$$\|f_i-f_{i+1}\|_{M_n(\Omega A)}<\varepsilon/3,\ 0\leqslant i\leqslant k-1,$$

这里 $f_i=f_{t_i}$，$0\leqslant i\leqslant k$．于是

$$\begin{aligned}&\mathrm{dist}(sf_i+(1-s)f_{i+1},\mathscr{L})\\&\quad\leqslant\|sf_i+(1-s)f_{i+1}-f_i\|_{M_n(\Omega A)}<\varepsilon/3,\end{aligned}$$

因此

$$\{sf_i + (1-s)f_{i+1} \mid 0 \leqslant s \leqslant 1\} \subset GL_n(\Omega A).$$

同样 $\{f_t(1) \mid 0 \leqslant t \leqslant 1\}$ 是 $GL_n^0(A)$ 的紧子集，因此可以假定上面的 $\varepsilon > 0$ 满足：如果 $a \in M_n(A)$，在 $M_n(A)$ 中满足 $\operatorname{dist}(a, \{f_t(1) \mid 0 \leqslant t \leqslant 1\}) < \varepsilon$，就有 $a \in GL_n^0(A)$。从而也可证明

$$\{sf_i(1) + (1-s)f_{i+1}(1) \mid 0 \leqslant s \leqslant 1\} \subset GL_n^0(A).$$

这说明

$$(sf_i + (1-s)f_{i+1}) \in \Delta_n,\ \forall 0 \leqslant s \leqslant 1,\ 0 \leqslant i \leqslant k-1.$$

今依引理 4.5.11，对 $i = 0, 1, \cdots, k$，可取 Laurent 闭路 $\sum_{-N}^{N} a_j^{(i)} z^j$（$N$ 与 i 无关），使得

$$\left\| \sum_{j=-N}^{N} a_j^{(i)} z^j - f_i \right\|_{M_n(\Omega A)} < \varepsilon/3,$$

并且在 G 中，

$$\tilde{f}_i = \left(\sum_{j=-N}^{N} a_j^{(i)} z^j \right)^{\sim},$$

$\forall i = 0, \cdots, k$。此外，由于 $f_{t_0} = f$，$f_{t_k} = g$ 是多项式闭路，因此可以认为，$f_0 = \sum_{-N}^{N} a_j^{(0)} z^j$，$f_k = \sum_{-N}^{N} a_j^{(k)} z^j$。由此

$$\begin{aligned} &\left\| s \sum_{-N}^{N} a_j^{(i)} z^j + (1-s) \sum_{-N}^{N} a_j^{(i+1)} z^j - f_i \right\|_{M_n(\Omega A)} \\ &\quad \leqslant s \left\| \sum_{-N}^{N} a_j^{(i)} z^j - f_i \right\| + (1-s) \left\| \sum_{-N}^{N} a_j^{(i+1)} z^j - f_{i+1} \right\| \\ &\qquad + (1-s) \| f_i - f_{i+1} \| < \varepsilon, \end{aligned}$$

所以

$$\left(s \sum_{-N}^{N} a_j^{(i)} z^j + (1-s) \sum_{-N}^{N} a_j^{(i+1)} z^j \right) \in GL_n(\Omega A).$$

当然也有

$$\left\| s \sum_{-N}^{N} a_j^{(i)} + (1-s) \sum_{-N}^{N} a_j^{(i+1)} - f_i(1) \right\|_{M_n(A)} < \varepsilon,$$

因此，

$$\left(s\sum_{-N}^{N}a_i^{(i)}+(1-s)\sum_{-N}^{N}a_i^{(i+1)}\right)\in GL_n^0(A).$$

这说明

$$\left(s\sum_{-N}^{N}a_i^{(i)}z^i+(1-s)\sum_{-N}^{N}a_i^{(i+1)}z^i\right)\in\Delta_n,$$

$\forall 0\leqslant s\leqslant 1,\ 0\leqslant i\leqslant k-1$. 由此可见，通过相同阶的 Laurent 闭路的路径，使得

$$f=\sum_{-N}^{N}a_i^{(0)}z^i\to\sum_{-N}^{N}a_i^{(1)}z^i\to\cdots\to\sum_{-N}^{N}a_i^{(k)}z^i=g,$$

进而通过相同阶的多项式闭路的路径，使得

$$z^Nf\to z^Ng,$$

取 u_t 及 v_t 是[0,1]到 $GL_{2n}(\mathbf{C})$ 中的连续映象，使得 $u_t(a\oplus b)v_t$: $(a\oplus b)\to(b\oplus a)$, $\forall a,b\in M_n(A)$. 于是相同阶的多项式闭路的路径

$$(f\oplus e_n)u_t(z^Ne_n\oplus e_n)v_t:\ (z^Nf\oplus e_n)\to f\oplus z^Ne_n,$$

因此在 Δ_{2n} 中，通过相同阶的多项式闭路的路径，使得

$$f\oplus z^Ne_n\to g\oplus z^Ne_n.$$

证毕.

引理 4.5.18 如果 $f_t(z)=\sum_{0}^{N}a_j(t)z^j$ 是[0,1]到 Δ_n 中的连续映象，则 $a_j(t)$ 是[0,1]到 $M_n(A)$ 中的连续映象，$\forall j$.

证 注意

$$a_j(t)=\frac{1}{2\pi i}\int_\Gamma\frac{f_t(z)}{z^{j+1}}dz,$$

这里 Γ 是单位圆周. 又 f_t 是[0,1]到 $M_n(\Omega A)$ 中的连续映象，因此，$a_j(t)$ 对 t 是连续的，$\forall j$. 证毕.

定义 4.5.19 对阶为 k 的多项式闭路

$$f(z)=a_0+a_1z+\cdots+a_kz^k(\in\Delta_n),$$

记

$$\mu_k(f) = \begin{pmatrix} a_0 & a_1 & \cdots\cdots & a_k \\ -ze_n & e_n & & \\ & \ddots & \ddots & 0 \\ 0 & & \ddots & \ddots \\ & & -ze_n & e_n \end{pmatrix},$$

依引理 4.5.11 的证明，$\mu_k(f)$ 是线性闭路（$\in \Delta_{n(k+1)}$），并且在 Δ 中，$\mu_k(f) \sim f$.

引理 4.5.20 设阶相同的多项式闭路的路径

$$\sum_0^N a_j(t)z^j: f = \sum_0^N a_jz^j \to g = \sum_0^N b_jz^j,$$

则通过线性闭路的路径

$$\mu_N\left(\sum_0^N a_j(t)z^j\right): \mu_N(f) = \mu(f) \to \mu_N(g) = \mu(g).$$

证 依引理 4.5.18 及多项式闭路系数的唯一性（定义 4.5.13 的注），可见

$$a_j(t): a_j \to b_j, \ 0 \leqslant j \leqslant N,$$

由此即得证.

引理 4.5.21 设 f, g 是多项式闭路，则通过线性闭路的路径：

$$\mu(f \oplus g) \to \mu(f) \oplus \mu(g).$$

证 只须注意这样的事实：可以通过复数的基本矩阵的路径，使得

$$(a_{ij} \oplus b_{ij}) \to \begin{pmatrix} (a_{ij}) & 0 \\ 0 & (b_{ij}) \end{pmatrix},$$

由此即得证.

现在来证明 $\beta: K_0(A) \to G$ 是一一的.

设有 $p, q \in P_n(A)$，使得 $\beta([p]) = \beta([q])$，即在 G 中，$\tilde{f} = \tilde{g}$，这里 $f(z) = (z-1)p + e_n$，$g(z) = (z-1)q + e_n$. 依定义 4.5.14，$P(f) = p$，$P(g) = q$.

依引理 4.5.17，有某个阶为 N 的多项式闭路的路径 γ_t，及多项式闭路 h（N 阶），使得

$$\gamma_t: f \oplus h \to g \oplus h.$$

依引理 4.5.20，通过线性闭路的路径：

$$\mu_N(f\oplus h)\to\mu_N(g\oplus h).$$

依引理 4.5.21，通过线性闭路的路径：

$$\mu_N(f)\oplus\mu_N(h)\to\mu_N(g)\oplus\mu_N(h).$$

依引理 4.5.15 及 4.5.16，通过 $P_{n(N+1)}(A)$ 中的路径：

$$P(\mu_N(f))\oplus R\to P(\mu_N(g))\oplus R,$$

这里 $R=P(\mu_N(h))$.

今计算 $P(\mu_N(f))$. 注意

$$\mu_N(f)=\begin{pmatrix} e_n-p & p & \overbrace{0\cdots 0}^{(N-1)\text{个}} \\ -ze_n & e_n & 0 \\ & \ddots & \ddots \\ 0 & & -ze_n \quad e_n \end{pmatrix},$$

通过线性闭路的路径

$$\begin{pmatrix} e_n & -tp & 0\cdots 0 \\ & \ddots & 0 \\ 0 & & \ddots \\ & & & e_n \end{pmatrix}\mu_N(f),\quad 0\leqslant t\leqslant 1,$$

$$\mu_N(f)\to\begin{pmatrix} f(z) & 0\cdots\cdots 0 \\ -ze_n & e_n \quad 0 \\ & \ddots \quad \ddots \\ 0 & -ze_n \quad e_n \end{pmatrix}.$$

再通过线性闭路的路径

$$\begin{pmatrix} f(z) & 0\cdots\cdots 0 \\ -zte_n & e_n \quad 0 \\ & \ddots \quad \ddots \\ 0 & -zte_n \quad e_n \end{pmatrix},\quad 0\leqslant t\leqslant 1,$$

$$\begin{pmatrix} f(z) & 0\cdots\cdots 0 \\ -ze_n & e_n \quad 0 \\ & \ddots \quad \ddots \\ 0 & -ze_n \quad e_n \end{pmatrix}\to f(z)\oplus e_{nN}.$$

于是依引理 4.5.15 与 4.5.16，通过 $\boldsymbol{P}_{n(N+1)}(A)$ 中的路径：

$$P(\mu_N(f)) \to P(f)\oplus e_{nN} = p\oplus e_{nN}.$$

对 $P(\mu_N(g))$ 进行同样计算，可见在 $P(A)$ 中，

$$p\oplus e_{nN}\oplus R \underset{h}{\sim} q\oplus e_{nN}\oplus R,$$

因此在 $K_0(A)$ 中，$[p]=[q]$.

今若 $\beta([p]-[q])=\beta([p']-[q'])$，于是，$\beta([p\oplus q'])=\beta([p'\oplus q])$. 依上面所证，$[p\oplus q']=[p'\oplus q]$. 因此在 $K_0(A)$ 中，$[p]-[q]=[p']-[q']$. 即 β 是一一的.

至此，我们完成了 Bott 周期性定理 4.5.4 的全部证明.

注　Bott 周期性定理是 K 理论的中心定理，这方面的文献很多，例参见[5]，[33].

§5.5　六项循环的正合列

设 A 是 Banach 代数，J 是 A 的闭双侧理想，我们有正合列

$$J \xrightarrow{i} A \xrightarrow{\pi} A/J$$

及

$$SJ \xrightarrow{i} SA \xrightarrow{\pi} SA/SJ \cong S(A/J).$$

由于 α_*（定理 4.4.5）及 β（定理 4.5.4）是自然同构，又由六项正合列（定理 4.4.2），我们有

$$\begin{array}{ccccccccccc}
\widetilde{K}_0(J) & \xrightarrow{i_*} & \widetilde{K}_0(A) & \xrightarrow{\pi_*} & \widetilde{K}_0(A/J) & \overset{\delta}{\dashrightarrow} & \widetilde{K}_1(J) & \xrightarrow{i_*} & \widetilde{K}_1(A) & \xrightarrow{\pi_*} & \widetilde{K}_1(A/J) \\
\beta\downarrow & & \beta\downarrow & & \beta\downarrow & & \alpha\downarrow & & \alpha\downarrow & & \alpha\downarrow \\
\widetilde{K}_1(SJ) & \xrightarrow{i_*} & \widetilde{K}_1(SA) & \xrightarrow{\pi_*} & \widetilde{K}_1(S(A/J)) & \xrightarrow{\delta_*} & \widetilde{K}_0(SJ) & \xrightarrow{i_*} & \widetilde{K}_0(SA) & \xrightarrow{\pi_*} & \widetilde{K}_0(S(A/J))
\end{array}$$

由此可以决定同态 $\delta=\alpha^{-1}\circ\delta_*\circ\beta$: $\widetilde{K}_0(A/J)\to\widetilde{K}_1(J)$，使得上面一行正合. 再依定理 4.4.2 的六项正合列，我们便有

定理 4.5.22　设 A 是 Banach 代数，J 是 A 的闭双侧理想，则有六项循环正合列

$$\begin{array}{ccccc}
\widetilde{K}_1(J) & \xrightarrow{i_*} & \widetilde{K}_1(A) & \xrightarrow{\pi_*} & \widetilde{K}_1(A/J) \\
\delta\uparrow & & & & \downarrow\partial(=\delta_*) \\
\widetilde{K}_0(A/J) & \xleftarrow{\pi_*} & \widetilde{K}_0(A) & \xleftarrow{i_*} & \widetilde{K}_0(J)
\end{array}$$

注 本定理是我们计算 K 群的基本工具。

§6. 拓扑 K 理论

§6.1 逆变函子 K^0

定义 4.6.1 设 X 是紧 Hausdorff 空间，令

$$K^0(X) = K_0(C(X)),$$

这里 $C(X)$ 是 X 上复值连续函数的全体，依极大模为范数，是有单位元的交换 Banach 代数。

我们已经讨论过范畴间的协变函子（定义 4.1.19），如果改变"射"的方向，就有逆变函子的概念。确切地说，设 C，C' 是范畴，$F: C \to C'$ 称为逆变函子，指对任意的 $A, B \in \mathrm{Ob}C$，$f \in \mathrm{Hom}(A, B)$，有 FA，$FB \in \mathrm{Ob}C'$ 及 $Ff \in \mathrm{Hom}(FB, FA)$，使得

$$F(g\circ f) = Ff\circ Fg, \quad F(1_A) = 1_{FA},$$

$\forall f \in \mathrm{Hom}(A, B)$，$g \in \mathrm{Hom}(B, C)$。

命题 4.6.2 (1) K^0 是"紧 Hausdorff 空间与连续映象"的范畴到"交换群与群同态"范畴的逆变函子；

(2) K^0 是同伦不变的，即若

$$\varphi \simeq \psi: X \to Y,$$

这里 X，Y 是紧 Hausdorff 空间；φ，ψ 是 X 到 Y 的连续映象；$\varphi \simeq \psi$ 意味着有连续映象 w_t: $X \times [0,1] \to Y$，使得 $w_0 = \varphi$，$w_1 = \psi$，那末，φ，ψ 诱导相同的同态

$$\varphi^* = \psi^*: K^0(Y) \to K^0(X).$$

证 (1) 设 X，Y 是紧 Hausdorff 空间，φ 是 X 到 Y 的连续映象，令

$$(\varphi^\# f)(x) = f(\varphi(x)), \quad \forall f \in C(Y), \ x \in X,$$

则 $\varphi^\#$ 是 $C(Y)$ 到 $C(X)$ 的保持单位元的同态，从而诱导同态 $\varphi^* = \varphi^\#_*$: $K_0(C(Y)) = K^0(Y) \to K^0(X) = K_0(C(X))$。

(2) 显然对每个 $t \in [0,1]$，$w_t^\#$ 是 $C(Y)$ 到 $C(X)$ 的保持单位元的同态。对于任何的 $f \in C(Y)$，我们说 $w_t^\# f$ 是[0,1]到

$C(X)$ 中的连续映象. 事实上,对任意固定的 $s\in[0,1]$ 及 $\varepsilon>0$, 由于 Y 是紧的,因此可以找到 Y 的有限开覆盖 $\{Y_i\}$, 使得

$$|f(y)-f(y')|<\varepsilon,\ \forall y \text{ 与 } y' \text{ 属于同一个 } Y_i.$$

自然 $\{w^{-1}(Y_i)\}$ 是 $X\times[0,1]$ 的开覆盖. 对任意的 $x\in X$, 我们可以找到 x 在 X 中的开邻域 U_x, s 在[0,1]中的开邻域 V_x, 及某 i, 使得

$$U_x\times V_x\subset w^{-1}(Y_i).$$

今 X 是紧的,从而有 X 的有限开覆盖 $\{U_j\}$, 使得对每个 j, 有 s 在[0,1]中的开邻域 V_j 及某 i, 而 $U_j\times V_j\subset w^{-1}(Y_i)$. 令

$$V=\bigcap_j V_j$$

是 s 在[0,1]中的开邻域,于是对任意的 $t\in V$, $x\in X$, 有 j 与 i, 使得

$$(x,t),\ (x,s)\in U_j\times V\subset U_j\times V_j\subset w^{-1}(Y_i),$$

由此,

$$w(x,t),\ w(x,s)\in Y_i,\quad |f(w(x,t))-f(w(x,s))|<\varepsilon,$$

即

$$\max_{x\in X}|f(w(x,t))-f(w(x,s))|<\varepsilon,\ \forall t\in V,$$

这说明 $w_t^\# f$ 是[0,1]到 $C(X)$ 中的连续映象.

今依命题 4.2.3, $\varphi^*=\varphi_*^\#=\psi_*^\#=\psi^*$: $K^0(Y)\to K^0(X)$. 证毕.

注　在[5], [33]中, $K^0(X)$ 是通过 X 上向量丛来定义的. 由于 Serre-Swan 定理, X 上向量丛的范畴与 $\mathscr{P}(C(X))$ (见定义 4.1.16) 是等价的. 因此,我们 $K^0(X)$ 的定义,虽然没有使用向量丛的术语,但实质上是一样的.

现在我们把 K_0 推广到局部紧 Hausdorff 空间的情形. 首先研究局部紧空间的范畴,问题在于应当采取什么样的"射"?

定义 4.6.3　设 X, Y 是局部紧 Hausdorff 空间, φ 称 X 到 Y (具有定义域 U)的真映象,指 U 是 X 的开子集, φ 是 U 到 Y 中的连续映象,并且对 Y 的任意紧子集 K, $\varphi^{-1}(K)(\subset U)$ 是 X 的紧子集.

我们把局部紧 Hausdorff 空间为“事物”，真映象为“射”的范畴，称作为局部紧空间的范畴。

定义 4.6.4 C_0^∞ 范畴，指“事物”为 $C_0^\infty(X)$，这里 X 是任意的局部紧 Hausdorff 空间，“射”为 $C_0^\infty(X)$ 之间的代数同态。

定义 4.6.5 (X, x_0) 称为点紧空间，指 X 是紧 Hausdorff 空间，$x_0 \in X$ 是固定点，也称为基点。

考虑这样的“射” φ: $(X, x_0) \to (Y, y_0)$，这里 φ: $X \to Y$ 是连续的，并且 $\varphi(x_0) = y_0$。

以点紧空间为“事物”，保持基点的连续映象为“射”的范畴，称之为点紧空间的范畴。

命题 4.6.6 范畴：局部紧空间，C_0^∞，与点紧空间，是相互等价的。

证 (1) 设 X, Y 是局部紧 Hausdorff 空间，φ 是 X 到 Y，以 U（X 的开子集）为定义域的真映象。定义同态

$$C_0^\infty(\varphi): C_0^\infty(Y) \to C_0^\infty(X),$$

对任意的 $f \in C_0^\infty(Y)$，令

$$g(x) = C_\infty^0(\varphi)(f)(x) = \begin{cases} f(\varphi(x)), & \text{如 } x \in U, \\ 0, & \text{如 } x \notin U. \end{cases}$$

显然 g 限制在 U 与 $(X \backslash U)$ 中是连续的，为了证明 g 在 X 中是连续的，只须对网 $\{x_l\} \subset U$，并且 $x_l \to x \notin U$，证明

$$g(x_l) = f(\varphi(x_l)) \to 0 = g(x).$$

由于 $f \in C_0^\infty(Y)$，这又只要证明在 Y 中，$\varphi(x_l) \to \infty$，即对于 Y 的任何紧子集 K，要寻找指标 l_K，使得 $\varphi(x_l) \notin K$，$\forall l \geqslant l_K$。由于 $\varphi^{-1}(K)(\subset U)$ 是 X 的紧子集，$x \notin U$，因此有 x 的邻域 V，使得 $V \cap \varphi^{-1}(K) = \phi$。于是可找到 l_K，使得 $x_l \in V$，$\forall l \geqslant l_K$。由此，$x_l \notin \varphi^{-1}(K)$，即 $\varphi(x_l) \notin K$，$\forall l \geqslant l_K$。

进而我们指出 $g \in C_0^\infty(X)$，即若在 X 中，$x_l \to \infty$，要证 $g(x_l) \to 0$。对任意的 $\varepsilon > 0$，有 Y 的紧子集 K，使得 $|f(y)| < \varepsilon$，$\forall y \notin K$。今 $\varphi^{-1}(K)$ 是 X 的紧子集，于是有 l_K，使得 $x_l \notin \varphi^{-1}(K)$，$\forall l \geqslant l_K$。因此如果 $l \geqslant l_K$，$x_l \in U$，则 $\varphi(x_l) \notin K$。由此，

$$|g(x_l)| = \begin{cases} |f(\varphi(x_l))| < \varepsilon, & \text{如 } l \geqslant l_K,\ x_l \in U, \\ 0, & \text{如 } l \geqslant l_K,\ x_l \notin U, \end{cases}$$

这就说明 $g \in C_0^\infty(X)$.

如上，我们决定了一个从局部紧空间范畴到 C_0^∞ 范畴的逆变函子.

(2) 设 X, Y 是局部紧 Hausdorff 空间，T 是 $C_0^\infty(Y)$ 到 $C_0^\infty(X)$ 的代数同态，命

$$U = \{x \in X \mid T(\cdot)(x) \text{ 在 } C_0^\infty(Y) \text{ 上不恒为 } 0\}.$$

如果 $x \in U$, 将有 $f \in C_0^\infty(Y)$, 使得 $T(f)(x) \neq 0$. 依连续性，将有 x 在 X 中的邻域 V, 使得

$$T(f)(x') \neq 0,\ \forall x' \in V,$$

因此，$V \subset U$. 这说明 U 是 X 的开子集. 对任何的 $x \in U$, 既然 $T(\cdot)(x)$ 是 $C_0^\infty(Y)$ 上的非零乘法泛函,依第二章 § 3 例 1 的讨论,将有唯一的 $\varphi(x) \in Y$, 使得

$$f(\varphi(x)) = T(f)(x),\ \forall f \in C_0^\infty(Y).$$

这样我们便定义了映象 $\varphi: U \to Y$. 设在 U 中，$x_l \to x$, 于是，

$$f(\varphi(x_l)) = T(f)(x_l) \to T(f)(x) = f(\varphi(x)),\ \forall f \in C_0^\infty(Y).$$

由此易见在 Y 中，$\varphi(x_l) \to \varphi(x)$. 这说明 φ: $U \to Y$ 是连续的.

如果 K 是 Y 的紧子集,对于 $\varphi^{-1}(K)(\subset U)$ 中的任何网 $\{x_l\}$, 即 $\varphi(x_l) \in K$, $\forall l$, 由于 K 紧,可设在 K 中，$\varphi(x_l) \to y$. 由于 X 是局部紧的,必要时代以子网,又可设 $x_l \to \infty$ 或某 $x \in X$. 如果 $x_l \to \infty$, 则 $f(\varphi(x_l)) = T(f)(x_l) \to 0$. 于是 $f(y) = 0$, $\forall f \in C_0^\infty(Y)$, 这不可能. 因此 $x_l \to x \in X$. 如果 $x \notin U$, 则 $T(f)(x) = 0$, 即 $T(f)(x_l) \to 0$, 进而 $f(y) = 0$, $\forall f \in C_0^\infty(Y)$, 又发生矛盾. 因此 $x \in U$. 此外，φ: $U \to Y$ 是连续的，$\varphi^{-1}(K)$ 是 U 的闭子集. 又 $\{x_l\} \subset \varphi^{-1}(K)$, 因此，$x \in \varphi^{-1}(K)$. 以上说明 $\varphi^{-1}(K)$ 是紧的.

这样,由 T: $C_0^\infty(Y) \to C_0^\infty(X)$, 我们得到真映象

$$\varphi: U(\subset X) \to Y,$$

并且依 U 的定义,可见 $T = C_0^\infty(\varphi)$.

由(1),(2),局部紧空间的范畴与 C_0^∞ 范畴是相互等价的。

(3) 设 X, Y 是局部紧 Hausdorff 空间,φ 是X到Y的真映象,定义域为X的开子集 U. 令 $\hat{X}=X\cup\{x_0\}$, $\hat{Y}=Y\cup\{y_0\}$ 分别是 X, Y 的一点紧化, $\hat{\varphi}$: $(\hat{X},x_0)\to(\hat{Y},y_0)$ 为

$$\hat{\varphi}(x)=\begin{cases}\varphi(x), & \text{如 } x\in U,\\ y_0, & \text{如 } x\in\hat{X}\backslash U.\end{cases}$$

为了证明 $\hat{\varphi}$ 是连续的,只须对 $x_l\in U\to x\in\hat{X}\backslash U$, 证明 $\hat{\varphi}(x_l)=\varphi(x_l)\to y_0$, 即对Y的任意紧子集 K, 要找 l_K, 使得 $\varphi(x_l)\notin K$ 或者 $x_l\notin\varphi^{-1}(K)$, $\forall l\geqslant l_K$. 如果 $x=x_0$, 由于 $\varphi^{-1}(K)$ 是X的紧子集,这将不成问题;如果 $x\in X\backslash U$, 由于 $\varphi^{-1}(K)\subset U$, 将有 x 的邻域 V, 使得 $V\cap\varphi^{-1}(K)=\varnothing$. 从而有 l_K, 使得 $x_l\in V$, 必然 $x_l\notin\varphi^{-1}(K)$, $\forall l\geqslant l_K$. 总之, $\hat{\varphi}$ 是 $(\hat{X},x_0)$ 到 $(\hat{Y},y_0)$ 的"射"。

(4) 设 $(\hat{X}, x_0)$, $(\hat{Y}, y_0)$ 是点紧空间, $\hat{\varphi}$: $\hat{X}\to\hat{Y}$ 是连续的,并且 $\hat{\varphi}(x_0)=y_0$. 令 $X=\hat{X}\backslash\{x_0\}$, $Y=\hat{Y}\backslash\{y_0\}$, 将是局部紧空间,而 $\hat{X}$, $\hat{Y}$ 分别是它们的一点紧化. 再命

$$U=\hat{\varphi}^{-1}(Y)$$

是X的开子集,以及 $x_0\notin U$. 又令

$$\varphi=\hat{\varphi}|U:\ U\to Y$$

自然是连续的. 如果 K 是 Y 的紧子集, 设 $\{x_l\}$ 是 $\varphi^{-1}(K)$ 中的任意网, 由于 $\hat{X}$, K 是紧的, 必要时代以子网, 可设 $x_l\to x$, $\varphi(x_l)=\hat{\varphi}(x_l)\to y$. 如果 $x\notin U=\hat{\varphi}^{-1}(Y)$, 则与 $\hat{\varphi}(x)=y\in K$ 相矛盾,因此, $x\in U$. 今 $\varphi^{-1}(K)$ 是 U 的闭子集, 因此, $x\in\varphi^{-1}(K)$. 这说明 $\varphi^{-1}(K)$ 是紧的.

这样,φ 是X到Y的真映象,具有定义域 U,并且

$$\hat{\varphi}(X\backslash U)=\{y_0\},$$

$$\hat{\varphi}(x)=\begin{cases}\varphi(x), & \forall x\in U,\\ y_0, & \forall x\in\hat{X}\backslash U.\end{cases}$$

由(3),(4),局部紧空间的范畴与点紧空间的范畴是相互等价的。 证毕。

定义 4.6.7 设X是局部紧 Hausdorff 空间，$\hat{X} = X \cup \{x_0\}$ 是X的一点紧化，命

$$K^0(X) = \ker i^*,$$

这里 $i: \{x_0\} \hookrightarrow \hat{X}$ 是嵌入映象，诱导同态

$$i^*: K^0(\hat{X}) \to K^0(\{x_0\}).$$

注 $C(\hat{X}) = C_0^\infty(X) \dotplus \mathbb{C}$, $C(\{x_0\}) = \mathbb{C}$,

$$i^\#: C(\hat{X}) = C_0^\infty(X) \dotplus \mathbb{C} \to \mathbb{C} = C(\{x_0\}),$$

因此，这里 $K^0(X)$ 的定义正是定义 4.2.4 的特殊情形，即

$$K^0(X) = \widetilde{K}_0(C_0^\infty(X)).$$

命题 4.6.8 (1) 定义 4.6.7 是定义 4.6.1 的推广，换言之，如果X是紧 Hausdorff 空间，则依定义 4.6.1 与 4.6.7 的 $K^0(X)$ 是相互同构的；

(2) K^0 是局部紧空间的范畴到交换群范畴的逆变函子；

(3) K^0 是同伦不变的，即若

$$\varphi \simeq \psi: X \to Y,$$

这里 X, Y 是局部紧 Hausdorff 空间；φ, ψ 是X到Y的真映象；$\varphi \simeq \psi$ 指 $\hat{\varphi} \simeq \hat{\psi}: \hat{X} \to \hat{Y}$（见命题 4.6.6 的证明），则 φ, ψ 诱导相同的同态 $\varphi^* = \psi^*: K^0(Y) \to K^0(X)$.

证 依命题 4.2.5 的(3),(4),(5)与命题 4.6.6 立见.

引理 4.6.9 设X是局部紧 Hausdorff 空间，Y是X的闭子集，令 $A = C_0^\infty(X)$, $J = \{f \in A | (f|Y) = 0\}$，则 $f + J \to (f|Y)$ $(\forall f \in A)$ 实现等距同构 $A/J \simeq C_0^\infty(Y)$; $f \to (f|X\backslash Y)$ $(\forall f \in J)$ 实现等距同构 $J \cong C_0^\infty(X\backslash Y)$.

证明留给读者.

命题 4.6.10 设X是局部紧 Hausdorff 空间，Y是X的闭子集；$i: Y \hookrightarrow X$ 是嵌入映象；π 是X到 $(X\backslash Y)$ 的真映象，它的定义域为 $(X\backslash Y)$，且在 $(X\backslash Y)$ 上是恒等映象，则我们有正合列

$$K^0(X\backslash Y) \xrightarrow{\pi^*} K^0(X) \xrightarrow{i^*} K^0(Y).$$

证 由定理 4.2.7 与引理 4.6.9 立见.

§6.2 逆变函子 K^{-1}

定义 4.6.11 设X是紧 Hausdorff 空间,令

$$K^{-1}(X)=K_1(C(X)).$$

命题 4.6.12 (1) K^{-1} 是"紧 Hausdorff 空间"范畴到"交换群"范畴的逆变函子;

(2) K^{-1} 是同伦不变的(其意义与命题 4.6.2 相仿).

证 由命题 4.3.5, 证明与命题 4.6.2 相仿.

注 对于有单位元的 Banach 代数 A, $K_1(A)$ 还有一种等价的定义. 令

$$\Gamma=\{(E,\alpha)\mid E\in\mathscr{P}(A),\alpha\in \mathrm{Aut}(E)\}$$

这里 $\mathscr{P}(A)$ 见定义 4.1.16, $\mathrm{Aut}(E)$ 是 E 中模自同构的全体. 仿[33], 在 Γ 中引入等价关系, 并在 $\Gamma/\sim$ 中引入加法, 将可以证明 $K_1(A)\cong\Gamma/\sim$. 当 $A=C(X)$ 时, 由 Serre-Swan 定理可见, 虽然我们 $K^{-1}(X)$ 的定义未曾使用向量丛的术语, 但实质上与[33]中定义是一致的.

定义 4.6.13 设X是局部紧 Hausdorff 空间, $\hat{X}=X\cup\{x_0\}$ 是X的一点紧化,命

$$K^{-1}(X)=\ker i^*,$$

这里 $i:\{x_0\}\hookrightarrow\hat{X}$ 是嵌入映象,诱导同态

$$i^*:K^{-1}(\hat{X})\to K^{-1}(\{x_0\}).$$

由于定义 4.6.7 下面的注, 同样有 $K^{-1}(X)=\widetilde{K}_1(C_0^\infty(X))$. 由于 $K^{-1}(\{x_0\})=K_1(\mathbb{C})$ 是平凡的, 又由定义 4.3.6, 可见

$$K^{-1}(\hat{X})=K^{-1}(X)=\widetilde{K}_1(C_0^\infty(X))=K_1(C(\hat{X})).$$

命题 4.6.14 (1) 定义 4.6.13 是定义 4.6.11 的推广. 换言之, 如果X是紧 Hausdorff 空间,则依定义 4.6.11 与 4.6.13 的 $K^{-1}(X)$ 是相互同构的;

(2) K^{-1} 是"局部紧空间"的范畴到"交换群"范畴的逆变函子;

(3) K^{-1} 是同伦不变的(其意义与命题 4.6.8 相仿).

证　依命题 4.3.7 与命题 4.6.6 立见。

命题 4.6.15　设 X 是局部紧 Hausdorff 空间，Y 是 X 的闭子集；$i: Y \hookrightarrow X$ 是嵌入映象；π 是 X 到 $(X \backslash Y)$ 的真映象（与命题 4.6.10 中相同），则我们有正合列

$$K^{-1}(X \backslash Y) \xrightarrow{\pi^*} K^{-1}(X) \xrightarrow{i^*} K^{-1}(Y).$$

证　由定理 4.3.8 与引理 4.6.9 立见。

§6.3　K^0 与 K^{-1} 之间的关系

命题 4.6.16　设 X 是局部紧 Hausdorff 空间，Y 是 X 的闭子集，则有连接同态 $\partial: K^{-1}(Y) \to K^0(X \backslash Y)$，使得下面的六项列正合

$$K^{-1}(X \backslash Y) \xrightarrow{\pi^*} K^{-1}(X) \xrightarrow{i^*} K^{-1}(Y) \xrightarrow{\partial} K^0(X \backslash Y)$$
$$\xrightarrow{\pi^*} K^0(X) \xrightarrow{i^*} K^0(Y).$$

证　由定理 4.4.2 立见。

定义 4.6.17　设 X 是局部紧 Hausdorff 空间，记 $SX = X \times \mathbf{R}$，称为 X 的(约化)双角锥。依积拓扑，它仍然是局部紧 Hausdorff 空间。对一般的正整数 n，我们记

$$S^n X = S(S^{n-1} X) = X \times \mathbf{R}^n.$$

引理 4.6.18　设 X 是局部紧 Hausdorff 空间，$A = C_0^\infty(X)$，则

$$SA \cong C_0^\infty(SX),$$

这里 SA 见定义 4.4.3。

证明留给读者(请注意引理 4.5.10)。

今依定理 4.4.5 与上面的引理，我们有

定理 4.6.19　存在自然的同构 $\alpha: K^{-1}(X) \to K^0(SX)$，这里 X 是局部紧 Hausdorff 空间。

于是在同构的意义下，我们可以作

定义 4.6.20　设 X 是局部紧 Hausdorff 空间，$n \geqslant 0$，令

$$K^{-n}(X) = K^0(S^n X).$$

如果Y是X的闭子空间，记 $K^{-n}(X,Y)=K^{-n}(X\backslash Y)$.

由定理 4.4.8，我们有

定理 4.6.21 设X是局部紧 Hausdorff 空间，Y是X的闭子集，则有长正合列

$$\cdots\to K^{-n}(X,Y)\xrightarrow{\pi^*}K^{-n}(X)\xrightarrow{i^*}K^{-n}(Y)$$
$$\xrightarrow{\partial}K^{-n+1}(X,Y)\to\cdots\to K^0(Y).$$

§6.4 Bott 周期性定理

定理 4.6.22 设X是局部紧 Hausdorff 空间，Y是X的闭子集，$n\geqslant 0$，则存在自然的同构

$$\beta:\ K^{-n}(X,Y)\to K^{-n-2}(X,Y).$$

证 由定理 4.5.4 与定义 4.6.20 立见.

注 至此，我们使用 Banach 代数的方法，得到了拓扑 K 理论(复情形)的主要结果. 若采用向量丛的语言，可参见[5]，[33]. 此外，近来迅速发展的算子代数的K理论，可参见[6].

注 设A是交换 Banach 代数，Ω是它的谱空间. 本章§3末已指出

$$\widetilde{K}_1(A)\cong\widetilde{K}_1(C_0^\infty(\Omega))=K^{-1}(\Omega),$$

进而由 Bott 周期性定理，可见

$$\widetilde{K}_0(A)\cong K^0(\Omega).$$

第五章　Banach * 代数

最重要的一类特殊的 Banach 代数是带有*运算的 Banach 代数，它满足

$$(\lambda x+\mu y)^*=\bar{\lambda}x^*+\bar{\mu}y^*,$$

$$(xy)^*=y^*x^*,\ x^{**}=(x^*)^*=x,$$

这里 x,y 是代数中的任意元素，而 $\lambda,\mu\in\mathbb{C}$. 这个理论中最为突出的是：出现了正泛函以及 GNS 构造等重要的内容.本章第一节讨论交换的简单情形；第二节讨论*运算的自动连续性，指出半单纯时，这将成立；有了*运算，相应便有*表示的概念. 换言之，*运算表达为算子的伴随. 意外的是，无论*运算是否连续，但 Banach * 代数的*表示总自动是连续的(定理 5.3.6)；第四节讨论正泛函与 GNS 构造等重要内容. 在某种意义下，通过正泛函，可以把 Banach *代数表达为 Hilbert 空间中有界线性算子的*代数；第五节讨论拓扑不可约*表示与纯态之间的关系(注意在第一章第四节，我们引入过代数不可约表示的概念)；第六节讨论是厄米的 Banach * 代数，重要的结果是 Shirali-Ford 定理(5.6.6)；第 7 节讨论 H^* 代数，它是第六章第四节研究紧群的重要工具；第八节介绍 c^* 代数的基础. c^* 代数的理论已成为近代数学重要而活跃的分支，有许多专门著作(例见 [12,38])，本节仅仅是在前面章节引入的概念范围中，来讨论对于 c^* 代数的进一步性质.

§1. 交换的 Banach * 代数

本节中设 A 是交换的 Banach *代数，Ω 是它的谱空间.

命题 5.1.1　$\rho\to\rho^*$ 是 Ω 到 Ω 上的同胚，这里 $\overline{\rho(a^*)}=\rho^*(a)$,

$\forall a\in A$. 此外,如果 A 是有单位元的,则这个同胚映 ∂_A 为 ∂_A,这里 ∂_A 是 A 的 Shilov 边界(见定义 2.6.4).

证 前者显然. 今对任意的 $a\in A$,

$$\max\{|\hat{a}(\rho^*)|\,|\,\rho\in\partial_A\}=\max\{|\hat{a}^*(\rho)|\,|\,\rho\in\partial_A\}$$
$$=\nu(a^*)=\nu(a)=\|\hat{a}(\cdot)\|,$$

这里利用了 $\sigma(a^*)=\overline{\sigma(a)}$ 的简单事实. 因此, ∂_A^* 也是 $\hat{A}$ 的边界,从而, $\partial_A\subset\partial_A^*$. 进而, $\partial_A=\partial_A^*$. 证毕.

自然要问,何时 A 上每个非零乘法泛函都是厄米的(即 $\rho=\rho^*$, $\forall\rho\in\Omega$)? 或者 A 的每个极大正则理想对于 $*$ 运算是否都是封闭的? 我们有

命题 5.1.2 下列条件相互等价:

(1) $*$ 运算是厄米的, 即对任意的 $h^*=h\in A$, 有 $\sigma(h)\subset\mathbb{R}$;

(2) $\rho=\rho^*$, $\forall\rho\in\Omega$;

(3) A 的任何极大正则理想对 $*$ 封闭;

(4) Gelfand 变换 $a\to\hat{a}(\cdot)$ 是 $(A, *)$ 到 $(C_0^\infty(\Omega),-)$ 的 $*$ 同态,这里 bar"一"表示函数的复共轭;

(5) $\nu(a^*a)=\nu(a)^2, \forall a\in A$.

证 设(1)成立,于是, $\rho(h)=\overline{\rho(h)}=\rho^*(h)$, $\forall h^*=h\in A$. 但 A 的任意元 $a=\frac{1}{2}(a+a^*)+i\frac{1}{2i}(a-a^*)$ 可以写成自伴元的线性和,因此, $\rho=\rho^*$, $\forall\rho\in\Omega$, 即(2)也成立. 反之,如果设(2)成立,(1)显然也将正确.

设(3)成立,于是 ρ 的零空间将与 ρ^* 的零空间相同, $\forall\rho\in\Omega$. 但非零乘法泛函与极大正则理想是一一对应的, 因此, $\rho=\rho^*$, $\forall\rho\in\Omega$, 即(2)也成立. 反之,如果设(2)成立,(3)显然也将正确.

设(2)成立, 对任意的 $a\in A$, $\hat{a}^*(\rho)=\rho(a^*)=\overline{\rho(a)}=\overline{\hat{a}(\rho)}$, $\forall\rho\in\Omega$, 这说明(4)也是正确的.

今设(4)成立,于是对任意的 $a\in A$, $\rho(a^*)=\overline{\rho(a)}$. 由此,

$$\nu(a^*a)=\max\{|\rho(a^*a)|\,|\,\rho\in\Omega\}$$

$$= \max\{|\rho(a)|^2|\rho\in\Omega\} = \nu(a)^2,$$

$\forall a\in\Omega$，即(5)也是正确的.

最后设(5)成立，我们来证(1)是正确的.若不然，将有 $h^*=h\in A$，其谱并非完全由实数组成，于是无妨设有 $\rho\in\Omega$，使得 $\rho(h)=\lambda+i$，这里 $\lambda\in\mathbb{R}$. 相应这个 ρ，可分解

$$A = J \dot{+} [u],$$

这里 J 是 ρ 的零空间，也是 A 的极大正则理想；u 是 J 的模单位元，并且 $\rho(u)=1$. 令

$$b=(h-\lambda+ni)^m u,$$

则 $\rho(b)=i^m(1+n)^m$. 从而由条件(5)，

$$\begin{aligned}(1+n)^{2m} &= |\rho(b)|^2 \leqslant \nu(b)^2 = \nu(b^*b)\\ &= \nu(((h-\lambda)^2+n^2)^m u^*u)\\ &\leqslant ((\nu(h)+|\lambda|)^2+n^2)^m \nu(u^*u).\end{aligned}$$

于是对任意的正整数 n,m 有

$$(1+n)^2 \leqslant ((\nu(h)+|\lambda|)^2+n^2)\nu(u^*u)^{\frac{1}{m}}.$$

令 $m\to+\infty$，则 $(1+n)^2\leqslant(\nu(h)+|\lambda|)^2+n^2$，或

$$1+2n\leqslant(\nu(h)+|\lambda|)^2,\ \forall n,$$

这是不可能的. 因此(1)也是正确的. 证毕.

命题 5.1.3 若 A 是半单纯的交换 Banach $*$代数，则$*$运算自动是连续的.

证 设 $a_n\to 0$，$a_n^*\to a$，对任意的 $\rho\in\Omega$，

$$\begin{aligned}|\rho(a^*)| &\leqslant |\rho(a_n)| + |\rho(a_n-a^*)|\\ &= |\rho(a_n)| + |\rho^*(a_n^*-a)|\\ &\leqslant \|a_n\| + \|a_n^*-a\| \to 0,\end{aligned}$$

因此，$\rho(a^*)=0$，$\forall\rho\in\Omega$. 今 A 是半单纯的，从而 $a^*=0, a=0$. 这说明$*$运算是实 Banach 空间 A 中的(实线性)闭算子，因此，$*$是连续的. 证毕.

注 尚有更一般的结论，见定理 5.2.2.

命题 5.1.4 设 A 是 Banach $*$代数，B 是 A 的极大交换的$*$

子代数，则 B 是闭的，并且对任意的 $b\in B$，$\sigma(b)=\sigma_B(b)$.

证 设 $\overline{B}$ 是 B 的闭包，$x\in\overline{B}$. 于是，$xy=yx$，$\forall y\in B$. 但 B 对 $*$ 是封闭的，因此，$x^*y=yx^*$，$\forall y\in B$. 如果 $x_n\in B$，$x_n\to x$，则又可见 $x^*x=xx^*$. 因此，$\{x^*,x,B\}$ 可以生成包含 B 的交换 $*$ 子代数. 再依 B 的极大性，$x\in B$，即 $B=\overline{B}$ 是闭的. 此外，由于 $\sigma(b^*)=\overline{\sigma(b)}$，仿命题 1.2.11 的证明，可见 $\sigma(b)=\sigma_B(b)$，$\forall b\in B$. 证毕.

§2. $*$运算的连续性

命题 5.2.1 设 A 是 Banach $*$代数，则下列条件是相互等价的:

(1) $*$运算(依范数)是连续的;

(2) $\{f\in A^*\,|\,f=f^*\}$ 分离 A，即对任意的 $0\neq a\in A$，有 $f=f^*\in A^*$，使得 $f(a)\neq 0$，这里 f^* 定义为 $f^*(c)=\overline{f(c^*)}$，$\forall c\in A$ (注意有这样简单的事实: $f=f^*$，当且仅当，$f(h)\in\mathbb{R}$，$\forall h^*=h\in A$);

(3) $A_H=\{h\in A\,|\,h^*=h\}$ (A 的自伴元全体) 是 A 的闭子集.

证 设 (1) 成立，于是，$f^*\in A^*$，$\forall f\in A^*$. 由此任意的 $f\in A^*$，可以写成 $f=f_1+if_2$，这里 $f_j^*=f_j\in A^*$，$j=1,2$. 自然 A^* 分离 A，因此 (2) 也成立.

设 (2) 成立，$h_n^*=h_n\to a+ib$，这里 $a^*=a$，$b^*=b$，于是对任意的 $f^*=f\in A^*$，

$$
\begin{aligned}
f(a)+if(b)&=\lim f(h_n)=\lim f^*(h_n)\\
&=\lim\overline{f(h_n)}=f(a)-if(b).
\end{aligned}
$$

因此，$f(b)=0$，$\forall f^*=f\in A^*$. 依条件 (2)，$b=0$. 因此 A_H 是闭子集，即 (3) 是正确的.

最后设 (3) 成立，并设 $a_n\to 0$，$a_n^*\to a$. 于是

$$
(a_n+a_n^*)\to a,\quad i(a_n-a_n^*)\to -ia.
$$

由于 A_H 是闭的，因此，$a^* = a$，$(-ia)^* = -ia$. 从而 $a = 0$. 这说明$*$运算是实 Banach 空间 A 中的(实线性)闭算子，因此，$*$ 是连续的，即(1)是正确的. 证毕.

定理 5.2.2 若 A 是半单纯的 Banach $*$代数，则$*$运算自动是连续的.

证 令 $\|a\|' = \|a^*\|$，$\forall a \in A$，且 $(A, \|\cdot\|')$ 仍然是Banach代数. 今依 Johnson 定理 1.9.6，$\|\cdot\|' \sim \|\cdot\|$，即表明$*$是连续的. 证毕.

§3. $*$表示的自动连续性

定义 5.3.1 设 A 是有单位元 e 的代数，$x \in A$，定义 x 的谱集

$$\sigma(x) = \{\lambda \in \mathbb{C} \mid (x - \lambda e) \text{ 在 } A \text{ 中无逆}\}.$$

如果 A 没有单位元，$x \in A$ 的谱集 $\sigma(x)$，指 x 作为 $A_1 = A \dotplus \mathbb{C}$ 元的谱集，即

$$\sigma(x) = \sigma_{A_1}(x).$$

引理 5.3.2 设 A 是代数，$x \in R(A)$，则 $\sigma(x) = \{0\}$.

证 由于 $R(A) = R(A_1)$，依定义 5.3.1，可以假定 A 有单位元 e. 依定理 1.4.14，$(e + yx)$ 在 A 中有逆，$\forall y \in A$. 特别对任意的 $0 \neq \lambda \in \mathbb{C}$，可见 $\left(e - \frac{1}{\lambda} x\right)$ 在 A 中有逆，即 $\lambda \notin \sigma(x)$. 因此，$\sigma(x) \subset \{0\}$. 另一方面，$R(A)$ 是 A 的双侧理想，因此，$x \in R(A)$ 是不可能有逆的，从而，$\sigma(x) = \{0\}$. 证毕.

引理 5.3.3 设 $\mathscr{H}$ 是 Hilbert 空间，$\mathscr{D}$ 是 $B(\mathscr{H})$ ($\mathscr{H}$ 中的有界线性算子全体)的$*$子代数($*$ 指算子的伴随).

(1) 作为代数，$\mathscr{D}$ 是半单纯的；

(2) 如果$|\cdot|$是 $\mathscr{D}$ 上的一个范数，使得 $(\mathscr{D}, |\cdot|)$ 成为 Banach 代数，则

$$\|a\|^2 \leqslant \nu_{|\cdot|}(a^*a),$$

这里 $\|a\|$ 是 a 作为 $\mathscr{H}$ 中有界线性算子的范数，$\nu_{|\cdot|}(a^*a)$ 是 a^*a 作为 $(\mathscr{D},|\cdot|)$ 元素的谱半径，$\forall a\in\mathscr{D}$.

证 (1) 依命题 1.4.12，无妨设 $\mathscr{H}$ 中的恒等算子 $\in\mathscr{D}$. 记 $\bar{\mathscr{D}}$ 是 $\mathscr{D}$ 在 $B(\mathscr{H})$ 中依算子范数 $\|\cdot\|$ 的闭包. 今设 $x\in R(\mathscr{D})$，自然 $x^*x\in R(\mathscr{D})$，以及 $\sigma(x^*x)\supset\sigma_{\bar{\mathscr{D}}}(x^*x)$. 依引理 5.3.2 $\sigma(x^*x)=\{0\}$，因此，$\sigma_{\bar{\mathscr{D}}}(x^*x)=\{0\}$. 特别地，$x^*x$ 作为 $\bar{\mathscr{D}}$ 元的谱半径 $\nu(x^*x)=\lim\|(x^*x)^n\|^{1/n}=0$，显然，$\|x^*x\|=\nu(x^*x)=\|x\|^2$，因此，$x=0$. 即 $R(\mathscr{D})=\{0\}$，$\mathscr{D}$ 是半单纯的.

(2) 设 $a\in\mathscr{D}$，于是，a^*a 作为 Banach 代数 $(\mathscr{D},|\cdot|)$ 元的谱集与 a^*a 作为抽象代数 $\mathscr{D}$ 元的谱集 $\sigma(a^*a)$（定义 5.3.1）是一致的. 记 $\bar{\mathscr{D}}$ 是 $\mathscr{D}$ 在 $B(\mathscr{H})$ 中依算子范数 $\|\cdot\|$ 的闭包，于是

$$\sigma(a^*a)\supset\sigma_{\bar{\mathscr{D}}}(a^*a).$$

从而，

$$\begin{aligned}\nu_{|\cdot|}(a^*a)\geqslant\nu_{(\|\cdot\|,\bar{\mathscr{D}})}(a^*a)&=\lim\|(a^*a)^n\|^{1/n}\\&=\|a^*a\|=\|a\|^2,\end{aligned}$$

证毕.

定义 5.3.4 设 A 是 Banach $*$ 代数，$\{\pi,\mathscr{H}\}$ 称为 A 的 $*$ 表示，指 π 是 A 到 $B(\mathscr{H})$ 的 $*$ 同态，这里 $\mathscr{H}$ 是 Hilbert 空间，$B(\mathscr{H})$ 是 $\mathscr{H}$ 中有界线性算子的全体，依算子范数与算子伴随，$B(\mathscr{H})$ 也是 Banach $*$ 代数，π 是 $*$ 同态即

$$\pi(\lambda a+\mu b)=\lambda\pi(a)+\mu\pi(b),$$
$$\pi(ab)=\pi(a)\pi(b),\quad\pi(a^*)=\pi(a)^*,$$

$\forall\lambda,\mu\in\mathbf{C},a,b\in A$，$\pi(a)^*$ 是 $\pi(a)$ $(\in B(\mathscr{H}))$ 的算子伴随.

引理 5.3.5 设 A 是 Banach $*$ 代数，$\{\pi,\mathscr{H}\}$ 是 A 的 $*$ 表示，则 $J=\ker\pi=\{a\in A\mid\pi(a)=0\}$ 是 A 的闭 $*$ 双侧理想，并且 $R(A)\subset J$.

证 记 $\mathscr{D}=\pi(A)$，它是 $B(\mathscr{H})$ 的 $*$ 子代数，依引理 5.3.3，$\mathscr{D}$ 是半单纯的.

设 $\bar{J}$ 是 J 的闭包，$a\in\bar{J}$. 对任意的 $x\in A$，由于 $xa\in\bar{J}$，因

此有 $b\in J$，使得 $\|xa-b\|<1$. 于是，$(1-(xa-b))$ 在 $A\dotplus C$ 中有逆 $(1-y)$，这里 $y\in A$，即

$$(xa-b)y=y(xa-b)=(xa-b)+y.$$

由于 $b\in J=\ker\pi$，从而

$$\pi(xa)\pi(y)=\pi(y)\pi(xa)=\pi(xa)+\pi(y).$$

因此，$(1-\pi(x)\pi(a))$ 在 $\mathscr{D}\dotplus C$ 中有逆 $(1-\pi(y))$，$\forall\pi(x)\in\pi(A)=\mathscr{D}$. 依命题 1.4.16，$\pi(a)\in R(\mathscr{D})=\{0\}$. 因此，$a\in J$，$\bar{J}=J$ 是闭的.

今若 $a\in R(A)$，依命题 1.4.16，$(1-xa)$ 在 $A\dotplus C$ 中有逆，$\forall x\in A$. 从而 $(1-\pi(x)\pi(a))$ 在 $\mathscr{D}\dotplus C$ 中有逆，$\forall\pi(x)\in\pi(A)=\mathscr{D}$. 再依命题 1.4.16，$\pi(a)\in R(\mathscr{D})=\{0\}$. 因此，$a\in J$，即 $R(A)\subset J$. 证毕.

定理 5.3.6 设 A 是 Banach $*$代数，$\{\pi,\mathscr{H}\}$ 是 A 的 $*$表示，则 π 自动是 A 到 $B(\mathscr{H})$ 的连续映象.

证 依引理 5.3.5，$J=\ker\pi$ 是 A 的闭 $*$ 双侧理想. 于是，A/J 也自然地成为 Banach $*$代数. 如果由 π 诱导 A/J 的 $*$表示 $\{\tilde{\pi},\mathscr{H}\}$，则 $\tilde{\pi}$ 将是 A/J 到 $\mathscr{D}=\pi(A)$ 上的 $*$同构. 把 A/J 上的范数通过前面的同构转嫁到 $\mathscr{D}$ 上，记这个范数为 $|\cdot|$，于是 $(\mathscr{D},|\cdot|)$ 将为 Banach 代数.

依引理 5.3.3，$\mathscr{D}$ 是半单纯的. 再依定理 5.2.2，在 $\mathscr{D}$ 中，$*$运算依 $|\cdot|$ 是连续的. 从而有常数 $K>0$，使得

$$|a^*|\leqslant K|a|,\ \forall a\in\mathscr{D}.$$

又依引理 5.3.3，

$$\|a\|^2\leqslant\nu_{|\cdot|}(a^*a)\leqslant|a^*a|\leqslant|a^*|\cdot|a|\leqslant K|a|^2.$$

记 $M=K^{1/2}$，则 $\|a\|\leqslant M|a|$，$\forall a\in\mathscr{D}$. 换言之，

$$\|\pi(x)\|\leqslant M|\pi(x)|=M|\tilde{\pi}(\tilde{x})|$$
$$=M\|\tilde{x}\|\leqslant M\|x\|,$$

$\forall x\in A$，这里 $\tilde{x}$ 是 $x(\in A)$ 在 A/J 中的象. 这就说明 π 是连续的. 证毕.

§4. 正泛函的 GNS 构造及其连续性

定义 5.4.1 设 A 是 Banach ∗代数，A 上的线性泛函 f 称为正的，记作 $f \geqslant 0$，指

$$f(a^*a) \geqslant 0, \ \forall a \in A.$$

如果 $f \geqslant 0$，$b \in A$，记 $f_b(\cdot) = f(b^* \cdot b)$，则 f_b 显然也是 A 上的正泛函。

引理 5.4.2 (Ford[15]) 设 A 是有单位元 e 的 Banach ∗代数，$h^* = h \in A$，并且 $\nu(e-h) < 1$，则存在唯一的 $k^* = k \in A$，使得

$$k^2 = h, \ \nu(e-k) < 1,$$

并且 k 可以为 h 的多项式任意地逼近。

证 依命题 2.8.3 的 (2)，存在唯一的 $k \in A$，使得 $k^2 = h$，$\nu(e-k) < 1$，并且 k 可以为 h 的多项式任意地逼近。

另一方面，k^* 仍然满足：$k^{*2} = (k^2)^* = h^* = h$，及 $\nu(e - k^*) = \nu(e-k) < 1$，因此由唯一性，$k^* = k$。证毕。

命题 5.4.3 设 f 是 Banach ∗代数 A 上的正线性泛函，$a, b, h \in A$，并且 $h^* = h$，则

(1) $f(b^*a) = \overline{f(a^*b)}$;

(2) (Schwartz 不等式) $|f(b^*a)|^2 \leqslant f(a^*a)f(b^*b)$;

(3) $|f_b(h)| \leqslant f(b^*b)\nu(h)$;

(4) $|f_b(a)| \leqslant f(b^*b)\nu(a^*a)^{1/2}$.

证 设 $\lambda, \mu \in \mathbb{C}$，$w = \lambda a + \mu b$，于是 $f(w^*w) \geqslant 0$，即

$$|\lambda|^2 f(a^*a) + \lambda\mu f(a^*b) + \lambda\bar{\mu} f(b^*a) + |\mu|^2 f(b^*b) \geqslant 0.$$

如取 $\lambda = \mu = 1$，则 $(f(a^*b) + f(b^*a)) \in \mathbb{R}$，即

$$\operatorname{Im} f(a^*b) = -\operatorname{Im} f(b^*a).$$

如取 $\lambda = 1$，$\mu = i$，则 $i(f(a^*b) - f(b^*a)) \in \mathbb{R}$，即

$$\operatorname{Re} f(a^*b) = \operatorname{Re} f(b^*a).$$

因此，$\overline{f(a^*b)} = f(b^*a)$，此即 (1)。

又在上面，令 $\mu=1$, $\lambda\in\mathbb{R}$, 依判别式可见

$$|\mathrm{Re}f(a^*b)|^2\leqslant f(a^*a)f(b^*b).$$

代 a 以适当的 $ae^{-i\theta}$, 使得 $e^{i\theta}f(a^*b)=|f(a^*b)|$. 于是得到(2).

(3) 无妨设 $\nu(h)<1$, 于是在 $A\dotplus\mathbb{C}$ 中，

$$\nu(1\pm h)<1.$$

依引理 5.4.2, 将有 $p^*=p$, $q^*=q\in A$, 使得

$$(1-p)^2=1-h,\ (1-q)^2=1+h.$$

令

$$u=(1-p)b,\ v=(1-q)b,$$

于是

$$u^*u=b^*(1-h)b,\ v^*v=b^*(1+h)b.$$

从而，$f(b^*(1\pm h)b)\geqslant 0$, 即 $|f_b(h)|\leqslant f(b^*b)$.

(4) 由(2),(3),

$$\begin{aligned}|f_b(a)|^2=|f(b^*\cdot ab)|^2&\leqslant f(b^*a^*ab)f(b^*b)\\&\leqslant f(b^*b)^2\nu(a^*a).\end{aligned}$$

证毕.

对 Banach $*$代数 A, 及 A 上的正线性泛函 f, 我们有 GNS (Gelfand-Naimark-Segal) 构造，即通过 f 来构造 A 的$*$表示，其过程如下. 令

$$L_f=\{a\in A\,|\,f(a^*a)=0\}.$$

它称为 f 的左核. 由 Schwartz 不等式，易见 L_f 是 A 的左理想. 在 A/L_f 上乃可定义内积

$$\langle\tilde{a},\tilde{b}\rangle=f(b^*a),$$

$\forall\ a\in\tilde{a}=a+L_f$, $b\in\tilde{b}=b+L_f\in A/L_f$. 依此备化得到 Hilbert 空间 $(\mathscr{H}_f,\langle,\rangle)$. 对任意的 $a\in A$, 定义

$$\pi_f(a)\tilde{b}=\widetilde{ab}:A/L_f\to A/L_f.$$

依命题 5.4.3,

$$\begin{aligned}\|\pi_f(a)\tilde{b}\|^2=f(b^*a^*ab)&=f_b(a^*a)\\&\leqslant f(b^*b)\nu(a^*a)=\nu(a^*a)\|\tilde{b}\|^2,\end{aligned}$$

$\forall\tilde{b}\in A/L_f$, 于是 $\pi_f(a)$ 可唯一开拓为 $\mathscr{H}_f$ 中的有界线性算子，

仍记以 $\pi_f(a)$，则 $\|\pi_f(a)\| \leqslant \nu(a^*a)^{1/2}$，$\forall a \in A$. 容易证明 $\{\pi_f, \mathscr{H}_f\}$ 是 A 的 $*$ 表示.

定理 5.4.4 设 A 是 Banach $*$ 代数，f 是 A 上的正线性泛函,则有 A 的 $*$ 表示 $\{\pi_f, \mathscr{H}_f\}$，使得

$$f_b(a) = \langle \pi_f(a)\tilde{b}, \tilde{b}\rangle, \ \forall a, b \in A.$$

特别当 A 有单位元 e 时，$\tilde{e}$ 是 $*$ 表示 $\{\pi_f, \mathscr{H}_f\}$ 的循环矢（即 $\pi_f(A)\tilde{e}$ 在 $\mathscr{H}_f$ 中稠),并且

$$f(a) = \langle \pi_f(a)\tilde{e}, \tilde{e}\rangle, \ \forall a \in A.$$

定义 5.4.5 设 A 是 Banach $*$ 代数, A 上的线性泛函 f 称为厄米的,指 $f = f^*$，f^* 已在命题 5.2.1 中定义.

命题 5.4.6 设 f 是 Banach $*$ 代数 A 上的正线性泛函,则对任意的 $b \in A$，f_b 是 A 上连续的厄米正泛函. 特别地，当 A 有单位元时，f 本身就是连续厄米的.

证 依定理 5.4.4，$|f_b(a)| \leqslant f(b^*b)\|\pi_f(a)\|$. 又依定理 5.3.6，$\pi_f$ 自动是连续的,因此，f_b 是连续的. 今若 $h^* = h \in A$,

$$\begin{aligned} f_b(h) &= \langle \pi_f(h)\tilde{b}, \tilde{b}\rangle = \langle \tilde{b}, \pi_f(h)\tilde{b}\rangle \\ &= \overline{\langle \pi_f(h)\tilde{b}, \tilde{b}\rangle} = \overline{f_b(h)}. \end{aligned}$$

因此，f_b 也是厄米的. 证毕.

命题 5.4.7 设 A 是 Banach $*$ 代数，f 是 A 上的正线性泛函. 为了 f 能够扩张成 $(A \dotplus \mathbb{C})$ 上的正线性泛函,当且仅当，f 是厄米的,并且存在正常数 K，使得 $|f(a)|^2 \leqslant Kf(a^*a)$，$\forall a \in A$.

证 必要性 由命题 5.4.6，f 是厄米的. 令 $K = f(1)$，再由 Schwartz 不等式（命题 5.4.3)，可见 $|f(a)|^2 \leqslant Kf(a^*a)$，$\forall a \in A$.

充分性 令 $f(1) = K$，于是 f 在 $(A \dotplus \mathbb{C})$ 上有了定义. 今证明它的正性. 对任意的 $a \in A$，$\lambda \in \mathbb{C}$，依充分性的条件，

$$\begin{aligned} f((a+\lambda)^*(a+\lambda)) &= f(a^*a) + \bar{\lambda}f(a) + \lambda\overline{f(a)} + |\lambda|^2K \\ &\geqslant f(a^*a) - 2|\lambda| \cdot |f(a)| + |\lambda|^2K \\ &\geqslant f(a^*a) - 2|\lambda|K^{1/2}f(a^*a)^{1/2} + |\lambda|^2K \\ &= (f(a^*a)^{1/2} - |\lambda|K^{1/2})^2 \geqslant 0, \end{aligned}$$

因此，f 是 $(A\dotplus\mathbb{C})$ 上的正泛函．证毕．

定理 5.4.8 设 A 是 Banach $*$代数，并且包含有界的（双侧）逼近单位元（定义 1.10.1），则 A 上任意的正线性泛函 f 是连续的．此外，若 $*$ 是连续的，则 $f^*=f$.

证 依极化公式

$$4f(bac)=f_{c+b^*}(a)-f_{c-b^*}(a)+if_{c+ib^*}(a)-if_{c-ib^*}(a).$$

因此，依命题 5.4.6，$f(b\cdot c)$ 是 A 上的连续泛函，$\forall b,c\in A$.

今若 $a_n\to 0$，依定理 1.10.7，可写

$$a_n=bx_nc,\quad x_n\to 0.$$

从而，$f(a_n)=f(b\ x_n\ c)\to 0$，即 f 是连续的．

今设 $*$ 是连续的，$\{e_l\}$ 是 A 的有界逼近单位元． 对任意的 $h^*=h\in A$，于是 $e_l^*he_l\to h$，$f(h)=\lim f(e_l^*he_l)$．依命题 5.4.6，$f(e_l^*he_l)=\overline{f(e_l^*he_l)},\forall l$．因此，$f(h)=\overline{f(h)}$，即 $f=f^*$ 是厄米的．证毕．

习题

(1) 设 A 是有单位元 e 的 Banach $*$代数，并且 $\|e\|=1$，$\|a^*\|=\|a\|$，$\forall a\in A$. 如果 f 是 A 上的正线性泛函，则 $\|f\|=f(e)$.

(2) 设 A 是 Banach $*$代数，$\|a^*\|=\|a\|,\forall a\in A$. $\{e_l\}$ 是 A 的逼近单位元，并且 $\|e_l\|\leqslant 1,\forall l$. 如果 f 是 A 上的正线性泛函，则

$$\|f\|=\lim_l f(e_l^*e_l)=\lim_l f(e_le_l^*)=\lim_l f(e_l).$$

这时如果命 $f(1)=K$，这里 $K\geqslant\|f\|$，则 f 将是 $(A\dotplus\mathbb{C})$ 上的正线性泛函．

§ 5. 拓扑不可约 $*$ 表示

定义 5.5.1 设 A 是 Banach $*$代数，$\{\pi,\mathscr{H}\}$ 是 A 的 $*$ 表示，它称为拓扑不可约的，指若 E 是 $\mathscr{H}$ 的闭子空间，使得 $\pi(a)\xi\in E$，$\forall a\in A$，$\xi\in E$，则 $E=\{0\}$ 或者 $\mathscr{H}$.

我们已经给出代数不可约表示的概念(见定义 1.4.5)，显然代数不可约必然是拓扑不可约的。

命题 5.5.2 设A是 Banach $*$代数，$\{\pi, \mathscr{H}\}$ 是A的$*$表示，则 $\{\pi, \mathscr{H}\}$ 是拓扑不可约的，当且仅当，$\pi(A)' = \{b \in B(\mathscr{H}) | b\pi(a) = \pi(a)b, \forall a \in A\} = \mathbb{C}I$，这里$I$是 $\mathscr{H}$ 中的恒等算子。

证 设 $\pi(A)' = \mathbb{C}I$，$E(\subset \mathscr{H})$ 是 $\pi(A)$ 的不变闭子空间，p是 $\mathscr{H}$ 到E上的直交投影，则

$p\pi(a) = (\pi(a^*)p)^* = (p\pi(a^*)p)^* = p\pi(a)p = \pi(a)p$, $\forall a \in A$，因此，$p \in \pi(a)' = \mathbb{C}I$. 由此，$p = 0$ 或 I，即 $E = \{0\}$ 或 $\mathscr{H}$. 从而，π 是拓扑不可约的.

反之，设π是拓扑不可约的，若直交投影 $p \in \pi(A)'$，则 $E = p\mathscr{H}$ 将是π的不变闭子空间. 由于π是拓扑不可约的，$E = \{0\}$ 或 $\mathscr{H}$，即 $p = 0$ 或 I. 如果 $h^* = h \in \pi(A)'$，设 $h = \int \lambda de_\lambda$ 是谱分解，则易见 $e_\lambda \in \pi(A)'$，$\forall \lambda \in \mathbb{R}$. 依前面所证 $e_\lambda = 0$ 或 I，$\forall \lambda \in \mathbb{R}$，因此，$h \in \mathbb{C}I$. 进而可见 $\pi(A)' = \mathbb{C}I$. 证毕.

系 5.5.3 如果A是交换的 Banach $*$代数，$\{\pi, \mathscr{H}\}$ 是A的拓扑不可约$*$表示，则 $\dim \mathscr{H} = 1$，并有A上的非零乘法泛函 ρ，使得

$$\pi(a) = \rho(a)I, \quad \forall a \in A.$$

证 由命题 5.5.2 及 $\pi(A) \subset \pi(A)'$ 立见.

引理 5.5.4 设A是有单位元e的 Banach $*$代数，f, g 是A上的正泛函，并且 $f \geqslant g$（即 $(f-g)$ 是A上的正泛函）. 如果 $\{\pi_f, \mathscr{H}_f\}$ 是f产生的$*$表示，则存在唯一的 $t \in \pi_f(A)'$，$0 \leqslant t \leqslant I$，使得

$$g(a) = \langle t\pi_f(a)\tilde{e}, \tilde{e}\rangle, \quad \forall a \in A.$$

证 设 L_f, L_g 分别是 f, g 的左核，由于 $L_f \subset L_g$，我们乃可以在 A/L_f 上定义共轭双线性泛函$[\cdot,\cdot]$:

$$[\tilde{a}, \tilde{b}] = g(b^*a), \quad \forall a \in \tilde{a}, \ b \in \tilde{b} \in A/L_f.$$

并依 Schwartz 不等式

$$|[\tilde{a},\tilde{b}]|^2 \leqslant g(b^*b)g(a^*a) \leqslant f(a^*a)f(b^*b)$$
$$= \|\tilde{b}\|^2\|\tilde{a}\|^2,$$

$\forall \tilde{a},\tilde{b} \in A/L_f$，从而可唯一决定 $t^* = t \in B(\mathscr{H}_f)$，使得

$$\langle t\tilde{a},\tilde{b}\rangle = [\tilde{a},\tilde{b}] = g(b^*a),$$

$\forall \tilde{a}, \tilde{b} \in A/L_f$，这里 $\langle,\rangle$ 是 $\mathscr{H}_f$ 中的内积。特别地，$g(a) = \langle t\pi_f(a)\tilde{e},\tilde{e}\rangle$，$\forall a \in A$。又

$$\langle \pi_f(a)t\tilde{b},\tilde{c}\rangle = \langle t\tilde{b},\widetilde{a^*c}\rangle = g(c^*ab)$$
$$= \langle t\widetilde{ab},\tilde{c}\rangle = \langle t\pi_f(a)\tilde{b},\tilde{c}\rangle,$$

$\tilde{b},\tilde{c}$ 是任意的，因此，$t\pi_f(a) = \pi_f(a)t$，$\forall a \in A$，即 $t \in \pi_f(A)'$。此外，

$$0 \leqslant g(a^*a) = \langle t\tilde{a},\tilde{a}\rangle \leqslant f(a^*a) = \langle \tilde{a},\tilde{a}\rangle,$$

$\forall \tilde{a} \in A/L_f$，因此 $0 \leqslant t \leqslant I$。证毕。

定义 5.5.5 设 A 是有单位元 e 的 Banach $*$代数，A 上的正泛函 f 称为态，指 $f(e) = 1$。记 A 上态的全体为 $\mathscr{S} = \mathscr{S}(A)$。

依命题 5.4.6，$\mathscr{S}$ 将是 A^* 的弱$*$闭凸子集。

$f \in \mathscr{S}$ 称为纯态，指 $f \in \text{ex}\mathscr{S}$，这里 $\text{ex}\mathscr{S}$ 是 $\mathscr{S}$ 的端点集。

定理 5.5.6 设 A 是有单位元 e 的 Banach $*$代数，$f \in \mathscr{S}$，$\{\pi,\mathscr{H}\}$ 是 f 产生的$*$表示，则 π 是拓扑不可约的，当且仅当，$f \in \text{ex}\mathscr{S}$。

证 设 π 是拓扑不可约的，而 $f = \lambda f_1 + (1-\lambda)f_2$，这里 f_1，$f_2 \in \mathscr{S}$，$\lambda \in (0,1)$，于是 $f \geqslant \lambda f_1$。依引理 5.5.4，有 $0 \leqslant t \in \pi(A)'$，使得

$$f_1(a) = \langle t\pi(a)\tilde{e},\tilde{e}\rangle, \ \forall a \in A.$$

又依命题 5.5.2，$t = \mu I$，某 $\mu \in \mathbb{C}$。从而，

$$f_1(a) = \mu\langle \pi(a)\tilde{e},\tilde{e}\rangle = \mu f(a), \ \forall a \in A.$$

但 $f_1(e) = f(1) = 1$，因此，$\mu = 1$，$f = f_1 = f_2$，即说明 $f \in \text{ex}\mathscr{S}$ 是纯态。

反之，设 f 是纯态，p 是直交投影且 $p \in \pi(A)'$，以及 $p \neq 0$ 或 I。由于 $\pi(A)\tilde{e}$ 在 $\mathscr{H}$ 中稠，$p\tilde{e} \neq 0 \neq (I-p)\tilde{e}$。于是

$$\lambda = \langle p\tilde{e}, \tilde{e}\rangle = \|p\tilde{e}\|^2 \in (0,1).$$

命

$$f_1(a) = \langle p\pi(a)\tilde{e}, \tilde{e}\rangle/\lambda,$$

$$f_2(a) = \langle (I-p)\pi(a)\tilde{e}, \tilde{e}\rangle/(1-\lambda),$$

$\forall a \in A$，于是，$f_1, f_2 \in \mathscr{S}$，并且 $f = \lambda f_1 + (1-\lambda)f_2$. 但 f 是纯态，因此，$f = f_1 = f_2$. 于是对任意的 $a \in A$,

$$\left\|\frac{p}{\lambda^{1/2}}\pi(a)\tilde{e}\right\|^2 = \frac{1}{\lambda}\langle p\pi(a^*a)\tilde{e}, \tilde{e}\rangle$$

$$= f_1(a^*a) = f(a^*a) = \|\pi(a)\tilde{e}\|^2,$$

即 $p/\lambda^{1/2}$ 为 $\mathscr{H}$ 中的等距算子，这与 p 是 $\mathscr{H}$ 中不为 0，I 的直交投影相矛盾. 因此，$\pi(A)'$ 中的直交投影只能是 0 或 I. 再仿命题 5.52 的证明，$\pi(A)' = \mathrm{C}I$，即 π 是拓扑不可约的. 证毕.

命题 5.5.7 设 A 是有单位元 e 的交换 Banach $*$代数，$f \in \mathscr{S}$，则 f 是纯的，当且仅当，f 是 A 上的非零乘法泛函.

证 必要性由系 5.5.3 及定理 5.5.6 立见. 今若 f 是非零乘法的，又 $f \in \mathscr{S}$，依命题 5.4.6，$f = f^*$，从而，f 的左核 L_f 就是 f 的零空间 $\mathfrak{N}(f)$. 又 $A = \mathfrak{N}(f) \dotplus \mathrm{C}e$，$\dim A/L_f = \dim \mathscr{H}_f = 1$，因此，$\pi_f$ 是拓扑不可约的. 依定理 5.5.6，$f \in \mathrm{ex}\mathscr{S}$. 证毕.

§6. 厄米的 Banach $*$代数

定义 5.6.1 Banach $*$代数 A 称为厄米的，指 $\sigma(h) \subset \mathrm{R}$，$\forall h^* = h \in A$.

显然，如果 A 是厄米的，则 $(A \dotplus \mathrm{C})$ 也是厄米的.

定义 5.6.2 设 A 是 Banach $*$代数，$a \in A$. a 称为正的，记作 $a \geqslant 0$，指 $a^* = a$，并且 $\sigma(a) \subset \mathrm{R}_+$，即 $\sigma(a)$ 由非负实数组成.

引理 5.6.3 设 A 是任意的代数，$a, b \in A$，则

$$\sigma(ab) \cup \{0\} = \sigma(ba) \cup \{0\}.$$

证 无妨设 A 有单位元 e. 如果 $0 \neq \lambda \notin \sigma(ab)$，令 $u =$

$(ab-\lambda e)^{-1}$，则

$$(ba-\lambda e)(bua-e)=(bua-e)(ba-\lambda e)=\lambda e,$$

因此，$\lambda\overline{\in}\sigma(ba)$。证毕。

引理 5.6.4 (Ford) 设 A 是有单位元 e 的 Banach $*$代数，$h\in A$ 且 $h>0$（指 $h\geqslant 0$，且 $0\overline{\in}\sigma(h)$），则存在 $u>0$，使得 $u^2=h$，且 u 可以为 h 的多项式任意逼近。

证 无妨设 $\|h\|<1$，于是 $\nu(e-h)<1$。依引理 5.4.2，有 $u^*=u\in A$，使得 $u^2=h$，$\nu(e-u)<1$，并且 u 可以为 h 的多项式任意地逼近。

由于 $u^2=h$ 及 $h>0$，因此依定理 1.6.5，$\sigma(u)\subset\mathbb{R}$，且 $0\overline{\in}\sigma(u)$。又由 $\nu(e-u)<1$，乃可见 $u>0$。证毕。

命题 5.6.5 设 A 是厄米的 Banach $*$代数，则:

(1) $\nu(a)\leqslant\nu(a^*a)^{1/2}$，$\forall a\in A$;

(2) $\nu(hk)\leqslant\nu(h)\nu(k)$，$\forall h^*=h$，$k^*=k\in A$;

(3) 如果 $a,b\in A$，并且 $a\geqslant 0$，$b\geqslant 0$，则 $(a+b)\geqslant 0$。换言之，A 的正元全体 A_+ 是凸锥，

(4) $\nu(h+k)\leqslant\nu(h)+\nu(k)$，$\forall h^*=h$，$k^*=k\in A$;

(5) $\nu\left(\frac{1}{2}(a+a^*)\right)\leqslant\nu(a^*a)^{1/2}$，$\forall a\in A$。

证 无妨设 A 有单位元 e。

(1) 对任意的 $\varepsilon>0$，令

$$b_\varepsilon=b=(\nu(a^*a)+\varepsilon)^{-1/2}a,$$

只须证明 $\nu(b)\leqslant 1$。

若 $\lambda\in\mathbb{C}$，并且 $|\lambda|>1$。记 $c=\lambda^{-1}b$，则由引理5.6.3，

$$\begin{aligned}\nu(cc^*)&=\nu(c^*c)=|\lambda|^{-2}\nu(b^*b)\\&=|\lambda|^{-2}(\nu(a^*a)+\varepsilon)^{-1}\nu(a^*a)<1.\end{aligned}$$

由于 A 是厄米的，因此 $(e-c^*c)$ 与 $(e-cc^*)$ 均>0。依引理 5.6.4，有 $u,v>0$，使得

$$u^2=e-c^*c,\quad v^2=e-cc^*.$$

注意

$$(e+c^*)(e-c)=u(e+u^{-1}(c^*-c)u^{-1})u,$$
$$(e-c)(e+c^*)=v(e+v^{-1}(c^*-c)v^{-1})v,$$
但 $u^{-1}(c^*-c)u^{-1}$ 与 $v^{-1}(c^*-c)v^{-1}$ 是反自伴元，其谱由纯虚数组成，因此，上边两个等式的右边是可逆元。从而 $(e-c)$ 有左、右逆，即 $1\notin\sigma(c)$。于是 $\lambda\notin\sigma(b)$，与假定相矛盾。所以 $\nu(b)\leqslant 1$。

(2) 依 (1)

$$\begin{aligned}\nu(hk)^2 &\leqslant \nu(kh^2k)=\lim\|(kh^2k)^n\|^{1/n}\\ &=\lim\|k(h^2k^2)^{n-1}h^2k\|^{1/n}\\ &\leqslant \lim\|(h^2k^2)^{n-1}\|^{1/n}=\nu(h^2k^2).\end{aligned}$$

一般地有

$$\begin{aligned}\nu(hk)&\leqslant \nu(h^{2^n}k^{2^n})^{1/2^n}\leqslant\|h^{2^n}k^{2^n}\|^{1/2^n}\\ &\leqslant\|h^{2^n}\|^{1/2^n}\cdot\|k^{2^n}\|^{1/2^n},\end{aligned}$$

令 $n\to\infty$，即有 $\nu(hk)\leqslant\nu(h)\nu(k)$。

(3) 注意

$$\begin{aligned}(e+a+b)&=(e+a)(e+b)-ab\\ &=(e+a)(e-uv)(e+b),\end{aligned}$$

这里 $u=(e+a)^{-1}a$，$v=(e+b)^{-1}b$。显然 $\nu(u)$ 及 $\nu(v)<1$。依 (2)，$\nu(uv)\leqslant\nu(u)\nu(v)<1$。因此，$(e+a+b)$ 是可逆的，即 $(-1)\notin\sigma(a+b)$。同理证明任何非零负实数 $\notin\sigma(a+b)$。又 A 是厄米的，因此，$(a+b)\geqslant 0$。

(4) 由于 $\nu(h)e\pm h\geqslant 0$，$\nu(k)e\pm k\geqslant 0$，依 (3)，

$$(\nu(h)+\nu(k))e\pm(h+k)\geqslant 0,$$

即 $\nu(h+k)\leqslant\nu(h)+\nu(k)$。

(5) 设 $a=h+ik$，这里 $h=h^*=\dfrac{1}{2}(a+a^*)$，$k=k^*=\dfrac{1}{2i}(a-a^*)$，由 (3)，

$$\nu(h^2+k^2)e-h^2=(\nu(h^2+k^2)e-(h^2+k^2))+k^2\geqslant 0,$$

从而由 (4)，引理 5.6.3，

$$\nu(h)^2 = \nu(h^2) \leqslant \nu(h^2 + k^2)$$
$$= \frac{1}{2}\nu(a^*a + aa^*) \leqslant \frac{1}{2}\nu(a^*a)$$
$$+ \frac{1}{2}\nu(aa^*) = \nu(a^*a),$$

证毕.

定理 5.6.6 设 A 是 Banach $*$代数,则 A 是厄米的,当且仅当,$a^*a \geqslant 0$, $\forall a \in A$.

证 充分性 若有 $h^* = h \in A$, $\sigma(h) \not\subset \mathbf{R}$, 于是, $\sigma(h^*h) = \sigma(h)^2 \not\subset \mathbf{R}_+$. 这与 $h^*h \geqslant 0$ 的假定相矛盾. 因此, $\sigma(h) \subset \mathbf{R}$, 即 A 是厄米的.

必要性 今设 A 是厄米的,于是 $(A \dotplus \mathbf{C})$ 也是厄米的, 因此可以假定 A 有单位元 e.

如果有 $x \in A$, 使得

$$\delta = \inf\{\lambda | \lambda \in \sigma(x^*x)\} < 0$$

代 x 以它适当的正倍数,可以假定

$$-1 < \delta < \frac{-1}{3},$$

由于 (-1) 是 x^*x 的正则点,乃可令

$$y = 2x(e + x^*x)^{-1}.$$

于是, $y^*y = 4x^*x(e + x^*x)^{-2}$. 因此

$$\begin{cases} e - y^*y = (e - x^*x)^2(e + x^*x)^{-2} \geqslant 0, \\ \sigma(y^*y) \subset (-\infty, 1]. \end{cases}$$

另一方面, 设 $y = h + ik$, 这里 $h^* = h$, $k^* = k$, 则由厄米性及命题 5.6.5 的 (3),

$$e + yy^* = 2(h^2 + k^2) + (e - y^*y) \geqslant 0.$$

因此, $\sigma(yy^*) \subset [-1, \infty)$. 再由引理 5.6.3,

$$\sigma(y^*y) \subset [-1, 1],$$

特别由定理 1.6.5,

$$|4\delta/(1 + \delta)^2| \leqslant 1,$$

这将与 $-1<\delta<-1/3$ 相矛盾. 证毕.

系 5.6.7 设A是有单位元e的 Banach $*$代数,则A是厄米的,当且仅当,$(e+x^*x)$ 在A中有逆, $\forall x\in A$.

证 如果A是厄米的, $x\in A$, 依定理 5.6.6, $x^*x\geqslant 0$, 因此, $(e+x^*x)$ 可逆.

反之,如果 $(e+x^*x)$ 可逆, $\forall x\in A$, 又若有 $h^*=h\in A$, 使得 $i\in\sigma(h)$, 于是 $(-1)\in\sigma(h^2)$. 从而 $e+h^2=e+h^*h$ 在A中无逆,矛盾. 因此,A是厄米的. 证毕.

命题 5.6.8 设 A 是厄米的 Banach $*$ 代数, 令 $|a|=\nu(a^*a)^{1/2}$, $\forall a\in A$, 则 $|\cdot|$ 是A上的拟范,并且满足

$$|ab|\leqslant|a|\cdot|b|,\ |a^*a|=|a|^2,\ \forall a,b\in A.$$

证 对任意的 $a,b\in A$, 依引理 5.6.3 及命题 5.6.5 的 (2),

$$\begin{aligned}|ab|^2&=\nu(b^*a^*ab)=\nu(bb^*\cdot a^*a)\\&\leqslant\nu(bb^*)\cdot\nu(a^*a)=|a|^2\cdot|b|^2,\end{aligned}$$

即 $|ab|\leqslant|a|\cdot|b|$. 依命题 5.6.5 的 (4)

$$\begin{aligned}|a+b|^2&=\nu((a+b)^*(a+b))\\&\leqslant\nu(a^*a)+\nu(b^*b)+\nu(a^*b+b^*a).\end{aligned}$$

又依命题 5.6.5 的 (5) 及引理 5.6.3,

$$\nu(a^*b+b^*a)\leqslant 2|a^*b|\leqslant 2|a^*|\cdot|b|=2|a|\cdot|b|,$$

因此, $|a+b|\leqslant|a|+|b|$. 最后,

$$|a|^2=\nu(a^*a)=\nu((a^*a)^*\cdot(a^*a))^{1/2}=|a^*a|.$$

证毕.

定理 5.6.9 设A是厄米的 Banach $*$代数,则

$$\begin{aligned}R(A)&=\{a\in A|\nu(a^*a)=0\}\\&=\cap\{\ker\pi|\pi \text{ 是}A\text{的拓扑不可约}*\text{表示}\}.\end{aligned}$$

证 保留命题 5.6.8 中的记号 $|a|=\nu(a^*a)^{1/2}$, $\forall a\in A$.

设 $a\in R(A)$,于是 $a^*a\in R(A)$. 依命题 1.5.2, $0=\nu(a^*a)$. 反之, 如果 $a\in A$, $\nu(a^*a)=0$, 依命题 5.6.5 的 (1), 及命题 5.6.8, 对任意的 $b\in A$,

$$\nu(ba)\leqslant|ba|\leqslant|b|\cdot|a|=0,$$

从而，$(1+ba)$ 在 $A\dotplus \mathbb{C}$ 中可逆，$\forall b\in A$. 依命题 1.4.16，$a\in R(A)$. 因此

$$R(A)=\{a\in A\,|\,\nu(a^*a)=0\}=\{a\in A\,|\,|a|=0\}.$$

依引理 5.3.5，

$$R(A)\subset\cap\{\ker\pi\,|\,\pi\ 是\ A\ 的拓扑不可约*表示\}.$$

今设 $a\in A$，使得 $\pi(a)=0$，$\forall\pi$ 是 A 的拓扑不可约 * 表示. 由于引理 5.6.3，$R(A)$ 是 A 的 * 双侧理想. 于是，$A/R(A)$ 自然地成为 * 代数. 如在 $A/R(A)$ 上定义

$$|\tilde{c}|=|c|,\ \forall c\in\tilde{c}\in A/R(A).$$

依命题 5.6.8，这是 $A/R(A)$ 上的 c^* 范，依此备化，得到 c^* 代数 B.

对于所给的 $a\in A$，存在 B 的循环的拓扑不可约 * 表示 $\{\tilde{\pi},\mathscr{H},\xi\}$，使得

$$|a|^2=|a^*a|=|\widetilde{a^*a}|=\|\tilde{\pi}(\tilde{a})\xi\|^2.$$

今定义

$$\pi(c)=\tilde{\pi}(\tilde{c}),\ \forall c\in A,$$

则 $\{\pi,\mathscr{H}\}$ 也是 A 的 * 表示，并且由于 $\pi(A)=\tilde{\pi}(A/R(A))$ 在 $\tilde{\pi}(B)$ 中稠，因此，$\{\pi,\mathscr{H}\}$ 也是 A 的拓扑不可约 * 表示. 于是依 a 的性质，

$$|a|^2=\|\tilde{\pi}(\tilde{a})\xi\|^2=\|\pi(a)\xi\|^2=0,$$

即 $a\in R(A)$. 从而，$R(A)=\cap\{\ker\pi\,|\,\pi$ 是 A 的拓扑不可约 * 表示$\}$. 证毕.

注　本证明用到的 c^* 代数理论可见命题 5.8.21 后面的注. 此外，这里并不发生逻辑循环的问题.

我们已经引进了态的概念（定义 5.5.5），对于厄米的情形，态是充分多的.

命题 5.6.10　设 A 是有单位元 e 的厄米的 Banach * 代数.

(1) 如果 f 是 A 上的线性泛函，$f(e)=1$，并且 $f(a)\geqslant 0$，$\forall a\geqslant 0$，则 f 是态；

(2) 如果 $h^*=h\in A$，则对每个 $\lambda\in[\lambda_1,\lambda_2]$，有 A 上的态

ρ，使得 $\rho(h)=\lambda$，这里 $\lambda_1=\min\{\mu\mid\mu\in\sigma(h)\}$，$\lambda_2=\max\{\mu\mid\mu\in\sigma(h)\}$.

证 (1) 由 A 是厄米的及定理 5.6.6 立见.

(2) 如果 E 是 A 的包含 e 的 $*$ 线性子空间(即若 $a\in E$，也有 $a^*\in E$)，E 上的线性泛函 f 称为 E 上的态，指 $f(e)=1$，并且 $f(a)\geqslant 0$，$\forall a\geqslant 0$ 及 $a\in E$.

今在 A 的 $*$ 线性子空间 $[e,h]=\{\alpha e+\beta h\mid\alpha,\beta\in\mathbf{C}\}$ 上定义线性泛函 ρ:

$$\rho(\alpha e+\beta h)=\alpha+\beta\lambda,\ \forall\alpha,\beta\in\mathbf{C}.$$

我们说 ρ 是 $[e,h]$ 上的态.事实上,如果 $\alpha e+\beta h\geqslant 0$，则 $(\alpha+\beta\lambda_1)$ 与 $(\alpha+\beta\lambda_2)$ 均$\geqslant 0$. 又 $(\alpha+\beta\lambda)$ 介于 $(\alpha+\beta\lambda_1)$ 与 $(\alpha+\beta\lambda_2)$ 之间,因此，$\alpha+\beta\lambda\geqslant 0$. 命

$$\mathscr{L}=\left\{(E,\rho_E)\,\middle|\,\begin{array}{l}E\text{ 是 }A\text{ 的包含 }[e,h]\text{ 的 }*\text{ 子空间,}\\ \rho_E\text{ 是 }E\text{ 上的态,并且 }\rho_E|[e,h]=\rho\end{array}\right\}.$$

在 $\mathscr{L}$ 中引入偏序，$(E,\rho_E)\gtrsim(F,\rho_F)$ 指

$$E\supset F,\text{ 并且 }\rho_E|F=\rho_F.$$

易见 $\mathscr{L}$ 是非空的,并且其任意的全序子集有上端，从而依 Zorn 辅理，$\mathscr{L}$ 有极大元 (E,ρ_E). 今只须证明 $E=A$.

若不然,将有 $k^*=k\bar{\in}E$，令 $F=E\dotplus\mathbf{C}k$. 由于 $e\in E$，集合. $\{b\in E\mid b\leqslant k\}$ 及 $\{c\in E\mid c\geqslant k\}$ 是非空的. 注意如 $b,c\in E$，$b\leqslant k$，$k\leqslant c$，由命题 5.6.5 的 (3),

$$c-b=(c-k)+(k-b)\geqslant 0,$$

因此，$\rho_E(c-b)\geqslant 0$，或 $\rho_E(b)\leqslant\rho_E(c)$. 于是我们可以定义 F 上的线性泛函 ρ_F，使得 $\rho_F|E=\rho_E$，并且 $\rho_F(k)$ 满足

$$\sup\{\rho_E(b)\mid b\in E,b\leqslant k\}\leqslant\rho_F(k)\leqslant\inf\{\rho_E(c)\mid c\in E,c\geqslant k\}.$$

如果 $b+\alpha k\geqslant 0$，这里 $b\in E$，$\alpha\in\mathbf{C}$，由于 $(b+\alpha k)^*=b+\alpha k$，因此 $b^*=b$，$\bar{\alpha}=\alpha$. 今要证 $\rho_F(b+\alpha b)\geqslant 0$，无妨设 $\alpha\neq 0$. 如果 $\alpha>0$，则 $k\geqslant -b/\alpha$，依设,

$$\rho_F(k)\geqslant\rho_E(-b/\alpha),$$

即 $\rho_F(b+\alpha k)\geqslant 0$；如 $\alpha<0$，则 $k\leqslant -b/\alpha$，又依设,

$$\rho_F(k) \leqslant \rho_E(-b/\alpha),$$

也有 $\rho_F(b+\alpha k) \geqslant 0$. 这样 $(F, \rho_F) \in \mathscr{L}$. 这与 (E, ρ_E) 的极大性矛盾. 因此, $E = A$. 证毕.

注 命题 5.6.5 与 5.6.8 属于 V. Ptak[45]. 定理 5.6.6 曾经是多年的著名猜测, 后来为 S. Shirali 与 J. W. M. Ford 所解决[54]. 这里证明取自 [14].

§7. H^* 代数

定义 5.7.1 A 称为 H^* 代数, 指 (1) A 是 Banach $*$ 代数, 并且 $\|a^*\| = \|a\|$, $\forall a \in A$; (2) A 是 Hilbert 空间, 其内积 $\langle , \rangle$ 产生作为 Banach $*$ 代数的范数; (3) $\langle xy, z\rangle = \langle y, x^*z\rangle$, $\forall x, y, z \in A$; (4) 如果 $x \in A$, $x \neq 0$, 则 $x^*x \neq 0$.

命题 5.7.2 设 A 是 H^* 代数, 则

(1) 集合 $\{xy \mid x, y \in A\}$ 的线性包在 A 中是稠的;

(2) $\langle x, y\rangle = \langle y^*, x^*\rangle$, $\forall x, y \in A$;

(3) $\langle xy, z\rangle = \langle y, x^*z\rangle = \langle x, zy^*\rangle$, $\forall x, y, z \in A$.

证 (1) 如果有 $z \in A$, 使得 $\langle xy, z\rangle = 0$, $\forall x, y \in A$. 于是依定义 5.7.1, $0 = \langle xy, z\rangle = \langle y, x^*z\rangle$, $\forall y \in A$. 从而 $x^*z = 0$, $\forall x \in A$. 特别 $z^*z = 0$, 再依定义 5.7.1, $z = 0$.

(2) 由极化公式

$$\begin{aligned}
4\langle x, y\rangle &= \|x+y\|^2 + i\|x+iy\|^2 - (\|x-y\|^2 + i\|x-iy\|^2) \\
&= \|x^* + y^*\|^2 + i\|x^* - iy^*\|^2 - (\|x^* - y^*\|^2 \\
&\qquad + i\|x^* + iy^*\|^2) = \|y^* + x^*\|^2 + i\|y^* \\
&\qquad + ix^*\|^2 - (\|y^* - x^*\|^2 + i\|y^* - ix^*\|^2) \\
&= 4\langle y^*, x^*\rangle, \quad \forall x, y \in A.
\end{aligned}$$

(3) $$\begin{aligned}
\langle xy, z\rangle &= \langle z^*, y^*x^*\rangle = \overline{\langle y^*x^*, z^*\rangle} \\
&= \overline{\langle x^*, yz^*\rangle} = \langle yz^*, x^*\rangle = \langle x, zy^*\rangle,
\end{aligned}$$

$\forall x, y, z \in A$. 证毕.

定义 5.7.3 设 A 是 H^* 代数, $e \in A$ 是非零自伴幂等元 (即

$0\neq e=e^*=e^2$)，它称为可约的，指可写 $e=e_1+e_2$，这里e_1，e_2 也是非零自伴幂等元，并且 $e_1e_2=0$。

由命题 5.7.2，$\langle e_1,e_2\rangle=\langle e_1e_2,e_1e_2\rangle$，因此，上面定义中条件 $e_1e_2=0$ 等价于 $\langle e_1,e_2\rangle=0$，由此，如 e 可约，则 $\|e\|^2=\|e_1\|^2+\|e_2\|^2$。由于 $e_i^2=e_i\neq 0$，因此，$\|e_i\|\geqslant 1$，$i=1,2$。如果 e_1,e_2 仍然是可约的，继续分解下去．但 $\|e\|$ 是有限的，因此，A 中任何非零自伴幂等元必包含非零不可约的自伴幂等元，这里非零自伴幂等元称为不可约的，指它不是可约的．

命题 5.7.4 设 A 是 H^* 代数，$a^*=a\in A$，并且 $\|L_a\|=1$，这里 L_a 是 A 中左乘以 a 的算子，则 $\{a^{2^n}\}$ 是 Cauchy 列，$a^{2^n}\to e$，e 乃是 A 的非零自伴幂等元．特别 A 必包含非零的不可约的自伴幂等元．

证　A 作为 Hilbert 空间，$L_a^*=L_{a^*}=L_a$．于是，$\|L_{a^2}\|=\|L_a^2\|=\|L_a^*L_a\|=\|L_a\|^2=1$．进而可见 $\|L_{a^{2^k}}\|=1$，$\forall k$．归纳假定对任意的 $j<n$，均有 $\|L_{a^j}\|=1$．对于这个 n，自然有 k，使得

$$2^{k-1}<n\leqslant 2^k,$$

从而由 $2^k-n<n$，

$$\begin{aligned}1=\|L_a\|^n\geqslant\|L_{a^n}\|&=\|L_{a^n}\|\cdot\|L_{a^{2^k-n}}\|\\&\geqslant\|L_{a^{2^k}}\|=1.\end{aligned}$$

因此，

$$\|L_{a^n}\|=1,\ \forall n,$$

于是

$$\begin{aligned}\|a^n\|&\geqslant\sup\{\|a^nb\|\mid b\in A,\ \|b\|\leqslant 1\}\\&=\|L_{a^n}\|=1,\ \forall n.\end{aligned}$$

今设 m,n 是偶数，及 $m-n=2p$，$p>0$，则

$$\begin{aligned}0\leqslant\|a^{n+\frac{m-n}{2}}\|^2&=\langle a^{m-n}a^n,a^n\rangle=\langle a^m,a^n\rangle\\&\leqslant\|L_{a^{m-n}}\|\cdot\|a^n\|^2=\langle a^n,a^n\rangle.\end{aligned}$$

并且

$$\langle a^m,a^m\rangle=\langle a^pa^{n+p},a^pa^{n+p}\rangle$$

$$= \langle a^{2p}a^{n+p}, a^{n+p}\rangle \leqslant \|L_{a^{2p}}\|\langle a^{n+p}, a^{n+p}\rangle$$
$$= \langle a^{n+2p}, a^n\rangle = \langle a^m, a^n\rangle.$$

于是

$$1 \leqslant \langle a^m, a^m\rangle \leqslant \langle a^m, a^n\rangle \leqslant \langle a^n, a^n\rangle \leqslant \cdots \leqslant \langle a^2, a^2\rangle.$$

从而

$$\lim_{m,n\text{偶}\to\infty} \langle a^m, a^n\rangle = \lim_{n\text{偶}\to\infty} \langle a^n, a^n\rangle = r \text{ 存在.}$$

因此

$$\lim_{m,n\text{偶}\to\infty} \|a^m - a^n\|^2 = \lim_{m,n\text{偶}\to\infty} \langle a^m - a^n, a^m - a^n\rangle = 0,$$

这就表明 $\{a^{2n}\}$ 是 Cauchy 列. 设 $a^{2n} \to e$, 由于 $a^* = a$,因此, $e^* = e$. 又 $(a^{2n})^2 = a^{4n}$ 仍 $\to e$, 因此 $e^2 = e$. 此外, $\|a^n\| \geqslant 1$, $\forall n$, 因此 $\|e\| \geqslant 1$, 即 $e \neq 0$. 证毕.

系 5.7.5 设 A 是 H^* 代数, L 是 A 的非零闭左理想,则 L 包含非零自伴幂等元,也包含非零不可约自伴幂等元.

证 取 $0 \neq b \in L$, 则 $0 \neq a = b^*b \in L$. 由定义 5.7.1, $L_a \neq 0$. 于是可设 $\|L_a\| = 1$. 依命题 5.7.4, $a^{2n} \to e \in L$. 证毕.

命题 5.7.6 设 A 是 H^* 代数, L 是 A 的非零闭左理想,则 L 是极小的非零闭左理想 (指 L 不真的包含任何非零闭左理想), 当且仅当, $L = Ae$, 这里 e 是不可约的非零自伴幂等元. 特别,非零极小闭左理想必存在.

证 设 L 是 A 的非零极小闭左理想, 依系 5.7.5, 有非零自伴幂等元 e, 使得 $e \in L$. 又 L 是极小的, 因此, $L = Ae$. 如果 e 是可约的, $e = e_1 + e_2$, 这里 e_1, e_2 也是非零自伴幂等元, 并且 $e_1e_2 = 0$, 于是 $Ae_i = Ae_ie \subset L$, $i = 1, 2$, 并且依命题 5.7.2, $\langle Ae_1, Ae_2\rangle = \{0\}$. 这将与 L 的极小性相矛盾. 因此, e 必是不可约的.

反之, 设 $L = Ae$, 这里 e 是非零不可约自伴幂等元. 如果有非零闭左理想 $L_1 \subsetneqq L$, 依系 5.7.5, 将有非零自伴幂等元 $f \in L_1$. 于是, $e_1 = ef = efe$ 也是 L_1 的自伴幂等元. 由 $fe_1 = fef = f \neq 0$, 因此, $e_1 \neq 0$. 由此, $Ae_1 \subset L_1 \subsetneqq L = Ae$, 所以, $e_1 \neq$

e. 显然 $ee_1 = e_1e = e_1$, 因此, $e = e_1 + (e - e_1)$ 将是 e 的一个分解,这与 e 不可约相矛盾. 因此 $L = Ae$ 是极小的. 证毕.

命题 5.7.7 设 A 是 H^* 代数, 则可以把 A 表示成非零极小闭左理想的 Hilbert 直交和,即

$$A = \sum_l \oplus Ae_l,$$

这里 e_l 是非零不可约的自伴幂等元, $\forall l$.

证 依 Zorn 辅理, 可取 $\{e_l\}$ 是 A 中相互直交的非零不可约自伴幂等元的极大族. 由于 $e_l \perp e_{l'}$, 当且仅当, $Ae_l \perp Ae_{l'}$, $\forall l \neq l'$. 于是,

$$B = \sum_l \oplus Ae_l,$$

也是 A 的闭左理想. 由于 $\langle B, xB^\perp \rangle = \langle x^*B, B^\perp \rangle = \{0\}$, $\forall x \in A$, 因此, $B^\perp$ 也是 A 的闭左理想. 如果 $B^\perp \neq \{0\}$, 则 $B^\perp$ 包含非零不可约的自伴幂等元, 这与 $\{e_l\}$ 的极大性相矛盾. 因此, $B^\perp = \{0\}$, $A = B = \sum_l \oplus Ae_l$. 证毕.

命题 5.7.8 设 A 是 H^* 代数, L 是 A 的非零闭左理想, 则也可写 $L = \sum_l \oplus Ae_l$, 这里 e_l 是非零不可约的自伴幂等元. L 是极大正则的, 当且仅当, L 是极大闭左理想, 或者 $L^\perp = Ae$ 是极小闭左理想, 这里 e 是非零不可约的自伴幂等元, 并且是 L 的模单位元. 此外, 特别可见 A 是半单纯的.

证 若闭左理想 $L' \subset L$, 由于 $\langle L', x(L \ominus L') \rangle = \langle x^*L', L \ominus L' \rangle = \{0\}$, $\forall x \in A$, 因此, $(L \ominus L')$ 也是闭左理想. 系 5.7.5 已指出 L 包含非零不可约的自伴幂等元, 从而由 Zorn 辅理, 仿命题 5.7.7 的证明, 可见 $L = \sum_l \oplus Ae_l$. 再由命题 5.7.7, 可见闭左理想 L 是极大的, 当且仅当, $L^\perp$ 是极小的闭左理想. 余皆显然. 证毕.

现在讨论 H^* 代数的非零极小闭（双侧）理想（指它不真的包含任何非零闭双侧理想）。

命题 5.7.9 设 A 是 H^* 代数。

（1）设 J 是 A 的非零闭理想，则 J 是极小的，当且仅当，$J=\overline{AeA}$，这里 e 是 A 的某个非零不可约的自伴幂等元；

（2）如 J_1，J_2 是 A 的非零极小闭理想，则 $J_1 \neq J_2$，当且仅当，$J_1 \perp J_2$；

（3）A 可以唯一分解成非零极小闭理想的直交和，即 $A=\sum_{l \in \Lambda} \oplus J_l$，这里每个 J_l 是非零极小闭理想；

（4）如果 J 是 A 的闭理想，则存在 Λ（（3）中的指标集）的子集 Λ'，使得 $J=\sum_{l \in \Lambda'} \oplus J_l$。特别可见 $J=J^*$。

证 （1）设 $J=\overline{AeA}$，这里 e 是非零不可约的自伴幂等元。如果有非零闭理想 $J_1 \subsetneqq J$，令 $L=Ae$ 是 A 的非零极小闭左理想，于是，$J_1 \cap L$ 是包含于 L 的闭左理想。依 L 的极小性，$J_1 \cap L=\{0\}$ 或 L。如果 $J_1 \cap L=L$，即 $J_1 \supset L$，则

$$J \supsetneqq J_1 \supset L=Ae.$$

于是，$J \supsetneqq J_1 \supset AeA$。进而由于 J_1 是闭的，

$$\overline{AeA}=J \supsetneqq J_1 \supset \overline{AeA}=J$$

导出矛盾。因此，J 必是极小的。

反之，如果 J 是极小的，自然有非零不可约的幂等自伴元 $e \in J$（系 5.7.5）。于是，非零闭理想 $\overline{AeA} \subset J$，因此，$J=\overline{AeA}$。

（2）如果 $J_1 \neq J_2$，由极小性，$J_1 \cap J_2=\{0\}$。于是，$J_1 J_2 \subset J_1 \cap J_2=\{0\}$。由（1）可见 $J_1=J_1^*$，从而对任意的 $x, y \in J_1$，$z \in J_2$，由 $x^* z=0$，

$$\langle xy, z\rangle=\langle y, x^* z\rangle=0.$$

此外，自然 J_1 本身也是 H^* 代数，依命题 5.7.2，$\{xy \mid x, y \in J_1\}$ 的线性包在 J_1 中稠，因此，$J_1 \perp J_2$。反之如 $J_1 \perp J_2$，自然 $J_1 \neq J_2$。

（3）由 $\langle J, AJ^{\perp}A\rangle=\langle AJA, J^{\perp}\rangle$，可见闭理想直交余仍为闭

理想. 再由 Zorn 辅理及(2)立见.

(4) 由于闭理想必包含极小闭理想, 闭理想的直交余也是闭理想,从而由 Zorn 辅理及(3)得证. 证毕.

命题 5.7.10 设 A 是 H^* 代数, e 是 A 的非零不可约自伴幂等元,则 $eAe \cong \mathbf{C}$.

证 对任意的 $0 \neq x \in eAe$, $\overline{Ax} \subset Ae$, 但 Ae 是极小的,因此, $\overline{Ax} = Ae$. 从而有 $a_n \in A$, 使得 $a_n x \to e$. 于是, $ea_n e \cdot x \to e$ (注意 $ex = x$). 当 n 充分大, $ea_n e \cdot x$ 将在有单位元 e 的 Banach 代数 eAe 中有逆. 特别, x 在 eAe 中有左逆. 今依 Gelfand-Mazur 定理(1.7.4), $eAe \cong \mathbf{C}$. 证毕.

下面任意固定 J 为 H^* 代数 A 的非零极小闭理想. 取 $\{e_\alpha\}_{\alpha \in \Lambda}$ 是 J 中相互直交的非零不可约自伴幂等元的极大族,依命题 5.7.9 所证,自然 $J = \overline{Ae_\alpha A}$, $\forall \alpha \in \Lambda$. 任意固定 $e_1 = e_{\alpha_0} \in \{e_\alpha\}$, 于是对任意的 $\alpha \neq \alpha_0$, $e_1 A e_\alpha A e_1 \neq \{0\}$ (否则 $e_1 J e_1 = \{0\}$, 这不可能), 从而依定义 5.7.1, $e_1 A e_\alpha \neq \{0\}$. 取 $0 \neq e_{1\alpha} \in e_1 A e_\alpha$, 则 $e_{1\alpha}^* \in e_\alpha A e_1$, $e_{1\alpha} e_{1\alpha}^* \neq 0$, $e_{1\alpha} e_{1\alpha}^* \in e_1 A e_1 \cong \mathbf{C}$ (命题 5.7.10). 适当归一化 $e_{1\alpha}$, 可以认为 $e_{1\alpha} e_{1\alpha}^* = e_1$. 同样

$$0 \neq e_{1\alpha}^* e_{1\alpha} \in e_\alpha A e_\alpha \cong \mathbf{C},$$

以及

$$(e_{1\alpha}^* e_{1\alpha})^2 = e_{1\alpha}^* e_1 e_{1\alpha} = e_{1\alpha}^* e_{1\alpha},$$

即 $e_{1\alpha}^* e_{1\alpha}$ 是 $e_\alpha A e_\alpha (\cong \mathbf{C})$ 的非零自伴幂等元,因此

$$e_{1\alpha}^* e_{1\alpha} = e_\alpha.$$

进一步定义 $e_{1\alpha_0} = e_1$, $e_{\alpha 1} = e_{1\alpha}^*$, $e_{\alpha\beta} = e_{\alpha 1} e_{1\beta}$, $\forall \alpha, \beta$, 则 $\{e_{\alpha\beta}\}$ 有如下的性质:

(1) $e_{\alpha\beta} e_{\gamma\delta} = \delta_{\beta\gamma} e_{\alpha\delta}$ $\forall \alpha, \beta, \gamma, \delta$;

(2) $e_{\alpha\beta}^* = e_{\beta\alpha}$, $\forall \alpha, \beta$;

(3) $e_{\alpha\alpha} = e_\alpha$, $\forall \alpha$;

(4) $\langle e_{\alpha\beta}, e_{\gamma\delta} \rangle = 0$, 如 $(\alpha, \beta) \neq (\gamma, \delta)$;

(5) $\langle e_{\alpha\beta}, e_{\alpha\beta} \rangle = \langle e_1, e_1 \rangle = \langle e_{\alpha\alpha}, e_{\alpha\alpha} \rangle = \langle e_\alpha, e_\alpha \rangle$, $\forall \alpha, \beta$.

事实上, 如果 $\beta = \gamma$, $e_{\alpha\beta} e_{\gamma\delta} = e_{\alpha 1} e_{1\beta} e_{1\gamma}^* e_{1\delta} = e_{\alpha 1} e_1 e_{1\delta} = e_{\alpha\delta}$;

如 $\beta\neq\gamma$，$e_{1\beta}e_{\gamma1}\in Ae_\beta e_\gamma A=\{0\}$，因此，$e_{\alpha\beta}e_{\gamma\delta}=0$. 此即(1). (2)与(3)是显然的. (4) $\langle e_{\alpha\beta},e_{\gamma\delta}\rangle=\langle e_{\alpha1}e_{1\beta},e_{\gamma1}e_{1\delta}\rangle=\langle e_{1\beta}e_{\delta1}, e_{1\alpha}e_{\gamma1}\rangle$ 再由(1)可见如 $(\alpha,\beta)\neq(\gamma,\delta)$ 时 $\langle e_{\alpha\beta},e_{\gamma\delta}\rangle=0$. (5) $\langle e_{\alpha\beta},e_{\alpha\beta}\rangle=\langle e_{\alpha1}e_{1\beta},e_{\alpha1}e_{1\beta}\rangle=\langle e_{1\beta}e_{1\beta}^*,e_{\alpha1}^*e_{\alpha1}\rangle=\langle e_1,e_1\rangle$，$\forall\alpha,\beta$.

命题 5.7.11 设 A 是 H^* 代数，J 是 A 的极小闭理想，$\{e_{\alpha\beta}|\alpha,\beta\in\Lambda\}$ 如前；$\mathscr{H}$ 是以 $\{\xi_\alpha|\alpha\in\Lambda\}$ 为标准直交基的 Hilbert 空间，$S=\{(\lambda_{\alpha\beta})\Big|\sum\limits_{\alpha,\beta\in\Lambda}|\lambda_{\alpha\beta}|^2<\infty\}$ 是 $\mathscr{H}$ 中 Hilbert-Schmidt 算子的全体，则 J 是简单的 H^* 代数，$\{e_{\alpha\beta}\}$ 是 J 的直交基，并且如果 $x\in J$，

$$x=\sum_{\alpha,\beta}\lambda_{\alpha\beta}e_{\alpha\beta},\quad \lambda_{\alpha\beta}=\langle x,e_{\alpha\beta}\rangle\|e_1\|^{-2},$$

那么 $x\to(\lambda_{\alpha\beta})$ 是 J 到 S 上的同构.

证 由于 $J^*=J$，因此 J 是简单的 H^* 代数. 依命题 5.7.7,

$$J=\sum_\beta\oplus Ae_\beta=\sum_\alpha\oplus e_\alpha A,$$

于是 $\forall x\in J$，可写

$$x=\sum_\beta xe_\beta=\sum_{\alpha,\beta}e_\alpha xe_\beta.$$

今只须证明 $e_\alpha Je_\beta\cong\mathbb{C}e_{\alpha\beta}$，$\forall\alpha,\beta$. 事实上，如果 $y\in e_\alpha Je_\beta$，则 $y=e_\alpha ye_{\beta\alpha}e_{\alpha\beta}$. 但 $e_\alpha ye_{\beta\alpha}\in e_\alpha Ae_\alpha\cong\mathbb{C}e_\alpha$，因此，$y\in\mathbb{C}e_{\alpha\beta}$. 证毕.

命题 5.7.12 设 A 是 H^* 代数，则 A 有单位元，当且仅当，A 的维数 $\dim A<\infty$.

证 如果 $\dim A<\infty$，则 $A=\sum\limits_{i=1}^n\oplus J_i$，每个 J_i 是 A 的非零极小理想. 依命题 5.7.11，每个 J_i 相当于有限阶的矩阵代数，因此每个 J_i 有单位元，从而 A 有单位元.

反之，设 A 有单位元 e，把 A 分解成极小闭理想的直交和 $A=\sum\limits_i\oplus J_i$，相应 $e=\sum\limits_i e_i$，于是对每个 i，e_i 是 J_i 的单位元. 今

$e_i \neq 0$ 又是幂等元,因此, $\|e_i\| \geq 1, \forall i$. 又 $\|e\|^2 = \sum_i \|e_i\|^2$, 因此 A 是有限个 J_i 的直交和. 依命题 5.7.11, 每个 J_i 同构于某 Hilbert 空间中的 Hilbert-Schmidt 算子的全体,但 J_i 有单位元, 因此只能是有限维的. 从而 $\dim A < \infty$. 证毕.

命题 5.7.13 设 J 是 H^* 代数 A 的非零极小闭理想,则下列条件是相互等价的: (1) J 是有限维的; (2) J 有单位元; (3) J 包含有非零的中心元,即有 $0 \neq x \in J$, 使得 $xy = yx, \forall y \in J$.

证 (1) 与 (2) 等价由命题 5.7.12 立见. (2) $\Longrightarrow$ (3) 是显然的. 今设 J 有非零中的元 x, $\{e_{\alpha\beta}\}$ 如命题 5.7.11 所述. 由于 $xe_\alpha = xe_\alpha e_\alpha = e_\alpha x e_\alpha \in e_\alpha A e_\alpha \cong \mathbb{C}$, 因此, $xe_\alpha = e_\alpha x = \lambda_\alpha e_\alpha$, 这里 $\lambda_\alpha \in \mathbb{C}$, 并且易见 $\lambda_\alpha = \langle x, e_\alpha \rangle \|e_1\|^{-2}, \forall \alpha$. 当 $\alpha \neq \beta$ 时,

$$\begin{aligned} \langle x, e_{\alpha\beta} \rangle &= \langle x, e_{1\alpha}^* e_{1\beta} \rangle = \langle e_{1\alpha} x, e_{1\beta} \rangle = \langle x e_{1\alpha}, e_{1\beta} \rangle \\ &= \langle x, e_{1\beta} e_{\alpha 1} \rangle = 0, \end{aligned}$$

因此由命题 5.7.11, $x = \sum_\alpha \lambda_\alpha e_\alpha$. 当 $\alpha \neq \beta$ 时

$$\lambda_\alpha e_{\alpha\beta} = x e_{\alpha\beta} = e_{\alpha\beta} x = \lambda_\beta e_{\alpha\beta}.$$

因此, $\lambda_\alpha = \lambda_\beta, \forall \alpha, \beta$. $\|x\|^2 = \sum_\alpha |\lambda_\alpha|^2 \cdot \|e_1\|^2 < \infty$, 因此指标集 $\{\alpha\}$ 是有限的,即 J 是有限维的. 证毕.

注 本节可参见 [40], [7].

习题

如 A 是交换的 H^* 代数, J 是 A 的非零极小闭理想, 则 $\dim J = 1$.

§ 8. c^* 代数的初步

§ 8.1 定义与简单的性质

定义 5.8.1 Banach $*$代数 A 称为 c^* 代数, 指 $\|x^*x\| =$

$\|x\|^2$, $\forall x\in A$.

易见对 c^* 代数 A, 有 $\|x^*\|=\|x\|$, $\forall x\in A$, 因此 $*$ 运算不仅是连续的,而且是等距的.

例 1 设 Ω 是局部紧 Hausdorff 空间, $C_0^\infty(\Omega)$ 是交换的 c^* 代数,

例 2 设 $\mathscr{H}$ 是 Hilbert 空间, A 是 $B(\mathscr{H})$ 的闭 $*$ 子代数, 则 A(依算子范数)是 c^* 代数. 有时也称这类 c^* 代数为 Hilbert 空间 $\mathscr{H}$ 中的 c^* 代数.

命题 5.8.2 如果 A 是 c^* 代数,且无单位元,在 $(A\dotplus C)$ 上命

$$\|a+\lambda\|=\sup\{\|ab+\lambda b\|\,|\,b\in A,\|b\|\leqslant 1\},$$

$\forall a\in A$, $\lambda\in C$, 则 $(A\dotplus C)$ 是有单位元 1 的 c^* 代数, 且保持 A 上范数不变.

证 只须证明 $\|(a+\lambda)^*(a+\lambda)\|=\|a+\lambda\|^2$.

对 $0<\mu<1$, 有 $b\in A$, $\|b\|\leqslant 1$, 使得

$$\mu^2\|a+\lambda\|^2\leqslant\|ab+\lambda b\|^2=\|b^*(a+\lambda)^*(a+\lambda)b\|$$
$$\leqslant\|(a+\lambda)^*(a+\lambda)\|.$$

令 $\mu\to 1-$, 可见 $\|a+\lambda\|^2\leqslant\|(a+\lambda)^*(a+\lambda)\|\leqslant\|(a+\lambda)^*\|\cdot\|a+\lambda\|$. 于是 $\|(a+\lambda)^*\|\geqslant\|a+\lambda\|$. 进而可见,

$$\|(a+\lambda)^*(a+\lambda)\|=\|a+\lambda\|^2,\ \forall a\in A,\lambda\in C$$

证毕.

注 如果 A 本身有单位元 e, 易见 $e^*=e$ 及 $\|e\|=1$, 这时在 $(A\dotplus C)$ 上须命

$$\|a+\lambda\|=\max\{\|a+\lambda e\|,|\lambda|\},$$

$\forall a\in A$, $\lambda\in C$, 则命题仍然成立.

命题 5.8.3 设 A 是 c^* 代数, $h^*=h\in A$, 则 $\sigma(h)\subset R$, $\|h\|=\nu(h)$. 特别, A 是半单纯并且厄米的.

证 无妨设 A 有单位元. 由于 $*$ 是连续的,

$$(e^{ith})^*=e^{-ith},\ \forall t\in R.$$

于是,如果 $\lambda\in\sigma(h)$,

$$|e^{it\lambda}|^2\leqslant\|e^{ith}\|^2=\|(e^{ith})^*e^{ith}\|=1,$$

$\forall t \in \mathbb{R}$，因此，$\lambda = \bar{\lambda}$。又

$$\|h\| = \|h^*h\|^{1/2} = \|h^2\|^{1/2} = \cdots = \|h^{2^n}\|^{1/2^n},\ \forall n.$$

令 $n \to \infty$，可见 $\|h\| = \nu(h)$。

今若 $a \in R(A)$，则 $a^*a \in R(A)$。从而

$$\|a\|^2 = \|a^*a\| = \nu(a^*a) = 0,$$

即 $a = 0$，$R(A) = \{0\}$。证毕。

定理 5.8.4 设 A 是交换的 c^* 代数，Ω 是它的谱空间，则 $\rho = \rho^*$，$\forall \rho \in \Omega$；A 的任何极大正则理想对 $*$ 是封闭的；在 Gelfand 变换下，A 等距 $*$ 同构于 $C_0^\infty(\Omega)$。

证 前两个结论由命题 5.8.3 及 5.1.2 立见。也由命题 5.1.2，可见 Gelfand 变换是 $*$ 同态，又对任意的 $a \in A$，

$$\|a\|^2 = \|a^*a\| = \nu(a^*a) = \max\{|\widehat{a^*a}(t)|\,|\,t \in \Omega\}$$
$$= \max\{|\hat{a}(t)|^2\,|\,t \in \Omega\},$$

因此 Gelfand 变换是等距的。再依 Stone-Weierstrass 定理，可见 $A \cong C_0^\infty(\Omega)$。证毕。

引理 5.8.5 设 A 是有单位元的 c^* 代数，$h^* = h \in A$，并且 $0 \notin \sigma(h)$，则存在多项式列 $\{p_n(\cdot)\}$，使得 $p_n(h) \to h^{-1}$。

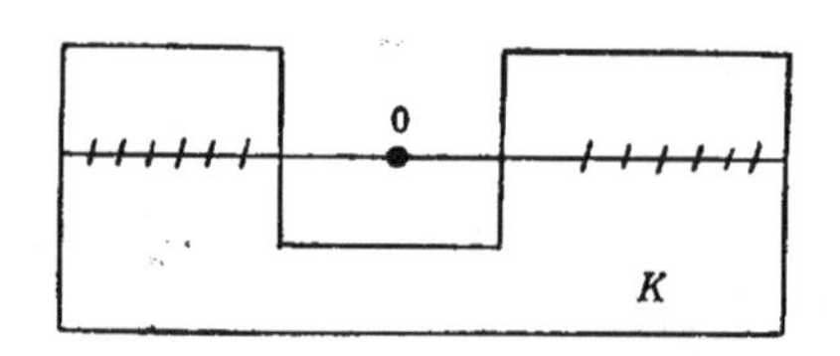

证 由于 $\sigma(h) \subset \mathbb{R} \backslash \{0\}$，如图可取复平面的紧子集 K，使得 $0 \notin K$，$\sigma(h) \subset K$，且 $(\mathbb{C} \backslash K)$ 连通。今 $f(z) = z^{-1}$ 在 K 的邻域中是解析的，于是依引理 2.7.6 (Runge 定理)，将有多项式列 $\{p_n(\cdot)\}$，使得

$$p_n(z) \to z^{-1},\ \text{对}\ z \in K\ \text{一致}.$$

特别地，

$$p_n(\lambda) \to \lambda^{-1},\ \text{对}\ \lambda \in \sigma(h)\ \text{一致}.$$

因此可以设诸 $p_n(\cdot)$ 具有实系数，从而由命题 5.8.3，

$$\|p_n(h)-h^{-1}\| = \max\{|p_n(\lambda)-\lambda^{-1}| \mid \lambda\in\sigma(h)\}\to 0,$$

证毕.

命题 5.8.6 设 A 是有单位元的 c^* 代数，B 是 A 的包含单位元的 c^* 子代数，则

$$\sigma_B(b)=\sigma(b),\ \forall b\in B.$$

证 依引理 5.8.5，$\sigma_B(b^*b)=\sigma(b^*b)$，$\sigma_B(bb^*)=\sigma(bb^*)$. 于是如果 b 在 A 中有逆，则 b^*b 与 bb^* 在 A 中，从而在 B 中，有逆. 这样，b 在 B 中有左逆，也有右逆，即 b 在 B 中也是可逆的. 证毕.

命题 5.8.7 设 A 是有单位元 e 的 c^* 代数，$a\in A$ 是正规元，即 $a^*a=aa^*$，B 是由 $\{a,e\}$ 生成的 A 的交换 c^* 子代数，则 $B\cong C(\sigma(a))$，并且 $a\to\hat{a}(\lambda)=\lambda(\forall\lambda\in\sigma(a))$. 特别，$\|a\|=\nu(a)$.

此外，如果 u 是 A 中的酉元，即 $uu^*=u^*u$，则 $\sigma(u)\subset\{\lambda\in \mathbb{C}\mid |\lambda|=1\}$. 又 A 是其酉元全体的线性包.

证 依定理 5.8.4，$B\cong C(\Omega)$. 易见 $t\to\hat{a}(t)$ 是 Ω 到 $\sigma(a)$ 上一一连续映象，因此，$\Omega\cong\sigma(a)$.

又用定理 5.8.4，可见 $\sigma(u)=\{\lambda\in\mathbb{C}\mid|\lambda|=1\}$. 此外，如果 $h^*=h\in A$，$\|h\|\leqslant 1$，由定理 5.8.4，$(e-h^2)^{1/2}$ 存在. 于是，$h\pm i(e-h^2)^{1/2}$ 是酉元. 由此可见 A 是其酉元全体的线性包. 证毕.

§ 8.2 c^* 代数正元

在 Banach $*$代数中，我们已经引进了正元的概念（定义 5.6.2). Shirali-Ford 定理 (5.6.6) 又指出：$*$是厄米的，当且仅当，$a^*a\geqslant 0$. 自然要问，是否任意正元必呈 a^*a 的形式? 以及正元全体能否张成代数? 这在 c^* 代数范围内，有肯定的回答.

命题 5.8.8 设 A 是 c^* 代数 $h^*=h\in A$，，则存在唯一的 h_+，$h_-\in A_+$（A 的正元全体)，使得

$$h=h_+-h_-,\ \text{并且}\ h_+\cdot h_-=0,$$

特别，A是 A_+ 的线性包。

证　用 h 生成 A 的交换 c^* 子代数，由定理 5.8.4，可见 h_+,h_- 的存在性。

今若另有 h'_+,h'_- 满足要求，易见 $\{h,h'_+,h'_-\}$ 是相互交换的，用它们生成 A 的交换 c^* 子代数，由定理 5.8.4，易见 $h_+=h'_+$，$h_-=h'_-$。证毕。

命题 5.8.9　设 A 是 c^* 代数。

(1) 若 A 有单位元 e，$h^*=h\in A$，$\|h\|\leqslant 1$，则 $h\in A_+$，当且仅当，$\|e-h\|\leqslant 1$；

(2) A_+ 是凸锥，并且 $A_+\cap(-A_+)=\{0\}$；

(3) 如 $a\in A_+$，则有唯一的 $b\in A_+$，使得

$$ab=ba,\quad b^2=a,$$

并且 b 是 a 的多项式的极限。

证　(1) 用 $\{e,h\}$ 生成 A 的交换 c^* 子代数，并由定理 5.8.4 立见。

(2) 本来已在命题 5.6.5 的 (3) 证明过，但这里 A 是 c^* 代数，有更简单的证明。无妨设 A 有单位元 e。若 $a,b\in A_+$，依 (1)，

$$\left\|e-\frac{a}{\|a\|}\right\|\leqslant 1,\quad \left\|e-\frac{b}{\|b\|}\right\|\leqslant 1.$$

于是，

$$\left\|e-\frac{a+b}{\|a\|+\|b\|}\right\|\leqslant(\|a\|+\|b\|)^{-1}$$

$$\times\left(\|a\|\cdot\left\|e-\frac{a}{\|a\|}\right\|+\|b\|\cdot\left\|e-\frac{b}{\|b\|}\right\|\right)\leqslant 1,$$

再依 (1) 可见 $(a+b)\in A_+$。

此外，如果 $h\in A_+\cap(-A_+)$，则 $\sigma(h)=\{0\}$。由命题 5.8.3，$h=0$。

(3) 证明与命题 5.8.8 相仿。证毕。

定理 5.8.10　设 A 是 c^* 代数，$a\in A$，则 $a\in A_+$，当且仅当，存在 $b\in A$，使得 $a=b^*b$。

证　必要性由命题 5.8.9 的(3)立见. 充分性本来可由 A 厄米及定理 5.6.6 得到,但这里 A 是 c^* 代数,可简证如下.

由命题 5.8.8 及 5.8.9, 可写 $a = u^2 - v^2$, 其中 $u, v \in A_+$, 并且 $uv = 0$. 于是

$$(bv)^*(bv) = vav = -v^4 \leqslant 0.$$

如果写 $bv = h + ik$, 这里 $h^* = h$, $k^* = k$, 则

$$(bv)^*(bv) + (bv)(bv)^* = 2(h^2 + k^2) \geqslant 0.$$

因此,

$$\begin{aligned}(bv)(bv)^* &= -(bv)^*(bv) + 2(h^2 + k^2)\\ &= v^4 + 2(h^2 + k^2) \geqslant 0,\end{aligned}$$

又依引理 5.6.3, 也有 $(bv)^*(bv) \geqslant 0$. 因此, $-v^4 = (bv)^*(bv) = 0$. 进而, $v = 0$, $a = u^2 \in A_+$. 证毕.

命题 5.8.11　设 A 是 c^* 代数.

(1) 如果 $a, b \in A_+$, 及 $a \leqslant b$, 则 $\|a\| \leqslant \|b\|$, 并且对任意的 $c \in A$, 有 $c^*ac \leqslant c^*bc$;

(2) A_+ 是 A 的闭子集;

(3) 如果 A 有单位元, $a, b \in A_+$ 并且都有逆, 以及 $a \leqslant b$, 则 $b^{-1} \leqslant a^{-1}$.

证　(1) 无妨设 A 有单位元 e, 则

$$0 \leqslant \frac{a}{\|b\|} \leqslant \frac{b}{\|b\|} \leqslant e.$$

由定理 5.8.4 可见

$$\left\|\frac{a}{\|b\|}\right\| \leqslant 1,$$

即 $\|a\| \leqslant \|b\|$. 又依定理 5.8.11, 显然有 $c^*ac \leqslant c^*bc, \forall c \in A$.

(2) 设 $\{a_n\} \subset A_+$, 并且 $a_n \to a$. 显然, $a^* = a$, 于是可写 $a = a_+ - a_-$, 这里 $a_+, a_- \in A_+$, 且 $a_+ \cdot a_- = 0$. 令 $b_n = a_- a_n a_-$, 由(1),

$$b_n \in A_+, \ b_n \to -a_-^3.$$

从而,

$$0 \leqslant a_-^3 \leqslant b_n + a_-^3, \quad \forall n.$$

由(1)，$\|a_-^3\| \leqslant \|b_n + a_-^3\| \to 0$. 因此，$a_- = 0$，$a = a_+ \in A_+$，即 A_+ 是闭的.

(3) 由于 $(a^{-1})^{1/2}(b-a)(a^{-1})^{1/2} \geqslant 0$，因此

$$a^{-1/2}b\ a^{-1/2} \geqslant 1.$$

依定理 5.8.4 可见

$$a^{1/2}b^{-1}a^{1/2} \leqslant 1,$$

即 $b^{-1} \leqslant a^{-1}$. 证毕.

§8.3 态与 GNS 构造

由于定理 5.8.10 及定义 5.4.1，我们有

定义 5.8.12 设 A 是 c^* 代数，A 上线性泛函 f 称为正的，记作 $f \geqslant 0$，指 $f|A_+ \geqslant 0$.

命题 5.8.13 设 f 是 c^* 代数 A 上的正泛函，则 f 是连续厄米的，并且

$$\|f\| = \sup\{f(a) \mid a \in A_+,\ \|a\| \leqslant 1\},$$

特别地，当 A 有单位元 e 时，$\|f\| = f(e)$.

证 $f = f^*$ 由 $f \geqslant 0$ 与 A 是 A_+ 的线性包立见.

现在指出 f 在 $S \cap A_+ = \{a \in A_+ \mid \|a\| \leqslant 1\}$ 上是有界的. 若不然，将有 $x_n \in S \cap A_+$，使得 $f(x_n) \geqslant n^2, \forall n$. 依命题 5.8.11，$A_+$ 是闭的，因此

$$x = \sum_{n=1}^{\infty} \frac{x_n}{n^2} \in A_+.$$

于是对任意的正整数 N，

$$N \leqslant \sum_{n=1}^{N} \frac{f(x_n)}{n^2} \leqslant f(x),$$

这不可能. 因此存在常数 K，使得 $f(a) \leqslant K$，$\forall a \in S \cap A_+$. 进而，$\|f\| \leqslant 4K$，即 f 是连续的.

由于 $f = f^*$，可取 $h_n^* = h_n$，$\|h_n\| \leqslant 1$，使得

$$f(h_n) \to \|f\|.$$

依命题 5.8.8，可写 $h_n = h_n^+ - h_n^-$，这里 $h_n^+, h_n^- \in S \cap A_+$，且 $h_n^+ \cdot h_n^- = 0, \forall n$。于是

$$\|f\| \geqslant f(h_n^+) \geqslant f(h_n) \to \|f\|,$$

因此，$\|f\| = \sup\{f(a) | a \in S \cap A_+\}$。证毕。

注 在 § 8.4 中，我们将证明 c^* 代数必包含有逼近单位元，因此本命题也可由定理 5.4.8 得到。

命题 5.8.14 设 f 是 c^* 代数 A 上的正泛函，$\mu_0 \geqslant \|f\|$，在 $(A \dot{+} \mathbb{C})$ 上令

$$f(a + \lambda) = f(a) + \mu_0 \lambda, \ \forall a \in A, \ \lambda \in \mathbb{C},$$

则 f 也是 $(A \dot{+} \mathbb{C})$ 上的正泛函。

证 只须对 $(A \dot{+} \mathbb{C})$ 中的任意正元 $(a + \lambda)$，证明 $f(a) + \mu_0 \lambda \geqslant 0$。

显然 $a^* = a, \bar{\lambda} = \lambda$。用 $\{1, a\}$ 生成 $(A \dot{+} \mathbb{C})$ 的交换 c^* 子代数 $B \cong C(\Omega)$，于是，$\lambda + \hat{a}(t) \geqslant 0, \ \forall t \in \Omega$。注意 a 作为 $(A \dot{+} \mathbb{C})$ 的元是没有逆的，因此有 $t_0 \in \Omega$，使得 $\hat{a}(t_0) = 0$。从而，$\lambda \geqslant 0$。

如果 $a \geqslant 0$ 或者 $f|A = 0$，立见 $f(a) + \mu_0 \lambda \geqslant 0$。因此可设 $f|A \neq 0$，$a = a_+ - a_-$，这里 $a_+, a_- \in A_+$，$a_+ \cdot a_- = 0$，并且 $a_- \neq 0$。于是

$$\inf\{\hat{a}(t) | t \in \Omega\} = -\|a_-\|,$$

从而，

$$\begin{aligned} 0 &\leqslant \lambda + \inf\{\hat{a}(t) | t \in \Omega\} = \lambda - \|a_-\| \\ &\leqslant \lambda - \|(f|A)\|^{-1} f(a_-) \\ &\leqslant \|(f|A)\|^{-1}(\mu_0 \lambda + f(a_+) - f(a_-)), \end{aligned}$$

即有 $f(a) + \mu_0 \lambda \geqslant 0$。证毕。

定义 5.8.15 c^* 代数 A 上的正泛函 f 称为态，指 $\|f\| = 1$。记 A 上态的全体为 $\mathscr{S} = \mathscr{S}(A)$。

我们已经在定义 5.5.5 中，给出过态的定义，由于命题 5.8.13，这两者是一致的。

命题 5.8.16 设 A 是 c^* 代数。

(1) $\mathscr{S}=\mathscr{S}(A)$ 是 A^* 的凸子集;

(2) 如果 $f\in\mathscr{S}(A)$, 在 $(A\dotplus\mathbb{C})$ 上令

$$f(a+\lambda)=f(a)+\lambda,\ \forall a\in A,\ \lambda\in\mathbb{C},$$

则 f 也是 $(A\dotplus\mathbb{C})$ 上的态。

证 (1) 只须证明这样的事实: 如果 $a, b\in A_+$, $\|a\|<1$, $\|b\|<1$, 则有 $c\in A_+$, $\|c\|<1$, 使得 $c\geqslant a$, $c\geqslant b$.

令 $x=a(1-a)^{-1}$, $y=b(1-b)^{-1}$, 以及

$$c=(x+y)\left(\frac{1}{2}+x+y\right)^{-1}.$$

要证明 $c\geqslant a$, 等价于在 $(A\dotplus\mathbb{C})$ 中证明

$$1-\frac{1}{2}\left(\frac{1}{2}+x+y\right)^{-1}\geqslant a,$$

或者

$$(1-a)\geqslant\frac{1}{2}\left(\frac{1}{2}+x+y\right)^{-1}.$$

依命题 5.8.11, 这等价于要证明

$$1+2x+2y\geqslant(1-a)^{-1},$$

但依 x 的定义, 显然有 $(1+2x)\geqslant(1-a)^{-1}$, 因此, $(1+2x+2y)\geqslant(1-a)^{-1}$. 同样证明 $c\geqslant b$.

(2) 依命题 5.8.14 立见. 证毕.

命题 5.8.17 设 A 是 c^* 代数, $\mathrm{ex}\mathscr{S}$ 是 $\mathscr{S}$ 的端点(称为 A 的纯态, 注意定义 5.5.5) 全体.

(1) 如果 $f\in\mathrm{ex}\mathscr{S}$, 则 f 可自然地扩张为 $(A\dotplus\mathbb{C})$ 上的纯态 $\tilde{f}$, 即 $\tilde{f}(1)=1$;

(2) 如果 $\tilde{f}$ 是 $(A\dotplus\mathbb{C})$ 上的纯态, $f=\tilde{f}|A$, 则 $f=0$ 或者为 A 上的纯态.

证 (1) 设有 $(A\dotplus\mathbb{C})$ 上的态 $\tilde{f}_1$, $\tilde{f}_2$, 及 $\lambda\in(0,1)$, 使得 $\tilde{f}=\lambda\tilde{f}_1+(1-\lambda)\tilde{f}_2$. 注意

$$1=\|f\|\leqslant\lambda\|\tilde{f}_1|A\|+(1-\lambda)\|\tilde{f}_2|A\|\leqslant 1,$$

因此, $(\tilde{f}_i|A)\in\mathscr{S}$, $i=1,2$. 但 f 是纯的, 因此,

$$f = \tilde{f}_i | A, \ i = 1,2.$$

进而，$\tilde{f} = \tilde{f}_1 = \tilde{f}_2$，即 $\tilde{f}$ 是 $(A \dotplus \mathbf{C})$ 上的纯态.

(2) 设 $f \neq 0$. 若 $\|f\| < 1$，依命题 5.8.16,

$$g(a + \lambda) = \|f\|^{-1} f(a) + \lambda, \ \forall a \in A, \ \lambda \in \mathbf{C}.$$

将是 $(A \dotplus \mathbf{C})$ 上的态，并且 $\tilde{f} = \|f\| g + (1 - \|f\|) f_0$，这里 f_0 是 $(A \dotplus \mathbf{C})$ 上的态，使得 $f_0 | A = 0$. 这将与 $\tilde{f}$ 是纯态相矛盾. 从而，$\|f\| = 1$，即 f 是 A 上的态.

今若有 A 上的态 f_1, f_2 及 $\lambda \in (0,1)$，使得

$$f = \lambda f_1 + (1 - \lambda) f_2,$$

把 f_1, f_2 自然地扩张为 $(A \dotplus \mathbf{C})$ 上的态，上面等式仍然成立. 但 $\tilde{f}$ 是纯的，因此可见 $f = f_1 = f_2$，即 f 是 A 上的纯态. 证毕.

命题 5.8.18 设 A 是交换的 c^* 代数，$f \in \mathscr{S}$，则 f 是纯态，当且仅当，f 是乘法的.

证 如 $f \in \mathrm{ex}\mathscr{S}$，依命题 5.8.17，$f$ 可自然地扩张为 $(A \dotplus \mathbf{C})$ 上的纯态. 再依命题 5.5.7，可见 f 是乘法的. 反之，设 f 是乘法的，它在 $(A \dotplus \mathbf{C})$ 上的自然扩张 $\tilde{f}$ 也是乘法的. 依命题 5.5.7，$\tilde{f}$ 是纯的. 再依命题 5.8.17，f 是纯的. 证毕.

命题 5.8.19 设 A 是 c^* 代数.

(1) 如果 B 是 A 的 c^* 子代数，则 B 上的态或纯态均可扩张为 A 上的态或纯态；

(2) 如果 $h^* = h \in A$，$0 \neq \lambda \in \sigma(h)$，则有 A 上的纯态 ρ，使得 $\rho(h) = \lambda$. 特别，有 A 上的纯态 f，使得 $|f(h)| = \|h\|$.

证 (1) 无妨设 A 有单位元，及 B 包含这个单位元，现在完全可仿命题 5.6.10 的证明来进行，留给读者.

(2) 无妨设 A 有单位元 e，用 $\{e, h\}$ 生成 A 的交换 c^* 子代数 $B \cong C(\Omega)$. 于是有 $\rho \in \Omega$，使得 $\rho(h) = \lambda$. ρ 是 B 上非零乘法泛函，乃是 B 上的纯态(命题 5.8.18)，依(1)，它可以扩张成 A 上的纯态. 证毕.

我们已经对 Banach $*$代数引入了 $*$ 表示的概念 (定义 5.3.4)，并且证明了它的自动连续性 (定理 5.3.6). 对于 c^* 代数，

有进一步的结果.

命题 5.8.20 设 $\{\pi, \mathscr{H}\}$ 是 c^* 代数 A 的 $*$ 表示，则 $\|\pi(a)\| \leqslant \|a\|, \forall a \in A$，即 $\|\pi\| \leqslant 1$. 此外，如果 π 还是忠实的，即一一的，则 π 还是等距的.

证 考虑 $(A \dotplus \mathrm{C})$，并命 $\pi(1) = I$，这里 I 是 $\mathscr{H}$ 中的恒等算子. 因此，可设 A 有单位元 e，以及 $\pi(e) = I$. 显然对任意的 $a \in A$，

$$\sigma(\pi(a)) \subset \sigma(a)$$

于是对任意的 $h^* = h \in A$，

$$\begin{aligned}\|\pi(h)\| &= \max\{|\lambda| \mid \lambda \in \sigma(\pi(h))\} \\ &\leqslant \max\{|\lambda| \mid \lambda \in \sigma(h)\} = \|h\|.\end{aligned}$$

从而，

$$\|\pi(a)\|^2 = \|\pi(a^*a)\| \leqslant \|a^*a\| = \|a\|^2,$$

即 $\|\pi(a)\| \leqslant \|a\|$，$\forall a \in A$.

今设 π 是忠实的. 如果有 $e \in A$，使得 $\pi(e) = I$，易见 e 是 A 的单位元；如果 $I \notin \pi(A)$，可考虑 $A \dotplus \mathrm{C}$，并令 $\pi(1) = I$，因此，可设 A 有单位元 e，并且 $\pi(e) = I$.

如果 $a \in A$，使得 $\pi(a) \geqslant 0$（$\mathscr{H}$ 中的正算子），特别，$\pi(a)^* = \pi(a)$. 由于 π 是忠实的，因此，$a^* = a$. 于是可写 $a = a_+ - a_-$，这里 $a_+, a_- \in A_+$，并且 $a_+ \cdot a_- = 0$. 如果 $a_- \neq 0$，$\pi(a_-)$ 将是 $\mathscr{H}$ 中非零的正算子（注意定理 5.8.10）. 于是有 $\xi \in \mathscr{H}$，使得 $B^{3/2}\xi = \eta \neq 0$，这里 $B = \pi(a_-)$. 由此，

$$0 \leqslant \langle \pi(a)B\xi, B\xi \rangle = -\|\eta\|^2 < 0$$

导出矛盾. 所以，$a_- = 0$，$a = a_+ \geqslant 0$.

今对任意的 $h^* = h \in A$，由

$$-\|\pi(h)\| I \leqslant \pi(h) \leqslant \|\pi(h)\| I$$

及 $I = \pi(e)$，由前段证明的事实，可见

$$-\|\pi(h)\| e \leqslant h \leqslant \|\pi(h)\| e.$$

从而，$\|h\| \leqslant \|\pi(h)\|$. 又 $\|\pi\| \leqslant 1$，因此，$\|h\| = \|\pi(h)\|$. 进而对任意的 $a \in A$，

$$\|a\|^2 = \|a^*a\| = \|\pi(a^*a)\| = \|\pi(a)\|^2,$$

因此，$\|a\| = \|\pi(a)\|$，即 π 是等距的．证毕．

我们已经讨论过 GNS 构造（见 § 4），对于 c^* 代数，还有进一步的结果．

命题 5.8.21 设 A 是 c^* 代数，f 是 A 上的态，$\{\pi, \mathscr{H}\}$ 是 f 产生的 A 的 $*$ 表示（见§ 4）．

(1) π 是循环的，并且循环矢 $\xi(\in \mathscr{H})$ 可这样地选取，使得

$$\pi(a)\xi = \tilde{a},\ f(a) = \langle \pi(a)\xi, \xi\rangle,\ \forall a \in A.$$

(2) 设 $\tilde{f}$ 是 f 在 $(A \dotplus \mathbb{C})$ 上的自然扩张，它产生 $(A \dotplus \mathbb{C})$ 的 $*$ 表示 $\{\tilde{\pi}, \tilde{\mathscr{H}}\}$，则有 $\mathscr{H}$ 到 $\tilde{\mathscr{H}}$ 上的酉算子 u，使得

$$u\pi(a)u^{-1} = \tilde{\pi}(a),\ \forall a \in A.$$

(3) π 是拓扑不可约的，当且仅当，f 是纯态．

证 由于 $L_f \subset L_{\tilde{f}}$，可自然地定义

$$u:\ A/L_f \to (A \dotplus \mathbb{C})/L_{\tilde{f}}$$

显然它可扩张成 $\mathscr{H}_f = \mathscr{H}$ 到 $\mathscr{H}_{\tilde{f}} = \tilde{\mathscr{H}}$ 的等距算子，仍记以 u．

依命题 5.8.13，可取 $a_n \in A_+$，$\|a_n\| \leqslant 1$，使得 $f(a_n) \to \|f\| = 1$．又依 Schwartz 不等式，

$$f(a_n) = \tilde{f}(a_n) \leqslant f(a_n^2)^{1/2} \leqslant 1,$$

因此也有 $f(a_n^2) \to 1$．于是在 $\tilde{\mathscr{H}}$ 中

$$\|u(\tilde{a}_n) - \tilde{1}\|^2 = \tilde{f}((a_n - 1)^2) \to 0,$$

从而 u 是 $\mathscr{H}$ 到 $\tilde{\mathscr{H}}$ 上的酉算子．由

$$u\pi(a)\tilde{b} = u\widetilde{ab} = \tilde{\pi}(a)\ u\tilde{b},$$

$\forall \tilde{b} \in A/L_f$，因此，$u\pi(a)u^{-1} = \tilde{\pi}(a)$，$\forall a \in A$．依定理 5.4.4，

$$f(a) = \tilde{f}(a) = \langle \tilde{\pi}(a)\tilde{1}, \tilde{1}\rangle,\ \forall a \in A.$$

今取 $\xi = u^{-1}\tilde{1}$，则 $f(a) = \langle \pi(a)\xi, \xi\rangle$，$\forall a \in A$．

$\tilde{\pi}(A \dotplus \mathbb{C})\tilde{1}$ 在 $\tilde{\mathscr{H}}$ 中是稠的，又 $\tilde{\pi}(a_n)\tilde{1} \to \tilde{1}$，因此 $\tilde{\pi}(A)\tilde{1}$ 在 $\tilde{\mathscr{H}}$ 中也是稠的．由此，

$$\pi(A)\xi = u^{-1}\tilde{\pi}(A)\tilde{1},$$

在 $\mathscr{H}$ 中是稠的，即 π 是 A 的循环表示．这样，(1) 与 (2) 便得到

证明.

最后,显然,π拓扑不可约与$\tilde{\pi}$拓扑不可约是等价的. 依定理5.5.6,$\tilde{\pi}$拓扑不可约与$\tilde{f}$为纯态相等价. 又显然,f为纯态与$\tilde{f}$为纯态是等价的(命题5.8.17). 因此,π是拓扑不可约的,当且仅当,f是纯态. 证毕.

注 现在我们可以给出定理5.6.9证明中,所用到的c^*代数中事实的证明. 即若A是c^*代数,$a\in A$,要证明:存在A的循环的拓扑不可约表示$\{\pi,\mathscr{H},\xi\}$,使得$\|a\|=\|\pi(a)\xi\|$. 事实上,依命题5.8.19,有A上纯态ρ,使得$\rho(a^*a)=\|a\|^2$. 依命题5.8.21,ρ将产生A的循环不可约$*$表示$\{\pi,\mathscr{H},\xi\}$,使得

$$\rho(a^*a)=\langle\pi(a^*a)\xi,\xi\rangle=\|\pi(a)\xi\|^2,$$

即见$\|a\|=\|\pi(a)\xi\|$.

定理5.8.22 设A是c^*代数,则存在A的忠实的$*$表示$\{\pi,\mathscr{H}\}$,使得A等距$*$同构于$\mathscr{H}$中的c^*代数$\pi(A)$.

证 对任意的$\rho\in\mathscr{S}$,有循环的$*$表示$\{\pi_\rho,\mathscr{H}_\rho,\xi_\rho\}$,令

$$\pi=\sum_{\rho\in\mathscr{S}}\oplus\pi_\rho,\quad \mathscr{H}=\sum_{\rho\in\mathscr{S}}\oplus\mathscr{H}_\rho.$$

依命题5.8.20及5.8.19,对任意的$a\in A$

$$\begin{aligned}\|a\|^2\geqslant\|\pi(a)\|^2&=\|\pi(a^*a)\|\\&\geqslant\sup\{\langle\pi_\rho(a^*a)\xi_\rho,\xi_\rho\rangle\mid\rho\in\mathscr{S}\}\\&=\sup\{\rho(a^*a)\mid\rho\in\mathscr{S}\}=\|a^*a\|=\|a\|^2,\end{aligned}$$

因此,$\|\pi(a)\|=\|a\|$. 证毕.

注 依定理5.6.9及c^*代数的半单纯性,

$$\sum_{\rho\in\mathrm{ex}\mathscr{S}}\oplus\pi_\rho,\ \sum_{\rho\in\mathrm{ex}\mathscr{S}}\oplus\mathscr{H}_\rho$$

也是忠实的$*$表示.

本定理属于 I. M. Gelfand 与 M. A. Naimark[19],它是c^*代数理论奠基性的结果.

§8.4 逼近单位元与商c*代数

命题5.8.23 设A是c^*代数,L是A的左理想,则有元网

$\{d_l\}\subset L$，使得

$$d_l\in A_+,\ \|d_l\|\leqslant 1,\ d_l\leqslant d_{l'},\ \forall l\leqslant l'$$

以及 $xd_l\to x$，$\forall x\in \bar{L}$.

证　令 Λ 是 L 的有限子集全体，依包含关系，Λ 是定向指标集. 对任意的 $l=\{x_1,\cdots,x_n\}\in\Lambda$，令

$$h_l=\sum_{i=1}^{n}x_i^*x_i,\quad d_l=nh_l(1+nh_l)^{-1}$$

显然，$h_l,d_l\in L\cap A_+$，$\|d_l\|\leqslant 1$.

如果 $l'=\{x_1,\cdots,x_n,\cdots,x_m\}\geqslant l$，这里 $m\geqslant n$，$x_i\in L$，$1\leqslant i\leqslant m$，于是

$$\left(\frac{1}{n}+h_l\right)\leqslant\left(\frac{1}{n}+h_{l'}\right).$$

依命题 5.8.11，

$$\left(\frac{1}{n}+h_{l'}\right)^{-1}\leqslant\left(\frac{1}{n}+h_l\right)^{-1}.$$

由于 $m\geqslant n$，可见

$$\frac{1}{n}\left(\frac{1}{n}+h_{l'}\right)^{-1}\geqslant\frac{1}{m}\left(\frac{1}{m}+h_{l'}\right)^{-1}.$$

于是，

$$\frac{1}{n}\left(\frac{1}{n}+h_l\right)^{-1}\geqslant\frac{1}{m}\left(\frac{1}{m}+h_{l'}\right)^{-1}.$$

从而，

$$d_l=1-\frac{1}{n}\left(\frac{1}{n}+h_l\right)^{-1}\leqslant 1-\frac{1}{m}\left(\frac{1}{m}+h_{l'}\right)^{-1}=d_{l'}.$$

今设 $l=\{x_1,\cdots,x_n\}\in\Lambda$，依定理 5.8.4 易见

$$\|(1-d_l)h_l(1-d_l)\|=\|h_l(1+nh_l)^{-2}\|\leqslant 1/4n$$

另一方面，

$$(1-d_l)h_l(1-d_l)=\sum_{i=1}^{n}(x_i(1-d_l))^*(x_i(1-d_l)),$$

因此，

$$\|x_i - x_i d_l\| \leqslant 1/2\sqrt{n},\ 1 \leqslant i \leqslant n.$$

由此，$xd_l \to x$，$\forall x \in L$. 进而，$xd_l \to x$，$\forall x \in \bar{L}$. 证毕.

在上面命题中,如命 $L = A$，我们就有

定理 5.8.24 设 A 是 c^* 代数,则 A 包含逼近单位元 $\{d_l\}$,满足

$$d_l \in A_+,\ \|d_l\| \leqslant 1,\ d_l \leqslant d_{l'},\ \forall_l \leqslant l'$$

以及 $d_l a \to a$，$ad_l \to a$，$\forall a \in A$.

注 考虑无单位元的 c^* 代数 A, 固然可代以 $(A \dotplus \mathbb{C})$，但这常常并不是方便的. 现在有了逼近单位元，它时常可起到单位元的作用.

命题 5.8.25 设 A 是 c^* 代数，J 是 A 的闭双侧理想，则 J 对于 $*$ 运算是封闭的,即 $J^* = J$.

证 依命题 5.8.23，有 $\{d_l\} \subset J$，使得对任意的 $a \in J$，$ad_l \to a$. 于是

$$\|d_l a^* - a^*\| = \|ad_l - a\| \to 0.$$

由于 $d_l a^* \in J$，及 J 是闭的,因此，$a^* \in J$. 证毕.

今设 A 是 c^* 代数，J 是 A 的闭双侧理想. 易见依商范数，A/J 自然地成为 Banach $*$代数. 设 $\{d_l\}$ 是 J 的逼近单位元，$a \to \tilde{a} = a + J$ 是 A 到 A/J 的正则映象. 我们有

$$\|\tilde{a}\| = \lim\|ad_l - a\|,\ \forall a \in A.$$

事实上,对任意的 $b \in J$，$bd_l \to b$，于是，

$$\begin{aligned}\overline{\lim}\|ad_l - a\| &= \overline{\lim}\|ad_l - a + bd_l - b\| \\ &= \overline{\lim}\|(a+b)(1-d_l)\| \leqslant \|a+b\|,\end{aligned}$$

b 是任意的,因此，$\overline{\lim}\|ad_l - a\| \leqslant \|\tilde{a}\|$. 另一方面，$ad_l \in J$，从而依 $\|\tilde{a}\|$ 的定义，

$$\|\tilde{a}\| \leqslant \underline{\lim}\|ad_l - a\|,$$

由此，$\|\tilde{a}\| = \lim\|ad_l - a\|$，$\forall a \in A$.

今对任意的 $a \in A$，$b \in J$，由于 $bd_l \to b$,

$$\begin{aligned}\|\tilde{a}\|^2 &= \lim\|ad_l - a\|^2 \\ &= \lim\|(ad_l - a)^*(ad_l - a)\|\end{aligned}$$

$$= \lim \|(1-d_l)a^*a(1-d_l)\|$$
$$= \lim \|(1-d_l)(a^*a+b)(1-d_l)\| \leqslant \|a^*a+b\|,$$
因此，$\|\tilde{a}\|^2 \leqslant \|\widetilde{a^*a}\| \leqslant \|\tilde{a}^*\| \cdot \|\tilde{a}\|$. 进而可见 $\|\tilde{a}\|^2 = \|\tilde{a}^*\tilde{a}\|, \forall \tilde{a} \in A/J$. 这样，我们便有

定理 5.8.26 设 A 是 c^*-代数，J 是 A 的闭双侧理想，则 A/J 自然地成为 c^* 代数.

命题 5.8.27 设 Φ 是 c^* 代数 A 到 c^* 代数 B 中的 $*$ 同态，则 $\Phi(A)$ 是 B 的 c^* 子代数. 特别，如果 $\{\pi, \mathscr{H}\}$ 是 c^* 代数 A 的 $*$ 表示，则 $\pi(A)$ 是 $\mathscr{H}$ 中的 c^* 代数.

证 由定理 5.8.22，只须证明后一情形. 令 $J = \ker\pi = \{a \in A \mid \pi(a) = 0\}$，它是 A 的闭 $*$ 双侧理想. 若令 $\tilde{\pi}(\tilde{a}) = \pi(a)$，$\forall a \in \tilde{a} \in A/J$，则 $\{\tilde{\pi}, \mathscr{H}\}$ 是 A/J 的忠实的 $*$ 表示. 依命题 5.8.20，$\tilde{\pi}$ 是等距的. 因此，$\pi(A) = \tilde{\pi}(A/J)$ 是 $\mathscr{H}$ 中的 c^* 代数. 证毕.

习题

(1) 设 A 是 c^* 代数，$\{d_l\}$ 是 A 的逼近单位元，f 是 A 上的正线性泛函，则
$$\|f\| = \lim f(d_l) = \lim f(d_l^2).$$
(2) 设 A 是无单位元的 c^*-代数，$\{d_l\}$ 是 A 的逼近单位元，则 $(A \dotplus \mathbb{C})$ 上的 c^* 范可这样表达
$$\|a+\lambda\| = \lim \|ad_l + \lambda d_l\| = \lim \|d_l a + \lambda d_l\|,$$
$\forall a \in A, \lambda \in \mathbb{C}$.

§8.5 von Neumann 代数

von Neumann 代数是 Hilbert 空间中一类特殊的 c^* 代数. 它的理论是算子代数理论中最重要的组成部份. 本小节所要介绍的是极其初步的，但却是它的理论的两个基本工具：von Neumann 二次交换子定理，与 Kaplansky 稠密性定理.

设 $\mathscr{H}$ 是 Hilbert 空间，$B(\mathscr{H})$ 表示 $\mathscr{H}$ 中有界线性算子

的全体.在 $B(\mathscr{H})$ 中，除去算子范数产生的拓扑(一致拓扑)外，通常我们还引入两种局部凸的 Hausdorff 线性拓扑：

(1) 弱算子拓扑，网 $a_l \to 0$，指

$$\langle a_l \xi, \eta \rangle \to 0, \ \forall \xi, \eta \in \mathscr{H};$$

(2) 强算子拓扑，网 $a_l \to 0$，指

$$\|a_l \xi\| \to 0, \ \forall \xi \in \mathscr{H}.$$

为了避免过多的拓扑的分析，我们承认下面的事实.

引理 5.8.28 如果 K 是 $B(\mathscr{H})$ 的凸子集，则 K 的弱算子闭包与强算子闭包是相同的.

现在来讨论 von Neumann 代数.

定义 5.8.29 设 $\mathscr{H}$ 是 Hilbert 空间，M 是 $B(\mathscr{H})$ 的 $*$ 子代数. M 称为 ($\mathscr{H}$ 中的) von Neumann 代数，指 $M'' = M$，这里 $M' = \{b \in B(\mathscr{H}) \mid ba = ab, \ \forall a \in M\}$，$M'' = (M')'$.

定理 5.8.30 (von Neumann 二次交换子定理) 设 M 是 $B(\mathscr{H})$ 的 $*$ 子代数，且 $I \in M$，这里 I 是 $\mathscr{H}$ 中的恒等算子，则 M 是 von Neumann 代数，必须且只须，M 是弱算子闭的.

证 必要性是显然的，只须证明充分性. 设 M 是弱算子闭的，我们要证明 $M = M''$. 显然 $M \subset M''$.

任意固定 $a \in M''$，并考虑 a 的任意强算子邻域

$$U(a, \xi_1, \cdots, \xi_n, \varepsilon) = \{b \in B(\mathscr{H}) \mid \|(a - b)\xi_i\| < \varepsilon, \ 1 \leqslant i \leqslant n\},$$

令

$$\tilde{\mathscr{H}} = \mathscr{H} \oplus \cdots \oplus \mathscr{H}, \ (n \text{个})$$

$\tilde{E}$ 是由 $\{(b\xi_1, \cdots, b\xi_n) \mid b \in M\}$ 生成的 $\tilde{\mathscr{H}}$ 的闭子空间，$\tilde{p}' = (p'_{ij})_{1 \leqslant i,j \leqslant n}$ 是 $\tilde{\mathscr{H}}$ 到 $\tilde{E}$ 上的直交投影，这里 $p'_{ij} \in B(\mathscr{H})$，$1 \leqslant i, j \leqslant n$. 对任意的 $b \in M$，令

$$\tilde{b}\tilde{\eta} = (b\eta_1, \cdots, b\eta_n), \ \forall \tilde{\eta} = (\eta_1, \cdots, \eta_n) \in \tilde{\mathscr{H}},$$

则 $\tilde{b} \in B(\tilde{\mathscr{H}})$，并且 $\tilde{b}$ 对 $\tilde{E}$ 是不变的，因此，

$$\tilde{b}\tilde{p}' = \tilde{p}'\tilde{b}, \ \forall b \in M.$$

从而，$p'_{ij} \in M'$，$\forall i, j$. 由于

$$\tilde{p}'\tilde{b}\xi = \tilde{b}\xi,\ \forall b \in M,$$

这里 $\xi = (\xi_1, \cdots, \xi_n)$ (应理解为列矢),因此

$$b\xi_i = \sum_{j=1}^{n} p'_{ij} b\xi_j = b \sum_{j=1}^{n} p'_{ij}\xi_j,$$

$\forall\ 1 \leqslant i \leqslant n,\ b \in M$. 特别, $\xi_i = \sum_{j=1}^{n} p'_{ij}\xi_j,\ 1 \leqslant i \leqslant n$.由于$a$与$p'_{ij}$交换,因此,

$$a\xi_i - \sum_{j=0}^{n} p'_{ij} a\xi_j = 0,\ 1 \leqslant i \leqslant n,$$

即 $(a\xi_1, \cdots, a\xi_n) \in \tilde{E}$. 今依 $\tilde{p}'$ 的定义,对上面的 $\varepsilon > 0$, 有 $b \in M$, 使得

$$\|a\xi_i - b\xi_i\| < \varepsilon,\ 1 \leqslant i \leqslant n.$$

这说明

$$U(a, \xi_1, \cdots, \xi_n, \varepsilon) \cap M \neq \emptyset,$$

$U(a, \xi_1, \cdots, \xi_n, \varepsilon)$ 是任意的,于是, $a \in M$ 的强算子闭包. 今M是弱算子闭的,因此, $a \in M$, 即有 $M'' \subset M$, $M = M''$. 证毕.

定理 5.8.31 (Kaplansky 稠密性定理) 设 M, N 都是 $B(\mathscr{H})$ 的$*$子代数,并且 $N \subset M$ 及N在M中是弱算子稠的, 则 $(N)_1$ 在 $(M)_1$ 中是强算子稠的,这里 $(N)_1, (M)_1$ 分别是 N, M (依算子范数)的单位球.

证 由于$*$运算是弱算子连续的, 因此, N_H 在 M_H 中也是弱算子稠的, 这里 N_H, M_H 分别是 N, M 中自伴元的全体. 依引理 5.8.28, N_H 在 M_H 中也是强算子稠的.

我们无妨假定 N, M依算子范数都是闭的. 对任意的 $a^* = a \in (M)_1$, 令 $a' = a(1 + (1 - a^2)^{\frac{1}{2}})^{-1}$, 于是, $a' \in M$, 并且 $a = 2a'(1 + a'^2)^{-1}$. 取 N_H 中的网 $b'_l \xrightarrow{\text{强算子}} a'$, 并令 $b_l = 2b'_l(1 + b'^2_l)^{-1}$, 则 $b^*_l = b_l \in (N)_1, \forall l$. 我们来证明

$$b_l \xrightarrow{\text{强算子}} a.$$

事实上,

$$\frac{1}{2}(b_l - a) = (1 + b_l'^2)^{-1}(b_l'(1 + a'^2) - (1 + b_l'^2)a')(1 + a'^2)^{-1}$$

$$= (1 + b_l'^2)^{-1}(b_l' - a')(1 + a'^2)^{-1} + (1 + b_l'^2)^{-1}b_l'(a' - b_l')a'(1 + a'^2)^{-1}$$

$$= (1 + b_l'^2)^{-1}(b_l' - a')(1 + a'^2)^{-1} + \frac{1}{4}b_l(a' - b_l')a.$$

由于 $b_l' \xrightarrow{\text{强算子}} a'$，$\|b_l\| \leqslant 1, \|(1+b_l'^2)^{-1}\| \leqslant 1$，$\forall l$，因此，$b_l \xrightarrow{\text{强算子}} a$。这说明 $(N_H)_1$ 在 $(M_H)_1$ 中是强算子稠的。

如果在 $\mathscr{H} \oplus \mathscr{H}$ 中令

$$M^{(2)} = \{(a_{ij})_{1 \leqslant i,j \leqslant 2} \mid a_{ij} \in M, \ 1 \leqslant i,j \leqslant 2\},$$

$$N^{(2)} = \{(b_{ij})_{1 \leqslant i,j \leqslant 2} \mid b_{ij} \in N, \ 1 \leqslant i,j \leqslant 2\}.$$

同样有 $(N_H^{(2)})_1$ 在 $(M_H^{(2)})_1$ 中是强算子稠的。

今对任意的 $a \in (M)_1$，

$$\begin{pmatrix} 0 & a \\ a^* & 0 \end{pmatrix} \in (M_H^{(2)})_1.$$

于是有 $(N_H^{(2)})_1$ 中的网

$$(b_{ij}^{(l)})_{1 \leqslant i,j \leqslant 2} \xrightarrow{\text{强算子}} \begin{pmatrix} 0 & a \\ a^* & 0 \end{pmatrix},$$

特别 $b_{12}^{(l)} \in (N)_1$，并且 $b_{12}^{(l)} \xrightarrow{\text{强算子}} a$。证毕。

注　证明中我们也指出，$(N_H)_1$ 在 $(M_H)_1$ 中是强算子稠的。

习题

(1) 设 $\{M_l\}$ 是 $\mathscr{H}$ 中一族 von Neumann 代数，则 $\bigcap_l M_l = M$ 也是 $\mathscr{H}$ 中的 von Neumann 代数，并且 M' 由 $\bigcup_l M_l'$ 生成。

(2) 设M是 $\mathscr{H}$ 中的 von Neumann 代数，$a\in M$ 且 $a^*a=aa^*$，则a 的谱测度 $\in M$. 特别,M是其投影全体的线性闭包（依算子范数）. 此外,若 $b\in M$, $b=vh$ 是极分解,则 $v,h\in M$.

§8.6 迁移定理与不可约的$*$表示

第一章中,我们引入了代数的不可约表示的概念(定义1.4.5),并且指出它具有迁移的性质（命题 1.4.6）.我们又在本章§3 中引入 Banach $*$代数的$*$表示的概念(定义 5.3.4),以及拓扑不可约$*$表示的概念（定义 5.5.1). 本小节将指出，对于 c^* 代数的$*$表示而言,(代数)不可约与拓扑不可约是相互等价的.

命题 5.8.32 设 $\{\pi,\mathscr{H}\}$ 是 c^* 代数A的$*$表示，则π是拓扑不可约的,当且仅当，$\pi(A)$ 在 $B(\mathscr{H})$ 中是弱算子稠的.

证 充分性由命题 5.5.2 立见.反之设π是拓扑不可约的，依命题 5.5.2,$\pi(A)''=B(\mathscr{H})$. 依定理 5.8.30，$(\pi(A)+\mathbf{C}I)$ 在 $B(\mathscr{H})$ 中是弱算子稠的. 此外,如果 $\{d_l\}$ 是A的逼近单位元,易证 $\pi(d_l)\xrightarrow{\text{强算子}}I$，因此，$\pi(A)$ 在 $B(\mathscr{H})$ 中是弱算子稠的.证毕.

引理 5.8.33 设$\mathscr{H}$ 是 Hilbert 空间，$\xi_i,\eta_i\in\mathscr{H}$，$1\leqslant i\leqslant n$，并且 $\langle\xi_i,\xi_j\rangle=\delta_{ij}$，$\forall i,j$，则存在 $b\in B(\mathscr{H})$，使得 $b\xi_i=\eta_i$，$1\leqslant i\leqslant n$，以及 $\|b\|^2\leqslant 2\sum\limits_{i=1}^n\|\eta_i\|^2$. 此外,若已知有 $h^*=h\in B(\mathscr{H})$，$h\xi_i=\eta_i$，$1\leqslant i\leqslant n$，则前面的b 也可满足 $b^*=b$.

证 设E是由 $\{\xi_i,\eta_i|1\leqslant i\leqslant n\}$ 张成的线性子空间，并取 $\{\xi_1,\cdots,\xi_m\}$ 为E的直交规范基,这里 $m\geqslant n$. 于是可写

$$\eta_i=\sum_{j=1}^m\alpha_{ji}\xi_j,\ 1\leqslant i\leqslant n.$$

今取 $b\in B(\mathscr{H})$，使得 $bE^\perp=\{0\}$，$bE\subset E$，且在E的基$\{\xi_1,\cdots,\xi_m\}$ 中有矩阵表示

$$
\left(\begin{array}{c|c}
\alpha_{11}\cdots\alpha_{1n} & \\
\cdots\cdots & \Delta \\
\alpha_{n1}\cdots\alpha_{nn} & \\
\hline
\alpha_{n+1,1}\cdots\alpha_{n+1,n} & \\
\cdots\cdots\cdots & 0 \\
\alpha_{m1}\cdots\alpha_{mn} &
\end{array}\right)
$$

对于引理的前一部份，取 $\Delta=0$，即见 b 满足要求，且 $\|b\|^2\leqslant\sum_{i=1}^{n}\|\eta_i\|^2$. 对引理的后一部份，令

$$
\Delta=\begin{pmatrix}\overline{\alpha_{n+1,1}}\cdots\overline{\alpha_{m,1}}\\ \cdots\cdots\cdots\\ \overline{\alpha_{n+1,n}}\cdots\overline{\alpha_{m,n}}\end{pmatrix},
$$

则也有 $b\xi_i=\eta_i$，$1\leqslant i\leqslant n$. 又由于

$$
\begin{aligned}
\alpha_{ji}&=\langle\eta_i,\xi_j\rangle=\langle h\xi_i,\xi_j\rangle\\
&=\langle\xi_i,h\xi_j\rangle=\overline{\alpha_{ij}},\ 1\leqslant i,j\leqslant n.
\end{aligned}
$$

因此，$b^*=b$. 此外，

$$
\begin{aligned}
\|b\|^2&=\|b^*b\|=\max\{|\lambda|\mid\lambda\in\sigma(b^*b)\}\\
&\leqslant\operatorname{tr}(b^*b)=\sum_{i=1}^{m}\|b\xi_i\|^2\\
&\leqslant\sum_{i=1}^{n}\|\eta_i\|^2+\sum_{i=n+1}^{m}\sum_{j=1}^{n}|\alpha_{ij}|^2\leqslant2\sum_{i=1}^{n}\|\eta_i\|^2,
\end{aligned}
$$

证毕.

引理 5.8.34 设 A 是 Hilbert 空间 $\mathscr{H}$ 中的 c^* 代数，并且 A 在 $\mathscr{H}$ 中是拓扑不可约的. 设 $e,t\in B(\mathscr{H})$，其中 e 是有限秩的直交投影. 令 p 是 $\mathscr{H}$ 到由 $e\mathscr{H}\supset te\mathscr{H}$ 张成的线性子空间上的直交投影，则对于任何的 $\varepsilon>0$，有 $b\in A$，使得

$$
be=te,\ \|b\|\leqslant\|ptp\|+\varepsilon.
$$

另外，如果 $t^*=t$，则上面的 b 还可以满足 $b^*=b$，$\|b\|\leqslant\|ptp\|$.

证 设 $\{\xi_1,\cdots,\xi_m\}$ 是 $p\mathscr{H}$ 的直交规范基.

对 $\varepsilon_1>0$，依定理 5.8.31，有 $b_0\in A$，使得

$$\|b_0\xi_i-ptp\xi_i\|<\varepsilon_1,\ 1\leqslant i\leqslant m,\ \|b_0\|\leqslant\|ptp\|.$$

依引理 5.8.33，有 $a_1\in B(\mathscr{H})$，使得

$$a_1\xi_i=ptp\xi_i-b_0\xi_i,\ 1\leqslant i\leqslant m,$$

$$\|a_1\|^2\leqslant 2\sum_{i=1}^{m}\|ptp\xi_i-b_0\xi_i\|^2<2m\varepsilon_1^2.$$

同样对 $\varepsilon_2>0$，有 $b_1\in A$，使得

$$\|b_1\xi_i-a_1\xi_i\|<\varepsilon_2,\ 1\leqslant i\leqslant m,$$

$$\|b_1\|\leqslant\|a_1\|\leqslant(2m)^{1/2}\varepsilon_2,$$

……，一般有 $\{a_0=ptp,\ a_1\cdots\}\subset B(\mathscr{H})$，$\{b_0,\ b_1,\cdots\}\subset A$，使得

$$\begin{cases}\|a_k\xi_i-b_k\xi_i\|<\varepsilon_{k+1},\ 1\leqslant i\leqslant m,\ k=0,1,\cdots,\\ a_{k+1}\xi_i=a_k\xi_i-b_k\xi_i,\ 1\leqslant i\leqslant m,\ k=0,1,\cdots,\\ \|b_k\|\leqslant\|a_k\|\leqslant(2m)^{1/2}\varepsilon_k,\ k=1,2,\cdots,\\ \|b_0\|\leqslant\|a_0\|,\end{cases}$$

此外，如果 $t^*=t$，依定理 5.8.31 后面的注及引理 5.8.33，可取 $a_k^*=a_k$，$b_k^*=b_k$，$k=0,1,\cdots$.

如果取 $\varepsilon_k=(2m)^{-1/2}2^{-k}\varepsilon$，则 $\|a_k\|<2^{-k}\varepsilon$，$k=1,2,\cdots$.

再令 $b=\sum_{k=0}^{\infty}b_k$，则 $b\in A$，并且

$$\|b\|<\|ptp\|+\varepsilon,$$

$$b\xi_i=\lim_N\sum_{k=0}^{N}b_k\xi_i=\lim_N(a_0\xi_i-a_{N+1}\xi_i)=ptp\xi_i,$$

$1\leqslant i\leqslant m$. 特别，$be=ptpe=te$.

最后，如果 $t^*=t$，前面已指出可取 $a_k^*=a_k$，$b_k^*=b_k$，$\forall k$，因此，$b^*=b$. ptp 是 $p\mathscr{H}$ 中的自伴算子，因此有 $p\mathscr{H}$ 的直交规范基 $\{\eta_1,\cdots,\eta_m\}$ 及实数组 $\{\lambda_1,\cdots,\lambda_m\}$，使得

$$ptp\eta_i=\lambda_i\eta_i,\ 1\leqslant i\leqslant m.$$

于是，$b\eta_i=ptp\eta_i=\lambda_i\eta_i$，$1\leqslant i\leqslant m$. 作实值连续函数

$$f(\lambda)=\begin{cases}\lambda, & \text{如果 } |\lambda|\leqslant\|ptp\|,\\ -\|ptp\|, & \text{如果 } \lambda\leqslant-\|ptp\|,\\ \|ptp\|, & \text{如果 } \lambda\geqslant\|ptp\|.\end{cases}$$

由于 $|\lambda_i|\leqslant\|ptp\|$, $1\leqslant i\leqslant m$, 因此, $f(b)\eta_i=\lambda_i\eta_i$, $\forall i$. 由此,

$$f(b)^*=f(b)\in A,\ \|f(b)\|\leqslant\|ptp\|,$$

$f(b)e=ptpe=te$. 证毕.

定理 5.8.35 设 $\{\pi,\mathscr{H}\}$ 是 c^* 代数 A 的拓扑不可约 $*$ 表示, e, $t\in B(\mathscr{H})$, 并且 e 是有限秩的直交投影. 令 p 是 $\mathscr{H}$ 到 $e\mathscr{H}\cup te\mathscr{H}$ 张成的线性子空间上的直交投影, 则对于任意的 $\varepsilon>0$, 有 $a\in A$, 使得

$$\pi(a)e=te,\ \|a\|\leqslant\|ptp\|+\varepsilon.$$

此外,如果 $t^*=t$, 则也可取 $a^*=a$.

事实上,由命题 5.8.32 与引理 5.8.34 立见.

定理 5.8.36 c^* 代数的拓扑不可约 $*$ 表示也是(代数)不可约的.

证 设 $\{\pi,\mathscr{H}\}$ 是 c^* 代数 A 的拓扑不可约 $*$ 表示, E 是 $\mathscr{H}$ 的非零真的线性子空间,于是,有 $0\neq\xi\in E$ 及 $\eta\in\mathscr{H}\backslash E$. 令 e 是 $\mathscr{H}$ 到一维子空间 $\mathbf{C}\xi$ 上的直交投影, $t\in B(\mathscr{H})$, 使得 $t\xi=\eta$. 依定理 5.8.35, 有 $a\in A$, 使得 $\pi(a)e=te$, 即 $\pi(a)\xi=t\xi=\eta$. 因此, E 不能是 $\pi(A)$ 的不变子空间. 从而 π 也是(代数)不可约的. 证毕.

第六章　抽象调和分析的基础

本章利用前面建立的 Banach $*$代数的理论，对抽象调和分析作初步的介绍.第一节介绍 Haar 测度与模函数;第二节讨论局部紧群G的群代数 $L^1(G)$，特别指出了：$L^1(G)$ 的$*$表示的完全性(定理 6.2.12)，以及G的酉表示的完全性(定理 6.2.19)；第三节讨论交换的局部紧群，通过 Bochner 定理(6.3.6)，Fourier 变换的逆转定理(6.3.10)及 Plancherel 定理(6.3.12)等,给予 Pontryagin 对偶性定理(6.3.20)以简单的分析证明;第四节利用 H^*代数理论（见第五章 § 7)，讨论了紧群的构造及其酉表示；特别指出紧群的任何酉表示可分解为不可约酉表示族的直和，并且每个不可约酉表示必是有限维的(定理 6.3.9).

本章内容较为经典，可参见[12,22,37,40,43,50].

§1. 局部紧群上的 Haar 测度

定义 6.1.1　G称为拓扑群,指它既是群,又是拓扑空间，并且群的运算关于拓扑是连续的，即映象 $(s,t)\to st:G\times G\to G$ 与 $s\to s^{-1}:G\to G$ 是连续的.

命题 6.1.2　(1) 设G是群,又是拓扑空间,则G是拓扑群，当且仅当,映象 $(s,t)\to st^{-1}:G\times G\to G$ 是连续的;

(2) 设G是拓扑群，$s\in G$，则 s 的任何邻域可以写成 Us 或 sU 的形式,这里U是 e(G 的单位元) 的邻域. 换言之,G的拓扑将由单位元的邻域系统来决定;

(3) 设G是拓扑群，U是单位元e的邻域，则存在e的邻域V，使得

$$V=V^{-1},\ \bar{V}\subset U,\ V^2\subset U.$$

证 (1) 必要性 由于映象 $(s,t)\to st^{-1}$ 是映象 $(s,t)\to(s,t^{-1})$ 与 $(s,t^{-1})\to st^{-1}$ 的复合，而后面的两个映象依假设是连续的，因此，$(s,t)\to st^{-1}:G\times G\to G$ 也是连续的.

反之设 $(s,t)\to st^{-1}$ 是连续的，于是如果 $s_l\to s$，则 $(e,s_l)\to(e,s)$，从而，$s_l^{-1}=es_l^{-1}\to es^{-1}=s^{-1}$. 这表明 $s\to s^{-1}:G\to G$ 是连续的. 进而由 $(s,t)\to(s,t^{-1})\to s(t^{-1})^{-1}=st$，可见 $(s,t)\to st:G\times G\to G$ 也是连续的.

(2) 设 V 是 s 的邻域，由于 $(e,s)\to es=s$，依连续性，将有 e 的邻域 W，s 的邻域 V'，使得 $WV'\subset V$. 特别，$Ws\subset V$，$W\subset U=Vs^{-1}$，因此，U 也是 e 的邻域，并且 $V=Us$. 同样由 $(s,e)\to se=s$，可见 $s^{-1}V$ 是 e 的邻域.

(3) 由于 $(e,e)\to e^2=e$，依连续性，有 e 的邻域 W',W''，使得 $W'W''\subset U$. 命 $W=W'\cap W''$，则 $W^2\subset U$. 再令 $V=W\cap W^{-1}$，易证它也是 e 的邻域，满足 $V=V^{-1}$，$V^2\subset U$. 今只须证明 $\bar{V}\subset U$. 设 $s\in\bar{V}$，由于 sV 是 s 的邻域，$\bar{V}$ 是 V 的闭包，因此，$sV\cap V\neq\phi$. 从而有 $x,y\in V$，使得 $sx=y$，或 $s=yx^{-1}\in VV^{-1}=V^2\subset U$，即 $\bar{V}\subset U$. 证毕.

定义 6.1.3 拓扑群 G 称为局部紧群，指它作为拓扑空间是局部紧 Hausdorff 的.

引理 6.1.4 设 X,Y 是 Hausdorff 拓扑空间，f 是 $X\times Y$ 上的实值连续函数，K 是 X 的紧子集，则对于任意的 $\varepsilon>0$，$W=\{y\in Y\mid f(x,y)<\varepsilon,\ \forall x\in K\}$ 是 Y 的开子集.

证 显然 $U=\{(x,y)\in X\times Y\mid f(x,y)<\varepsilon\}$ 是 $X\times Y$ 的开子集，并且 $W=\bigcap\limits_{x\in K}\{y\in Y\mid (x,y)\in U\}$. 于是

$$Y\backslash W=\bigcup_{x\in K}\{y\in Y\mid (x,y)\in F\}=P_Y((K\times Y)\cap F),$$

这里 $F=(X\times Y)\backslash U$ 是 $(X\times Y)$ 的闭子集，P_Y 是 $(X\times Y)$ 到 Y 上的投影映象.

今设在 Y 中，$y_l\in(Y\backslash W)\to y$，于是有 $x_l\in K$，使得 $(x_l,$

$y_l) \in (K \times Y) \cap F$, $\forall l$. 由于K是紧的，必要时代以子网，可设 $x_l \to x \in K$. 于是在 $(X \times Y)$ 中，$(x_l, y_l) \to (x, y)$. 但 $(K \times Y) \cap F$ 是闭的，因此 $(x, y) \in (K \times Y) \cap F$. 从而，$y = P_Y(x, y) \in Y \backslash W$. 这表明 $(Y \backslash W)$ 是闭的，因此，W是开的. 证毕.

命题 6.1.5 设G是局部紧群，$f \in C_0^\infty(G)$，则f在G上是一致连续的，即对任意的 $\varepsilon > 0$，有 e(G 的单位元）的邻域U，使得只要 $s, t \in G$ 并且 st^{-1} 或者 $s^{-1}t \in U$，就有

$$|f(s) - f(t)| < \varepsilon.$$

证 对 $\varepsilon > 0$，取G的紧子集K，使得

$$|f(z)| < \varepsilon/2, \quad \forall z \notin K.$$

设V是e的紧邻域，并且 $V = V^{-1}$，令

$$W = \left\{ s \in G \,\middle|\, \begin{array}{l} |f(x) - f(xs)| < \varepsilon, \forall x \in KV, \text{ 并且} \\ |f(t) - f(s^{-1}t)| < \varepsilon, \forall t \in VK \end{array} \right\}.$$

依引理 6.1.4，W是G的开子集，并且 $e \in W$. 今取 $U = W \cap V$ 将满足要求. 事实上，设 $s \in U$，如果 $x \in KV$，由于 $s \in U \subset W$，因此，$|f(x) - f(xs)| < \varepsilon$；如果 $x \notin KV$，自然 $x \notin K$，这时也有 $xs \notin K$（否则 $x \in Ks^{-1} \subset KU^{-1} \subset KV^{-1} = KV$ 矛盾），因此，$|f(x)|$ 与 $|f(xs)|$ 都$<\varepsilon/2$，$|f(x) - f(xs)| < \varepsilon$. 总之有

$$|f(x) - f(xs)| < \varepsilon, \quad \forall x \in G, \ s \in U.$$

同样证明

$$|f(t) - f(s^{-1}t)| < \varepsilon, \quad \forall t \in G, \ s \in U,$$

证毕.

定义 6.1.6 设G是局部紧群，μ称为G上左不变的（或右不变的）Haar 测度，指μ是非零的正则 Borel 测度，并且 $\mu(sE) = \mu(E)$（或者 $\mu(Es) = \mu(E)$），$\forall s \in G$ 及E是G的 Borel 子集.

我们回忆一下若干术语[1]. G的子集E称为 Borel 的，指E属于由G的所有紧子集生成的 σ-Bool 环；定义在所有 Borel 子集上的测度ν称为 Borel 的，指对于G的任何紧子集K，有$\nu(K)<$

1） 例见 Halmos, P. R., Measure theory, New York, 1950.

$+\infty$; Borel 测度 ν 称为正则的，指对于任意的 Borel 子集 E，有

$$\nu(E) = \sup\{\nu(K) \mid K \text{ 紧，并且 } K \subset E\}$$
$$= \inf\{\nu(U) \mid U \text{ 是开 Borel 子集，并且 } U \supset E\}.$$

注意对任何固定的 $s \in G$，$t \to st$，$t \to ts$ 及 $t \to t^{-1}$ 都是 G 中的同胚映象。由此易见，如果 E 是 G 的 Borel 子集，则 sE，Es 及 E^{-1} 也都是 G 的 Borel 子集。

我们承认下面 Haar-von Neumann-Weil 的结果。

定理 6.1.7 设 G 是局部紧群，则除去正常数因子外，G 上左不变的(或右不变的) Haar 测度是唯一存在的。

命题 6.1.8 设 G 是局部紧群，μ 是 G 上左不变的 Haar 测度。

(1) 如果 U 是 G 的非空开子集，则 $\mu(U) > 0$;

(2) μ 是有限的，当且仅当，G 是紧的；

(3) $\mu(\{e\}) > 0$，当且仅当，G 是离散的，这里 e 是 G 的单位元。

证 (1) 如果 $\mu(U) = 0$，取定 $t \in U$，$V = t^{-1}U$ 是 e 的开邻域，并且 $\mu(V) = 0$。对 G 的任何紧子集 K，$\{sV \mid s \in K\}$ 是 K 的开复盖，因此有 $s_1, \cdots, s_n \in K$，使得 $\bigcup_{i=1}^{n} s_iV \supset K$。由此，

$$\mu(K) \leqslant \sum_{i=1}^{n} \mu(s_iV) = n\mu(V) = 0,$$

K 是任意的，因此 $\mu = 0$。矛盾。

(2) 如果 G 是紧的，则 $\mu(G) < +\infty$，因此，μ 是有限的。反之设 μ 是有限的。若 G 不是紧的，取定 e 的开邻域 U，并且 $\bar{U}$ 是紧的，则 G 不能为有限个形如 sU 的子集所复盖。换言之，将有无穷列 $\{s_n\} \subset G$，使得 $s_n \notin \bigcup_{i=1}^{n-1} s_iU$，$\forall n \geqslant 2$。依命题 6.1.2，可取 e 的开邻域 V，使得

$$V = V^{-1}, \quad V^2 \subset U.$$

如果 $m < n$，我们说 $s_mV \cap s_nV = \varnothing$。

事实上，若有 $s\in s_mV\cap s_nV$，则

$$s_n\in s_mVV^{-1}\subset s_mU\subset\bigcup_{i=1}^{n-1}s_iU,$$

这与 s_n 的性质相矛盾. 因此，$s_nV\cap s_mV=\emptyset$，$\forall n\neq m$. 再依(1)，

$$\mu\left(\bigcup_{i=1}^{\infty}s_iV\right)=\sum_{i=1}^{\infty}\mu(s_iV)=\sum_{i=1}^{\infty}\mu(V)=+\infty,$$

这与 μ 的有限性相矛盾. 因此，G 必然是紧的.

(3) 如果 G 是离散的，依 (1)，$\mu(\{e\})>0$. 反之设 $\mu(\{e\})>0$. 若 G 不是离散的，必有 $s\in G$，它不是 G 的孤立点. 于是，如果 K 是 s 的紧邻域，K 将包含无穷多个不同的点. 设 $\{s_n\}$ 是 K 中的无穷列，则

$$+\infty>\mu(K)\geqslant\sum_n\mu(\{s_n\})=\sum_n\mu(\{e\})=+\infty,$$

矛盾. 因此，G 必然是离散的. 证毕.

定义 6.1.9 设 G 是局部紧群，μ_l 是 G 上左不变的 Haar 测度，G 上严格正的函数 $\lambda(\cdot)$ 称为模函数，指对于任意的 $s\in G$ 及 G 的 Borel 子集 E，有

$$\mu_l(Es^{-1})=\lambda(s)\mu_l(E).$$

由于 $\mu_l(\cdot s^{-1})$ 仍然是 G 上左不变的 Haar 测度，依定理 6.1.7，模函数 $\lambda(\cdot)$ 是唯一存在的，并且不依赖于 μ_l 的选择.

定理 6.1.10 设 $G,\mu_l,\lambda(\cdot)$ 如定义 6.1.9.

(1) $\lambda(\cdot)$ 是 G 上的连续函数，并且满足 $\lambda(st)=\lambda(s)\lambda(t)$，$\forall s,\ t\in G$，$\lambda(e)=1$，这里 e 是 G 的单位元；

(2) 令 $\mu_r=\lambda\cdot\mu_l$，即对任意 Borel 子集 E，

$$\mu_r(E)=\int_E\lambda(t)d\mu_l(t),$$

则 μ_r 是 G 上右不变的 Haar 测度，并且 $\mu_r\sim\mu_l$，及对任何 Borel 子集 E 有 $\mu_r(E)=\mu_l(E^{-1})$；

(3) 设 f 是 G 上紧支集的连续函数，$s\in G$，则

$$\int_G f(ts)d\mu_l(t) = \lambda(s)\int_G f(t)d\mu_l(t),$$

$$\int_G \lambda(t)f(t)d\mu_l(t) = \int_G f(t)d\mu_r(t) = \int_G f(t^{-1})d\mu_l(t).$$

证 (1) 对任何的 Borel 子集 E,

$$\lambda(st)\mu_l(E) = \mu_l(Et^{-1}s^{-1}) = \lambda(s)\mu(Et^{-1})$$
$$= \lambda(s)\lambda(t)\mu_l(E),$$

μ_l 是不恒为 0 的，因此，$\lambda(st) = \lambda(s)\lambda(t)$，$\forall s, t\in G$. 特别，$\lambda(e) = 1$. 今证 $\lambda(\cdot)$ 的连续性.

任意取定G的非空开子集 U，并使得 $\bar{U}$ 紧，作G上的连续函数 f，使得 $f\geqslant 0$，$\operatorname{supp} f\subset U$，$\int f(t)d\mu_l(t) = 1$. 再取定 e 的紧邻域 V，并且 $V = V^{-1}$.

对于任意的 $s\in G$ 及 $\varepsilon > 0$，依命题 6.1.5，有 e 的邻域 $W\subset V$，使得只要 $x^{-1}y\in W$，就有

$$|f(x) - f(y)| < \varepsilon/M,$$

这里 $M = \mu_l(UVs^{-1})(>0$，依命题 6.1.8). 从而当 $t\in sW$ 时，

$$|f(xs) - f(xt)| < \varepsilon/M,\ \forall x\in G.$$

由于 $\operatorname{supp} f\subset U$，不难证明，当 $t\in sW$ 时，

$$\operatorname{supp}|f(\cdot s) - f(\cdot t)|\subset UVs^{-1}.$$

由此，当 $t\in sW$ 时，

$$|\lambda(t) - \lambda(s)| = \left|\int (f(xs) - f(xt))d\mu_l(x)\right|$$
$$\leqslant \int |f(xs) - f(xt)|d\mu_l(x)$$
$$< \frac{\varepsilon}{M}\ \mu_l(UVs^{-1}) = \varepsilon,$$

这说明 $\lambda(\cdot)$ 是连续的.

(2) 由于 $\lambda(\cdot)$ 是严格正的，因此，$\mu_r\sim\mu_l$. 对G的任意 Borel 子集E及 $s\in G$，依 $\lambda(\cdot)$ 的定义，

$$\mu_r(Es) = \int_{Es}\lambda(t)d\mu_l(t) = \int_E \lambda(xs)d\mu_l(xs)$$

$$= \lambda(s^{-1}) \int_E \lambda(xs) d\mu_l(x)$$

$$= \int_E \lambda(x) d\mu_l(x) = \mu_r(E).$$

因此，μ_r是右不变的.

若命 $\mu(\cdot) = \mu_l(\cdot^{-1})$，显然$\mu$也是右不变的. 依定理 6.1.7, 有正常数 C，使得 $C\mu_r = \mu$. 今只须证明 $C = 1$. 对任意的 $\varepsilon > 0$，取e的紧邻域U，并且 $U = U^{-1}$，使得

$$|\lambda(s) - 1| < \varepsilon, \quad \forall s \in U.$$

设f是G上的连续函数,满足 $f \geqslant 0$, $\operatorname{supp} f \subset U$. 再令

$$g(t) = \frac{1}{2}(f(t) + f(t^{-1})), \quad \forall t \in G,$$

则g也是G上非负连续函数，$g(t) = g(t^{-1})$, $\forall t \in G$，及 $\operatorname{supp} g \subset U$. 无妨认为

$$\int g(t) d\mu_l(t) = 1.$$

于是

$$1 = \int g(t^{-1}) d\mu_l(t) = \int g(t) d\mu_l(t^{-1})$$

$$= \int g(t) d\mu(t) = C \int g(t) d\mu_r(t)$$

$$= C \int \lambda(t) g(t) d\mu_l(t)$$

$$= C + C \int_U (\lambda(t) - 1) g(t) d\mu_l(t),$$

其中|第二项|$< C\varepsilon$. $\varepsilon > 0$是任意的,因此，$C = 1$.

(3) 是显然的. 证毕.

定义 6.1.11 局部紧群G称为幺模的,指模函数 $\lambda(\cdot) = 1$.

这时若命 $\mu = \mu_l = \mu_r$，则对于G上任何紧支集的连续函数f，及 $s, t \in G$，G的 Borel 子集E，有

$$\int f(x) d\mu(x) = \int f(sxt) d\mu(x) = \int f(x^{-1}) d\mu(x),$$

$\mu(sEt) = \mu(E)$.

命题 6.1.12 离散群，紧群及交换的局部紧群都是幺模的.

证 设G是离散群，E是G的 Borel 子集，则E是可数的. 若$^{\#}E$ 表示E中元的个数，则

$$\mu_l(E) = {}^{\#}E \cdot \mu(\{e\}) = {}^{\#}(E^{-1}) \cdot \mu(\{e\}) = \mu(E^{-1}),$$

因此，$\lambda(\cdot) = 1$.

设G是紧的，f是G上的连续函数，依定理 6.1.10 (3)，对任意的 $s \in G$ 有

$$\lambda(s)\int f(t)d\mu_l(t) = \int f(ts)d\mu_l(t).$$

若取 $f = 1$，立见 $\lambda(s) = 1$.

今设G是交换的，对G上任何紧支集的连续函数f及 $s \in G$,

$$\lambda(s)\int f(t)d\mu_l(t) = \int f(ts)d\mu_l(t)$$

$$= \int f(st)d\mu_l(t) = \int f(t)d\mu_l(t),$$

因此，$\lambda(s) = 1$. 证毕.

习题

(1) 设G是拓扑群，K是G的紧子集，U是G的开子集，并且 $K \subset U$，则存在 e (G 的单位元)的邻域 V，使得 $VKV \subset U$.

(2) 设G是拓扑群，K, K_1, K_2 是G的紧子集，则 K_1K_2, K^{-1} 也是G的紧子集.

(3) 设G是局部紧群，$\lambda(\cdot)$ 是模函数，举例说明 $\lambda(\cdot)$ 在G上未必是一致连续的[43].

§ 2. 局部紧群的群代数

§ 2.1 Banach $*$代数 $L^1(G)$

设G是局部紧群，μ是G上左不变的 Haar 测度，$\lambda(\cdot)$ 是模函数.

记 $L^1(G)=L^1(G,\mu)$，依 $\|f\|_1=\int|f(s)|d\mu(s)$ 是 Banach 空间。

定义 6.2.1 在 $L^1(G)$ 中引入乘法

$$(f\cdot g)(s)=\int f(t)g(t^{-1}s)d\mu(t)$$
$$=\int f(st)g(t^{-1})d\mu(t)$$

及 $*$ 运算

$$f^*(s)=\lambda(s)\overline{f(s^{-1})}.$$

易见 $\|f^*\|_1=\|f\|_1$，并依 Fubini 定理，$\|f\cdot g\|_1\leqslant\|f\|_1\cdot\|g\|_1$. 由此，$L^1(G)$ 是 Banach $*$ 代数，并且 $*$ 运算是等距的. 它称为局部紧群 G 的群代数.

注　一般，Banach $*$ 代数 $L^1(G)$ 不必是厄米的.

命题 6.2.2 (1) $L^1(G)$ 是交换的，当且仅当，G 是交换的；

(2) $L^1(G)$ 有单位元，当且仅当，G 是离散的.

证　(1) 设 G 是交换的，这时 $\lambda(\cdot)=1$，$d\mu(t)=d\mu(t^{-1})$，从而

$$(f\cdot g)(s)=\int f(st)g(t^{-1})d\mu(t)$$
$$=\int g(t)f(t^{-1}s)d\mu(t)=(g\cdot f)(s),$$

$\forall f,g\in L^1(G)$，因此，$L^1(G)$ 是交换的.

今设 $L^1(G)$ 是交换的，于是对 G 上任何紧支集的连续函数 f,g 及 $s\in G$，

$$0=(f\cdot g)(s)-(g\cdot f)(s)$$
$$=\int f(t)(g(t^{-1}s)-g(st^{-1})\lambda(t))d\mu(t).$$

f 是任意的，因此，

$$g(t^{-1}s)-g(st^{-1})\lambda(t)=0,\ \forall g,s,t,$$

命 $s=e$，可见 $\lambda(\cdot)=1$. 从而，$g(st)-g(ts)=0$，$\forall g,s,t$. 由此可见 G 是交换的.

(2) 如果G是离散的,无妨认为 $\mu(\{e\})=1$. 取

$$\delta_e(s)=\begin{cases}1, & \text{如 } s=e,\\ 0, & \text{如} s\neq e.\end{cases}$$

易见δ_e是 $L^1(G)$ 的单位元. 反之设 $\delta(\cdot)$ 是 $L^1(G)$ 的单位元, 为证G是离散的,依命题 6.1.8, 只须证明

$$\inf\{\mu(U)|U \text{ 是包含 } e \text{ 的 Borel 开子集 }\}=\mu(\{e\})>0.$$

若不然, 对于 $\varepsilon>0$, 由于 $\delta\in L^1(G)$, 将有e的开 Borel 子集的邻域U, 使得

$$\int_U|\delta(t)|d\mu(t)<\varepsilon.$$

取e的紧邻域V, 使得 $V=V^{-1}$, $V^2\subset U$, 显然V的特征函数 $\chi_V\in L^1(G)$. 对任何的 $s\in G$,

$$|\chi_V(s)|=|(\delta*\chi_V)(s)|=\left|\int\delta(t)\chi_V(t^{-1}s)d\mu(t)\right|$$

$$=\begin{cases}\left|\int_{sV}\delta(t)d\mu(t)\right|\leqslant\int_U|\delta(t)|d\mu(t)<\varepsilon, & \text{如 } s\in V,\\ 0, & \text{如 } s\notin V,\end{cases}$$

这当 $\varepsilon<1$, 由于 $\mu(V)>0$, 将发生矛盾. 因此, $\mu(\{e\})>0$. 证毕.

引理 6.2.3 (整体连续性) 设 $f\in L^1(G)$, 则 $(s,t)\to f(s\cdot t)$ 是 $G\times G$ 到 $L^1(G)$ 中的连续映象.

证 定义 $(T_t^sg)(\cdot)=g(s\cdot t)$, 显然

$$\|T_t^sg\|_1=\lambda(t)\|g\|_1, \quad \forall g\in L^1(G).$$

对任意固定的 $s,t\in G$ 及 $\varepsilon>0$, 由于紧支集的连续函数全体在 $L^1(G)$ 中稠, 因此对于待定的正数 $\eta=\eta(\varepsilon)$, 有紧支集连续函数g, 使得

$$\|f-g\|_1<\eta,$$

g在G上是一致连续的 (命题 6.1.5), 因此, 对待定的正数 $\eta'=\eta'(g,\varepsilon)$, 有$e$的紧邻域 $W=W^{-1}$, 使得

$$|g(sxt)-g(s'xt')|\leqslant|g(sxt)-g(s'xt)|$$
$$+|g(s'xt)-g(s'xt')|<\eta',$$

$\forall x\in G, s's^{-1}$ 及 $t^{-1}t'\in W$. 于是

$$\begin{aligned}&\int|f(sxt)-f(s'xt')|d\mu(x)\\&\quad\leqslant\|T_t^s(f-g)\|_1+\|T_{t'}^{s'}(f-g)\|_1\\&\qquad+\int|g(sxt)-g(s'xt')|d\mu(x)\\&\quad\leqslant(\lambda(t)+\lambda(t'))\eta+\eta'(\mu(s^{-1}Kt^{-1})\\&\qquad+\mu(s'^{-1}Kt'^{-1}))\\&\quad=(\lambda(t)+\lambda(t'))(\eta+\eta'\mu(K)),\end{aligned}$$

$\forall s's^{-1}$ 及 $t^{-1}t'\in W$，这里 $K=\operatorname{supp} g$. 现在只要 η,η' 充分小，就有

$$\int|f(sxt)-f(s'xt')|d\mu(x)<\varepsilon, \forall s's^{-1} \text{ 及 } t^{-1}t'\in W,$$ 证毕.

注　显然本引理对 $L^p(G)(p\geqslant 1)$ 也成立.

命题 6.2.4　在 $L^1(G)$ 中存在(有界的双侧)逼近单位元. 事实上,对 e 的任何邻域 U, 取 G 上紧支集的连续函数 α_U, 使得

$$\alpha_U\geqslant 0,\ \operatorname{supp}\alpha_U\subset U,\ \int\alpha_U(t)d\mu(t)=1,$$

则当 $U\to\{e\}$ 时,在 $L^1(G)$ 中,

$$\alpha_U\cdot f\to f,\ f\cdot\alpha_U\to f,\ \forall f\in L^1(G).$$

证　设 $f\in L^1(G)$, 依前面引理,当 $U\to\{e\}$,

$$\begin{aligned}\|\alpha_U\cdot f-f\|_1&=\int\left|\int\alpha_U(t)(f(t^{-1}s)-f(s))d\mu(t)\right|d\mu(s)\\&\leqslant\int\alpha_U(t)d\mu(t)\int|f(t^{-1}s)-f(s)|d\mu(s)\to 0,\end{aligned}$$

同样证明 $\|f\cdot\alpha_U-f\|_1\to 0$. 证毕.

注　后面(命题 6.2.11) 还指出 $L^1(G)$ 是半单纯的.

§ 2.2　正泛函与＊表示

对于一般的 Banach ＊代数,我们已经有了正泛函的概念(定义 5.4.1), 并有命题 5.4.3 (特别是 Schwartz 不等式). 对 $L^1(G)$,

进一步有

命题 6.2.5 设G是局部紧群，F是 $L^1(G)$ 上的正线性泛函.

(1) F自动是连续厄米的；

(2) $$\|F\| = \sup\{F(f^* \cdot f) \mid f \in L^1(G), \|f\|_1 \leqslant 1\}$$
$$= \lim_U F(\alpha_U^* \cdot \alpha_U) = \lim_U F(\alpha_U \cdot \alpha_U^*),$$
这里 $\{\alpha_U\}$ 如命题 6.2.4；

(3) $|F(f)|^2 \leqslant \|F\| \cdot F(f^* \cdot f)$, $\forall f \in L^1(G)$；

(4) 对于任何的 $C \geqslant \|F\|$，命 $F(1) = C$，则F可开拓为 $(L^1(G) \dotplus \mathbf{C})$ 上的正泛函,并且开拓后F的范数为C.

证 (1) 由命题 6.2.4 与定理 5.4.8 立见.

(2) 对任何的 $\varepsilon > 0$，可取 $f \in L^1(G)$，$\|f\|_1 \leqslant 1$，使得 $|F(f)|^2 + \varepsilon \geqslant \|F\|^2$. 依命题 6.2.4，有 U_0，只要 $U \subset U_0$，就有
$$|F(\alpha_U \cdot f) \text{ 或者 } F(f^* \cdot \alpha_U)|^2 + 2\varepsilon \geqslant \|F\|^2.$$
依 Schwartz 不等式,
$$|F(\alpha_U \cdot f)|^2 \leqslant F(\alpha_U \cdot \alpha_U^*)F(f^* \cdot f) \leqslant \|F\|^2,$$
$$|F(f^* \cdot \alpha_U)|^2 \leqslant F(\alpha_U^* \cdot \alpha_U)F(f^* \cdot f) \leqslant \|F\|^2,$$
$\varepsilon > 0$ 是任意的,因此 (2) 得证.

(3) 由 $F(f) = \lim F(\alpha_U \cdot f)$，再用 Schwartz 不等式立见.

(4) 由 (3) 与命题 5.4.7 立见. 证毕.

定义 6.2.6 $L^1(G)$ 上的正泛函F称为态，指 $\|F\| = 1$. 记态的全体为 $\mathscr{S} = \mathscr{S}(L^1(G))$.

依命题 6.2.5，$L^1(G)$ 上的态可唯一扩张成为 $(L^1(G) \dotplus \mathbf{C})$ 上的态(依定义 5.5.5 的意义),并且 $\mathscr{S}$ 是 $L^1(G)^*$ 的凸子集.

记 $\mathrm{ex}\,\mathscr{S}$ 为 $\mathscr{S}$ 的端点全体，如果 $F \in \mathrm{ex}\,\mathscr{S}$，则称 F 为 $L^1(G)$ 上的纯态.

命题 6.2.7 $L^1(G)$ 上的纯态可以唯一扩张为 $(L^1(G) \dotplus \mathbf{C})$ 上的纯态；$(L^1(G) \dotplus \mathbf{C})$ 上的纯态限于 $L^1(G)$ 或为 0 或为 $L^1(G)$ 上的纯态.

证明完全与命题 5.8.17 相同.

已经指出 (定理 5.3.6), Banach $*$代数的$*$表示自动是连续的. 对于 $L^1(G)$ 进一步有

命题 6.2.8 设 $\{\pi,\mathscr{H}\}$ 是 $L^1(G)$ 的$*$表示,则 $\|\pi\|\leqslant 1$.

证 令 $\pi(1)=I$($\mathscr{H}$ 中的恒等算子),则π扩充为$(L^1(G)\dotplus C)$的$*$表示. 对任意的 $\xi\in\mathscr{H}$, $\langle\pi(\cdot)\xi,\xi\rangle$ 是 $(L^1(G)\dotplus C)$上的正泛函. 从而

$$\langle\pi(f^*\cdot f)\xi,\xi\rangle\leqslant\|f^*\cdot f\|_1\cdot\langle\pi(1)\xi,\xi\rangle,$$

$*$是等距的,因此,

$$\|\pi(f)\xi\|^2\leqslant\|f\|_1^2\cdot\|\xi\|^2,\ \forall\xi\in\mathscr{H},f\in L^1(G),$$

即见 $\|\pi\|\leqslant 1$. 证毕.

我们已经讨论过 Banach $*$代数上正泛函产生的 GNS 构造(第五章 § 4), 对于 $L^1(G)$ 进一步有类似 c^* 代数的结果.

定理 6.2.9 设F是 $L^1(G)$ 上的态, $\{\pi,\mathscr{H}\}$ 是F产生的$*$表示 (GNS 构造).

(1) π是循环的,并且循环矢ξ可这样选取,使得

$$\pi(f)\xi=\tilde{f},\ F(f)=\langle\pi(f)\xi,\xi\rangle,$$

$\forall f\in L^1(G)$, $\tilde{f}$是f在$\mathscr{H}$ 中的对应;

(2) 设$\tilde{F}$是F在 $(L^1(G)\dotplus C)$ 上的态扩张, $\{\tilde{\pi},\tilde{\mathscr{H}}\}$ 是$\tilde{F}$产生的$*$表示,则有$\mathscr{H}$ 到 $\tilde{\mathscr{H}}$ 上的酉算子u, 使得 $u\pi(f)u^{-1}=\tilde{\pi}(f)$, $\forall f\in L^1(G)$;

(3) π是拓扑不可约的,当且仅当,F是纯态.

证 (1),(2) 的证明与命题 5.8.21 完全相仿 (只须那里的 $\{a_n\}$ 代之以 $\{\alpha_U^*\cdot\alpha_U\}$). (3) 由命题 6.2.7, 定理 5.5.6 及 (2) 立见. 证毕.

命题 6.2.10 设 $\mathscr{H}_r=L^2(G)=L^2(G,\mu)$, 对任意的 $f\in L^1(G)$, 命

$$(\pi_r(f)g)(s)=(f\cdot g)(s)=\int f(t)g(t^{-1}s)d\mu(t),$$

$\forall g\in L^2(G)$, $s\in G$, 则 $\{\pi_r,\mathscr{H}_r\}$ 是 $L^1(G)$ 忠实的(即一一的)

非退化*表示.

注 "非退化"指 $\{\pi_r(f)g \mid f\in L^1(G),\ g\in L^2(G)\}$ 张成的线性子空间在 $\mathscr{H}_r$ 中稠，这等价于：如果 $g\in L^2(G)$，使得 $\pi_r(f)g=0$，$\forall f\in L^1(G)$，则 $g=0$.

本命题所定义的*表示，也称为 $L^1(G)$ 的正则表示.

证 首先指出 $\|f\cdot g\|_2\leqslant\|f\|_1\cdot\|g\|_2, \forall f\in L^1(G), g\in L^2(G)$.
事实上

$$
\begin{aligned}
\|f\cdot g\|_2^2 &= \int\left|\int f(t)g(t^{-1}s)d\mu(t)\right|^2 d\mu(s)\\
&\leqslant \int\left(\int |f(t)|^{1/2}\cdot |f(t)|^{1/2}|g(t^{-1}s)|d\mu(t)\right)^2 d\mu(s)\\
&\leqslant \|f\|_1\cdot\int d\mu(s)\int |f(t)|\cdot|g(t^{-1}s)|^2 d\mu(t)\\
&= \|f\|_1^2\cdot\|g\|_2^2,
\end{aligned}
$$

因此，$\pi_r(f)$ 确实是 $\mathscr{H}_r$ 中的有界线性算子. 进而易证 $\{\pi_r, \mathscr{H}_r\}$ 是 $L^1(G)$ 的*表示.

如果 $f\in L^1(G)$ 使得 $\pi_r(f)=0$，于是对任意的 $g\in L^2(G)$，

$$\int f(st)g(t^{-1})d\mu(t)=\int f(t)g(t^{-1}s)d\mu(t)=0,\ \text{p.p.s.}$$

当 g 是 G 上紧支集连续函数时，依它的一致连续性，可见

$$\int f(t)g(t^{-1}s)d\mu(t)$$

是 s 的连续函数. 再由命题 6.1.8 的 (1)，可见当 g 紧支集连续时，

$$\int f(st)g(t^{-1})d\mu(t)=0,\ \forall s\in G,$$

因此，$f=0$，即 π_r 是忠实的.

为证 π_r 是非退化的，只须证明 $\pi_r(\alpha_U)\xrightarrow{\text{强算子}} I$，即对任意的 $g\in L^2(G)$，要证 $\|\alpha_U\cdot g-g\|_2\to 0$

$$\|\alpha_U\cdot g-g\|_2^2=\int\left|\int \alpha_U(t)(g(t^{-1}s)-g(s))d\mu(t)\right|^2 d\mu(s)$$

$$\leqslant \int d\mu(s) \left(\int \alpha_U(t)^{1/2} \cdot \alpha_U(t)^{1/2} | g(t^{-1}s) \right.$$

$$\left. - g(s) | d\mu(t) \right)^2 \leqslant \int d\mu(s) \int \alpha_U(t)$$

$$\cdot | g(t^{-1}s) - g(s) |^2 d\mu(t)$$

$$= \int \alpha_U(t) d\mu(t) \int | g(t^{-1}s) - g(s) |^2 d\mu(s).$$

再依引理 6.2.3，可见 $\|\alpha_U \cdot g - g\|_2 \to 0$. 证毕.

命题 6.2.11 $L^1(G)$ 是半单纯的.

证 设 $f \in R(L^1(G))$，于是 $\nu(f^* \cdot f) = 0$. 设 $\{\pi_r, \mathscr{H}_r\}$ 是 $L^1(G)$ 的正则表示，它可扩充为 $(L^1(G) \dotplus \mathbf{C})$ 的 * 表示. 于是对任意的 $g \in L^2(G)$，$\langle \pi_r(\cdot)g, g\rangle$ 是 $(L^1(G) \dotplus \mathbf{C})$ 上的正泛函. 今依命题 5.4.3,

$$0 \leqslant \langle \pi_r(f^* \cdot f)g, g\rangle \leqslant \langle \pi_r(1)g, g\rangle \cdot \nu(f^* \cdot f)^{1/2} = 0,$$

即 $\pi_r(f)g = 0$，$\forall g \in L^2(G)$. 从而 $\pi_r(f) = 0$. 依命题 6.2.10，π_r 是忠实的，因此，$f = 0$. 证毕.

定理 6.2.12 (* 表示的完全性) 对任意的 $0 \neq f \in L^1(G)$，有 $L^1(G)$ 的拓扑不可约 * 表示 π，使得 $\pi(f) \neq 0$.

证 如果对于 $L^1(G)$ 的任何拓扑不可约 * 表示 π，$\pi(f) = 0$. 记 $A = L^1(G) \dotplus \mathbf{C}$，对 A 上任何纯态 F，产生 A 的拓扑不可约 * 表示 $\{\pi_F, \mathscr{H}_F, \xi_F\}$，它限于 $L^1(G)$ 仍然是拓扑不可约的，因此，$\pi_F(f) = 0$. 特别，$F(f) = \langle \pi_F(f)\xi_F, \xi_F\rangle = 0$. 注意 A 的态空间是 A^* 的弱 * 紧凸子集，从而由 Krein-Milmann 定理，对 A 上任何态 F，有 $F(f) = 0$. 今设 $\{\pi_r, \mathscr{H}_r\}$ 是 $L^1(G)$ 的正则表示，于是，

$$\langle \pi_r(f)g, g\rangle = 0, \ \forall g \in L^2(G),$$

因此，$\pi_r(f) = 0$，$f = 0$，矛盾. 证毕.

引理 6.2.13 设 $f \in L^1(G)$，$\mathscr{S}$ 是 $L^1(G)$ 的态空间，则 $\sup \{\|\pi(f)\| \mid \pi$ 是 $L^1(G)$ 的 * 表示$\} = \sup \{\|\pi(f)\| \mid \pi$ 是 $L^1(G)$ 的拓扑不可约 * 表示$\} = \sup \{F(f^* \cdot f)^{1/2} \mid F \in \mathscr{S}\} = \sup \{F(f^* \cdot f)^{1/2} \mid F \in \mathrm{ex}\mathscr{S}\} \leqslant \|f\|_1$.

证　由于 $L^1(G)$ 上的态可扩张为 $(L^1(G)\dotplus C)$ 上的态，$(L^1(G)\dotplus C)$ 的态空间是弱*紧凸的，再由命题 6.2.7，6.2.8 及定理 6.2.9，可见

$$\begin{aligned}\sup\{F(f^*\cdot f)^{1/2}\mid F\in\mathscr{S}\}&=\sup\{F(f^*\cdot f)^{1/2}\mid F\in \mathrm{ex}\mathscr{S}\}\\&\leqslant\sup\{\|\pi(f)\|\mid\pi\text{ 是 }L^1(G)\text{ 的拓扑不可约*表示}\}\\&\leqslant\sup\{\|\pi(f)\|\mid\pi\text{ 是 }L^1(G)\text{ 的*表示}\}\leqslant\|f\|_1.\end{aligned}$$

如果 $\{\pi,\mathscr{H}\}$ 是 $L^1(G)$ 的*表示，对 $\varepsilon>0$，可取 $\xi\in\mathscr{H}$，$\|\xi\|=1$，使得 $\|\pi(f)\|\leqslant\|\pi(f)\xi\|+\varepsilon$. 令 $F(\cdot)=\langle\pi(\cdot)\xi,\xi\rangle$，它是 $L^1(G)$ 上的正泛函，并且 $\|F\|\leqslant 1$，但却有

$$F(f^*\cdot f)^{1/2}+\varepsilon=\|\pi(f)\xi\|+\varepsilon\geqslant\|\pi(f)\|.$$

由此可见，$\sup\{F(f^*\cdot f)^{1/2}\mid F\in\mathscr{S}\}=\sup\{\|\pi(f)\|\mid\pi$ 是 $L^1(G)$ 的*表示}. 证毕.

定义 6.2.14　记引理 6.2.13 中的数为 $\|f\|_c$，它将是 $L^1(G)$ 上最大的 c^* 范，依此备化，得到的 c^* 代数，记作 $c^*(G)$，称为 G 的群 c^* 代数.

$L^1(G)$（作为*代数）上的范数 $\alpha(\cdot)$ 称为 c^* 的，指

$$\alpha(f\cdot g)\leqslant\alpha(f)\cdot\alpha(g),\ \alpha(f^*\cdot f)=\alpha(f)^2,$$

$\forall f,g\in L^1(G)$. 由于定理 6.2.12，$\|\cdot\|_c$ 的确是 $L^1(G)$ 上的 c^* 范数. 此外，如果 $\alpha(\cdot)$ 是 $L^1(G)$ 上的 c^* 范，依定理 5.8.22，将有 $L^1(G)$ 忠实的*表示 π，使得 $\alpha(\cdot)=\|\pi(\cdot)\|$. 因此，$\|\cdot\|_c$ 是 $L^1(G)$ 上最大的 c^* 范数.

命题 6.2.15　(1) $L^1(G)$ 的任何*表示可以唯一扩张为 $c^*(G)$ 的*表示；

(2) $\mathscr{S}(L^1(G))=\mathscr{S}(c^*(G))$，即 $c^*(G)$ 上态限于 $L^1(G)$ 是 $L^1(G)$ 上的态，反之 $L^1(G)$ 的态可以唯一扩张为 $c^*(G)$ 上的态.

证　(1) 由 $\|\pi(f)\|\leqslant\|f\|_c$，$\forall f\in L^1(G)$，及 $L^1(G)$ 在 $c^*(G)$ 中稠即知.

(2) 设 $\{\alpha_U\}$ 如命题 6.2.4，由于 $\{\alpha_U^*\cdot\alpha_U\}$ 也是 $L^1(G)$ 的有界逼近单位元，以及 $L^1(G)$ 在 $c^*(G)$ 中稠，因此，$\{\alpha_U^*\cdot\alpha_U\}$

是 $c^*(G)$ 的逼近单位元．从而

$$\rho(\alpha_U^* \cdot \alpha_U) \to 1,$$

$\forall \rho \in \mathscr{S}(c^*(G))$ 或 $\mathscr{S}(L^1(G))$.

今若 $\rho \in c^*(G)$，$\rho | L^1(G)$ 自然是 $L^1(G)$ 上的正泛函，依命题 6.2.5，可见

$$\rho | L^1(G) \in \mathscr{S}(L^1(G)).$$

反之设 $\rho \in \mathscr{S}(L^1(G))$，依引理 6.2.13，

$$|\rho(f)| \leqslant \|f\|_*,\ \forall f \in L^1(G),$$

从而 ρ 可以唯一扩张为 $c^*(G)$ 上的正泛函，并且 ρ 扩张以后的范数 $=\lim \rho(\alpha_U^* \cdot \alpha_U) = 1$．因此 ρ 可以唯一扩张为 $c^*(G)$ 上的态．证毕．

§ 2.3 局部紧群的酉表示

定义 6.2.16 设 G 是局部紧群，$\{u, \mathscr{H}\}$ 称为 G 的酉表示，指对每个 $s \in G$，u_s 是 $\mathscr{H}$ 中的酉算子，并且 $u_{st} = u_s u_t, \forall s, t \in G$，以及 $s \to u_s: G \to (B(\mathscr{H})$，弱算子拓扑)是连续的，即 $\langle u_. \xi, \eta\rangle$ 是 G 上的连续函数，$\forall \xi, \eta \in \mathscr{H}$.

注意这时 $s \to u_s$ 也是强算子连续的．事实上设在 G 中，$s_l \to s$，对于任意的 $\xi \in \mathscr{H}$，

$$\begin{aligned}\|u_{s_l}\xi - u_s\xi\|^2 &= 2\|\xi\|^2 - \langle u_{s_l}\xi, u_s\xi\rangle - \langle u_s\xi, u_{s_l}\xi\rangle \\ &\to 2\|\xi\|^2 - 2\|u_s\xi\|^2 = 0,\end{aligned}$$

此外，连续性的判断只须在单位元 e 处．事实上，设在 e 处 $s \to u_s$ 是弱算子连续的，如果在 G 中，$s_l \to s$，则 $s^{-1}s_l \to e$，从而对任意的 $\xi, \eta \in \mathscr{H}$，

$$\langle (u_{s_l} - u_s)\xi, \eta\rangle = \langle (u_{s^{-1}s_l} - I)\xi, u_s^{-1}\eta\rangle \to 0.$$

因此，$\langle u_. \xi, \eta\rangle$ 是 G 上的连续函数，$\forall \xi, \eta \in \mathscr{H}$.

定理 6.2.17 设 G 是局部紧群，则 $L^1(G)$ 的非退化（见命题 6.2.10 的注）*表示 $\{\pi, \mathscr{H}\}$ 与 G 的酉表示 $\{u_., \mathscr{H}\}$．通过下面的方式一一对应：设 μ 是 G 上左不变的 Haar 测度，则

$$\pi(f)=\int f(t)u_t d\mu(t),\ \forall f\in L^1(G),$$

这个公式理解为

$$\langle\pi(f)\xi,\eta\rangle=\int f(t)\langle u_t\xi,\eta\rangle d\mu(t),\ \forall\xi,\eta\in\mathscr{H}.$$

证 如果 $\{u.,\mathscr{H}\}$ 是G的酉表示，对任意的 $f\in L^1(G)$，$\xi,\eta\in\mathscr{H}$，显然

$$\left|\int f(t)\langle u_t\xi,\eta\rangle d\mu(t)\right|\leqslant\|f\|_1\cdot\|\xi\|\cdot\|\eta\|.$$

因此决定唯一的 $\pi(f)\in B(\mathscr{H})$，使得

$$\langle\pi(f)\xi,\eta\rangle=\int f(t)\langle u_t\xi,\eta\rangle d\mu(t),\ \forall\xi,\eta\in\mathscr{H}.$$

易证 $\{\pi,\mathscr{H}\}$ 是 $L^1(G)$ 的*表示. 今设 $0\neq\xi\in\mathscr{H}$，依酉表示的连续性及μ的正则性，有e的开邻域V，并且$\bar{V}$是紧的，使得$\mu(V)\leqslant 1$（如果G是离散群，无妨设 $\mu(\{e\})=1$)，及对任意的$s\in V$，有 $|\langle u_s\xi,\xi\rangle-\langle\xi,\xi\rangle|<\frac{1}{2}\langle\xi,\xi\rangle$. 令 $f=\chi_V\in L^1(G)$，则

$$\begin{aligned}&|\langle\pi(f)\xi,\xi\rangle-\langle\xi,\xi\rangle|\\&=\left|\int_V(\langle u_t\xi,\xi\rangle-\langle\xi,\xi\rangle)d\mu(t)+(\mu(V)-1)\langle\xi,\xi\rangle\right|\\&<\frac{1}{2}\|\xi\|^2\mu(V)+(1-\mu(V))\|\xi\|^2<\|\xi\|^2,\end{aligned}$$

因此 $\langle\pi(f)\xi,\xi\rangle\neq 0$，$\pi(f)\xi\neq 0$. 这表明$\pi$是非退化的.

今设 $\{\pi,\mathscr{H}\}$ 是 $L^1(G)$ 的非退化*表示，依 Zorn 辅理，它是循环*表示的直和，因此无妨假定π有循环矢 $\xi_0\in\mathscr{H}$，于是，$\mathscr{H}'=\{\pi(f)\xi_0|f\in L^1(G)\}$ 是 $\mathscr{H}$ 的稠子空间. 对任意的$s\in G$，定义$\mathscr{H}'$到$\mathscr{H}'$的线性算子

$$u_s\pi(f)\xi_0=\pi(f(s^{-1}\cdot))\xi_0,\ \forall f\in L^1(G).$$

首先要指出这个线性算子是可以定义的，即若对某个 $f\in L^1(G)$，$\pi(f)\xi_0=0$，要证明 $\pi(f(s^{-1}\cdot))\xi_0=0$. 命 $\mathscr{I}=\overline{L^1(G)\cdot f}$，依$\pi$的连续性，可见 $\pi(g)\xi_0=0$，$\forall g\in\mathscr{I}$. 注意 $(\alpha_U(s\cdot)\cdot f)(\cdot)=$

$(\alpha_U\cdot f)(s^{-1}\cdot)$，又 $(\alpha_U\cdot f)(s^{-1}\cdot)\to f(s^{-1}\cdot)$，因此，$f(s^{-1}\cdot)\in\mathscr{I}$．从而，$\pi(f(s^{-1}\cdot))\xi_0=0$．其次，$\pi(f)\xi_0=u_s\pi(f(s\cdot))\xi_0$，$\forall f\in L^1(G)$，因此，$u_s\mathscr{H}'=\mathscr{H}'$．此外，注意

$$f(t\cdot)^*\cdot g(t\cdot)=(f^*\cdot g)(\cdot),\forall f,\ g\in L^1(G),t\in G.$$

因此，$\|u_s\xi\|=\|\xi\|$，$\forall\xi\in\mathscr{H}'$．从而，$u_s$ 可唯一扩张为 $\mathscr{H}$ 中的酉算子．进而由引理 6.2.3，易见 $\{u.,\mathscr{H}\}$ 是G的酉表示．又对任意的 $f,g,h\in L^1(G)$

$$\begin{aligned}\int f(t)\langle u_t\pi(g)\xi_0,\ \pi(h)\xi_0\rangle d\mu(t)\\&=\int f(t)\langle\pi(g(t^{-1}\cdot))\xi_0,\pi(h)\xi_0\rangle d\mu(t)\\&=\langle\pi(f\cdot g)\xi_0,\pi(h)\xi_0\rangle=\langle\pi(f)\pi(g)\xi_0,\pi(h)\xi_0\rangle.\end{aligned}$$

因此，$\pi(f)=\int f(t)u_t d\mu(t)$．最后，由 π 所决定的 $u.$ 显然是唯一的．证毕．

系 6.2.18 设 $\{\pi,\mathscr{H}\}$ 是 $L^1(G)$ 的非退化$*$表示，$\{u.,\mathscr{H}\}$ 是G的酉表示，它们有前面定理的对应关系，则 $\pi(L^1(G))'=u'_G$，这里“$'$”表示交换子（见定义 5.8.29）．特别，π 是拓扑不可约的，当且仅当，$u.$ 是拓扑不可约的．

证明由 π 与 u 之间的关系式立见．

定理 6.2.19（酉表示的完全性） 设G是局部紧群，$s\in G$，并且 s 不同于G的单位元 e，则存在G的拓扑不可约的酉表示 $\{u.,\mathscr{H}\}$，使得 $u_s\neq I$（$\mathscr{H}$ 中的恒等算子）．

证 由于 $s\neq e$，可以取 e 的开邻域 V，并且 $\bar{V}$ 是紧的，使得 $sV\cap V=\phi$．记 $f=\chi_V$，$g=\chi_V(s^{-1}\cdot)=\chi_{sV}$，则在 $L^1(G)$中，$f\neq g$．依定理 6.2.12，有 $L^1(G)$ 的拓扑不可约$*$表示 $\{\pi,\mathscr{H}\}$，使得 $\pi(f)\neq\pi(g)$．特别可取 $\xi_0\in\mathscr{H}$，使得

$$\pi(f)\xi_0\neq\pi(g)\xi_0.$$

记 $\xi=\pi(f)\xi_0$，$\{u.,\mathscr{H}\}$ 是由 π 决定的G的拓扑不可约酉表示，于是

$$u_s\xi = u_s\int f(t)u_t\xi_0 d\mu(t) = \int f(s^{-1}t)u_t\xi_0 d\mu(t)$$

$$= \int g(t)u_t\xi_0 d\mu(t) = \pi(g)\xi_0,$$

因此，$u_s\xi \neq \xi$，即 $u_s \neq I$. 证毕.

命题 6.2.20 设 $\{\pi_r, \mathscr{H}_r = L^2(G)\}$ 是 $L^1(G)$ 的正则表示，对任意的 $s \in G$，令

$$(L_s g)(\cdot) = g(s^{-1}\cdot), \ \forall g \in L^2(G),$$

则 $\{L_\cdot, L^2(G)\}$ 是 G 的酉表示(称为 G 的左正则表示)，并且对任意的 $f \in L^1(G)$，

$$\pi_r(f) = \int f(t)L_t d\mu(t).$$

证 $s \to L_s$ 的连续性由引理 6.2.3 保证，因此 $\{L_\cdot, L^2(G)\}$ 是 G 的酉表示. 对任何的 $f \in L^1(G), g, h \in L^2(G)$，

$$\langle \pi_r(f)g, h\rangle = \langle f \cdot g, h\rangle$$

$$= \int \overline{h(s)}\, d\mu(s) \int f(t)g(t^{-1}s)d\mu(t)$$

$$= \int f(t)d\mu(t) \int (L_t g)(s)\overline{h(s)}\, d\mu(s)$$

$$= \int f(t)\langle L_t g, h\rangle d\mu(t).$$

因此，$\pi_r(f) = \int f(t)L_t d\mu(t)$. 证毕.

§2.4 连续正定函数

定义 6.2.21 局部紧群 G 上复值的连续函数 $\varphi(\cdot)$ 称为正定的，指对任意的 n，$s_1, \cdots, s_n \in G$ 及复数 $\lambda_1, \cdots, \lambda_n$ 有

$$\sum_{i,j=1}^{n} \varphi(s_i^{-1}s_j)\bar{\lambda}_i\lambda_j \geq 0,$$

显然 G 上连续正定函数的全体，记作 P，是凸锥.

命题 6.2.22 (1) 设 $\varphi \in P$，e 是 G 的单位元，则 $\varphi(e) \geq 0$，$\varphi(s^{-1}) = \overline{\varphi(s)}$，$|\varphi(s)| \leq \varphi(e)$，$\forall s \in G$;

(2) 设 $\{u_\cdot, \mathscr{H}\}$ 是 G 的酉表示，$\xi \in \mathscr{H}$，则 $\varphi(\cdot) = \langle u_\cdot \xi, \xi\rangle \in P$；

(3) 设 $\varphi \in P$，则存在 G 的循环酉表示 $\{u_\cdot, \mathscr{H}\}$，使得 $\varphi(\cdot) = \langle u_\cdot \xi_0, \xi_0\rangle$，这里 ξ_0 是循环矢；

(4) 如果 $\varphi_1, \varphi_2 \in P$，则 $\varphi_1\varphi_2 \in P$.

证 (1) 取 $n = 1$，$\lambda_1 = 1$，即见 $\varphi(e) \geqslant 0$.

取 $n = 2, \lambda_1 = 1, \lambda_2 = \lambda, s_1 = s, s_2 = e$，则

$$\varphi(e) + \lambda\varphi(s) + \bar{\lambda}\varphi(s^{-1}) + |\lambda|^2\varphi(e) \geqslant 0 \qquad \text{(a)}$$

由此 $(\lambda\varphi(s) + \bar{\lambda}\varphi(s^{-1}))$ 是实数，如令 $\lambda = 1, i$，即见 $\varphi(s^{-1}) = \overline{\varphi(s)}$. 如果 $\varphi(e)=0$，在 (a) 中令 $\lambda=-\overline{\varphi(s)}$，则可见 $\varphi(s)=0$.无妨设 $\varphi(e) > 0$，在(a)中令 $\lambda=-\overline{\varphi(s)}/\varphi(e)$，则 $\varphi(e)-|\varphi(s)|^2/\varphi(e) \geqslant 0$，因此，$|\varphi(s)| \leqslant \varphi(e)$.

(2) 显然.

(3) 令 $\mathscr{L} = \{x(\cdot) | x(\cdot)$ 是 G 上复值函数，除去有限个点外，$x(\cdot)$ 都取 0 值$\}$，依通常的加法，数乘，$\mathscr{L}$ 是线性空间. 再定义

$$\langle x, y\rangle = \sum_{s,t \in G} \varphi(s^{-1}t)x(t)\overline{y(s)},$$

它将是 $\mathscr{L}$ 中的非负内积. 令 $\mathfrak{N} = \{x \in \mathscr{L} | \langle x, x\rangle = 0\}$，它是 $\mathscr{L}$ 的线性子空间. 于是 $\langle \tilde{x}, \tilde{y}\rangle = \langle x, y\rangle$ $(\forall x \in \tilde{x}=x+\mathfrak{N}, y \in \tilde{y}=y + \mathfrak{N})$ 将是 $\mathscr{L}/\mathfrak{N}$ 中的内积，依此备化，得 Hilbert 空间 $\mathscr{H}$.

对任意的 $s \in G$，$x \in \mathscr{L}$ 命

$$(u_s\tilde{x}) = \widetilde{x(s^{-1}\cdot)},$$

则 u_s 可开拓为 $\mathscr{H}$ 中的酉算子，并易证 $u_s u_t = u_{st}$，$\forall s, t \in G$. 设 $x_0(s) = \delta_{s,e}$，$\xi_0 = \tilde{x}_0 \in \mathscr{H}$，显然 $\{u_s\xi_0 | s \in G\}$ 的线性组合在 $\mathscr{H}$ 中稠，并且

$$\langle u_s\xi_0, \xi_0\rangle = \varphi(s), \ \forall s \in G.$$

此外，对任意的 $\tilde{x}, \tilde{y} \in \mathscr{L}/\mathfrak{N}$,

$$\langle u_s\tilde{x}, \tilde{y}\rangle = \sum_{t_1, t_2 \in G} \varphi(t_2^{-1}st_1)x(t_1)\overline{y(t_2)}$$

将是G上的连续函数．因此，$\{u_{\cdot},\mathscr{H},\xi_0\}$ 满足要求．

（4）依（3），相应于φ_i，有 $\{u_{\cdot}^{(i)},\mathscr{H}_i,\xi_i\}$，$i=1,2$，于是

$$\varphi_1(s)\varphi_2(s)=\langle(u_s^{(1)}\otimes u_s^{(2)})(\xi_1\otimes\xi_2),\xi_1\otimes\xi_2\rangle,\quad\forall s\in G.$$

又 $\{u_{\cdot}^{(1)}\otimes u_{\cdot}^{(2)},\mathscr{H}_1\otimes\mathscr{H}_2\}$ 也是G的酉表示，因此，$\varphi_1\varphi_2\in P$．证毕．

定理 6.2.23 设G是局部紧群，μ是G上左不变的 Haar 测度，则G上的连续正定函数φ与 $L^1(G)$ 上的正泛函F，通过下面的关系一一对应：对任意的 $f\in L^1(G)$，

$$F(f)=\int f(t)\varphi(t)d\mu(t),\quad\|F\|=\varphi(e).$$

证 设φ是G上的连续正定函数，f是G上紧支集的连续函数，则

$$\int(f^*\cdot f)(t)\varphi(t)d\mu(t)=\iint\varphi(s^{-1}t)\,\overline{f(s)}\,f(t)d\mu(s)d\mu(t).$$

用 Riemann 积分意义，立见上式的值$\geqslant 0$，因此φ决定的F是$L^1(G)$上的正泛函，并且显然 $\|F\|=\|\varphi\|_\infty=\varphi(e)$．

反之设F是 $L^1(G)$ 上的正泛函，相应决定循环＊表示 $\{\pi,\mathscr{H},\xi\}$，它又决定G的酉表示 $\{u_{\cdot},\mathscr{H}\}$．如命 $\varphi(t)=\langle u_t\xi,\xi\rangle$，它将是$G$上连续正定函数，并且对任意的 $f\in L^1(G)$

$$\begin{aligned}F(f)=\langle\pi(f)\xi,\xi\rangle&=\int f(t)\langle u_t\xi,\xi\rangle d\mu(t)\\&=\int f(t)\varphi(t)d\mu(t),\end{aligned}$$

证毕．

注 特别，$\mathscr{S}(L^1(G))=\mathscr{S}(c^*(G))$ 与 $P_1=\{\varphi\in P\,|\,\varphi(e)\}$ 通过上述方式一一对应；以及 $\mathrm{ex}\mathscr{S}$ 与 $\mathrm{ex}\,P_1$ 一一对应．

下面我们来研究P_1中的拓扑．显然 $P_1\subset L^\infty(G)=L^\infty(G,\mu)$，这里$\mu$是$G$上左不变的 Haar 测度，又 $L^1(G)^*=L^\infty(G)$，因此可以在P_1中引入弱＊拓扑 $\sigma(L^\infty,L^1)$．

引理 6.2.24 设 $\varphi\in P_1,s$，$t\in G$，则

$$|\varphi(s)-\varphi(t)|^2\leqslant 2(1-\mathrm{Re}\varphi(s^{-1}t)).$$

证　设 $\varphi(\cdot)=\langle u.\xi_0,\xi_0\rangle$ 如命题 6.2.22 的 (3)，这里$\|\xi_0\|=1$。于是，

$$|\varphi(s)-\varphi(t)|^2=|\langle(u_s-u_t)\xi_0,\xi_0\rangle|^2\leqslant\|(u_s-u_t)\xi_0\|^2$$
$$=2-2\mathrm{Re}\varphi(s^{-1}t)=2(1-\mathrm{Re}\varphi(s^{-1}t)),$$

证毕。

引理 6.2.25　设在 P_1 中，依 $\sigma(L^\infty, L^1)$，网 $\varphi_l\to\varphi$；$f\in L^1(G)$，则对于G的任何紧子集 K，连续函数网 $(f\cdot\varphi_l)(s)\to(f\cdot\varphi)(s)$，对 $s\in K$一致。

证　首先如果 $\psi\in P_1$，

$$|(f\cdot\psi)(s)-(f\cdot\psi)(s')|\leqslant\int|f(st)-f(s't)|d\mu(t).$$

依引理 6.2.3，可见 $(f\cdot\psi)(\cdot)$ 是G上的连续函数.

记 $\check{\varphi}_l(s)=\varphi_l(s^{-1})$，$\check{\varphi}(s)=\varphi(s^{-1})$，对任意的 $g\in L^1(G)$，由于 $\lambda(t)g(t^{-1})\in L^1(G)$，因此

$$\int\check{\varphi}_l(t)g(t)d\mu(t)\to\int\check{\varphi}(t)g(t)d\mu(t).$$

进而易证对于 $L^1(G)$ 的任何紧集（依$\|\cdot\|_1$产生的拓扑而言）E，有

$$\int\check{\varphi}_l(t)g(t)d\mu(t)\to\int\check{\varphi}(t)g(t)d\mu(t),\ \text{对}\ g\in E\ \text{一致}.$$

今设K是G的紧子集，$f\in L^1(G)$，依引理 6.2.3，$E=\{f(s\cdot)|s\in K\}$ 是 $L^1(G)$ 的紧子集，因此，

$$(f\cdot\varphi_l)(s)=\int f(t)\varphi_l(t^{-1}s)d\mu(t)$$
$$=\int\check{\varphi}_l(t)f(st)d\mu(t)$$
$$\to\int\check{\varphi}(t)f(st)d\mu(t)=(f\cdot\varphi)(s)$$

对 $s\in K$一致．证毕．

定理 6.2.26　P_1 中的 $\sigma(L^\infty, L^1)$ 拓扑等价于在G的任何紧子集上一致收敛的拓扑.

证　设在 P_1 中，依在G的任何紧子集上一致收敛的拓扑，网 $\varphi_l\to\varphi$．对任何的 $f\in L^1(G)$ 及 $\varepsilon>0$，首先有G的紧子集 K，

使得

$$\int_{G\setminus K}|f(t)|d\mu(t)<\varepsilon,$$

这里μ是G上左不变的 Haar 测度. 由于

$$\left|\int(\varphi_l(t)-\varphi(t))f(t)d\mu(t)\right|$$

$$<2\varepsilon+\int_K|\varphi_l(t)-\varphi(t)|\cdot|f(t)|d\mu(t),$$

$\varphi_l(t)\to\varphi(t)$, 对 $t\in K$一致,因此 l 充分大,便有

$$\left|\int(\varphi_l(t)-\varphi(t))f(t)d\mu(t)\right|<2\varepsilon+\varepsilon\|f\|_1,$$

即依 $\sigma(L^\infty,L^1)$ 也有 $\varphi_l\to\varphi$.

反之设在 P_1 中,依拓扑 $\sigma(L^\infty,L^1)$, $\varphi_l\to\varphi$. 对G的任何紧子集K及 $\varepsilon>0$, 我们要找指标 $l_0=l_0(K,\varepsilon)$, 使得 $|\varphi_l(s)-\varphi(s)|<\varepsilon+4\varepsilon^{1/2}$, $\forall s\in K$ 及 $l\geqslant l_0$.

首先由φ的连续性, 有e (G的单位元) 的紧邻域 V, 使得 $|\varphi(s)-1|=|\varphi(s)-\varphi(e)|<\varepsilon$, $\forall s\in V$.

记 $\alpha=\mu(V)$ (>0), 由于 $\chi_V\in L^1(G)$, 因此有指标 l_1, 使得

$$|\langle(\varphi_l-\varphi),\chi_V\rangle|=\left|\int_V(\varphi_l(t)-\varphi(t))d\mu(t)\right|$$

$$<\varepsilon\alpha,\forall l\geqslant l_1.$$

于是对 $l\geqslant l_1$,

$$\left|\int_V(\varphi_l(t)-1)d\mu(t)\right|\leqslant\left|\int_V(\varphi(t)-1)d\mu(t)\right|$$

$$+\left|\int_V(\varphi_l(t)-\varphi(t))d\mu(t)\right|<2\varepsilon\alpha.$$

再依引理 6.2.24, 对 $l\geqslant l_1$ 及 $s\in G$,

$$|(\alpha^{-1}\chi_V\cdot\varphi_l)(s)-\varphi_l(s)|$$

$$\leqslant\alpha^{-1}\int_V|\varphi_l(t^{-1}s)-\varphi_l(s)|d\mu(t)$$

$$\leqslant\frac{\sqrt{2}}{\alpha}\int_V(1-\mathrm{Re}\varphi_l(t))^{1/2}d\mu(t)$$

$$\leqslant \frac{\sqrt{2}}{\alpha}\left(\int_V (1-\mathrm{Re}\varphi_l(t))d\mu(t)\right)^{1/2}\cdot \mu(V)^{1/2}$$

$$\leqslant \frac{\sqrt{2}}{\alpha}\left|\int_V (1-\varphi_l(t))d\mu(t)\right|^{1/2}\cdot \mu(V)^{1/2} < 2\varepsilon^{1/2}.$$

另一方面,依引理 6.2.25, 有指标 l_2, 使得

$$|(\alpha^{-1}\chi_V\cdot\varphi_l)(s)-(\alpha^{-1}\chi_V\cdot\varphi)(s)|<\varepsilon,$$

$\forall s\in K$ 及 $l\geqslant l_2$.

今设指标 $l_0\geqslant l_1,l_2$, 则当 $l\geqslant l_0$ 及 $s\in K$,

$$\begin{aligned}|\varphi_l(s)-\varphi(s)| &\leqslant |(\alpha^{-1}\chi_V\cdot\varphi_l)(s)-(\alpha^{-1}\chi_V\cdot\varphi)(s)|\\ &\quad+|(\alpha^{-1}\chi_V\cdot\varphi_l)(s)-\varphi_l(s)|\\ &\quad+|(\alpha^{-1}\chi_V\cdot\varphi)(s)-\varphi(s)|<\varepsilon+4\varepsilon^{1/2}.\end{aligned}$$ 证毕.

习题

(1) 设 J 是 $L^1(G)$ 的闭子空间,则 J 是 $L^1(G)$ 的左理想, 当且仅当,如 $f\in J$, 也有 $f(s\cdot)\in J,\forall s\in G$.

(2) 如 F 是 $L^1(G)$ 上的正泛函, 则 $|F(f)|\leqslant\|F\|\nu(f^*\cdot f)^{1/2}$, $\forall f\in L^1(G)$.

(3) 如果 G 具有可数基,则 $c^*(G)$ 是可分的.

(4) $\varphi\in L^\infty(G)$ 称为积分正定的,指 $\int\varphi(t)(f^*\cdot f)(t)d\mu(t)\geqslant 0$, $\forall f\in L^1(G)$. 显然 G 上连续正定函数是积分正定的. 反之如果 φ 是积分正定的,则有连续正定函数 φ^1, 使得 $\varphi=\varphi'$, l.p.p.μ.

§3. 交换的局部紧群上的调和分析

§3.1 对偶群

定义 6.3.1 设 G 是交换的局部紧群, G 上的复值连续函数 $\chi(\cdot)$ 称为特征,指

$$|\chi(s)|=1,\ \chi(s_1s_2)=\chi(s_1)\chi(s_2),\ \forall s,s_1,s_2\in G.$$

显然这时将有 $\chi(e)=1$, 这里 e 是 G 的单位元, $\chi(s^{-1})=\overline{\chi(s)}=$

$= \chi(s)^{-1}$, $\forall s \in G$, 以及 $\chi(\cdot)$ 是G上的连续正定函数（见定义 6.2.21）或 $\chi(\cdot) \in P_1$（见定理 6.2.23 后面的注）.

记G上特征的全体为 $\hat{G}$, 依照函数的点相乘法, $\hat{G}$ 也是交换群.

定理 6.3.2 设G是交换的局部紧群, Ω是交换 Banach *代数 $L^1(G)$ 的谱空间,则 $\hat{G}$ 与Ω通过下面的方式一一对应

$$\rho(f) = \int f(t)\chi(t)d\mu(t), \quad \forall f \in L^1(G),$$

这里 $\rho \in \Omega$, $\chi(\cdot) \in \hat{G}$, μ是G上的 Haar 测度, 并且对任意的 $f \in L^1(G)$, $\rho(f) \neq 0$, 有

$$\chi(s) = \rho(f)^{-1}\rho(L_s f), \quad \forall s \in G,$$

这里 $(L_s f)(\cdot) = f(s^{-1}\cdot)$. 此外, $\chi(\cdot)$ 在G上还是一致连续的.

证 设 $\chi(\cdot) \in \hat{G}$, 定义 $L^1(G)$ 上的线性泛函

$$\rho(f) = \int f(t)\chi(t)d\mu(t), \quad \forall f \in L^1(G).$$

易见它是乘法的,也不恒为 0, 即 $\rho \in \Omega$.

如果 χ_1, χ_2 是 $\hat{G}$ 中两个不同的元,由于它们是连续的, 以及注意命题 6.1.8 的 (1), 可见它们相应决定的 $\rho_1 \neq \rho_2$.

今设 $\rho \in \Omega$, 乃有 $f \in L^1(G)$, 使得 $\rho(f) = 1$. 命 $\chi(s) = \rho(L_s f)$, 由于G是交换的,对于任意的 $s, s_1, s_2 \in G$ 将有

$$\begin{aligned}(L_{s_1} f \cdot L_{s_2} f)(s) &= \int f(s_1^{-1}t)f(s_2^{-1}t^{-1}s)d\mu(t) \\ &= \int f(t)f((s_1 s_2)^{-1}t^{-1}s)d\mu(t) = (f \cdot L_{s_1 s_2} f)(s),\end{aligned}$$

于是

$$\begin{aligned}\chi(s_1)\chi(s_2) &= \rho(L_{s_1} f) \cdot \rho(L_{s_2} f) \\ &= \rho(L_{s_1} f \cdot L_{s_2} f) = \rho(f \cdot L_{s_1 s_2} f) = \chi(s_1 s_2).\end{aligned}$$

进而

$$|\chi(s^n)| = |\chi(s)|^n = |\rho(L_{s^n} f)| \leqslant \|f\|_1,$$

$\forall n = 0, \pm 1, \pm 2, \cdots$, 又 $\chi(s) \neq 0$（否则 $\chi(e) = \chi(s)\chi(s^{-1}) =$

0，这与 $\chi(e)=\rho(f)=1$ 相矛盾)，因此，$|\chi(s)|=1$，$\forall s\in G$，即 $\chi(\cdot)$ 是 G 上的特征。

上面由 ρ 决定的 $\chi(\cdot)$ 与满足 $\rho(f)=1$ 的 f 选取是无关的。事实上，如果 $g\in L^1(G)$，$\rho(g)=1$，命 $h=f-g$，则 $\rho(h)=0$。ρ 的零空间是 $L^1(G)$ 的极大正则理想，它对于迁移是不变的(见定理 6.2.17 的证明)，即 $\rho(L_s h)=0$，$\forall s\in G$，或者 $\rho(L_s f)=\rho(L_s g)$，$\forall s\in G$。

我们已经由 $\rho\in\Omega$ 决定了 $\chi(s)=\rho(L_s f)$，这里 $f\in L^1(G)$，$\rho(f)=1$。由于 ρ 的连续性，因此对于任何的 $g\in L^1(G)$，

$$\rho(g)=\rho(g\cdot f)=\rho\left(\int g(t)f(t^{-1}\cdot)d\mu(t)\right)$$

$$=\int g(t)\rho(L_t f)d\mu(t)=\int g(t)\chi(t)d\mu(t),$$

这说明我们上面关于 ρ,χ 的两个对应关系式是互逆的。

最后，

$$|\chi(s_1)-\chi(s_2)|=|\chi(s_2^{-1}s_1)-1|$$
$$=|\rho(L_{s_2^{-1}s_1}f-f)|\leqslant\|L_{s_2^{-1}s_1}f-f\|_1,$$

这里 $f\in L^1(G)$ 且 $\rho(f)=1$。现在由整体连续性（引理 6.2.3)，可见 $\chi(\cdot)$ 在 G 上是一致连续的。证毕。

命题 6.3.3 设 G 是交换的局部紧群。

(1) $L^1(G)$ 的任何极大正则理想对 $*$ 运算是封闭的；

(2) $\Omega=\mathrm{ex}\mathscr{S}$，这里 φ 是 $L^1(G)$ 的态空间，$\mathrm{ex}\mathscr{S}$ 是 $L^1(G)$ 的纯态空间，Ω 是 $L^1(G)$ 的谱空间；

(3) G 上特征的全体就是 G 上纯正定连续函数的全体 $\mathrm{ex}\,P_1$（见定理 6.2.23 后面的注)；

(4) 如果 $s_1\neq s_2\in G$，则有 G 上的特征 $\chi(\cdot)$，使得 $\chi(s_1)\neq\chi(s_2)$。

证 (1) 对任意的 $\rho\in\Omega$，$f\in L^1(G)$，

$$\rho(f^*)=\int f^*(t)\chi(t)d\mu(t)$$

$$= \overline{\int (t^{-1})\chi(t)d\mu(t)} = \overline{\int f(t^{-1})\chi(t^{-1})d\mu(t)}$$

$$= \overline{\int f(t)\chi(t)d\mu(t)} = \overline{\rho(f)},$$

因此，$\rho = \rho^*$. 依命题 5.1.2，$L^1(G)$ 的任何极大正则理想对 $*$ 运算是封闭的.

(2) 如果 ρ 是 $L^1(G)$ 上的纯态，依命题 6.2.15，ρ 可扩张成 $C^*(G)$ 上的纯态. 今 G 是交换的，依命题 5.8.18，ρ 是乘法的，因此，$\rho \in \Omega$. 反之，设 $\rho \in \Omega$，依 (1)，ρ 也是 $L^1(G)$ 上的正泛函. 于是 ρ 可唯一扩张到 $C^*(G)$ 上. 当然 ρ 在 $C^*(G)$ 上仍然是乘法的，从而 ρ 是 $C^*(G)$ 上的纯态，因此也是 $L^1(G)$ 上的纯态.

(3) 由 (2) 及定理 6.2.23 后面的注立见.

(4) 记 $s = s_1^{-1}s_2 \neq e$，作 G 上紧支集的连续函数 f，使得 $f(s^{-1}) = 1$，$f(e) = 0$. 于是 $L_s f \neq f$. 由于 $L^1(G)$ 是半单纯的，因此存在 $\rho \in \Omega$，使得 $\rho(L_s f) \neq \rho(f)$. 设 ρ 决定 G 上特征 $\chi(\cdot)$，则 $\rho(L_s f) = \int f(s^{-1}t)\chi(t)d\mu(t) = \chi(s)\rho(f)$，因此，$\chi(s) \neq 1$，即 $\chi(s_1) \neq \chi(s_2)$. 证毕.

定义 6.3.4 设 G 是交换的局部紧群，已经指出 Ω 与 $\hat{G}$ 是一一对应的，于是可以把 Ω 中的拓扑转嫁给 $\hat{G}$，即 $\hat{G}$ 中网 $\chi_l \to \chi$ 指

$$\int \chi_l(t)f(t)d\mu(t) \to \int \chi(t)f(t)d\mu(t),$$

$\forall f \in L^1(G)$，这里 μ 是 G 上的 Haar 测度，依此拓扑，$\hat{G}$ 便为局部紧的 Hausdorff 空间. 赋予这样拓扑的 $\hat{G}$，称为 G 的对偶群 (或特征群).

命题 6.3.5 $\hat{G}$ 中的拓扑即为在 G 的任何紧子集上一致收敛的拓扑. 特别，$\hat{G}$ 也是交换的局部紧群.

证 由定理 6.2.26 立见.

例 由第二章 §3 的讨论，可见

$$G = \mathbf{R},\ \hat{G} = \{\chi_y(t) = e^{iyt} \mid y \in \mathbf{R}\} \cong \mathbf{R};$$

$G=\Gamma$（单位圆周），$\hat{G}=\{\chi_n(\lambda)=\lambda^n \mid n\in\mathbf{Z}\}\cong\mathbf{Z}$;

$G=\mathbf{Z}$，$\hat{G}=\{\chi_\lambda(n)=\lambda^n \mid \lambda\in\Gamma\}\cong\Gamma$.

已经指出 $\hat{G}=\operatorname{ex}P_1$（见命题 6.3.3），从而可以想象，$G$上任何连续正定函数（定义 6.2.21）应当是特征按照某个测度的积分．更确切地，

定理 6.3.6 (Bochner)　设G是交换的局部紧群，G上的连续函数 $\varphi(\cdot)$ 是正定的，当且仅当，存在 $\hat{G}$ 上的有界正则 Borel 测度 σ，使得

$$\varphi(s)=\int_{\hat{G}}\chi(s)d\sigma(\chi),\quad \forall s\in G,$$

并且这时 $\varphi(\cdot)$ 是G上一致连续的函数．

证　设φ是G上的连续正定函数，依定理 6.2.23，它决定 $L^1(G)$ 上的正泛函

$$F(f)=\int f(t)\varphi(t)d\mu(t),\quad \forall f\in L^1(G),$$

这里μ是G上的 Haar 测度，并且 $\|F\|=\varphi(e)$．由于F可自然地扩张到 $L^1(G)\dotplus\mathbf{C}$ 上(命题 6.2.5)，并依命题 5.4.3 的 (4) 及G的交换性，

$$|F(f)|\leqslant\|F\|\nu(f^*\cdot f)^{1/2}=\|F\|\nu(f)=\|F\|\sup_{\rho\in\Omega}|\rho(f)|,$$

这里Ω是 $L^1(G)$ 的谱空间．由命题 6.3.3 的 (1) 及 Stone-Weierstrass 定理，$L^1(G)$ 的 Gelfand 变换全体在 $C_0^\infty(\Omega)$ 中是稠的，又 $L^1(G)$ 是半单纯的，从而，F可唯一扩张成 $C_0^\infty(\Omega)$ 上的正泛函，依 Riesz 表示定理，将有Ω上的有界正则 Borel 测度 σ，使得

$$F(f)=\int_\Omega\rho(f)d\sigma(\rho),\quad \forall f\in L^1(G).$$

由于Ω与$\hat{G}$是同胚的，并依ρ与 $\chi(\cdot)$ 之间关系，

$$\begin{aligned}\int_G f(t)\varphi(t)d\mu(t)&=\int_{\hat{G}}d\sigma(\chi)\int_G f(t)\chi(t)d\mu(t)\\&=\int_G f(t)d\mu(t)\int_{\hat{G}}\chi(t)d\sigma(\chi),\end{aligned}$$

$\forall f\in L^1(G)$，从而，

$$\varphi(s)=\int_{\hat G}\chi(s)d\sigma(\chi),\ \forall s\in G,$$

这里σ是$\hat G$上的有界正则 Borel 测度．反之，这样的公式，显然决定G上的一个连续正定函数．

今指出 $\varphi(\cdot)$ 还是一致连续的．对任意的 $\varepsilon>0$，由于σ是正则的，因此有$\hat G$的紧子集K，使得

$$\left|\varphi(s)-\int_K\chi(s)d\sigma(\chi)\right|<\varepsilon,\forall s\in G.$$

由于命题 6.3.5，易见 $\chi(s)$ 是 $\hat G\times G$ 上的连续函数，于是依引理 6.1.4，

$$U=\{s\in G|\ |\chi(s)-\chi(e)|<\varepsilon,\ \forall\chi\in K\}$$

是e的开邻域，并且当 $s_1^{-1}s_2\in U$ 时

$$|\varphi(s_1)-\varphi(s_2)|<2\varepsilon+\int_K|\chi(s_1^{-1}s_2)-\chi(e)|d\sigma(\chi)$$
$$<2\varepsilon+\varepsilon\sigma(K),$$

这正表明 $\varphi(\cdot)$ 在G上是一致连续的，证毕．

§3.2 Fourier 变换

定义 6.3.7 设G是交换的局部紧群，$f\in L^1(G)$，我们称$\hat G$上的函数

$$\hat f(\chi)=\int f(t)\overline{\chi(t)}\,d\mu(t)$$

为f的 Fourier 变换，这里μ是G上的 Haar 测度．

命题 6.3.8 (1) 对任意的 $f,g\in L^1(G)$ 有

$(f^*)^\wedge=\bar{\hat f}$，$(f\cdot g)^\wedge=\hat f\hat g$，$\hat f\in C_0^\infty(\hat G)$，$\|\hat f\|_\infty\leqslant\|f\|_1$；

(2) $\{\hat f|f\in L^1(G)\}$ 在 $C_0^\infty(\hat G)$ 中稠；

(3) 如果 $f\in L^1(G)$，使得 $\hat f(\chi)=0$，$\forall x\in\hat G$，则 $f=0$．

证 (1) 把Ω与$\hat G$等同起来，f的 Gelfand 变换就是 Fourier 变换，因此，$\hat f\in C_0^\infty(\hat G)$．余皆显然．(2) 由 (1) 及 Stone-Weierstrass 定理立见．(3) 与 (1) 相仿（注意 $L^1(G)$ 是半单纯

的)，证毕.

引理 6.3.9 设G是交换的局部紧群，$f\in L^2(G)=L^2(G,\mu)$，这里μ是G上的 Haar 测度，则

$$\varphi(s)=(f^*\cdot f)(s)=\int f^*(t)f(t^{-1}s)d\mu(t)$$
$$=\int \overline{f(t)}\,f(ts)d\mu(t)$$

是G上的连续正定函数，并且 $\varphi\in C_0^\infty(G)$，以及 $\|\varphi\|_\infty=\varphi(e)=\|f\|_2^2$.

证　依定义 6.2.21，易见 $\varphi(\cdot)$ 是正定的，$\varphi(e)=\|f\|_2^2\geqslant|\varphi(s)|$，$\forall s\in G$. 注意

$$|\varphi(s_1)-\varphi(s_2)|=\left|\int\overline{f(t)}\,(f(ts_1)-f(ts_2))d\mu(t)\right|$$
$$\leqslant\|f\|_2\cdot\left(\int|f(ts_1)-f(ts_2)|^2d\mu(t)\right)^{1/2}.$$

今依整体连续性(引理 6.2.3)，可见 $\varphi(\cdot)$ 在G上是连续的.

对任意的 $\varepsilon>0$，可取G的紧子集 $K=K^{-1}$，使得

$$\left(\int_{G\backslash K}|f(t)|^2d\mu(t)\right)^{1/2}<\varepsilon.$$

注意

$$|\varphi(s)|\leqslant\left|\int_K\overline{f(t)}\,f(ts)d\mu(t)\right|$$
$$+\left|\int_{G\backslash K}\overline{f(t)}\,f(ts)d\mu(t)\right|$$
$$\leqslant\|f\|_2\left\{\left(\int_K|f(ts)|^2d\mu(t)\right)^{1/2}\right.$$
$$\left.+\left(\int_{G\backslash K}|f(t)|^2d\mu(t)\right)^{1/2}\right\}.$$

当 $s\notin K^2$，$t\in K$ 时，$ts\notin K$，由此

$$\left(\int_K|f(ts)|^2d\mu(t)\right)^{1/2}\leqslant\left(\int_{G\backslash K}|f(t)|^2d\mu(t)\right)^{1/2},$$

$\forall s\notin K^2$. 因此，当 $s\notin K^2$ 时，

$$|\varphi(s)|<2\varepsilon\|f\|_2,$$

即表明 $\varphi\in C_0^\infty(G)$. 证毕.

定理 6.3.10 设G是交换的局部紧群, $f\in L^1(G)\cap P$, 这里P是G上连续正定函数的全体 (定义 6.2.21), 则f的 Fourier 变换 $\hat{f}\in L^1(\hat{G})$, 并且如果固定G上的 Haar 测度μ, 则可归一化$\hat{G}$上的 Haar 测度$\hat{\mu}$, 使得下面的逆转公式成立:

$$f(s)=\int_{\hat{G}}\hat{f}(\chi)\chi(s)d\hat{\mu}(\chi),\quad \forall s\in G.$$

证 依 Bochner 定理 (6.3.6), 对任意的 $f\in L^1(G)\cap P$, 有$\hat{G}$上的有界正则 Borel 测度σ_f, 使得

$$f(s)=\int_{\hat{G}}\chi(s)d\sigma_f(\chi). \tag{a}$$

注意对任意的 $h\in L^1(G)$,

$$(f\cdot h)(e)=\int f(t)h(t^{-1})d\mu(t)=\int\hat{h}(\chi)d\sigma_f(\chi).$$

由此,如果 $f,g\in L^1(G)\cap P$,

$$\int\hat{h}\hat{g}d\sigma_f=\int(h\cdot g)^\wedge d\sigma_f=(f\cdot(h\cdot g))(e)$$

$$=(g\cdot(h\cdot f))(e)=\int\hat{h}\hat{f}d\sigma_g,$$

$h\in L^1(G)$ 是任意的,依命题 6.3.8 的 (2), 可见

$$\hat{g}d\sigma_f=\hat{f}d\sigma_g,\quad \forall f,g\in L^1(G)\cap P. \tag{b}$$

现在我们来定义 $K_0(\hat{G})$ ($\hat{G}$上紧支集连续函数的全体) 上的正泛函T. 设 $\phi\in K_0(\hat{G})$, $K=\operatorname{supp}\phi$ ($\hat{G}$的紧子集). 对每个$\chi\in K$, 由于 $L^1(G)$ 的 Fourier 变换的全体在 $C_0^\infty(\hat{G})$ 中稠, 因此可取G上紧支集连续函数u, 使得 $\hat{u}(\chi)\neq 0$. 依引理 6.3.9, $(u^*\cdot u)\in L^1(G)\cap P$, 并且 $(u^*\cdot u)^\wedge(\chi)>0$. 今依$K$的紧性, 可以找到这样的 $u_1,\cdots,u_n$, 当令 $g=u_1^*\cdot u_1+\cdots+u_n^*\cdot u_n$ 时, $g\in L^1(G)\cap P$, 并且 $\hat{g}(\chi)\neq 0$, $\forall\chi\in K$. 命

$$T\phi=\int_{\hat{G}}\frac{\phi(\chi)}{\hat{g}(\chi)}d\sigma_g(\chi).$$

我们说 $T\phi$ 的定义不依赖于g的选择. 如果 $f\in L^1(G)\cap P$, $\hat{f}(\chi)\neq 0$, $\forall\chi\in K$, 由于 (b),

$$\int_{\hat{G}} \frac{\psi(\chi)}{\hat{g}(\chi)} d\sigma_g(\chi) = \int \frac{\psi(\chi)}{\hat{f}(\chi)\hat{g}(\chi)} \hat{f}(\chi) d\sigma_g(\chi)$$

$$= \int \frac{\psi(\chi)}{\hat{f}(\chi)\hat{g}(\chi)} \hat{g}(\chi) d\sigma_f(\chi)$$

$$= \int_{\hat{G}} \frac{\psi(\chi)}{\hat{f}(\chi)} d\sigma_f(\chi).$$

自然当 $\psi \geqslant 0$ 时，$T\psi \geqslant 0$，以及 $T \neq 0$.

今任意固定 $\psi \in K_0(\hat{G})$ 及 $x_0 \in \hat{G}$. 设 $K = \operatorname{supp} \psi$，相仿于前面的讨论,可作 $g \in L^1(G) \cap P$，使得

$$\hat{g}(\chi) \neq 0, \forall \chi \in K \cup (K x_0).$$

令

$$f(s) = \overline{\chi_0(s)} g(s), \ \forall s \in G.$$

依命题 6.2.22 的 (4)，$f \in L^1(G) \cap P$. 易见

$$\hat{f}(\chi) = \hat{g}(\chi\chi_0), \ \sigma_f(E) = \sigma_g(E\chi_0) \qquad \text{(c)}$$

$\forall \chi \in \hat{G}$，及 E 是 $\hat{G}$ 的 Borel 子集. 如果令

$$\psi_0(\chi) = \psi(\chi\overline{\chi}_0), \ \forall \chi \in \hat{G},$$

则依 T 的定义及 (c)，

$$T\psi_0 = \int \frac{\psi_0(\chi)}{\hat{g}(\chi)} d\sigma_g(\chi) = \int \frac{\psi(\chi\overline{\chi}_0)}{\hat{f}(\chi\overline{\chi}_0)} d\sigma_f(\chi\overline{\chi}_0) = T\psi. \qquad \text{(d)}$$

由 Riesz 表示定理，存在唯一的 $\hat{G}$ 上的正则 Borel 测度 $\hat{\mu}$，使得

$$T\psi = \int_{\hat{G}} \psi(\chi) d\hat{\mu}(\chi).$$

依 (d)，

$$\int \psi(\chi) d\hat{\mu}(\chi) = T\psi_0 = \int \psi(\chi\overline{\chi}_0) d\hat{\mu}(\chi) = \int \psi(\chi) d\hat{\mu}(\chi\chi_0),$$

$\forall \psi \in K_0(\hat{G})$ 及 $\chi_0 \in \hat{G}$. 因此，$\hat{\mu}$ 是 $\hat{G}$ 上的 Haar 测度(注意 $\hat{\mu}$ 的定义依赖于 μ，因为 T 的定义中有依赖于 μ 定义的 Fourier 变换).

今设 $f \in L^1(G) \cap P$，$\psi \in K_0(\hat{G})$，取 $g \in L^1(G) \cap P$，使得

$\hat{g}(\chi) \neq 0$，$\forall \chi \in \operatorname{supp} \phi$，于是依 (b)

$$\int \phi d\sigma_f = \int \frac{\phi}{\hat{g}} \hat{g} d\sigma_f = \int \frac{\phi \hat{f}}{\hat{g}} d\sigma_g = T\phi\hat{f}$$

$$= \int \phi \hat{f} d\hat{\mu}. \tag{e}$$

ϕ 是任意的，因此，

$$d\sigma_f = \hat{f} d\hat{\mu}, \tag{f}$$

由于 σ_f 是有界的，因此可见 $\hat{f} \in L^1(\hat{G})$。

最后，代 (f) 到 (a) 中，即见

$$f(s) = \int_{\hat{G}} \hat{f}(\chi)\chi(s) d\hat{\mu}(\chi), \quad \forall s \in G,$$

证毕。

引理 6.3.11 设 G 是交换的局部紧群，$f \in L^1(\hat{G})$，使得

$$\int_{\hat{G}} f(\chi)\chi(s) d\hat{\mu}(\chi) = 0, \ \forall s \in G,$$

这里 $\hat{\mu}, \mu$ 如定理 6.3.10，则 $f = 0$。

证　对任意的 $g \in L^1(G)$，

$$\int_{\hat{G}} f(\chi)\hat{g}(\chi) d\hat{\mu}(\chi) = \int_{\hat{G}} f(\chi) d\hat{\mu}(\chi) \int_G g(t) \overline{\chi(t)} d\mu(t)$$

$$= \int_G g(t) d\mu(t) \int_{\hat{G}} f(\chi)\chi(t^{-1}) d\hat{\mu}(\chi)$$

$$= 0.$$

又 $\{\hat{g} | g \in L^1(G)\}$ 在 $C_0^\infty(\hat{G})$ 中是稠的，因此，$f = 0$。证毕。

定理 6.3.12 (Plancherel)　设 G 是交换的局部紧群，Fourier 变换限制于 $L^1(G) \cap L^2(G)$，依照 L^2 范数，将是到 $L^2(\hat{G})$ 的一个稠子空间上的等距算子，这里测度 $\mu, \hat{\mu}$ 如定理 6.3.10。于是可唯一扩张成 $L^2(G)$ 到 $L^2(\hat{G})$ 上的酉算子 $\mathscr{F}$，并且 $\mathscr{F}$ 有如下的表达式

$$(\mathscr{F} f)(\chi) = L^2 - \lim_{K \text{紧} \subset G} \int_K f(t) \overline{\chi(t)} d\mu(t),$$

$\forall f \in L^2(G)$。

证　如果 $f \in L^1(G) \cap L^2(G)$，令 $g = f^* * f$，则 g 是 G 上

连续正定函数(引理 6.3.9)，也易见 $g\in L^1(G)$，以及 $\hat{g}=|\hat{f}|^2$. 今依定理 6.3.10，

$$\int_G |f(t)|^2 d\mu(t)=\int f(t)f^*(t^{-1})d\mu(t)=g(e)$$
$$=\int \hat{g}(\chi)d\hat{\mu}(\chi)=\int_{\hat{G}}|\hat{f}(\chi)|^2 d\hat{\mu}(\chi),$$

即 $\|f\|_2=\|\hat{f}\|_2$.

今证明 $\{\hat{f}\mid f\in L^1(G)\cap L^2(G)\}$ 在 $L^2(\hat{G})$ 中是稠的. 设 $\phi\in L^2(\hat{G})$，使得

$$\int_{\hat{G}}\hat{f}(\chi)\overline{\phi(\chi)}d\hat{\mu}(\chi)=0,\quad \forall f\in L^1(G)\cap L^2(G).$$

当 $f\in L^1(G)\cap L^2(G)$ 时,对任意的 $s\in G$,$(L_s f)$ 也 $\in L^1(G)\cap L^2(G)$，因此

$$\int_{\hat{G}}\hat{f}(\chi)\overline{\phi(\chi)}\chi(s)d\hat{\mu}(\chi)=0,\quad \forall s\in G.$$

依引理 6.3.11，可见对任意的 $f\in L^1(G)\cap L^2(G)$,

$$\hat{f}(\chi)\overline{\phi(\chi)}=0,\quad \text{p.p.}\chi \tag{a}$$

现在我们指出，对任意的 $\chi_0\in\hat{G}$，有 $f\in L^1(G)\cap L^2(G)$，使得 $\hat{f}(\chi_0)\neq 0$，由此 $\hat{f}$ 必在 x_0 的某个开邻域中恒不为 0. 事实上，任取 $0\neq g\in L^1(G)\cap L^2(G)$，依命题 6.3.8，必有 $\chi_1\in\hat{G}$，使得 $\hat{g}(\chi_1)\neq 0$. 如果令 $f=\chi_1\chi_0 g$，则 $\hat{f}(\chi_0)=\hat{g}(\chi_1)\neq 0$. 依照这个事实与 (a)，可见对任意的 $\chi_0\in\hat{G}$，有 χ_0 的开邻域 U，使得

$$\phi(\chi)=0\ \ \text{p.p.}\chi\in U.$$

从而对 $\hat{G}$ 的任何紧子集 K，有

$$\phi(\chi)=0,\quad \text{p.p.}\chi\in K.$$

又 $\phi\in L^2(\hat{G})$，因此 $\phi(\chi)=0$，p.p.χ，即 ϕ 是 $L^2(\hat{G})$ 的零元. 从而，$\{\hat{f}\mid f\in L^1(G)\cap L^2(G)\}$ 在 $L^2(\hat{G})$ 中是稠的. 证毕.

系 6.3.13 (Parseval 公式)

$$\int_G f(t)\overline{g(t)}d\mu(t)=\int_{\hat{G}}\hat{f}(\chi)\overline{\hat{g}(\chi)}d\hat{\mu}(\chi),$$

$\forall f,g\in L^2(G)$，这里形式地记 $\mathscr{F}f=\hat{f}$，$\mathscr{F}g=\hat{g}$.

系 6.3.14 逆算子 $\mathscr{F}^*=\mathscr{F}^{-1}:L^2(\hat{G})\to L^2(G)$ 有如下表达式. 对任意的 $f\in L^1(\hat{G})\cap L^2(\hat{G})$,

$$(\mathscr{F}^*f)(s)=\int_{\hat{G}} f(\chi)\chi(s)d\hat{\mu}(\chi).$$

由此对于任何的 $f\in L^2(\hat{G})$, 有

$$(\mathscr{F}^*f)(s)=L^2-\lim_{\hat{K}\text{紧}\subset\hat{G}}\int_{\hat{K}} f(\chi)\chi(s)d\hat{\mu}(\chi).$$

证 设 $f\in L^1(\hat{G})\cap L^2(\hat{G})$, 对于任何的 $g\in L^1(G)\cap L^2(G)$, 注意 $\langle g,\mathscr{F}^*f\rangle=\langle\mathscr{F}g,f\rangle$, 由此依 Fubini 定理,

$$\begin{aligned}\int g(s)\overline{(\mathscr{F}^*f)(s)}\,d\mu(s)&=\int\hat{g}(\chi)\overline{f(\chi)}d\hat{\mu}(\chi)\\&=\int g(s)\left(\int\overline{f(\chi)\chi(s)d\hat{\mu}(\chi)}\right)d\mu(s),\end{aligned}$$

$g\in L^1(G)\cap L^2(G)$ 是任意的,因此得证.

引理 6.3.15 设 $f\in L^1(G)\cap L^2(G)$, $g\in L^2(G)$,则 $\mathscr{F}(f\cdot g)=(\mathscr{F}f)(\mathscr{F}g)=\hat{f}(\mathscr{F}g)$.

证 由命题 6.2.10, $f\cdot g\in L^2(G)$. 取 G 上紧支集连续函数列 $\{g_n\}$, 使得在 $L^2(G)$ 中, $g_n\to g$. 自然地, $f\cdot g_n\in L^1(G)\cap L^2(G)$, 于是 $\mathscr{F}(f\cdot g_n)=(f\cdot g_n)^\wedge=\hat{f}\hat{g}_n=(\mathscr{F}f)\mathscr{F}g_n)$. 依命题 6.2.10 的证明,在 $L^2(G)$ 中, $f\cdot g_n\to f\cdot g$, 从而

$$\begin{aligned}\mathscr{F}(f\cdot g)&=L^2-\lim\mathscr{F}(f\cdot g_n)\\&=L^2-\lim(\mathscr{F}f)(\mathscr{F}g_n).\end{aligned}$$

注意在 $L^2(\hat{G})$ 中, $\mathscr{F}g_n\to\mathscr{F}g$. 又 $\mathscr{F}f=\hat{f}\in C_0^\infty(\hat{G})$, 因此在 $L^2(\hat{G})$ 中, $(\mathscr{F}f)(\mathscr{F}g_n)\to(\mathscr{F}f)(\mathscr{F}g)$, 证毕.

命题 6.3.16 设 $f\in L^1(G)$, 并且 $\hat{f}\in L^1(\hat{G})$, 则逆转公式成立:

$$f(s)=\int_{\hat{G}}\hat{f}(\chi)\chi(s)d\hat{\mu}(\chi).$$

证 显然 $\hat{f}\in L^1(\hat{G})\cap L^2(\hat{G})$, 依系 6.3.14,

$$(\mathscr{F}^*\hat{f})(s)=\int_{\hat{G}}\hat{f}(\chi)\chi(s)d\hat{\mu}(\chi)\xlongequal{\text{记成}}g(s)\in L^2(G).$$

设 $\{\alpha_U\}$ 如命题 6.2.4, 并依命题 6.2.10, 有

$$\|\alpha_U \cdot f - f\|_1 \to 0, \quad \|\alpha_U \cdot g - g\|_2 \to 0.$$

显然 $\alpha_U \in L^1(G) \cap L^2(G)$，依引理 6.3.15,

$$\mathscr{F}(\alpha_U \cdot g) = \hat{\alpha}_U(\mathscr{F} g).$$

也易见 $\alpha_U \cdot f \in L^1(G) \cap L^2(G)$，因此，$\mathscr{F}(\alpha_U \cdot f) = (\alpha_U \cdot f)^\wedge = \hat{\alpha}_U \hat{f} = \hat{\alpha}_U(\mathscr{F} g)$。由此，$\mathscr{F}(\alpha_U \cdot g) = \mathscr{F}(\alpha_U \cdot f)$，从而

$$\alpha_U \cdot f = \alpha_U \cdot g \quad \text{p.p.}$$

记这个函数为 h_U，则$\|h_U - f\|_1 \to 0$，$\|h_U - g\|_2 \to 0$。特别对 G 的任何紧子集 K，

$$\begin{aligned}
&\int_K |f(s) - g(s)| d\mu(s) \\
&\qquad \leqslant \int_K |h_U(s) - f(s)| d\mu(s) \\
&\qquad\quad + \int_K |h_U(s) - g(s)| d\mu(s) \\
&\qquad \leqslant \|h_U - f\|_1 + \mu(K)^{1/2} \|h_U - g\|_2 \to 0.
\end{aligned}$$

因此，$f(s) = g(s)$ p.p.$s \in K$。 又 $f \in L^1(G)$，$g \in L^2(G)$，从而 $f(s) = g(s)$ p.p.，即

$$f(s) = \int_{\hat{G}} \hat{f}(\chi) \chi(s) d\hat{\mu}(\chi).$$

证毕。

§3.3 Pontryagin 对偶性定理

引理 6.3.17 集合

$$\{\hat{f} \mid f \in L^1(G)\} = \{g_1 \cdot g_2 \mid g_1, g_2 \in L^2(\hat{G})\}.$$

证 首先注意，由引理 6.3.9 的证明，$g_1 \cdot g_2 \in C_0^\infty(\hat{G})$，$\forall g_1, g_2 \in L^2(\hat{G})$。

今设 $f, g \in L^2(G)$，由定理 6.3.12，

$$\begin{aligned}
(f\bar{g})^\wedge(\chi) &= \int f(s) \overline{g(s)} \overline{\chi(s)} d\mu(s) \\
&= \langle f, \chi g \rangle = \langle \mathscr{F} f, \mathscr{F} \chi g \rangle.
\end{aligned}$$

易证

$$\overline{(\mathscr{F}\chi g)}(\chi')=(\mathscr{F}g)(\overline{\chi'}\chi),$$

因此，

$$\langle\mathscr{F}f,\mathscr{F}\chi g\rangle=(\mathscr{F}f\cdot\mathscr{F}g)(\chi).$$

显然任意的 $h\in L^1(G)$，可写成形式 $h=fg$，这里 $f,g\in L^2(G)$，因此所要证的等式的左边集合⊂右边集合.

反之设 $g_1,g_2\in L^2(\hat{G})$，也由定理 6.3.12，

$$\begin{aligned}(g_1\cdot g_2)(\chi)&=\int g_1(\chi')g_2(\overline{\chi'}\chi)d\hat{\mu}(\chi')\\&=\int g_1(\chi')\overline{g_2^*(\chi'\overline{\chi})}d\hat{\mu}(\chi')\\&=\langle g_1,L_{\bar{\chi}}g_2^*\rangle=\langle\mathscr{F}^*g_1,\mathscr{F}^*L_{\bar{\chi}}g_2^*\rangle,\end{aligned}$$

这里 $g_2^*(\chi')=\overline{g_2(\overline{\chi'})}$，$\forall\chi'\in\hat{G}$. 易证

$$(\mathscr{F}^*L_{\bar{\chi}}g_2^*)(s)=\chi(s)(\mathscr{F}g_2^*)(s),$$

因此，$(g_1\cdot g_2)(\chi)=\hat{f}(\chi)$，这里 $f=(\mathscr{F}^*g_1)\overline{(\mathscr{F}^*g_2^*)}\in L^1(G)$. 证毕.

引理 6.3.18 设U是 $\hat{G}$ 的非空开子集，则存在 $f\in L^1(G)$，$f\neq 0$，使得 $\operatorname{supp}\hat{f}\subset U$.

证 设K是U的紧子集，并且 $\hat{\mu}(K)>0$. 我们可以找到 $\hat{G}$ 的单位元的紧邻域 $V=V^{-1}$，使得 $KV\subset U$. 事实上，对每个 $\chi\in K$，有单位元的邻域 U_χ，使得 $\chi U_\chi\subset U$. 取单位元的紧邻域 V_χ，使得 $V_\chi^{-1}=V_\chi$，$V_\chi^2\subset U_\chi$. 依K的紧性，将有 $\chi_1,\cdots,\chi_n\in K$，使得

$$\bigcup_{i=1}^n\chi_iV_i\supset K,$$

这里 $V_i=V_{\chi_i}$，$i=1,\cdots,n$. 命 $V=\bigcap\limits_{i=1}^n V_i$，当 $\chi\in K$ 时，有 i 使得 $\chi\in\chi_iV_i$，于是

$$\chi V\subset\chi_iV_i^2\subset\chi_iU_{\chi_i}\subset U,$$

即 $KV\subset U$.

今命 g,h 分别为 K,V 的特征函数，自然 $g,h\in L^2(\hat{G})$，依

引理 6.3.17，有 $f\in L^1(G)$，使得 $\hat{f}=g\cdot h$。由于 $V=V^{-1}$

$$(g\cdot h)(\chi)=\int g(\chi\chi')h(\bar{\chi}')d\hat{\mu}(\chi')$$

$$=\int_V g(\chi\chi')d\hat{\mu}(\chi')$$

$$=\hat{\mu}(V\cap K\bar{\chi})=\hat{\mu}(V\chi\cap K).$$

如果 $f=0$，则 $\hat{\mu}(V\chi\cap K)=0$，$\forall\chi\in\hat{G}$。由K的紧性，存在 $\chi_1,\cdots,\chi_m\in K$，使得 $\bigcup\limits_{i=1}^{m}\chi_iV\supset K$。于是

$$K=\bigcup_{i=1}^{m}(V\chi_i\cap K)$$

这将与 $\hat{\mu}(K)>0$ 相矛盾。因此，$f\neq 0$。又

$$(g\cdot h)(\chi)=\int g(\chi')h(\bar{\chi}'\chi)d\hat{\mu}(\chi')$$

$$=\int_K h(\bar{\chi}'\chi)d\hat{\mu}(\chi'),$$

因此，$\operatorname{supp}\hat{f}\subset KV\subset U$，证毕。

引理 6.3.19 设T是 Hausdorff 的拓扑群，H是T的子群，并且依诱导拓扑，H是局部紧群，则H是T的闭子集。

证 设e是T的单位元，自然 $e\in H$。设V是e在H中的紧邻域，$\mathring{V}$ 是V在H中的内部，于是 $\mathring{V}$ 是H的开子集。从而有T的开子集 U_1，使得 $\mathring{V}=U_1\cap H$。当然 $e\in\mathring{V}\subset U_1$，于是可取$e$在$T$中的开邻域$U$，使得 $\bar{U}\subset U_1$。自然 $\bar{U}\cap H$ 是H的闭子集，并且 $\bar{U}\cap H\subset U_1\cap H=\mathring{V}\subset V$，因此，$\bar{U}\cap H$ 是紧的。T是 Hausdorff 的，由此，$\bar{U}\cap H$ 也是T的闭子集。

依命题 6.1.2，可取e在T中的开邻域 W，使得 $W=W^{-1}$，$W^2\subset U$。

今若 $x\in\bar{H}$，将有H中网 $x_l\to x$。当然 $x_l^{-1}(\in H)\to x^{-1}$，因此，$x^{-1}\in\bar{H}$。$Wx^{-1}$ 是 x^{-1} 的邻域，因此有 $y\in Wx^{-1}\cap H$。另一方面，xW 是x的邻域，l 充分大将有 $x_l\in xW$。由此 l 充分大

时，

$$yx_l \in (Wx^{-1})(xW) = W^2 \subset U,$$

或者 l 充分大时，$yx_l \in \overline{U} \cap H$. 今 $\overline{U} \cap H$ 是 T 的闭子集，$yx_l \to yx$，因此，$yx \in \overline{U} \cap H$. 从而，$x = y^{-1} \cdot yx \in H$，即 $\overline{H} = H$. 证毕.

设 G 是交换的局部紧群，已指出 $\Gamma = \hat{G}$ 也是交换的局部紧群. 当然 Γ 也有对偶群 $\hat{\Gamma} = \hat{\hat{G}}$ 仍然是交换的局部紧群. 当 $s \in G$，令

$$\alpha(s)(\chi) = \chi(s), \quad \forall \chi \in \Gamma,$$

则 $\alpha(s) \in \hat{\Gamma}$. 显然 $\alpha: G \to \hat{\Gamma}$ 是群的同态.

定理 6.3.20 (Pontryagin 对偶性定理) 设 G 是交换的局部紧群，$\Gamma = \hat{G}$，$\alpha: G \to \hat{\Gamma}$ 如前，则 α 是 G 到 $\hat{\Gamma} = \hat{\hat{G}}$ 上的同胚.

证 分成三个步骤来进行.

(1) α 是 G 到 $\hat{\Gamma}$ 中的同胚.

事实上，由命题 6.3.3 的 (4)，α 是一一的. 自然 α 是群的同态，于是要证明 α 的连续性，只须证明 α 在 G 的单位元 e 处的连续性. $\alpha(e)$ 在 $\hat{\Gamma}$ 中有这样的邻域基:

$$\{X \in \hat{\Gamma} \mid |X(\chi) - 1| < \varepsilon, \ \forall \chi \in \hat{K}\},$$

这里 $\hat{K}$ 是 $\Gamma = \hat{G}$ 的任何紧子集，$\varepsilon > 0$. 因此，我们要对 $\hat{K}$，ε，寻找 e 在 G 中的邻域 V，使得只要 $x \in V$，就有

$$|\alpha(x)(\chi) - 1| = |\chi(x) - 1| < \varepsilon, \quad \forall \chi \in \hat{K}.$$

设 U 是 e 在 G 中的紧邻域，令

$$P = \{\chi \in \Gamma \mid |\chi(x) - 1| < \varepsilon/2, \ \forall x \in U\}.$$

依 Γ 中拓扑的定义及 U 的紧性，可见 P 是 Γ 的单位元的开邻域. 由此，$\{\chi P \mid \chi \in \hat{K}\}$ 将是 $\hat{K}$ 的开覆盖. 依 $\hat{K}$ 的紧性，乃有 $\chi_1, \cdots, \chi_m \in \hat{K}$，使得 $\chi_1 P \cup \cdots \cup \chi_m P \supset \hat{K}$. 今取 e 在 G 中的邻域 $V \subset U$，使得

$$|\chi_j(x) - 1| < \varepsilon/2, \quad \forall x \in V, \ 1 \leqslant j \leqslant m.$$

(由于 $\chi_1, \cdots, \chi_m$ 是 G 上的连续函数，从而这可以做到). 对任何的 $\chi \in \hat{K}$，于是有 j 及 $\sigma \in P$，使得 $\chi = \chi_j \sigma$. 进而依 P 的定义

及 $V \subset U$,

$$|\chi_j(x) - \chi(x)| = |\sigma(x) - 1| < \varepsilon/2, \ \forall x \in V.$$

由此,当 $x \in V$, $\chi \in \hat{K}$ 时

$$|\chi(x) - 1| \leqslant |\chi_j(x) - 1| + |\chi(x) - \chi_j(x)| < \varepsilon,$$

即当 $x \in V$ 时,有

$$|\alpha(x)(\chi) - 1| < \varepsilon, \ \forall \chi \in \hat{K},$$

这就说明了 α 的连续性.

今设在 $\hat{\Gamma}$ 中, $\alpha(s_l) \to \alpha(s)$, 由命题 6.3.5, 对 $\hat{G}$ 的任何紧支集K将有: $\chi(s_l) \to \chi(s)$, 对 $\chi \in K$ 一致. 从而对于任何的 $g \in L^1(\hat{G})$,

$$\int g(\chi)\chi(s_l)d\hat{\mu}(\chi) \to \int g(\chi)\chi(s)d\hat{\mu}(\chi).$$

依定理 6.3.10, 对任何的 $f \in L^1(G) \cap P$,

$$f(s_l) = \int \hat{f}(\chi)\chi(s_l)d\hat{\mu}(\chi) \to \int \hat{f}(\chi)\chi(s)d\hat{\mu}(\chi) = f(s).$$

由此,依引理 6.3.9 及极化公式,可见

$$(f \cdot g)(s_l) \to (f \cdot g)(s), \ \forall f, \ g \in K_0(G), \tag{a}$$

这里 $K_0(G)$ 表示G上紧支集连续函数的全体. 设 $\{\alpha_U\}$ 如命题 6.2.4 ($\subset K_0(G)$), $f \in K_0(G)$, 注意

$$|(\alpha_U \cdot f)(s) - f(s)| \leqslant \int \alpha_U(t)|f(t^{-1}s) - f(s)|d\mu(t).$$

由于f是一致连续的(命题 6.1.5), 因此,

$$(\alpha_U \cdot f)(s) \to f(s) \text{ 对 } s \in G \text{ 一致}.$$

从而依 (a), $f(s_l) \to f(s)$, $\forall f \in K_0(G)$. 由此易证在G中,$s_l \to s$. 即α是G到 $\alpha(G)$ 上的同胚.

(2) $\alpha(G)$ 是 $\hat{\Gamma}$ 的闭子集.

显然, $\alpha(G)$ 是 $\hat{\Gamma}$ 的子群. 由于 G 同胚于 $\alpha(G)$, 因此, $\alpha(G)$, 依 $\hat{\Gamma}$ 的诱导拓扑, 是局部紧群. 依引理 6.3.19, $\alpha(G)$ 是 $\hat{\Gamma}$ 的闭子集.

(3) $\alpha(G) = \hat{\Gamma}$.

若不然, 依引理 6.3.18, 将有 $f \in L^1(\Gamma)$, $f \neq 0$, $\mathrm{supp}\,\hat{f} \subset \hat{\Gamma} \backslash$

$\alpha(G)$，即

$$0=\hat{f}(\alpha(s^{-1}))=\int f(\chi)\overline{\alpha(s^{-1})(\chi)}d\hat{\mu}(\chi)$$

$$=\int f(\chi)\chi(s)d\hat{\mu}(\chi),\quad \forall s\in G.$$

依引理 6.3.11，$f=0$，矛盾．证毕．

定理 6.3.21 设 G 是交换的局部紧群，则 G 是紧的（或离散的），当且仅当，$\hat{G}$ 是离散的(或紧的)．

证 设 $\hat{G}$ 是离散的，于是 $L^1(\hat{G})$ 有单位元，因此，它的谱空间是紧的．从而，同胚于 $L^1(\hat{G})$ 谱空间的 $\hat{\hat{G}}$ 也是紧的．再由定理 6.3.20，G 是紧的．

反之，设 G 是紧的，则 $\chi_0(\cdot)=1\in L^1(G)\cap P$．依定理 6.3.10，$\hat{\chi}_0\in L^1(\hat{G})$，并且逆转公式成立．由此，对于任意的 $f\in L^1(\hat{G})$，

$$(\hat{\chi}_0\cdot f)^\wedge(s)=\chi_0(s)\hat{f}(s)=\hat{f}(s).$$

由 Fourier 交换的一意性，$\hat{\chi}_0\cdot f=f$，即 $\hat{\chi}_0$ 是 $L^1(\hat{G})$ 的单位元．依命题 6.2.2，$\hat{G}$ 是离散的．证毕．

习题

(1) 设 $f\in L^1(G)\cap P$，则 $\hat{f}\geqslant 0$．

(2) (Tauberian 型定理)设 $f\in L^1(\mathbf{R})$，并且

$$\hat{f}(\lambda)=\int_{-\infty}^{\infty}f(t)e^{i\lambda t}dt\neq 0,\quad \forall\lambda\in\mathbf{R}.$$

又 $\varphi\in L^\infty(\mathbf{R})$，并且 $\lim\limits_{t\to+\infty}(\varphi\cdot f)(t)=0$，则对任意的 $g\in L^1(\mathbf{R})$，有

$$\lim_{t\to+\infty}(\varphi\cdot g)(t)=0.$$

(3) 设 K 是 $\hat{G}$ 的紧子集，$f\in L^1(G)$，并且 $\hat{f}(\chi)\neq 0$，$\forall\chi\in K$，则存在 $g\in L^1(G)$，使得

$$\hat{g}(\chi)=\hat{f}(\chi)^{-1},\quad \forall\chi\in K.$$

(4) i) 设 G 紧，取 Haar 测度 μ，满足 $\mu(G)=1$，则 $\hat{G}$（离散）上归一化的 Haar 测度 $\hat{\mu}$，满足 $\hat{\mu}(\{\chi\})=1$，$\forall\chi\in\hat{G}$；

ii) 设G离散，取 Haar 测度μ，满足 $\mu(\{s\})=1$，$\forall s\in G$，则$\hat{G}$(紧)上归一化的 Haar 测度$\hat{\mu}$，满足 $\hat{\mu}(\hat{G})=1$；

iii) 对于 $G=\hat{G}=\mathrm{R}$，$d\mu=d\hat{\mu}=(2\pi)^{-1/2}dt$.

§4. 紧群的构造及其酉表示

§4.1 H^* 代数 $L^2(G)$

设G是紧群，μ是G上(不变的) Haar 测度并且 $\mu(G)=1$.

命题 6.4.1 $L^2(G)$ 是 H^* 代数（见定义 5.7.1)，其中乘法·及*运算的定义形式上与定义 6.2.1 完全一样，并且对于任意的 $f,g\in L^2(G)$，有

$\|f\|_1\leqslant\|f\|_2$，$(f\cdot g)\in C(G)$，$\|f\cdot g\|_2\leqslant\|f\cdot g\|_\infty\leqslant\|f\|_2\|g\|_2$.

证 显然 $\|f\|_1\leqslant\|f\|_2$. 仿引理 6.3.9，并依 $\mu(G)=1$，可见 $(f\cdot g)\in C(G)$，并且 $\|f\cdot g\|_2\leqslant\|f\cdot g\|_\infty\leqslant\|f\|_2\|g\|_2$. 当然也易见 $\|f^*\|_2=\|f\|_2$. 从而，$L^2(G)$ 依 $\|\cdot\|_2$ 是 Banach *代数，并且*是等距的.

今若 $f,g,h\in L^2(G)$，由于 $\lambda(\cdot)=1$，

$$\begin{aligned}\langle f\cdot g,h\rangle&=\int\overline{h(t)}\,d\mu(t)\int f(ts)g(s^{-1})d\mu(s)\\&=\int g(s)d\mu(s)\overline{\int\overline{f(ts^{-1})}h(t)d\mu(t)}\\&=\int g(s)d\mu(s)\overline{\int f^*(st^{-1})h(t)d\mu(t)}\\&=\int g(s)d\mu(s)\overline{\int f^*(st)h(t^{-1})d\mu(t)}\\&=\langle g,f^*\cdot h\rangle.\end{aligned}$$

又若 $f\in L^2(G)$，使得

$$\begin{aligned}(f^*\cdot f)(s)&=\int f^*(t)f(t^{-1}s)d\mu(t)\\&=\int\overline{f(t^{-1})}\,f(t^{-1}s)d\mu(t)\end{aligned}$$

$$=\int \overline{f(t)}f(ts)d\mu(t)=0 \text{ p.p.} s.$$

由于 $(f^*\cdot f)$ 是连续的,从而,$(f^*\cdot f)(s)=0$, $\forall s\in G$. 特别,$(f^*\cdot f)(e)=\|f\|_2^2=0$, 即 $f=0$. 今依定义 5.7.1, 可见 $L^2(G)$ 是 H^* 代数. 证毕.

系 6.4.2 代数 $L^2(G)$ 是半单纯的.

证 由命题 6.4.1 及 5.7.8 立见.

命题 6.4.3 设 G 是紧群.

(1) 代数 $L^2(G)$ 是交换的,当且仅当,G 是交换的;

(2) $L^2(G)$ 有单位元, 当且仅当, G 是离散的, 即 G 是有限群.

事实上, $L^2(G)\subset L^1(G)$, 并且 $L^2(G)$ 在 $L^1(G)$ 中稠, 再由命题 6.2.2 立见

命题 6.4.4 设 G 是紧群, J 是 $L^2(G)$ 的闭线性子空间,则 J 是 $L^2(G)$ 的左(右)理想, 当且仅当, J 对左(右)迁移是不变的, 即若 $f\in J$, 则 $f(s\cdot)$ (或 $f(\cdot s)$) $\in J$, $\forall s\in G$.

证 设 J 是闭左理想,由于 $\{\alpha_U\}$ (如命题 6.2.4) 也是 $L^2(G)$ 的逼近单位元 (见命题 6.2.10 的证明), 再注意 $(\alpha_U(s\cdot)\cdot f)(\cdot)=(\alpha_U\cdot f)(s^{-1}\cdot)\to f(s^{-1}\cdot)$, 因此, J 对于左迁移是不变的.

反之, 设闭子空间 J 对于左迁移是不变的, 为证它是 $L^2(G)$ 的左理想,只须对任意的 $f\in J$ 及 G 上的连续函数 h, 证明

$$(h\cdot f)(s)=\int h(t)f(t^{-1}s)d\mu(t)\in J,$$

依设,对任何的 $t\in G$, 作为 s 的函数 $f(t^{-1}s)\in J$. 积分可以为有限和依 L^2-范任意逼近,因此, $h\cdot f\in J$. 证毕.

命题 6.4.5 设 G 是紧群.

(1) G 上的连续函数 f 是 $L^2(G)$ 的中心元(即 $f\cdot g=g\cdot f$, $\forall g\in L^2(G)$), 当且仅当, $f(st)=f(ts)$, $\forall t,s\in G$;

(2) 如果 J 是 $L^2(G)$ 的非零闭双侧理想, 则有 G 上的连续

函数 f, $f\neq 0$, $f\in J$, 使得 f 为 $L^2(G)$ 的中心元.

证 (1) f 是 $L^2(G)$ 的中心元,当且仅当,

$$\int f(t)g(t^{-1}s)d\mu(t)=(f\cdot g)(s)=(g\cdot f)(s)$$

$$=\int g(t)f(t^{-1}s)d\mu(t),$$

即

$$\int (f(st)-f(ts))g(t^{-1})d\mu(t)=0,$$

$\forall g$ 是 G 上的连续函数. 显然,这等价于 $f(ts)=f(st),\forall t,s\in G$

(2) 取 $0\neq g\in J$, 令 $h=g\cdot g^*\in J$. 由引理 6.3.9, $h\in c(G)$. 再命

$$f(s)=\int h(tst^{-1})d\mu(t).$$

由 h 的一致连续性, f 在 G 上是连续的. 又 $f(e)=h(e)=\|g\|_2^2>0$, 因此, $f\neq 0$. 注意

$$f(st)=\int h(xstx^{-1})d\mu(x)$$

$$=\int h((xs)t(xss^{-1})^{-1})d\mu(x)$$

$$=\int h(xtsx^{-1})d\mu(x)=f(ts),$$

$\forall t,s\in G$. 依 (1), f 是 $L^2(G)$ 的中心元. 再由命题 6.4.4, $h(t\cdot t^{-1})\in J$, $\forall t\in G$, 因此, $f\in J$. 证毕.

定理 6.4.6 设 G 是紧群. 则可唯一表达

$$L^2(G)=\sum_l \oplus J_l,$$

这里每个 J_l 是 $L^2(G)$ 的非零极小闭双侧理想,并且是有限维的,同构于某有限阶的复数矩阵环. 此外, $\mathbb{C}$ 必是 $L^2(G)$ 的极小闭双侧理想.

证 由命题 5.7.9, 6.4.4 的 (2) 及 5.7.13 立见. 至于 $\mathbb{C}$ 是 $L^2(G)$ 的双侧理想,容易直接验证. 证毕.

§4.2 紧群的酉表示

引理 6.4.7 设G是紧群，$\{A_\cdot, \mathscr{H}\}$是G的强算子连续的表示(即 $A_t \in B(\mathscr{H})$，$A_{st} = A_sA_t$，$\forall s, t \in G$，及 $A_e = I$)，则可赋予$\mathscr{H}$以新的等价的内积，使得$\{A_\cdot, \mathscr{H}\}$为G的酉表示（定义 6.2.16).

证 对任意的 $\xi \in \mathscr{H}$，$\|A_s\xi\|$ 是G上的连续函数．G是紧的，因此，$\sup\limits_s \|A_s\xi\| < \infty$．从而依一致有界定理，$\sup\|A_s\| = M < \infty$．今命

$$\langle \xi, \eta\rangle' = \int \langle A_s\xi, A_s\eta\rangle d\mu(s), \forall \xi, \eta \in \mathscr{H},$$

显然，$\|\xi\|' \leqslant M\|\xi\|$．又 $\|\xi\| = \|A_{s^{-1}}A_s\xi\| \leqslant M\|A_s\xi\|$，因此，$\|\xi\|' \geqslant M^{-1}\|\xi\|$．从而，在$\mathscr{H}$中，$\langle,\rangle' \sim \langle,\rangle$．今只须验证 A_s 保持$\langle,\rangle'$不变．这由 Haar 测度μ的不变性是显然的，证毕．

依此引理，研究紧群的表示只须研究它的酉表示．

定理 6.4.8 设G是紧群，则G的酉表示与 $L^2(G)$ 的非退化$*$表示通过下面方式一一对应：

$$\pi(f) = \int f(t)u_t d\mu(t), \forall f \in L^2(G),$$

并且 $L^2(G)$ 的任何非退化$*$表示$\{\pi, \mathscr{H}\}$可唯一扩充为 $L^1(G)$ 的非退化$*$表示，以及有

$$\|\pi(f)\| \leqslant \|f\|_1 \leqslant \|f\|_2, \ \forall f \in L^2(G).$$

证 设$\{u_\cdot, \mathscr{H}\}$是G的酉表示，依定理 6.2.17，$\pi(f) = \int f(t)u_t d\mu(t)$ 是 $L^1(G)$ 的非退化$*$表示．又 $L^2(G)$ 在 $L^1(G)$ 中稠，因此限于 $L^2(G)$，也将是 $L^2(G)$ 的非退化$*$表示．

反之，设$\{\pi, \mathscr{H}\}$是 $L^2(G)$ 的非退化$*$表示，由于命题 6.4.4，完全可仿定理 6.2.17 的证明，将有G的酉表示$\{u_\cdot, \mathscr{H}\}$，使之满足上述的关系式．证毕．

定理 6.4.9 (Peter-Weyl) 设G是紧群，则G的每个酉表示

可分解成不可约酉表示族的直和，并且G的每个不可约酉表示都是有限维的.

证 设$\{u.,\mathscr{H}\}$是G的酉表示,于是，$\pi(f)=\int f(t)\,u_t d\,\mu(t)$ $(\forall f\in L^2(G))$ 将是 $L^2(G)$ 在 $\mathscr{H}$ 中的非退化$*$表示. $L^2(G)=\sum\limits_l \oplus J_l$，这里每个 J_l 是 $L^2(G)$ 的非零极小闭双侧理想.命$\mathscr{H}_l$是由 $\{\pi(f)\xi\mid f\in J_l,\ \xi\in\mathscr{H}\}$ 张成的闭子空间，显然，$\mathscr{H}_l\perp\mathscr{H}_{l'}$，$\forall l\neq l'$. 如 $\xi\perp\mathscr{H}_l$，则 $\pi(f)\xi=0$，$\forall f\in J_l$. 由于π是非退化的,因此,

$$\mathscr{H}=\sum_l\oplus\mathscr{H}_l.$$

从而必有某个$\mathscr{H}_l\neq\{0\}$. 取 $0\neq\xi\in\mathscr{H}_l$，由于 $\dim J_l<\infty$，因此，$\pi(L^2(G))\xi=\pi(J_l)\xi$ 是有限维的且非零. 由此，$\{\pi,\pi(J_l)\xi\}$ 可扩张为 $L^1(G)$ 的有限维$*$表示，自然包含 $L^1(G)$ 的一个非零不可约$*$表示，相应决定G的一个不可约酉表示（系 6.2.18). 这说明 $\{u.,\mathscr{H}\}$ 包含一个G的有限维非零不可约酉表示. 再依 Zorn 辅理，$\{u.,\mathscr{H}\}$ 可分解成G的不可约酉表示族的直和.

上面同时也证明了：G的每个不可约酉表示必是有限维的(实际上对应某个J_l的忠实$*$表示). 证毕.

现在我们来考察G的不可约酉表示. 依定理 6.4.8，及定理 6.4.9 的证明，这对应着 J（$L^2(G)$) 的某个非零极小闭双侧理想)的某个不可约$*$表示. J 同构于有限阶的复数矩阵代数，它的所有非零不可约$*$表示都是酉等价的. 因此，我们可如下地来考虑 J 的不可约$*$表示.

设 $\dim J=n^2$，$\{e_{ij}\mid 1\leqslant i,j\leqslant n\}$ 如命题 5.7.11，由于 $e_{ij}=e_{i1}\cdot e_{1j}$，$J\subset L^2(G)$，依命题 6.4.1，$e_{ij}(\cdot)$ 是G上的连续函数，并且$|e_{ij}(s)|\leqslant\|e_{11}\|_2^2$，$\forall s\in G$ 及 i,j. 令

$\mathscr{L}=\{e_{i1}\mid 1\leqslant i\leqslant n\}$ 张成的子空间

是 $L^2(G)$ 的 n 维子空间,也是 $L^2(G)$ 的极小闭左理想. 记 $\omega=\|e_{11}\|_2$, 于是 $\{\xi_i=e_{i1}/\omega \mid 1\leqslant i\leqslant n\}$ 是 $\mathscr{L}$ 的直交规范基. $L^2(G)$ 的左正则表示(相仿于命题 6.2.10) 限于 $\mathscr{L}$, 将产生 $L^2(G)$ 的一个不可约*表示(从而在酉等价意义下,是 J 唯一的、忠实的不可约*表示). 依命题 6.2.20, 这个*表示所对应的 G 的不可约酉表示, 正是 G 在 $L^2(G)$ 中的左正则表示对于 $\mathscr{L}$ 的限制 (依命题 6.4.4, $\mathscr{L}$ 对于左迁移是不变的, 从而 $\mathscr{L}$ 是 G 的左正则表示的不变子空间).

任意固定 $s\in G$, 设 L_s 是 G 在 $L^2(G)$ 中左正则表示对于 $\mathscr{L}$ 的限制. 在 $\mathscr{L}$ 的直交规范基 $\{\xi_i \mid 1\leqslant i\leqslant n\}$ 中, L_s 将有酉阵的形式:

$$L_s=(c_{ij}(s))_{1\leqslant i,j\leqslant n},$$

即

$$\begin{aligned}c_{ij}(s)&=\langle L_s\xi_j,\xi_i\rangle\\&=\omega^{-2}\int e_{j1}(s^{-1}t)\overline{e_{i1}(t)}\,d\mu(t)\\&=\omega^{-2}\overline{(e_{i1}\cdot e_{1j})(s)}=\omega^{-2}\overline{e_{ij}(s)},\end{aligned}$$

$\forall i,j$. 另一方面,由于 L_s 是酉阵, $\sum\limits_{i=1}^{n}|c_{ij}(s)|^2=1$, 因此,

$$1=\int\sum_{i=1}^{n}|c_{ij}(s)|^2d\mu(s)=\omega^{-4}\sum_{i=1}^{n}\|e_{ij}\|_2^2=\frac{n}{\omega^2},$$

从而, $\omega=n^{1/2}$. 综上所述,我们有

命题 6.4.10 设 G 是紧群, 则 G 的任何不可约酉表示, 必酉等价于 G 的左正则表示的某个限制 $\{L.,\mathscr{L}\}$, 这里 $\mathscr{L}$ 是由 $\{e_{i1} \mid 1\leqslant i\leqslant n\}$ 生成的 $L^2(G)$ 的线性子空间,也是 $L^2(G)$ 的极小闭左理想, $\{e_{ij} \mid 1\leqslant i,j\leqslant n\}$ 如命题 5.7.11, 它张成的线性子空间 J ($\dim J=n^2$) 是 $L^2(G)$ 的极小闭双侧理想, 并且对任何的 $s\in G$, L_s 在 $\mathscr{L}$ 的直交规范基 $\{n^{1/2}e_{i1} \mid 1\leqslant i\leqslant n\}$ 中有酉阵的表达式:

$$L_s=(n^{-1}\overline{e_{ij}(s)})_{1\leqslant i,j\leqslant n}.$$

§4.3 紧群的特征

定义 6.4.11 设G是紧群，σ是G的不可约酉表示(即为命题6.4.10中的$\{L., \mathscr{L}\}$，我们称 $\chi_\sigma(\cdot)=\mathrm{tr}\sigma(\cdot)$ 为σ的特征，$\chi_\sigma(\cdot)/\dim\sigma$ 为归一化的特征，这里 $\dim\sigma$ 是表示σ的空间的维数。

用命题6.4.10的符号，设 $\dim\sigma=n$，则

$$\chi_\sigma(s)=n^{-1}\sum_{i=1}^{n}\overline{e_{ii}(s)}=n^{-1}\overline{p(s)}=n^{-1}p(s^{-1}),$$

这里 $p(s)=\sum_{i=1}^{n}e_{ii}(s)=p^*(s)$. 由于$G$的模函数$=1$，

$$\begin{aligned}e_{ii}(s'^{-1}s)&=(e_{1i}^*\cdot e_{1i})(s'^{-1}s)\\&=\int\overline{e_{1i}(t^{-1})}\,e_{1i}(t^{-1}s'^{-1}s)d\mu(t)\\&=\int\overline{e_{1i}(ts')}e_{1i}(ts)d\mu(t).\end{aligned}$$

因此，$\chi_\sigma(\cdot)$ 是G上的连续正定函数，并且，$\chi_\sigma(e)=n$（注意 $\sigma(e)$ 是n维线性空间中的恒等算子）。同时，

$$\begin{aligned}\chi_\sigma(tst^{-1})&=\mathrm{tr}(\sigma(t)\sigma(s)\sigma(t^{-1}))\\&=\mathrm{tr}\sigma(s)=\chi_\sigma(s),\ \forall s,t\in G.\end{aligned}$$

依命题6.4.5，$\chi_\sigma(\cdot)$ 也是 $L^2(G)$ 的中心元。

命题 6.4.12 设G是紧群，σ,σ' 是G的两个酉表示，则

$$\langle\chi_\sigma,\chi_{\sigma'}\rangle=\delta_{\sigma\sigma'},\ \chi_\sigma\cdot\chi_{\sigma'}=\delta_{\sigma\sigma'}\chi_\sigma/\dim\sigma,$$

这里 $\sigma=\sigma'$ 指σ与σ'酉等价。

证 依命题6.4.10，可以认为 σ,σ' 都是G的左正则表示的子表示。如果 $\sigma\neq\sigma'$，则 $p\cdot p'=0$，$\langle p,p'\rangle=0$，因此，

$$\langle\chi_\sigma,\chi_{\sigma'}\rangle=\chi_\sigma\cdot\chi_{\sigma'}=0.$$

如果σ与σ'酉等价，则

$$\langle\chi_\sigma,\chi_\sigma\rangle=\frac{1}{n^2}\sum_{i=1}^{n}\|e_{ii}\|_2^2=1.$$

同时

$$\chi_\sigma \cdot \chi_\sigma = \frac{1}{n^2} \sum_{i=1}^{*} \overline{e_{ii}} = \chi_\sigma / n,$$

这里 $n = \dim \sigma$. 证毕.

系 6.4.13 $\{\overline{\chi}_\sigma | \sigma\}$ 组成 $L^2(G)$ 中心的直交规范基.

这由 $L^2(G) = \sum_l \oplus J_l$ 及前面命题立见.

命题 6.4.14 设 ψ 是紧群 G 上的复值连续函数, 则 ψ 是 G 的归一化特征,当且仅当, $\psi \neq 0$, 并且对任意的 $s,t \in G$, 有

$$\int \psi(xsx^{-1}t) d\mu(x) = \psi(s)\psi(t).$$

证 设 $\psi = n^{-1}\chi_\sigma$, 这里 σ 是 G 的 n 维的不可约酉表示. 对任意的 $s \in G$, 记 $S = \int \sigma(xsx^{-1}) d\mu(x)$, 则对 $t \in G$,

$$\begin{aligned}\sigma(t)S &= \int \sigma(tx \cdot s \cdot (tx)^{-1}t) d\mu(x) \\ &= \int \sigma(xsx^{-1}t) d\mu(x) = S\sigma(t),\end{aligned}$$

但 $\sigma(\cdot)$ 是不可约的,因此, S 是恒等算子的倍数. 另一方面,

$$\operatorname{tr} S = \int \operatorname{tr}(\sigma(x)\sigma(s)\sigma(x^{-1})) d\mu(x) = \chi_\sigma(s).$$

因此,

$$\int \sigma(xsx^{-1}) d\mu(x) = n^{-1}\chi_\sigma(s) = \psi(s).$$

从而,

$$\begin{aligned}&\int \psi(xsx^{-1}t) d\mu(x) \\ &\qquad = \frac{1}{n} \operatorname{tr} \int \sigma(xsx^{-1}t) d\mu(x) = \frac{1}{n} \operatorname{tr}(\psi(s)\sigma(t)) \\ &\qquad = \psi(s)\psi(t), \quad \forall s,t \in G.\end{aligned}$$

今设充分性条件满足. 依定理 6.2.12, 有 $L^1(G)$ 的拓扑不可约表示 $\{\pi, \mathscr{H}\}$, 使得 $\pi(\psi) \neq 0$. π 相应决定 G 的不可约酉

表示σ，于是，

$$
\begin{aligned}
\phi(s)\pi(\phi) &= \int \phi(s)\phi(t)\sigma(t)d\mu(t) \\
&= \iint \phi(xsx^{-1}t)d\mu(x)\sigma(t)d\mu(t) \\
&= \iint \phi(t)\sigma(xs^{-1}x^{-1}t)d\mu(x)d\mu(t) \\
&= \int \phi(t)\left(\int \sigma(xs^{-1}x^{-1})d\mu(x)\right)\sigma(t)d\mu(t) \\
&= \frac{\chi_\sigma(s^{-1})}{\dim \sigma}\int \phi(t)\sigma(t)d\mu(t) = \frac{\chi_\sigma(s^{-1})}{\dim \sigma}\pi(\phi),
\end{aligned}
$$

$\pi(\phi)\neq 0$，因此，$\phi(s)=\chi_{\bar\sigma}(s)/\dim\bar\sigma$，这里 $\bar\sigma(s)=\sigma(s^{-1})$ 也是G的不可约酉表示，$\forall s\in G$. 证毕.

§4.4　交换的紧群

设G是交换的紧群，μ是G上 Haar 测度，并且 $\mu(G)=1$. 由于 $L^2(G)=\sum\limits_l \oplus J_l$，每个$J_l$同构于有限阶的矩阵环，又 $L^2(G)$ 是交换的，因此 $\dim J_l=1,\forall l$. 依命题 6.4.10，我们有

命题 6.4.15　交换紧群的不可约酉表示都是一维的.

由此，依命题 6.4.14，G的对偶群$\hat G$正是G上归一化特征（定义 6.4.11）的全体.

命题 6.4.16　设G是交换的紧群，μ是G上的 Haar 测度，并且 $\mu(G)=1$，则离散群$\hat G$上相应的 Haar 测度（即使得定理 6.3.10 成立者）$\hat\mu$满足：$\hat\mu(\{\chi\})=1$，$\forall\chi\in\hat G$.

证　设 $\hat\mu(\{\chi\})=c$（某正常数），令

$$
f(\chi)=\begin{cases} c^{-1}, & 如\ \chi=\chi_0, \\ 0, & 如\ \chi\neq\chi_0, \end{cases}
$$

这里χ_0是$\hat G$的单位元，于是f是 $L^1(\hat G)$ 的单位元. 从而对任意的 $g\in L^1(\hat G)$，

$$
\hat g(s)=(f*g)^\wedge(s)=\hat f(s)\hat g(s),\ \forall s\in G.
$$

因此，$\hat{f}(s)=1$，$\forall s\in G$. 当然 $\hat{f}\in L^1(G)$，依命题 6.3.16，逆转公式成立，即

$$f(\chi)=\int \hat{f}(s)\chi(s)d\mu(s)=\int \chi(s)d\mu(s).$$

特别，

$$c^{-1}=f(\chi_0)=\int \chi_0(s)d\mu(s)=\mu(G)=1,$$

因此，$c=1$. 证毕.

定理 6.4.17 设 G 是交换的紧群，则 G 上特征的全体构成 $L^2(G)$ 的直交规范基. 换言之，

$$L^2(G)=\sum_{\chi\in\hat{G}}\oplus \mathbf{C}\chi,$$

并且每个 $\mathbf{C}\chi$ 都是 $L^2(G)$ 的极小理想.

证 设 f 如命题 6.4.16，是 $L^1(G)$ 的单位元. 依命题 6.4.16 的证明，

$$\begin{aligned}\langle\chi_1,\chi_2\rangle&=\int(\chi_1\bar{\chi}_2)(s)d\mu(s)\\&=f(\chi_1\bar{\chi}_2)=\begin{cases}1, & \text{如 } \chi_1=\chi_2,\\ 0, & \text{如 } \chi_1\neq\chi_2,\end{cases}\end{aligned}$$

$\forall\chi_1,\chi_2\in\hat{G}$，因此，$\{\chi|\chi\in G\}$ 在 $L^2(G)$ 中是直交规范的.

如果 $g\in L^2(G)$，则 $g\in L^1(G)\cap L^2(G)$. 从而，$\mathscr{F}g=\hat{g}$，并且 $\|g\|_2=\|\mathscr{F}g\|_2$，即

$$\|g\|_2^2=\int|\hat{g}(\chi)|^2d\hat{\mu}(\chi)=\sum_{\chi\in\hat{G}}|\hat{g}(\chi)|^2.$$

又

$$\hat{g}(\chi)=\int g(s)\overline{\chi(s)}\,d\mu(s)=\langle g,\chi\rangle,$$

因此，$\{\chi|\chi\in\hat{G}\}$ 组成 $L^2(G)$ 的直交规范基. 此外，容易证明每个 $\mathbf{C}\chi$ 是 $L^2(G)$ 的理想，证毕.

习题

(1) 设 G 是紧群，φ 是 G 上连续正定函数，则有 $\psi\in L^2(G)$，使得

$\varphi = \psi^* \cdot \psi$.

(2) 设G是紧群，$\{L., \mathscr{L}\}$ 及J 如命题6.4.10，若π是 $L^1(G)$ 在 $\mathscr{L}$ 中的不可约∗表示，P是 $L^2(G)$ 到J上的直交投影，则

$$\|Pf\|_2^2 = n\mathrm{tr}\pi(f \cdot f^*), \ \forall f \in L^2(G).$$

(3) 设G是紧群，f是 $L^2(G)$ 的中心元，即 $f = \sum_\sigma \lambda_\sigma \chi_\sigma$，且 $\sum_\sigma |\lambda_\sigma|^2 < \infty$，则$f$是连续正定的，当且仅当，$\lambda_\sigma \geqslant 0, \forall \sigma$，并且 $\sum_\sigma \lambda_\sigma \dim \sigma < \infty$，这里$\sigma$是$G$的不可约酉表示的酉等价类，$\chi_\sigma$是$\sigma$的特征.

参考文献

[1] Arens, R., The group of invertible elements of a commutative Banach algebra. Studia Math., 1 (1963), 21—23.

[2] Arens, R., To what extent does the space of maximal ideals determine the algebra, Function Algebras, ed. F. T. Birted, Scott-Foresman, Chicago, 1966, 164—168.

[3] Arens, R., and Calderon, A., Analytic functions of several Banach algebra elements, Ann. Math., 62 (1955), 204—216.

[4] Aupetit, B., Proprietés spectrals des algèbres de Banach, Lecture Notes in Math., 735, Springer-Verlag, Heidelberg, 1979.

[5] Atiyah, M. F., *K*-Theory, Benjamin, Inc. 1967.

[6] Blackadar, B., *K*-Theory for Operator Algebras, Spinger-Verlag, Heidelberg, 1986.

[7] Bonsall, F. F., and Duncan, J., Complete Normed Algebras, Springer-Verlag, Heidelberg, 1973.

[8] Bonsall, F. F., A survey of Banach algebra theory, Bull. London Math. Soc., 2 (1970), 257—274.

[9] Cohen, P. J., Factorization in group algebras, Duke Math. J., 26 (1959), 199—205.

[10] Dickson, L. E., Algebras and Their Arithmetics, Dover, New York, 1960.

[11] Dieudonné, J., Foundations of Modern Analysis, Academic Press, New York, 1960.

[12] Dixmer, J., C^*-Algebras, North-Holland, Amsterdam, 1977.

[13] Dixmier, J., Von Neumann Algebras, North-Holland, Amsterdam, 1981.

[14] Doran, R. S., and Belfi, V. A., Characterizations of C^*-algebras? The Gelfand-Naimark Theorems, Marcel Dekker, Inc., 1986.

[15] Eilenberg, S., and Steenrod, N., Foundations of Algebraic Topology, Princeton Univ. Press, Princeton, 1952.

[16] Ford, J. W. M., A square root lemma for Banach * algebras, J. London Math. Soc., 42 (1967), 521—522.

[17] Gamelin, T. W., Uniform Algebras, Prentice-Hall, Inc., Englewood, 1969.

[18] Gelfand, I. M., On normed rings, Dokl. Akad. Sci. SSSR, 23 (1939), 430—432.

[19] Gelfand, I. M., Normierte ringe, Mat. Sbornik, 9 (1941), 3—21.

[20] Gelfand, I. M., and Naimark, M. A., On the embedding of normed rings into the ring of operators in Hilbert space, Mat. Sbornik, 12 (1943), 197—213.

[21] Gelfand, I. M., Raikov, D. A., and Shilov, G. E., Commutative Normed Rings, Chelsea, New York, 1964.

[22] Gunning, R. C., and Rossi, H., Analytic Functions of Several Complex Varia-

bles, Prentice-Hall, Inc., Englewood, 1965.

[23] Hewitt, E., and Ross, K., Abstract Harmonic Analysis, Vol. I (1963), Vol. II (1971), Springer-Verlag, Berlin.

[24] Hille, E., On roots and logarithms of elements of a complex Banach algebra, Math. Ann., 136 (1958), 46—57.

[25] Hoffman, K., Banach Spaces on Analytic Functions, Prentice-Hall, Englewood, 1962.

[26] Hörmander, L., An Introduction to Complex Analysis in Several Variables, D. Van Nostrand Company, New York, 1966.

[27] Jacobson, N., Basic Algebra, W. H. Freeman and Company, New York, 1974.

[28] Johnson. B. E., The uniqueness of the (complete) norm topology, Bull. AMS, 73 (1967), 537—539.

[29] Johnson, B. E., Continuity of homomorphisms of algebras of operators, J. London Math. Soc., 42 (1967), 537—541.

[30] Johnson, B. E., Continuity of derivations on commutative Banach algebras, Amer. J. Math., 91 (1969), 1—10.

[31] Johnson, B E., and Sinclair, A. M., Continuity of derivations and a problem of Kaplansky, Amer. J. Math. 90 (1968), 1067—1073.

[32] Kaplansky, I., Normed algebras, Duke Math. J., 16 (1949), 399—418.

[33] Karoubi, M. *K*-Theory, An Introduction, Springer-Verlag, 1978.

[34] Koosis, P., Introduction to Hp Spaces, Cambridge Univ. Press, Cambridge 1980.

[35] 关肇直、田方增,赋范环论,数学进展,1(1955),107—363.

[36] Li Bingren, and Yang Yiming, Solutions of equations involving analytic functions in a Banach algebra, Acta Math. Sinica, New Series, 5(1989), 271—280.

[37] Loomis, L., An Introduction to Abstract Harmonic Analysis, Princeton, N. J.: D. Van Nostrand Company, Inc., New York, 1952.

[38] 李炳仁,算子代数,科学出版社,1986.

[39] 陆启铿,多复变数函数引论,科学出版社,1961.

[40] 赖汉卿,抽象调和分析,(台湾)联经出版事业公司,1977.

[41] Mazur, S., Sur les anneaux lineaires, C. R. Acad. Sci., Paris, 207 (1938), 1025—1027.

[42] Milnor, J., Introduction to Algebraic *K*-Theory, Princeton Univ. Press. Princeton, 1971.

[43] Naimark, M. A., Normed Rings, P. Noord-hoff, Groningen, 1964.

[44] Paterson, A. L. T., Solutions of equations involving analytic functions defined on subsets of a Banach algebra, Proc. London Math. Soc., (3) 22 (1971), 325—338.

[45] Pták, V., On the spectral radius in Banach algebras with involution, Bull. London Math. Soc., 2 (1970), 327—334.

[46] Rickart, C. E., The uniqueness of norm problem in Banach algebras, Ann. of Math., 51 (1950), 615—628.

[47] Rickart, C E., An elementary proof of a fundamental theorem in the theory of Banach algebras, Michigan Math. J., 5 (1958), 75—78.

[48] Rickart, C. E., Gereral Theory of Banach Algebras, Princeton, N. J., D. Van Nostrand Co., New York, 1960.

[49] Roydén, H. L., Function algebras, Bull. AMS, 69 (1963), 281—298.

[50] Rudin, W., Fourier Analysis on Groups, Interscience Publishers, 1962.

[51] Sakai, S., C^*-Algebras and W^*-Algebras Springer-Verlag, New York, 1971.

[52] Shilov, G. E., On the extension of maximal ideals, Dokl. Akad. Sci. SSSR, 29 (1940), 83—84.

[53] Shilov, G. E., On the decomposition of a commutative normed ring into a direct sum of ideals, Mat. Sbornik, 32 (1954), 353—364.

[54] Shirali, S., and Ford, J. W. M., Symmetry in complex involutory Banach algebras II, Duke Math. J., 37 (1970), 275—280.

[55] Sinclaire, A. M., Automatic Continuity of Linear Operators, Cambridge Univ. Press, Cambridge, 1976.

[56] Singer, I. M., and Wermet, J., Derivations on Commutative normed algebras, Math. Ann., 129 (1955), 260—264.

[57] Taylor, J. L., Banach Algebras and Topology, Algebras in Analysis, ed. J. H. Williamson, Academic Press, New York, 1975.

[58] Taylor, J. L., Topological invariants of the maximal ideal space of a Banach algebra, Adv. in Math, 19(1976), 149—206.

[59] Wermer, J., Banach Algebras and Several Complex Variables, Springer Verlag, Heidelberg, 1976.

索 引

二 画

三 画

四 画

五 画

六 画

七 画

八 画

十 画

十一 画

十二 画

十三 画

十四 画

其 它

《现代数学基础丛书》已出版书目

1 数理逻辑基础(上册) 1981.1 胡世华 陆钟万 著
2 数理逻辑基础(下册) 1982.8 胡世华 陆钟万 著
3 紧黎曼曲面引论 1981.3 伍鸿熙 吕以辇 陈志华 著
4 组合论(上册) 1981.10 柯 召 魏万迪 著
5 组合论(下册) 1987.12 魏万迪 著
6 数理统计引论 1981.11 陈希孺 著
7 多元统计分析引论 1982.6 张尧庭 方开泰 著
8 有限群构造(上册) 1982.11 张远达 著
9 有限群构造(下册) 1982.12 张远达 著
10 测度论基础 1983.9 朱成熹 著
11 分析概率论 1984.4 胡迪鹤 著
12 微分方程定性理论 1985.5 张芷芬 丁同仁 黄文灶 董镇喜 著
13 傅里叶积分算子理论及其应用 1985.9 仇庆久 陈恕行 是嘉鸿 刘景麟 蒋鲁敏 编
14 辛几何引论 1986.3 J.柯歇尔 邹异明 著
15 概率论基础和随机过程 1986.6 王寿仁 编著
16 算子代数 1986.6 李炳仁 著
17 线性偏微分算子引论(上册) 1986.8 齐民友 编著
18 线性偏微分算子引论(下册) 1992.1 齐民友 徐超江 编著
19 实用微分几何引论 1986.11 苏步青 华宣积 忻元龙 著
20 微分动力系统原理 1987.2 张筑生 著
21 线性代数群表示导论(上册) 1987.2 曹锡华 王建磐 著
22 模型论基础 1987.8 王世强 著
23 递归论 1987.11 莫绍揆 著
24 拟共形映射及其在黎曼曲面论中的应用 1988.1 李 忠 著
25 代数体函数与常微分方程 1988.2 何育赞 萧修治 著
26 同调代数 1988.2 周伯壎 著
27 近代调和分析方法及其应用 1988.6 韩永生 著
28 带有时滞的动力系统的稳定性 1989.10 秦元勋 刘永清 王 联 郑祖庥 著
29 代数拓扑与示性类 1989.11 [丹麦] I.马德森 著
30 非线性发展方程 1989.12 李大潜 陈韵梅 著

31　仿微分算子引论　1990.2　陈恕行　仇庆久　李成章　编
32　公理集合论导引　1991.1　张锦文　著
33　解析数论基础　1991.2　潘承洞　潘承彪　著
34　二阶椭圆型方程与椭圆型方程组　1991.4　陈亚浙　吴兰成　著
35　黎曼曲面　1991.4　吕以辇　张学莲　著
36　复变函数逼近论　1992.3　沈燮昌　著
37　Banach 代数　1992.11　李炳仁　著
38　随机点过程及其应用　1992.12　邓永录　梁之舜　著
39　丢番图逼近引论　1993.4　朱尧辰　王连祥　著
40　线性整数规划的数学基础　1995.2　马仲蕃　著
41　单复变函数论中的几个论题　1995.8　庄圻泰　杨重骏　何育赞　闻国椿　著
42　复解析动力系统　1995.10　吕以辇　著
43　组合矩阵论(第二版)　2005.1　柳柏濂　著
44　Banach 空间中的非线性逼近理论　1997.5　徐士英　李　冲　杨文善　著
45　实分析导论　1998.2　丁传松　李秉彝　布　伦　著
46　对称性分岔理论基础　1998.3　唐　云　著
47　Gel'fond-Baker 方法在丢番图方程中的应用　1998.10　乐茂华　著
48　随机模型的密度演化方法　1999.6　史定华　著
49　非线性偏微分复方程　1999.6　闻国椿　著
50　复合算子理论　1999.8　徐宪民　著
51　离散鞅及其应用　1999.9　史及民　编著
52　惯性流形与近似惯性流形　2000.1　戴正德　郭柏灵　著
53　数学规划导论　2000.6　徐增堃　著
54　拓扑空间中的反例　2000.6　汪　林　杨富春　编著
55　序半群引论　2001.1　谢祥云　著
56　动力系统的定性与分支理论　2001.2　罗定军　张　祥　董梅芳　著
57　随机分析学基础(第二版)　2001.3　黄志远　著
58　非线性动力系统分析引论　2001.9　盛昭瀚　马军海　著
59　高斯过程的样本轨道性质　2001.11　林正炎　陆传荣　张立新　著
60　光滑映射的奇点理论　2002.1　李养成　著
61　动力系统的周期解与分支理论　2002.4　韩茂安　著
62　神经动力学模型方法和应用　2002.4　阮　炯　顾凡及　蔡志杰　编著
63　同调论——代数拓扑之一　2002.7　沈信耀　著
64　金兹堡-朗道方程　2002.8　郭柏灵　黄海洋　蒋慕容　著

65　排队论基础　2002.10　孙荣恒　李建平　著
66　算子代数上线性映射引论　2002.12　侯晋川　崔建莲　著
67　微分方法中的变分方法　2003.2　陆文端　著
68　周期小波及其应用　2003.3　彭思龙　李登峰　谌秋辉　著
69　集值分析　2003.8　李　雷　吴从炘　著
70　强偏差定理与分析方法　2003.8　刘　文　著
71　椭圆与抛物型方程引论　2003.9　伍卓群　尹景学　王春朋　著
72　有限典型群子空间轨道生成的格(第二版)　2003.10　万哲先　霍元极　著
73　调和分析及其在偏微分方程中的应用(第二版)　2004.3　苗长兴　著
74　稳定性和单纯性理论　2004.6　史念东　著
75　发展方程数值计算方法　2004.6　黄明游　编著
76　传染病动力学的数学建模与研究　2004.8　马知恩　周义仓　王稳地　靳　祯　著
77　模李超代数　2004.9　张永正　刘文德　著
78　巴拿赫空间中算子广义逆理论及其应用　2005.1　王玉文　著
79　巴拿赫空间结构和算子理想　2005.3　钟怀杰　著
80　脉冲微分系统引论　2005.3　傅希林　闫宝强　刘衍胜　著
81　代数学中的 Frobenius 结构　2005.7　汪明义　著
82　生存数据统计分析　2005.12　王启华　著
83　数理逻辑引论与归结原理(第二版)　2006.3　王国俊　著
84　数据包络分析　2006.3　魏权龄　著
85　代数群引论　2006.9　黎景辉　陈志杰　赵春来　著
86　矩阵结合方案　2006.9　王仰贤　霍元极　麻常利　著
87　椭圆曲线公钥密码导引　2006.10　祝跃飞　张亚娟　著
88　椭圆与超椭圆曲线公钥密码的理论与实现　2006.12　王学理　裴定一　著
89　散乱数据拟合的模型、方法和理论　2007.1　吴宗敏　著
90　非线性演化方程的稳定性与分歧　2007.4　马　天　汪宁宏　著
91　正规族理论及其应用　2007.4　顾永兴　庞学诚　方明亮　著
92　组合网络理论　2007.5　徐俊明　著
93　矩阵的半张量积:理论与应用　2007.5　程代展　齐洪胜　著
94　鞅与 Banach 空间几何学　2007.5　刘培德　著
95　非线性常微分方程边值问题　2007.6　葛渭高　著
96　戴维-斯特瓦尔松方程　2007.5　戴正德　蒋慕蓉　李栋龙　著
97　广义哈密顿系统理论及其应用　2007.7　李继彬　赵晓华　刘正荣　著
98　Adams 谱序列和球面稳定同伦群　2007.7　林金坤　著

99 矩阵理论及其应用 2007.8 陈公宁 编著
100 集值随机过程引论 2007.8 张文修 李寿梅 汪振鹏 高 勇 著
101 偏微分方程的调和分析方法 2008.1 苗长兴 张 波 著
102 拓扑动力系统概论 2008.1 叶向东 黄 文 邵 松 著
103 线性微分方程的非线性扰动(第二版) 2008.3 徐登洲 马如云 著
104 数组合地图论(第二版) 2008.3 刘彦佩 著
105 半群的 S-系理论(第二版) 2008.3 刘仲奎 乔虎生 著
106 巴拿赫空间引论(第二版) 2008.4 定光桂 著
107 拓扑空间论(第二版) 2008.4 高国士 著
108 非经典数理逻辑与近似推理(第二版) 2008.5 王国俊 著
109 非参数蒙特卡罗检验及其应用 2008.8 朱力行 许王莉 著
110 Camassa-Holm 方程 2008.8 郭柏灵 田立新 杨灵娥 殷朝阳 著
111 环与代数(第二版) 2009.1 刘绍学 郭晋云 朱 彬 韩 阳 著
112 泛函微分方程的相空间理论及应用 2009.4 王 克 范 猛 著
113 概率论基础(第二版) 2009.8 严士健 王隽骧 刘秀芳 著
114 自相似集的结构 2010.1 周作领 瞿成勤 朱智伟 著
115 现代统计研究基础 2010.3 王启华 史宁中 耿 直 主编
116 图的可嵌入性理论(第二版) 2010.3 刘彦佩 著
117 非线性波动方程的现代方法(第二版) 2010.4 苗长兴 著
118 算子代数与非交换 L_p 空间引论 2010.5 许全华 吐尔德别克 陈泽乾 著
119 非线性椭圆型方程 2010.7 王明新 著
120 流形拓扑学 2010.8 马 天 著
121 局部域上的调和分析与分形分析及其应用 2011.4 苏维宜 著
122 Zakharov 方程及其孤立波解 2011.6 郭柏灵 甘在会 张景军 著
123 反应扩散方程引论(第二版) 2011.9 叶其孝 李正元 王明新 吴雅萍 著
124 代数模型论引论 2011.10 史念东 著
125 拓扑动力系统——从拓扑方法到遍历理论方法 2011.12 周作领 尹建东 许绍元 著
126 Littlewood-Paley 理论及其在流体动力学方程中的应用 2012.3 苗长兴 吴家宏 章志飞 著
127 有约束条件的统计推断及其应用 2012.3 王金德 著
128 混沌、Mel'nikov 方法及新发展 2012.6 李继彬 陈凤娟 著
129 现代统计模型 2012.6 薛留根 著
130 金融数学引论 2012.7 严加安 著
131 零过多数据的统计分析及其应用 2013.1 解锋昌 韦博成 林金官 著

132　分形分析引论　2013.6　胡家信　著

133　索伯列夫空间导论　2013.8　陈国旺　编著

134　广义估计方程估计方程　2013.8　周　勇　著

135　统计质量控制图理论与方法　2013.8　王兆军　邹长亮　李忠华　著

136　有限群初步　2014.1　徐明曜　著

137　拓扑群引论(第二版)　2014.3　黎景辉　冯绪宁　著

138　现代非参数统计　2015.1　薛留根　著